中国页岩气勘探开发技术丛书

页岩气水平井钻井技术

乐　宏　郑有成　李　杰　胡锡辉　等编著

石油工业出版社

内容提要

本书介绍了国内外页岩气水平井钻井技术的发展历程与现状，主要介绍了页岩气工程地质特征与技术特点、钻井设计、优快钻井工艺、钻井液技术、固井技术、工厂化钻井技术、安全与环保措施等。同时通过相关实例展示了页岩气钻井技术取得的应用效果，最后对未来页岩气钻井技术面临的挑战及发展方向进行了分析与展望。

本书适用于从事页岩气钻井的相关工程技术人员参考使用。

图书在版编目（CIP）数据

页岩气水平井钻井技术 / 乐宏等编著 .
—北京：石油工业出版社，2021.2

（中国页岩气勘探开发技术丛书）

ISBN 978-7-5183-4462-8

Ⅰ . ①页… Ⅱ . ①乐… Ⅲ . ①油页岩 – 水平井 – 油气钻井 – 研究 Ⅳ . ① TE243

中国版本图书馆 CIP 数据核字（2020）第 267354 号

出版发行：石油工业出版社
（北京安定门外安华里 2 区 1 号　100011）
网　址：www. petropub. com
编辑部：（010）64523583　　图书营销中心：（010）64523633

经　　销：全国新华书店

印　　刷：北京中石油彩色印刷有限责任公司

2021 年 2 月第 1 版　2021 年 2 月第 1 次印刷
787 × 1092 毫米　开本：1/16　印张：19.5
字数：390 千字

定价：160.00 元
（如出现印装质量问题，我社图书营销中心负责调换）

《中国页岩气勘探开发技术丛书》

《页岩气水平井钻井技术》

编写组

组　长：乐　宏

副组长：郑有成　李　杰　胡锡辉

成　员：（按姓氏笔画排序）

万夫磊　马　勇　马梓瀚　马旌伦　王　琳
王　锐　王　斌　王秋彤　付　志　冯　明
乔李华　乔　雨　任雪松　刘　伟　刘　森
齐　玉　阳　强　杨华建　杨兆亮　李　茜
李　维　李文哲　李宬晓　吴春林　何　丹
余来洪　张　华　张家振　张继川　陈力力
陈　东　陈　浩　邵　力　范生林　罗　增
罗越耀　周长虹　周代生　孟鑾桥　胡嘉佩
饶福家　洪玉奎　姚建林　夏连彬　郭建华
唐　庚　黄　路　黄崇君　曹　权　韩烈祥
景岷嘉　曾肃超　谯青松

序

FOREWORD

美国前国务卿基辛格曾说："谁控制了石油，谁就控制了所有国家。"这从侧面反映了抓住能源命脉的重要性。始于 20 世纪 90 年代末的美国页岩气革命，经过多年的发展，使美国一跃成为世界油气出口国，在很大程度上改写了世界能源的格局。

中国的页岩气储量极其丰富。根据自然资源部 2019 年底全国"十三五"油气资源评价成果，中国页岩气地质资源量超过 100 万亿立方米，潜力超过常规天然气，具备形成千亿立方米的资源基础。

中国页岩气地质条件和北美存在较大差异，在地质条件方面，经历多期构造运动，断层发育，保存条件和含气性总体较差，储层地质年代老，成熟度高，不产油，有机碳、孔隙度、含气量等储层关键评价参数较北美差；在工程条件方面，中国页岩气埋藏深、构造复杂，地层可钻性差、纵向压力系统多、地应力复杂，钻井和压裂难度大；在地面条件方面，山高坡陡，人口稠密，人均耕地少，环境容量有限。因此，综合地质条件、技术需求和社会环境等因素来看，照搬美国页岩气勘探开发技术和发展的路子行不通。为此，中国页岩气必须坚定地走自己的路，走引进消化再创新和协同创新之路。

中国实施"四个革命，一个合作"能源安全新战略以来，大力提升油气勘探开发力度和加快天然气产供销体系建设取得明显成效，与此同时，中国页岩气革命也悄然兴起。2009 年，中美签署《中美关于在页岩气领域开展合作的谅解备忘录》；2011 年，国务院批准页岩气为新的独立矿种；2012—2013 年，陆续设立四个国家级页岩气示范区等。国家层面加大页岩气领域科技投入，在"大型油气田及煤层气开发"国家科技重大专项中设立"页岩气勘探开发关键技术"研究项目，在"973"计划中设立"南方古生界页岩气赋存富集机理和资源潜力评价"和"南方海相页岩气高效开发的基础研究"等项目，设立了国家能源页岩气研发（实验）中心。以中国石油、中国石化为核心的国有骨干企业也加强各层次联合攻关和技术创新。国家"能源革命"的战略驱动和政策的推动扶持，推动了页岩气勘探开发关键理论技术的突破和重大工程项目的实施，加快了海相、海陆过渡相、陆相页岩气资源的评价，加速了页岩气对常规天然气主动接替的进程。

中国页岩气革命率先在四川盆地海相页岩气中取得了突破，实现了规模有效开发。纵观中国石油、中国石化等企业的页岩气勘探开发历程，大致可划分为四个阶段。2006—2009 年为评层选区阶段，从无到有建立了本土化的页岩气资源评价方法和评层选区技术体系，优选了有利区层，奠定了页岩气发展的基础；2009—2013 年为先导试验阶段，掌握了平台水平井钻完井及压裂主体工艺技术，建立了“工厂化”作业模式，突破了单井出气关、技术关和商业开发关，填补了国内空白，坚定了开发页岩气的信心；2014—2016 年为示范区建设阶段，在涪陵、长宁—威远、昭通建成了三个国家级页岩气示范区，初步实现了规模效益开发，完善了主体技术，进一步落实了资源，初步完成了体系建设，奠定了加快发展的基础；2017 年至今为工业化开采阶段，中国石油和中国石化持续加大页岩气产能建设工作，2019 年中国页岩气产量达到了 153 亿立方米，居全球页岩气产量第二名，2020 年中国页岩气产量将达到 200 亿立方米。历时十余年的探索与攻关，中国页岩气勘探开发人员勠力同心、锐意进取，创新形成了适应于中国地质条件的页岩气勘探开发理论、技术和方法，实现了中国页岩气产业的跨越式发展。

为了总结和推广这些研究成果，进一步促进我国页岩气事业的发展，中国石油组织相关院士、专家编写出版《中国页岩气勘探开发技术丛书》，包括《页岩气勘探开发概论》《页岩气地质综合评价技术》《页岩气开发优化技术》《页岩气水平井钻井技术》《页岩气水平井压裂技术》《页岩气地面工程技术》《页岩气清洁生产技术》共 7 个分册。

本套丛书是中国第一套成系列的有关页岩气勘探开发技术与实践的丛书，是中国页岩气革命创新实践的成果总结和凝练，是中国页岩气勘探开发历程的印记和见证，是有关专家和一线科技人员辛勤耕耘的智慧和结晶。本套丛书入选了“十三五”国家重点图书出版规划和国家出版基金项目。

我们很高兴地看到这套丛书的问世！

中国工程院院士 胡文瑞

前 言

PREFACE

页岩气是富含有机质页岩中产出的非常规天然气，页岩具有异常低孔隙度和低渗透率特点，从美国页岩气开发经验来看，90% 以上的页岩气井需要采取水力压裂等措施方能获得工业产能。页岩气商业开发的根本途径是大幅度提高单井产量，同时有效地控制工程成本，因此丛式水平井长水平段与多级压裂结合是页岩气开发的基本方式。将长水平段丛式水平井与多级大规模体积压裂技术结合，可大幅提高单井产量、减少钻井数量、节约土地资源，实现页岩气资源有效动用。

在进行页岩气水平井钻完井设计与工艺优化时，需要将气藏工程、钻井工程紧密结合，并考虑压裂缝网的逆向设计思路，进行大井网平台整体优化设计，从而集约建设开发资源，提高开发效率，降低管理和施工运营成本，实现井组产量最大化。

中国从 2004 年开始跟踪调研国外页岩气研究和勘探开发进展，相继在四川盆地和鄂尔多斯盆地取得重大突破，形成涪陵、长宁、威远、延长四大产区，年产能超过 $60\times10^8m^3$。这也标志着我国成为继美国和加拿大之后第三个实现页岩气商业性开发的国家。总体来说，我国页岩气钻井是以跟踪、引进以及消化吸收国外先进技术为主。其中，长宁页岩气示范区的开发相对较为成功。从长宁第一口页岩气井宁 201 井于 2010 年 8 月完钻以来，中国石油基于国外先进技术引进应用、现有技术集成配套以及关键技术与工具自主研发相结合等技术思路，在产能建设的实际摸索中形成了适合长宁页岩气示范区特点的钻井关键技术系列。

同时，为进一步加快页岩气勘探开发步伐，确保国家页岩气“十三五”规划目标实现，国家重大科技专项“大型油气田及煤层气开发”中新增了页岩气示范工程项目，其目标是通过“十三五”攻关，全面完成油气开发专项各项计划任务和目标，到 2020 年取得一批引领我国石油工业上游发展且在国际上具有较大影响的重大理论、重大技术和重大装备，建立起与我国油气工业发展相适应的完善的科技创新体系，整体达到国际水平，为实现我国石油工业可持续发展、支撑国家“一带一路”倡议的实施提供技术保障。而“长宁—威远页岩气开发示范工程”为其中示范工程之一，该项目开展地球物理评价技术、地质特征综合评价及开发优化技术、钻完井技术、压裂改造技术、工厂化作业技术、标准化及数字化气田技术、安全环保与开发效益评价技术7项主要示范任务攻关与试验，其目标是实现高效动用埋深3500m以浅的页岩气资源，突破埋深3500～4000m开发核心技术，同时引领示范同类页岩气区块勘探开发，为实现国家“十三五”页岩气规划提供技术支撑，最终建成页岩气安全环保、效益开发，建设经济、高效、数字化、绿色的页岩气开发示范精品工程，完成“十三五”产量目标。希望本书的出版，可以促进中国石油页岩气水平井钻井技术应用。

本书介绍了页岩气水平井钻井技术国内外发展历程与现状，从页岩气工程地质特征与技术特点、钻井设计、优快钻井工艺、钻井液技术、固井技术、工厂化钻井技术、安全与环保措施等几个方面系统介绍了页岩气水平井钻井技术，并以长宁—威远页岩气开发示范区为落脚点，通过相关实例介绍了相关技术的应用效果，最后对页岩气水平井钻井技术以及长宁—威远页岩气开发示范区的发展进行了展望。

本书编写组由乐宏担任组长，郑有成、李杰、胡锡辉担任副组长，由胡锡辉、唐庚、夏连彬、乔李华统稿。第一章由唐庚、乔李华、夏连彬、黄路、王斌编写，第二章由李维、万夫磊、曹权、付志、姚建林、孟鑿桥、乔雨编写，第三章由陈力力、韩烈祥、杨华建、张继川、杨兆亮、周长虹、邵力、饶福家编写，第四章由景岷嘉、吴春林、曾肃超、李茜、何丹、王锐、马梓涵、周代生编写，第五章由马勇、郭建华、李宬晓、李文哲、马旌伦、刘森、张家振编写，第六章由陈东、罗增、刘伟、任雪松、罗越耀、陈浩编写，第七章由黄崇君、冯明、胡嘉佩、张华、阳强、谯青松编写，第八章由乔李华、王琳、洪玉奎、王秋彤编写。

中国石油集团钻井工程技术研究院原院长孙宁和中国石油集团工程技术研究院有限公司非常规油气工程研究所袁光杰和杨恒林对稿件进行了审查，提出了建设性的修改意见，在此深表感谢。

由于作者水平有限，书中难免有疏漏或错误之处，敬请广大读者批评指正。

目 录

CONTENTS

第一章

绪　论

页岩气是较低渗透、致密气开发难度更大的非常规天然气资源，自美国“页岩气革命”以来，形成了以长水平段丛式水平井与大规模体积压裂为主体的工程技术系列，工厂化钻完井技术是其中控制工程成本，减少环境污染，提高开发效果的关键技术。

工厂化作业把设计、钻井、压裂、试油（气）、采油（气）等钻采工程各个环节整合成为整体，集成应用现有的丛式井组平台设计技术、水平井钻井技术、批量化钻井技术、水平井分段压裂技术及集中采气技术等。通过实施工厂化作业，充分发挥成熟技术，不断推动提速提效新技术的研发与应用，如旋转导向工具、高性能水基钻井液、无限级分段压裂工具、可溶性大通径免钻桥塞等，不断提升水平井钻井、水平井分段压裂技术水平。

同时，工厂化作业利用科学的管理方法对油气井建井各项因素进行最优化处理，为推动整个油气勘探开发工程的降本提效提供了思路和借鉴，使中国石油天然气集团有限公司（简称中国石油）传统的分散化管理快步进入精细化管理。工厂化作业技术的实施，有利于加强现场组织和所有参与方的团结协作，实现统一组织协调。

美国“页岩气革命”以来，页岩气产量快速增长，目前已实现了年产气 $4300 \times 10^8 m^3$ 以上。国内中国石油自 2009 年开始，在长宁和威远示范区积极推进工厂化钻完井技术，实现了示范区页岩气商业开发。

第一节　国外页岩气钻完井技术现状

页岩气在北美得到大规模勘探开发，主要原因之一在于针对页岩气开发的钻完井技术取得一系列进步，如水平井钻井技术、水力体积压裂技术、工厂化钻完井作业模式等，目前北美页岩气钻完井技术配套成熟。

一、国外页岩气开发历程与现状[1-3]

美国是世界上页岩气开发最早，也最为成功的国家。美国页岩气资源丰富、地质条件优越，其绝大部分页岩气藏相对中国目前正开发的南方海相页岩气藏，具有沉积年代晚、埋深浅、含气性高、地层压力低、地表为平原地形、水源丰富等特点[2]，见表 1–1。

表 1–1　美国部分典型页岩气藏地质特点

页岩名称	地质年代	埋藏深度，m	压力系数	含气量，m^3/t	地面地形
Antrim	泥盆纪	183～730	0.81	1.13～2.83	平原
Barnett	石炭纪	1981～2591	0.99～1.01	8.49～9.91	平原
Eagel Ford	白垩纪	1200～4270	1.35～1.80	2.8～5.7	平原
Fayetteville	石炭纪	457～1981	0.80～0.97	1.70～6.23	平原
Haynesvill	侏罗纪	3048～4115	1.60～2.07	2.8～9.3	平原
Lewis	白垩纪	914～1829	0.46～0.58	0.37～1.27	平原
Marcellus	泥盆纪	1220～2590	0.90～1.4	1.7～2.8	平原
New Abany	泥盆纪	183～1494	0.99	1.13～2.64	平原
Ohio	泥盆纪	610～1524	0.35～0.92	1.70～2.83	平原
WoodFord	泥盆纪	1800～3300	0.70～0.80	5.66～8.49	平原

上述特点使得美国页岩气藏在开发时，相对中国南方海相页岩气藏，具有井场修筑容易、设备搬迁容易、井浅、可钻性好、压裂容易、钻完井周期短、单井投资小、效益高等一系列得天独厚的优势。

一般认为，美国页岩气开发历程主要分为三个阶段。

第一阶段：页岩气勘探开发早期阶段（1821—1979 年）。

1627—1669 年期间，根据几个法国探险家和传教士的记述，阿帕拉契亚盆地的黑色富含有机质页岩已被测量和描述。1821 年，美国第一口商业页岩气井在纽约州阿帕拉契亚盆地泥盆系 Dunkirk 页岩诞生，该井钻达井深 21m 处时，从井深 8.23m 的页岩裂缝中就产出了天然气，生产的天然气满足了 Fredonia 镇的部分照明和生活的需要，该井一直供气到 1858 年。1863 年，伊利诺斯盆地肯塔基西部泥盆系等页岩层中也发现低产页岩气流，1870—1880 年期间，勘探范围逐步扩展到伊利湖南岸和俄亥俄州东北部。

1914 年，阿帕拉契亚盆地泥盆系 Ohio 页岩中钻获日产 $2.83 \times 10^4 m^3$ 的天然气，世界上第一个天然气田——Big Sandy 气田被发现。到 1926 年，该气田的含气范围由阿帕拉契亚盆地东部扩展到西部，成为当时世界上最大的气田，随后，由于石油和煤层气等化石燃料相对低价并容易开采，页岩气开采并未受到重视。

20 世纪 70 年代第一次石油危机爆发，美国政府将注意力转移到页岩气资源勘探开发上，同时高油价也吸引了私人石油公司开展有关的调研工作。1976 年，美国能源部开展了东部页岩气研究项目，综合研究阿帕拉契亚盆地、密执安盆地和伊利诺斯盆地的页岩气地质特征，证实了以阿帕拉契亚盆地泥盆系为代表的东部黑色页岩的巨大资源潜力，并重点研究和开发页岩气的增产措施技术。1979 年，美国页岩气产量达到 $24.8 \times 10^8 m^3$，最主要为阿帕拉契亚盆地泥盆系 Ohio 页岩产出。

1821—1979 年是美国页岩气勘探开发的早期阶段，得益于美国页岩气得天独厚的地质条件，该时期完成大量具有商业价值的页岩气井，页岩储层均为裂缝性储层，采用直井衰竭式开发，页岩气开发埋深普遍在 1000m 以内。

第二阶段：页岩气稳步发展阶段（1979—1999 年）。

为了鼓励勘探开发，美国政府在 1980 年颁布了《能源意外获利法》，对页岩气等非常规资源给予税收补贴政策，在发展初期给予了有力支持。随后开发技术逐步得以创新，1981 年，美国在 Barnett 页岩中通过氮气泡沫压裂，成功地实现了 Barnett 页岩气的工业化开采，由此将美国页岩气产区由东部迅速推向东南部，勘探深度也实现由 1000m 以内向 2000m 左右迈进。

20 世纪 80 年代到 90 年代初期，美国对泥盆系和密西西比系页岩中的天然气潜力进行了比较完整的评价，在这段时期，页岩气的理论研究和压裂技术尝试创新为后期的发展打下了扎实的基础。依靠前期的理论研究，到 20 世纪 90 年代中期，美国已在阿帕拉契亚盆地泥盆系 Ohio 页岩、密执安盆地的 Antrim 页岩、伊利诺斯盆地的 New Albany 页岩、沃思保盆地 Barnett 页岩、圣胡安盆地白垩系 Lewis 页岩实现商业性产气。1997 年，美国政府颁布了《纳税人减赋法案》中延续了替代能源的税收补贴政策。1999 年美国页岩年气产量达 $112 \times 10^8 m^3$，其中阿帕拉契亚盆地的 Ohio 页岩和密执安盆地的 Antrim 页岩的页岩气年产量占比 90% 以上，沃思保盆地 Barnett 页岩的页岩气年产量占比 5% 以上，如图 1–1 所示。

1979—1999 年是美国页岩气勘探开发稳步发展阶段，由于政策支持、企业投资增加、压裂技术获得重大突破等因素的刺激，该阶段美国页岩气勘探开发区由东部迅速推向东南部，采用直井组 + 压裂开采技术，页岩气开发埋深也实现由 1000m 以内向 2000m 左右迈进。

第三阶段：页岩气勘探开发快速发展阶段（1999 年至今）。

1999 年，多次重复水力压裂技术开始大规模应用于页岩气井，2002 年，水平井钻井技术应用于页岩气开发，随后旋转导向钻井技术、随钻地质导向技术、分段压裂技术、微地震监测技术、工厂化作业等先进钻完井技术的集成推广应用，大幅降低了页岩气开采难度和成本，提高了产量和开发效益，页岩气勘探开发区域、层系持续增加。这一阶段主要开发的层系除了前述的 Ohio 页岩、Antrim 页岩、New Albany 页岩、

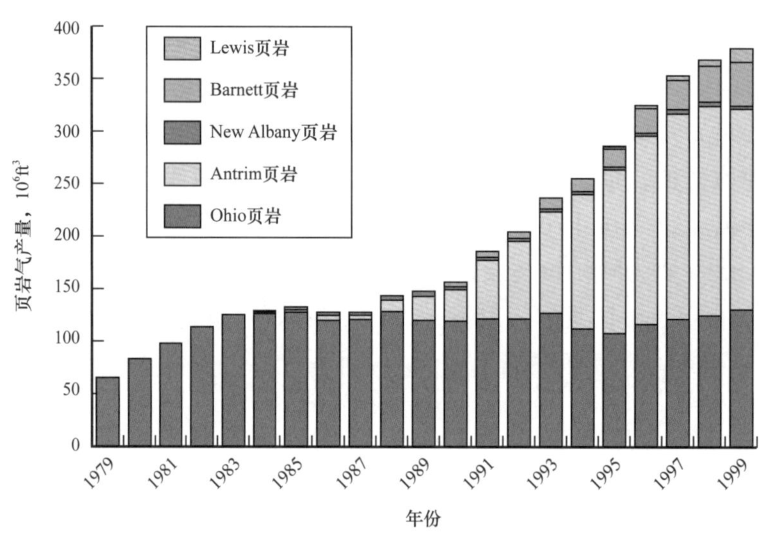

图 1-1　1979—1999 年美国页岩气年总产量及各页岩气区块年产量情况

Barnett 页岩、Lewis 页岩外，又新开发了 Woodford 页岩、Fayetteville 页岩、Marcellus 页岩、Haynesville 页岩等，页岩气开发埋深向 3000m 及以深深度推进。2017 年，美国页岩气产量达到 $4300 \times 10^8 m^3$。

继美国之后，加拿大成为全球第二个实现页岩气商业化开发的国家。勘探开发区域主要集中在加拿大西部。不列颠哥伦比亚省的霍恩河（Horn River）盆地中泥盆系，不列颠哥伦比亚省和阿尔伯塔省 Deep 盆地的三叠系蒙特尼（Montney）页岩，以及加拿大东部魁北克省的尤蒂卡（Utica）页岩层是加拿大页岩气主力产区。加拿大页岩气技术可采资源量为 $16.2 \times 10^{12} m^3$。2007 年第一个页岩气藏投入商业化开发，2012 年页岩气产量达到 $215 \times 10^8 m^3$。

国外其他国家，页岩气勘探开发尚处于起步阶段。

二、国外页岩气钻完井技术发展历程及现状[3]

1. 国外页岩气钻完井技术发展历程

美国是世界页岩气钻完井技术形成最早，技术发展最全面、最领先的国家。

1821—1980 年，主要以钻直井的方式开采东部地区 Ohio 等浅层裂缝性页岩气，采用顿钻或气体钻井钻进，完钻后依靠地层自然能量采气，页岩气钻井获商业气流的概率较低，1953 年，Hunter 和 Young 对 Ohio 页岩气藏 3400 口井统计，只有 6% 的井具有较高的自然产能，平均无阻流量为 $2.98 \times 10^4 m^3/d$。

1981 年，Mitchell 能源公司在 Barnett 页岩气藏直井中首次使用氮气泡沫压裂，取得一定增产效果，到 1985 年，此期间泡沫压裂的液量为 570～$1100m^3$，加入 20/40 目支撑剂 140～230t，施工排量约为 6.4m^3/min，采用氮气辅助排液。

1985—1997 年，Barnett 页岩气藏直井中使用交联凝胶进行压裂，总液量增加至 1500～2300m^3，加砂量增加至 450～680t。

1998 年，Mitchell 能源公司在 Barnett 页岩气藏中首次采用清水作为压裂液来进行造缝，极大提高了单井产量，增幅有时高达 2 倍甚至更高。清水压裂液比凝胶压裂液节约成本 50%～60%，同时压裂时阻力更低，清水压裂取代了氮气、泡沫等压裂方式。

2001 年，Barnett 页岩气藏首次运用微地震监测技术评价压裂效果。

2002 年，Devon 能源公司在 Barnett 页岩气藏开展 7 口水平井钻井，配合水力压裂取得巨大成功，此后水平井 + 水力压裂技术成为页岩气高效开发的主体技术，得到推广应用。

2003—2005 年，Barnett 页岩气藏水平段长一般为 300～1100m，采用滑溜水压裂，压裂液的黏度更低，总液量达 7600～23000m^3，加砂 180～450t，施工排量 8～16m^3/min。

2006 年，美国开始实施丛式水平井钻井，工厂化钻完井、压裂，大幅降低了工程成本。

2008 年后，美国页岩气水平井与体积压裂技术进一步成熟，水平段长一般为 1500～3000m，压裂级数多达 15～30 级，单井压裂支撑剂用量达千立方米以上，用液量达万立方米以上。

2. 技术现状

（1）钻井提速技术。美国和加拿大等北美国家大多数页岩气藏地层普遍可钻性好，且相关企业针对各区块地质工程特点，在页岩气水平井钻井中科学应用 vortex、PD Orbit 等先进旋转导向工具、大扭矩螺杆、大水眼钻具、非平面齿 PDC 等高效钻头、控压 / 欠平衡钻井装备等，钻井提速效果显著，如在 Midland 盆地一口井深超过 7000m 的页岩气水平井中，单趟钻进 3879m，从钻进到完钻只用 4 天，平均机械钻速达 45m/h。

（2）页岩气钻井液技术。国外页岩气开发针对不同的泥页岩，同时考虑环境、成本和维护等多种因素来进行钻井液体系选择。其中美国 Marcellus 页岩，基于环境考虑，采用合成基钻井液；Haynesville 页岩，采用柴油基钻井液；Barnett 页岩，水平段采用油基钻井液，直井段采用高性能水基钻井液；Eagle Ford 页岩，上部技术套管段使用水基钻井液，储层段使用柴油基或合成基钻井液。

油基钻井液一直是国外页岩气水平井储层段大多数区块使用最多的钻井液，近年来，迫于越来越严格的环保法规要求和钻井低成本压力，国外开展了大量的高性能水基钻井液新技术研究，且部分水基钻井液体系已经在现场得到了应用。Hou Z. 等研制了分别以聚合醇和甲基葡萄糖甙（MEG）为主剂的两种水基钻井液，该钻井液成功应用于德国北部页岩气井；Samal 等开发了一种适用于强水敏泥页岩地层水平井钻进的乙二醇—胺—PHPA 水基钻井液体系，该体系具有较强的抑制性。

（3）固井技术。固井技术包括如下几个方面：

① 油基钻井液固井用前置液技术。第一类为油基钻井液固井用油基前置液体系，通过加入一种分散剂后其黏度和胶凝强度低于钻井液，且有一个较低的临界紊流速度，容易实现紊流顶替。第二类为驱替油基钻井液的可固化隔离液体系，其主要原理是在隔离液中加入具有碱活性的高炉矿渣，在一定条件下隔离液能够与水泥浆一起固化，提高固井界面质量。第三类为针对油基钻井液开发了一种化学冲洗液用表面活性剂体系，该表面活性剂体系的加量为用水量的 1%～10%，适用于各种类型的油基钻井液。

② 固井水泥浆体系。Scott 等指出，目前美国页岩气固井水泥浆主要有泡沫水泥、酸溶性水泥、泡沫酸溶性水泥以及火山灰 +H 级水泥等 4 种类型。G.EColavechio 等针对弗吉尼亚州西部泥盆系页岩低破裂压力引起的漏失问题，研制了一种含 35%～45% 氮气的泡沫水泥浆体系。该水泥浆体系保证了环空充满水泥浆，进而为后续的压裂作业提供了保障。

H.Williams 等针对美国玛西拉地区页岩气井在完井后套管带压严重的情况，研制了一种膨胀柔性水泥浆体系。水泥石自身的体积膨胀性能配合良好的隔离液体系和技术措施，使水泥环的层间封隔能力大大加强。使用该水泥浆体系的页岩气井在压裂后均未出现套管带压现象。

美国斯维尔地区页岩气水平井井底温度高达 182℃，井底压力高达 83MPa，易发生环空气窜，环空间隙和密度窗口窄，固井过程中易发生漏失。针对这些难点，H.Williams 等利用颗粒级配技术研制了一种颗粒级配水泥浆体系。该水泥浆体系各方面综合性能良好，具有较高的强度，已在该地区 390 多口页岩气井中使用。Cole 等针对这些问题研制了一种胶乳水泥浆体系，该胶乳水泥浆体系能耐 200℃以上高温，具有很低的失水量。胶乳增加了水泥石的耐腐蚀性、抗拉强度和弹性，使得水泥石在压裂作业和井的整个生命周期中都能保持完整性。

③ 固井工艺。Scott 等指出，页岩气井固井设计中主要考虑的方面为井眼净化、钻井液置换、套管居中和浆体性能设计。H.Williams 等提出钻井液的清除、固井工艺设计、套管居中度、流体结构设计是页岩气固井的 4 个重要影响因素。

Jessica 等通过对 160 多口页岩气井固井技术的分析得出，钻井液有效清除、水泥浆性能和固井工艺的执行情况是页岩气井固井成功的关键，并提出各部门之间的交流协作有助于提高页岩气井固井质量。

C.A.Harder 等指出，油基钻井液的基油类型、表面活性剂类型与加量、性能等会极大地影响固井质量，提出可以通过优化油基钻井液性能来提高固井质量，并通过实验得出烷醇酰胺类表面活性剂对固井质量的影响要小于脂肪酸类表面活性剂。

（4）完井技术。国外页岩气井的完井方式主要包括组合式桥塞完井、水力喷射射孔完井、机械式组合完井方式。

组合式桥塞完井是在套管井中用组合式桥塞分隔各段，分别进行射孔或压裂，这是页岩气水平井常用的完井方法。但因需要在施工中射孔、坐封桥塞、钻桥塞，也是最耗时的一种方法。

水力喷射射孔完井适用于直井或水平套管井。该工艺利用伯努利（Bernoulli）原理，从工具喷嘴喷射出的高速流体可射穿套管和岩石，达到射孔的目的。通过拖动管柱可进行多层作业，免去下封隔器或桥塞，缩短完井时间。

机械式组合完井采用特殊的滑套机构和膨胀封隔器，适用于水平裸眼井段限流压裂，一趟管柱即可完成固井和分段压裂施工。以 Halliburton 公司的 Delta Stim 完井技术为代表，施工时将完井工具串下入水平井，悬挂器坐封后，注入酸溶性水泥固井。井口泵入压裂液，先对水平井段最末端第一段实施压裂，然后通过井口落球系统操控滑套，依次逐段进行压裂，最后放喷洗井，将球回收后即可投产。膨胀封隔器的橡胶在遇到油气时会发生膨胀，封隔环空，隔离生产层，膨胀时间可控。

（5）工厂化作业模式。工厂化钻井是井台批量钻井和工厂化钻井等新型钻完井作业模式的统称，是指利用一系列先进钻完井技术和装备、通信工具，系统优化管理整个建井过程涉及的多项因素，集中布置，进行批量钻井、批量压裂等作业的一种作业方式。这种作业方式利用快速移动式钻机对单一井场的多口井进行批量钻完井和脱机作业，以流水线的方式，实现边钻井、边压裂、边生产。通过协同配合，减少井场及道路占地，减少对地表植被的破坏，重复利用钻井液，减少钻井液用量，减少水资源消耗，减少非生产时间，充分利用钻机和人员，提高钻井效率，缩短钻井周期，缩短投资回报期，降低钻完井成本。

近年来用工厂化作业模式完成的页岩气井占比快速增长。在先进高效的钻完井技术的协同配合下，国外工厂化作业提速提效显著，加拿大 Groundhirch 页岩气项目采用工厂化作业模式，单井建井周期从 40 天缩短至 10 天，近年来，美国页岩气水平井的平均水平段长度逐年增加，但平均单井钻完井成本并没有增加。

第二节　国内页岩气钻完井技术现状

一、国内页岩气开发历程[4]

与美国相比，中国页岩气勘探起步较晚，但与全球其他地区相比仍处于领先地位。

自20世纪60年代以来，不断在渤海湾盆地、松辽盆地、四川盆地、柴达木盆地、鄂尔多斯盆地等几乎所有陆上含油气盆地中都发现了页岩气或泥页岩裂缝性油气藏。1966年在四川盆地威远构造上钻探的威5井，在古生界寒武系筇竹寺组获日产 $2.46\times10^4m^3$ 气流。

1994—1998年间，中国专门针对泥岩、页岩裂缝性油气藏做过大量工作，许多学者也在不同含油气盆地探索过页岩气形成与富集的可能性。

2000—2005年间，中国学者及科研机构开始高度关注北美页岩气的大规模开采。

2005年开始，中国石油、中国石化、国土资源部及中国地质大学（北京）等相关单位借鉴北美页岩气成功开发的经验，以区域地质调查为基础，利用老井复查，开展中国页岩气形成与富集的地质条件研究，调查页岩气资源潜力，探索中国页岩气的发展前景。

2006年，中国石油与美国新田石油公司进行了国内首次页岩气研讨，提出中国具备海相页岩气形成与富集的基本地质条件，其依据是在四川盆地南部威远、阳高寺等地区的常规天然气勘探开发过程中钻遇的寒武系筇竹寺组和志留系龙马溪组时出现了丰富含气显示现象。

2007年，中国石油与新田石油公司合作，开展威远地区寒武系筇竹寺组页岩气资源潜力评价与开发可行性研究。同时对整个蜀南地区古生代海相页岩地层开展了露头地质调查与老资料复查。

2008年，中国石油勘探开发研究院在四川盆地南部长宁构造志留系龙马溪组露头区钻探了中国第一口页岩气地质评价浅井——长芯1井，取得了“上扬子地区古生界发育多套海相富有机质页岩，厚度大，有机质含量高，具有较好的页岩气形成条件”的初步认识。

2009年，国土资源部在全国油气资源战略选区调查与评价专项中设立了“全国重点地区页岩气资源潜力评价和有利区带优选”重大专项。中国石油与壳牌（Shell）公司在四川盆地富顺—永川地区进行中国第一个页岩气国际合作勘探开发项目，并率先在四川盆地威远—长宁、云南昭通等地区开展中国页岩气工业生产先导试验区建设。为了探索四川盆地东部页岩广泛出露区和高陡构造复杂区的页岩气勘探前景，国土资源部与中国地质大学（北京）在重庆市彭水县境内钻探了地质调查井——渝页1井。同时，中国石化在贵州大方—凯里方深1井区开展了寒武系牛蹄塘组页岩气老井复查工作。

2010年以来，中国政府高度重视页岩气产业的发展，成立了国家能源页岩气研发（实验）中心，中国与美国制订并签署了《美国国务院和中国国家能源局关于中美页岩气资源工作行动计划》，成立了国家能源页岩气研发（实验）中心，同年威201井和宁201井在上奥陶系五峰组—下志留龙马溪海相页岩中获得工业气流，中国开始了页岩气开采。

2011 年，页岩气被批准成为我国第 172 种独立矿种，发布“十二五”页岩气规划。国家组织第一轮页岩气矿权出让，同年发现焦石坝页岩气田。

2012 年，焦页 1HF 井五峰组—龙马溪组获高产油气流，当年中国页岩气产量超过 $1\times10^8m^3$，同年国家批准建设长宁—威远页岩气产业化示范区，探索页岩气规模效益开发方法，建立页岩气勘探开发技术标准体系。

2013 年，国家批准设立重庆涪陵国家级页岩气示范区，当年中国页岩气产量超过 $2\times10^8m^3$。

2014 年，涪陵、威远、长宁页岩气田快速建产，使中国 2014 年页岩气产量跃升至 $12.5\times10^8m^3$，成为世界上第三个实现页岩气商业开发的国家。

2017 年，中国页岩气产量达到 $90\times10^8m^3$，仅次于美国和加拿大，位列世界第三位。

二、国内页岩气水平井钻完井技术形成历程[5]

伴随着中国页岩气的快速勘探开发，国内页岩气水平井钻完井技术通过创新发展和引进、吸收国外先进技术，逐步形成了埋深 3500m 深度以浅页岩气配套钻完井技术，有力支撑了长宁、威远、涪陵国家级页岩气示范区及其他区块页岩气产能建设。

国内页岩气钻完井技术发展主要经过三个阶段：

2009—2011 年，为国内页岩气钻完井探索阶段。该阶段主要以常规钻完井技术或引进国外技术进行页岩气钻完井作业，如采用单井钻完井作业、滑动钻井定向、普通油基钻井液、固井技术、引进微地震压裂监测技术等，钻完井过程中表现出钻速慢、钻井周期长、页岩垮塌严重、固井质量不高等特点。如宁 201 井韩家店—石牛栏井 PDC 钻头适应性差，牙轮钻头机械钻速仅 1.29m/h；威 201-H1 井、宁 201-H1 和威 201-H3 等井造斜，水平段采用普通油基钻井液，但垮塌严重，生产套管固井优质率为 52.7%、合格率 89.2% 等。

2012—2014 年，为国内页岩气钻完井国产化自研配套阶段。该阶段开始进行丛式井作业，初步形成三维丛式水平井井眼轨迹控制技术、页岩气丛式井快速钻井技术、地质工程一体化导向技术、页岩气油基钻井液技术、页岩气水平段固井技术，分簇射孔技术、水平井分段压裂技术、清洁化生产等，本阶段基本完成北美页岩气钻完井技术的国产化，现场应用取得较大进展，如威远、长宁页岩气平均钻井周期由初期的 147 天左右，降低至该阶段的 70 天左右。油基钻井液基本解决了页岩层段垮塌问题，生产套管固井优质率达到 81.8%，合格率达到 91.4%，分段压裂创造最大单井分段数 26 段，单井最大液量 $46141m^3$，最大砂量 2161t 等系列国内纪录。但仍存在钻机快速移动装置和快速安装设备仅初步配套，采用单钻机钻井，单井压裂，未实现“工厂化”钻完井，钻完井效率较低，成本较高；井身结构不满足大排量体积改造的需求等问题。

2014 年至今，为国内页岩气钻完井技术持续优化、集成、规模应用阶段。该阶段形成批量化双钻机钻井、钻井压裂同步作业、拉链（同步）压裂等为代表的工厂化作业模式；井身结构优化、三维轨迹优化、个性化钻头 + 高效井下工具、油基 / 水基钻井液、工程地质一体化地质导向、页岩气水平井固井等为代表的优快钻完井技术；体积压裂优化设计、高效分段工具、优质压裂液、微地震监测技术等为代表的体积压裂技术。该阶段实现“钻井越来越快、压裂越来越好、产量越来越高”的效果，长宁、威远、昭通、涪陵等区块，钻井周期低于 40 天的井不断涌现，单井平均测试产量 $\geqslant 10\times10^4m^3/d$，上述区块均实现规模效益开发，快速支撑国内页岩气产量由 2014 年的 $12\times10^8m^3$，提高至 2017 年的 $90\times10^8m^3$。

目前，国内页岩气钻井已形成部分标准，具体见表 1–2。

表 1–2　国内页岩气钻井相关标准

序号	标准号	标准名称
1	GB/T 34163—2017	《页岩气开发方案编制技术规范》
2	NB/T 14004.1—2015	《页岩气　固井工程　第 1 部分：技术规范》
3	NB/T 14004.2—2016	《页岩气　固井工程　第 2 部分：水泥浆技术要求和评价方案》
4	NB/T 14004.3—2016	《页岩气　固井工程　第 3 部分：质量监督及验收要求和方法》
5	NB/T 14009—2016	《页岩气　钻井液使用推荐作法　油基钻井液》
6	NB/T 14010—2016	《页岩气　丛式井组水平井安全钻井及井身质量控制推荐做法》
7	NB/T 14012.2—2016	《页岩气　工厂化作业推荐作法　第 2 部分：钻井》
8	NB/T 14018—2016	《页岩气水平井井位设计技术要求》
9	NB/T 14019—2016	《页岩气　水平井钻井工程设计推荐作法》
10	NB/T 10252—2019	《页岩气水平井钻井作业技术规范》
11	SY/T 6396—2014	《丛式井平台布置及井眼防碰技术要求》
12	Q/SY 1851—2015	《页岩气钻井安全规范》
13	Q/SY 07004—2016	《页岩气井用生产套管选用及评价》
14	Q/SY 1856—2015	《页岩气水平井钻井工程设计规范》
15	Q/SY 02296—2016	《密集丛式井上部井段防碰设计与施工技术规范》

参考文献

[1] 朱彤，曹艳，张快．美国典型页岩气藏类型及勘探开发启示［J］．石油试验地质，2014，36（6）：719–724.

[2] 王淑芳，董大忠，王玉满，等．中美海相页岩气地质特征对比分析［J］．天然气地球科学，2015，26（9）：1666–1678.

[3] James G. Speight. 北美页岩气资源及开采［M］．北京：中国石化出版社，2015.

[4] 张金川，姜生玲，唐玄，等．我国页岩气富集类型及资源特点［J］．天然气工业，2009，29（12）：109–114.

[5] 潘军，张卫东，张金成．涪陵页岩气田钻井工程技术进展与发展建议［J］．石油钻探技术，2018，46（4）：9–15.

第二章
页岩气水平井钻井设计

页岩气作为典型的非常规资源存在于致密页岩的裂缝、孔隙中，由于有效渗透率极低，要使页岩气尽可能流入井筒，就必须充分利用水平井和压裂增产技术，大幅度增大天然气进入井筒的通道。水平井钻井技术在拓展泄流面积、提高泄油效率、优化单井产能方面贡献突出，在成本增大有限情况下，数十倍以上提高单井产量，从而换取更好的开发效益。多级大规模体积压裂可以使页岩形成复杂的缝网结构，进一步增大页岩中吸附气进入井筒的通道，从而大幅度提高投入产出比。在页岩气开采方面，水平钻井技术和多级大规模体积压裂技术是保证生产成功关键因素的两个方面，本章主要从平台布井方式、井身结构设计、井眼轨道与导向方式设计等方面来讲述水平井钻井设计。[1，2]

第一节　页岩气丛式井平台设计

一、气藏工程对钻井的要求及水平井设计需考虑的因素

1. 气藏工程对钻井的要求[3]

针对页岩气气藏的地质特点，制订产能、井网部署和开发原则，页岩气开发对钻井有以下几个方面的要求：

（1）利用国内外先进成熟开发技术，丛式井组部署，水平井分段体积改造，采用“工厂化”作业方式施工。

（2）满足水平井开发方式的需要，推荐水平段方位继续按照基本垂直于各井区最大水平主应力方向设计。

（3）综合考虑经济效益和工艺难度，采用常规双排、单排布井方式，水平段井眼间距（巷道间距）为 300～400m，水平段长度 1500～2000m，为了动用“盲区”和提高页岩气井开发的经济性，同时开展“勺”形井、2500m 和 3000m 长度水平井先导性

试验。水平井靶体距优质页岩底界3～8m。

（4）提供优质井眼和优质井筒条件，满足大规模体积压裂作业的要求。

（5）满足气田短期高产，中期与长期安全稳产的要求。

2. 水平段的方位设计

由于页岩中垂直裂缝占多数，当水平井井眼方位垂直于地层的最大主应力方向，即水平段沿着地层最小主应力的方向前进时，后期水力压裂的裂缝沿着最大水平主应力延伸得更远，使得水平段更好地钻遇储层裂缝，对后期的压裂开发较为有利。对工区水平段井眼方位角的选取主要考虑以下因素：

（1）考虑地应力类型对水平井眼方位的影响，根据分析结果，在正常地应力和反转地应力条件下，随着井斜角的增加，井壁稳定性逐渐变差，即直井较水平井井壁稳定性好；在走滑地应力类型条件下，随着井斜角的增加，井壁稳定性逐渐变强，即水平井井壁稳定性最好。从井壁稳定性方面出发，钻井或完井过程中，为保持良好的井壁稳定性，水平井钻井最优方位与最大水平主应力方向夹角对应正常地应力、走滑地应力、反转地应力类型分别为90°、45°和0°。对工区地应力大小关系进行分析，根据工区实际的地应力类型选择相应的钻进方位，可较好地保持水平段的井壁稳定性。

（2）考虑页岩弱层理面对水平井眼方位角的影响，当井眼方向与最小水平主地应力方向一致时，井周应力分布最为均匀，此时井壁微裂缝扩张时井筒内液柱压力最大，井眼更为稳定。

（3）考虑到对后期增产压裂效果，通过对工区页岩储层天然裂缝类型的分析得到主要的裂缝走向，再根据分析得到的水平井压裂产生的压裂缝延伸方向，使其与最大水平主应力方向一致来确定水平段井眼的方向。由此所选取的方向有利于压裂缝的延伸并能更多地沟通天然裂缝，使压裂产生的裂缝与水平井筒垂直或斜交，以此增加与储层天然气的接触面积，提高采收率。

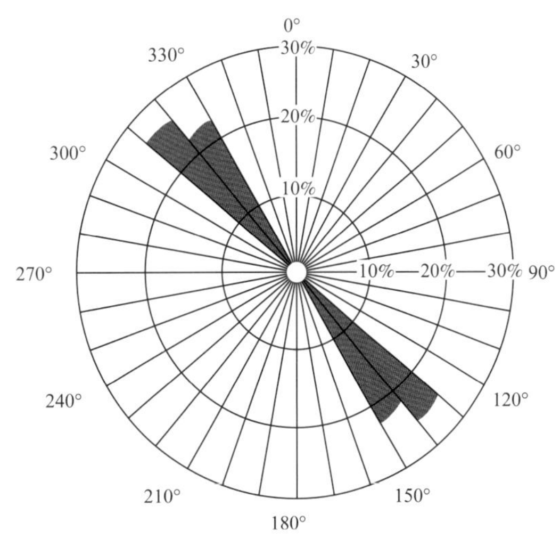

图2-1　长宁区块页岩气层最大主应力方向

基于测井、地震、压裂资料，建立分析模型，得到四川盆地某地区地应力特征，假设最大水平主应力方向北东135°，如图2-1所示，水平井眼方向沿最小水平应力方向钻进，水平段方位设计为北东45°方向。明确地应力大小及方向，兼顾储层改造和水平段防塌要求，提出水平段井眼轨道沿最小主应力和与最小主应力偏离30°～40° 延伸两套方案，水平段选择在优质页岩层穿行，如图 2-2 所示。

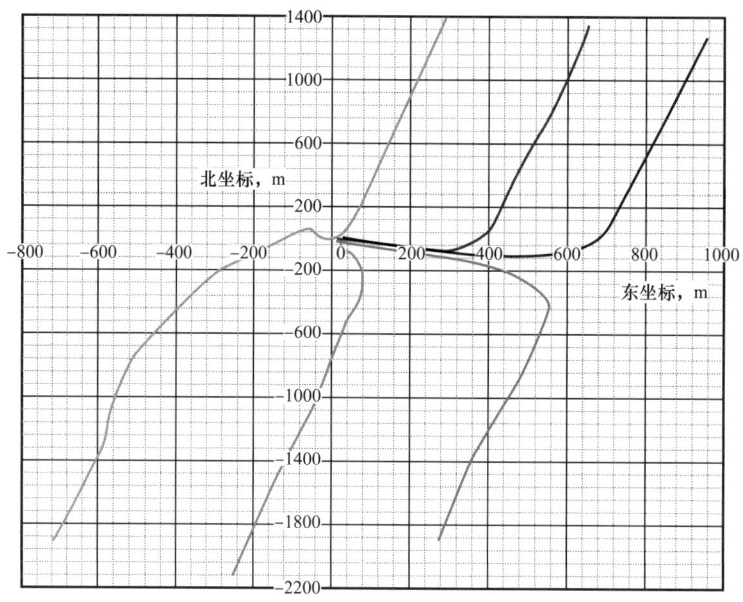

图 2-2　长宁区块某平台井组水平投影图

具体的水平段方位还应通过不断实践，寻找出缝网最佳的方位，才能决定规模实施时的方位。国外某区块，采用了各种不同的井眼方向各进行了几个井组试验，结果证实，该区块沿最大水平主地应力方向钻进时，微裂缝监测的缝网结构更好，而且投产后的产量更高。

3. 水平段长度控制

国外早期页岩气开发水平井水平段长一般为 600～1500m，理论上是随着水平井段增加，初始产量相应也会增加。实际生产效果也证实了这一点，目前国外页岩气水平井的水平段长普遍大于 2000m，部分区块接近 3000m。但水平段长度受水平井钻井工艺、压裂工具水平、压裂技术等限制，在目前情况下，开发井组水平段长度主要以 1500m 为主。根据实际钻井情况综合经济效益统筹分析，可适当调整水平段长度。[1]

依据美国页岩气开发成功经验，页岩气丛式水平井按一字形排开，水平井段按照平行原则排列，这样可以实现后期增产作业的大面积区域化。

4. 水平段间距

水平段间距受裂缝缝网有效作用距离影响，通过前期试验井组的压裂过程中微地震监测可以确定每一级压裂的裂缝缝长与影响宽度，其中缝长决定了水平段的间距，而裂缝影响宽度决定了每一级压裂的间距。

一般微裂缝监测到的裂缝延伸长度并不代表有效渗流的裂缝长度，据国外经验，有效裂缝长度一般仅为压裂监测到长度的1/3～1/2，实际水平段间距应考虑裂缝有效作用用距离影响时，水平段间距有越来越小的趋势，但根据我国页岩气水平段长度、单位长度控制页岩气资源量综合考虑，水平段间距暂时控制在300～400m。

四川盆地多属于丘陵、山区地形，地表条件受限，也限制了井下水平段的间距，在地质目标需要和工程难易程度的基础上综合考虑。如果水平井井眼轨道方位与最小水平主应力平行，有利于压裂主裂缝的扩展，同时容易形成裂缝网络，井下水平段间距一般大于350m；如果水平井井眼轨道方位与最小水平主应力斜交，在高应力各向异性区能防止井壁的坍塌，但是压裂主裂缝的扩展长度有限，井下水平段间距为200～300m。[4-6]

二、平台设计

为降低页岩气勘探开发投入成本，页岩气普遍采用丛式水平井开发模式，丛式井组地面井位布置基本原则是用尽可能少的平台（井场）布合理数量的井，有利于地面工程建设、利于钻机搬迁移动、减少井眼相碰风险、利于储层最大化开发、满足工程施工能力、降低征地费用及钻井费用等。单个平台占地面积由井数决定，一个平台中设计的井数越多，井场面积越大，需要综合考虑钻井和压裂施工车辆及配套设施的布局以及建井周期等。地面工程的设计需要考虑工程和环境的影响，为“工厂化”开发提供保障，同时使占地面积最小化。需要考虑的因素有以下几点：

（1）满足区块开发方案和页岩气集输建设要求；

（2）充分利用自然环境、地理地形条件，尽量减少钻前工程的难度；

（3）考虑钻井能力和井眼轨道控制能力；

（4）最大限度触及地下页岩气藏目标；

（5）考虑当地地形地貌，生态环境，以及水文地质条件，满足有关安全环保的规定。[5，6]

国外页岩气“工厂化”钻井在单平台最多布36口井，采用单排或多排排列，布局需要充分考虑作业规模、地质条件、地面条件限制等因素。井口间距考虑后期地面作业，钻井期间防碰难度等影响，而排间距一般从双钻机并行作业方面考虑。国内丛式井井间距一般为10～20m，排间距为50m左右。Horn River盆地丛式“工厂化”三维结构如图2-3所示。美国哈内斯威尔页岩气井口布局如图2-4所示。

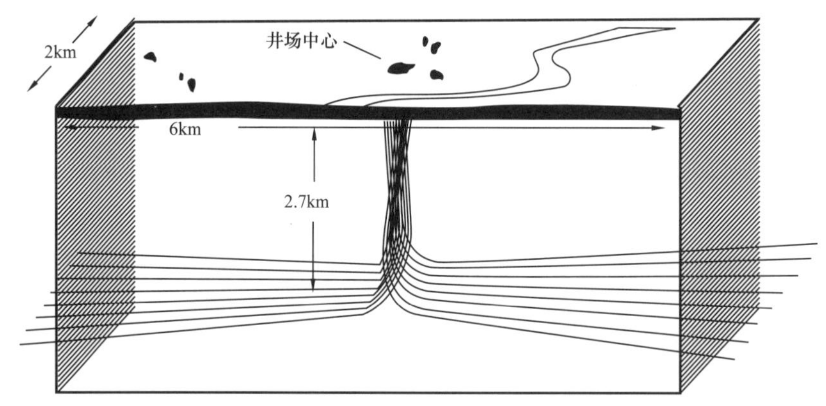

图 2-3　HornRiver 盆地丛式“工厂化”三维结构

图 2-4　美国哈内斯威尔页岩气井口布局示意图

目前，我国页岩气勘探开发主要集中在四川盆地及其周缘的海相页岩发育有利区块，区内地貌以丘陵和山地为主，人口密集、耕地较少。这一复杂的地形地表条件不仅使平台选择受限，还严重限制了平台的布井数量和地面井口排列方式。经过近几年的持续探索与试验，形成了适应我国复杂地形地表条件的成熟平台丛式水平井组布井方式。

通过综合考虑页岩储层特征、工程难度、作业成本、井间干扰、压裂效果等因素，中国石油页岩气示范区确定了水平段长 1500～1800m，水平段延伸方向与地层最小水平主应力平行，以井间距 350～450m 平行展布地下井网方式，为地面丛式井组部署提供条件。

在页岩气开发区域上按照“工程服从地质，地面服从地下；地质兼顾工程，地下兼顾地面”的思路现场踏勘，确定平台位置，再依据平台地形条件和面积大小来确定布井的数量，根据平台内各井目标点与平台位置的关系确定各井的布局，排列方式应有利于简化搬迁工序使井组建井时间最短。每平台钻 3～8 口单支水平井，平台内井口间距应根据井场面积、布井数量、安全生产以及后期作业等因素统筹考虑，做到布局合理，有利于井与井之间的防碰，尽量避免出现两井交叉，减少钻井过程中井眼轨道控制的难度。如果分布不恰当，产生了防碰绕障现象，将会增加钻井难度，甚至会影响其他平台的钻井。最后根据每一个丛式井平台上井数的多少选择平台内地面井口的排列方式。

在集群化建井基础上，综合井场建设、钻井难度、建井周期等因素，页岩气丛式井平台内井口的常用排列方式有以下几种。

1. “一”字形单排排列

依据美国页岩气开发成功经验，页岩气丛式水平井平台按单排“一”字形井口布局方式是最优的（图 2–5），可降低钻井难度、风险和实施安全快速钻井，工厂化作业采用连续轨道实现钻机快速平移，最大化降低无效怠工时间。这种直线型布局井间偏移距丢失最小，且有利于压裂车组布局。但长宁—威远区块属于丘陵、山区地形，地表条件受限，若采用多井数“一”字形的大平台井场很难实现。在地形条件受限情况下，只能采用平台内布井 3～6 口，井口间距 5m，少数平台地面条件允许可采用这种方式布井。

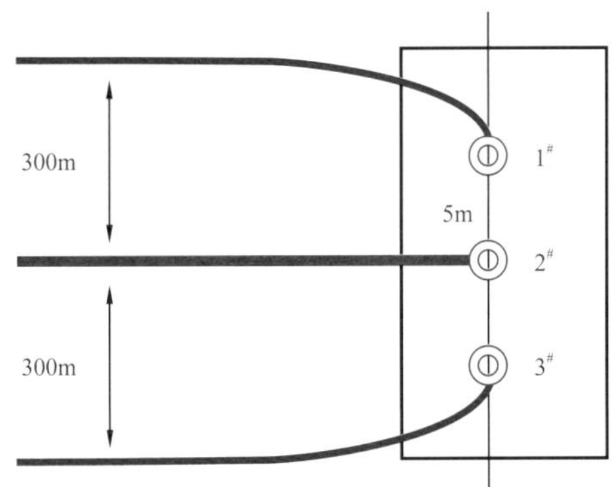

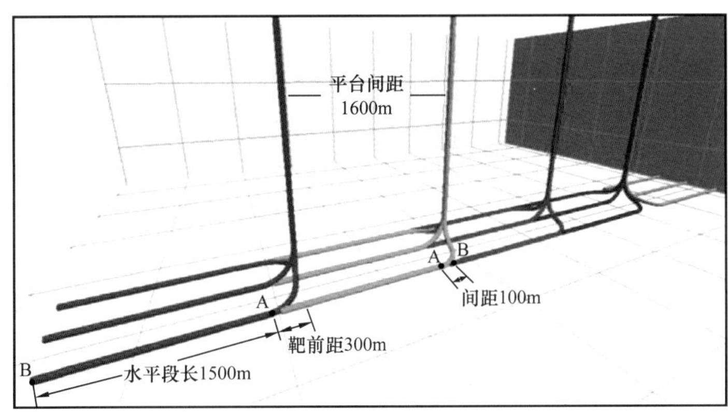

图 2–5　单平台井布局示意图

2. 双排排列

单平台双排对称布置，工程难度适中，平均单井占用井场面积小，平台利用率高，但平台正下方存在较大区域开发盲区，这类布井技术基本成熟，是宁 201 井区页岩气水平井主要布井方式，井间距 5m，排间距 30m，垂直靶前距 300m，巷道间距 300m，采用双钻机作业。目前主要采用这种方式布井（图 2–6）。

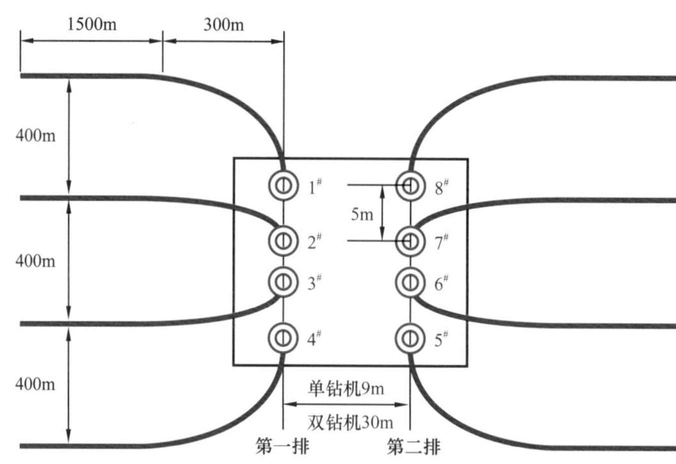

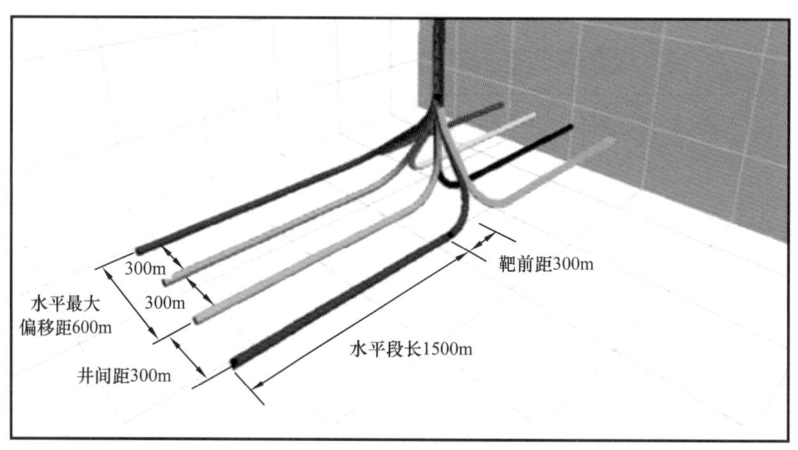

图 2–6　单平台常规双排井布局示意图

3. 双平台交叉布置

两个平台双排交叉式布井方式，两个水平井组单侧井互相对另一平台正下方储量进行利用，但对布井地面条件要求高（平台间距 1700m），平均单井进尺长（图 2–7）。

该类布井，对钻井而言主要是垂直靶前距大，井眼轨道中的狗腿度较小，施工难度相对较小。威 204H4 平台和威 204H5 平台实施了交叉布井，水平段长 1500m，垂直靶前距 842m，完成了钻井工作。但随着水平段延伸，垂直靶前距增大，稳斜段也相应增长，从而摩阻、扭矩增大。

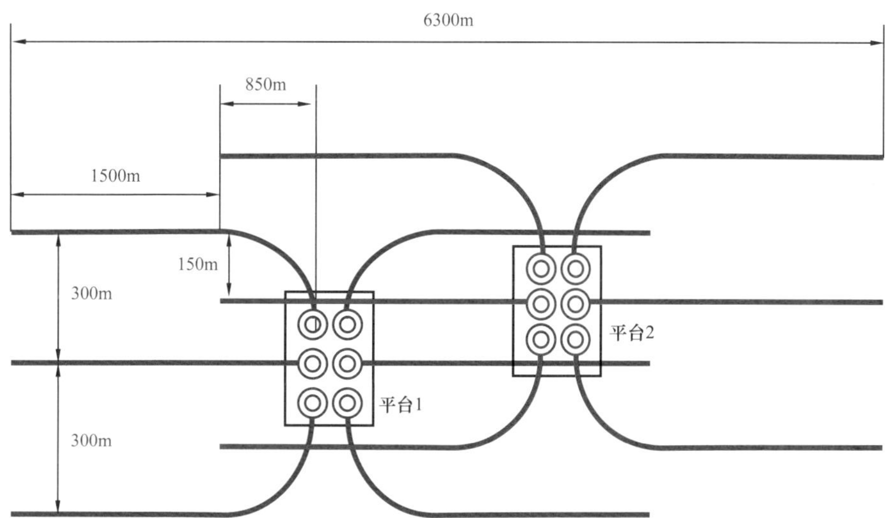

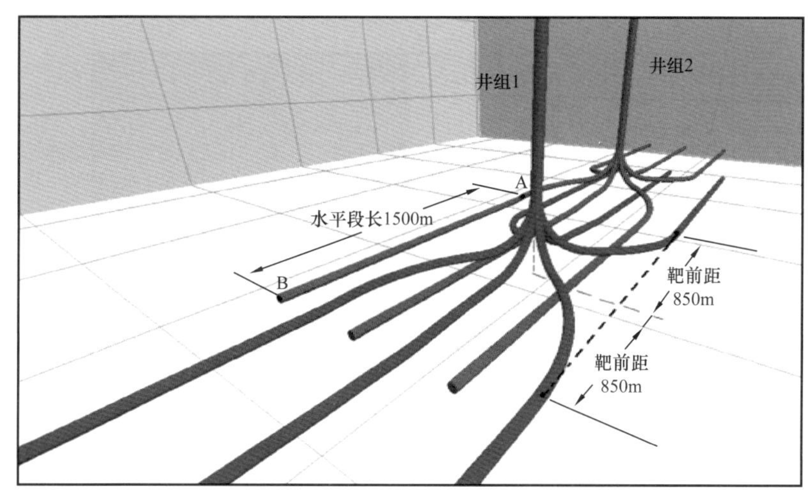

图 2-7 双平台交叉布置平面示意图

4. 勺形井组布置

勺形井利用勺形反向位移，可缩短垂直靶前距，达到减小平台正下方开发盲区的目的，反向位移越大，垂直靶前距越短，“盲区”则减小越多。但同时反向位移越大，钻进中摩阻、扭矩越大，所以合适的垂直靶前距是勺形井布井要考虑的关键因素。勺形井垂直靶前距推荐应不低于 50m。为减少邻井防碰压力，推荐南边的井水平段向北延伸，北边的井水平段向南延伸（图 2-8）。

上述 4 种平台布井设计，需从开发效益、工程难易程度、钻井成本和布井要求等方面进行分析（表 2-1 和表 2-2），以效益开发为原则，考虑山地环境的影响和限制，综合优选出合适的平台设计。

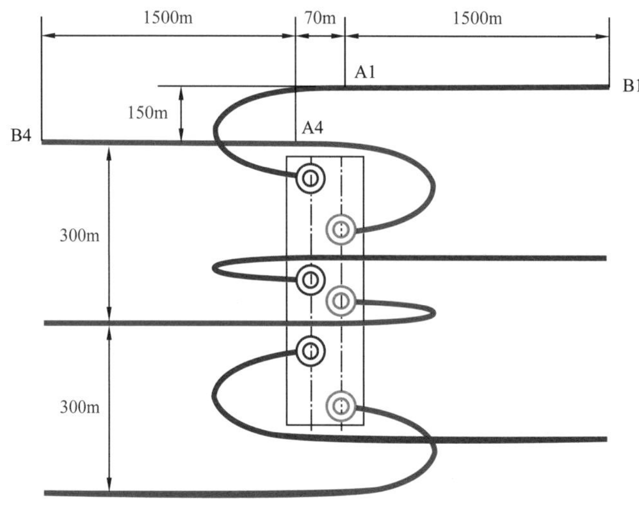

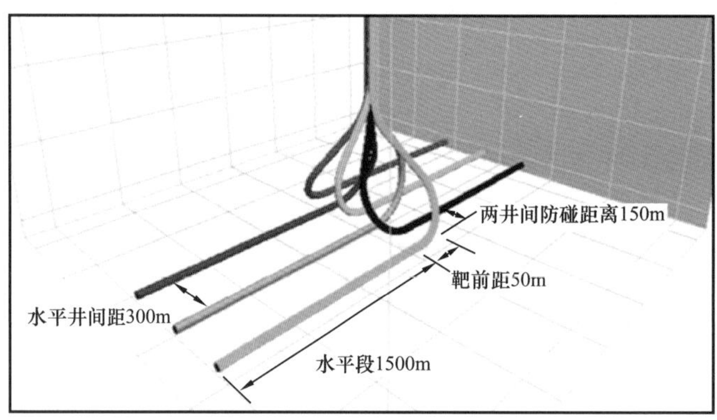

图 2-8 勺形井组布置平面示意图

表 2-1 4 种布井方式相关参数指标对比

方案	开发面积 km^2	井数 口	平台 数个	靶前距 m	盲区面积 km^2	总进尺 m	水平段长 m	平均单井进尺 m	造斜率 (°)/30m	下套管摩阻 tf
常规双排	2.16	6	1	300	0.36	26041	1500×6	4335	5	23.2
常规单排	1.08	3	1	300	0.18	12985	1500×3	4328	5	19.23
平台交叉	3.78	12	2	850	0.12	56258	1500×12	4688	4.5	20.85
勺形井组	1.86	6	1	50	0.04	25729	1500×6	4288	6	23.5

表 2-2 4 种布井方式优缺点对比

方案	优点	缺点
常规双排	① 技术成熟，为目前主要布井方式； ② 布井灵活，受地面条件限制相对小； ③ 可双钻机作业	“盲区”面积大
常规单排	① 单平台面积小； ② 不存在开发“盲区”； ③ 单井进尺少； ④ 成本低	平台利用率低
平台交叉	① 造斜率低、狗腿度小； ② 钻井相对容易； ③ 不存在开发“盲区”； ④ 可双钻机作业	① 布井受地面限制； ② 单井进尺多； ③ 成本高
勺形井组	① 布井灵活，受地面条件限制相对小； ② 单井进尺少； ③ 开发“盲区”面积小； ④ 可双钻机作业； ⑤ 成本低	① 三维井身剖面复杂； ② 下套管摩阻、扭矩大

第二节 页岩气水平井井身结构设计

一、设计原则[3-6]

页岩气作为一种非常规油气资源，在进行页岩气井井身结构设计时，除了满足基本设计要求外，还需要充分考虑区域地质特征，合理设计，满足 QHSE 要求、钻井提速及后期大规模压裂及井筒完整性要求，根据页岩气开发的施工工艺特点，还需要根据以下设计原则和因素进行井身结构设计。

1. 井身结构设计原则

（1）满足大规模分段体积压裂改造，完井作业、采气工程及后期作业的要求；

（2）有利于减少井下复杂事故，保证钻井施工安全；

（3）有利于保证固井质量；

（4）有利于提高钻井速度；

（5）符合行业规范与标准；

（6）降低成本，提高效益。

2. 井身结构设计应考虑的因素

（1）上部疏松易漏地层及浅气层对表层套管下深的影响；

（2）固井质量对井身结构选择的影响；

（3）固井工艺、水泥环对套管尺寸、套管柱和井筒完整性的影响；

（4）综合考虑地质复杂性，预留套管设计层次。

3. 压裂与生产对完井方式的要求

长宁和威远页岩气作业区当前已完成井全部采用射孔完井方式；在国外，射孔完井方式也是主流的页岩气水平井完井方式，裸眼完井极少应用于页岩气水平井。结合长宁和威远页岩气水平井地质条件和压裂作业的需要，比较两种完井方式，见表 2–3。

表 2–3　完井方式选择

完井方式	技术优势	技术缺点
射孔完井	① 可保证井壁稳定； ② 有利于优化压裂部位和大排量体积改造； ③ 有利于后期采气工艺的实施	建井成本高，作业时间长
裸眼完井	建井成本低，周期短，作业简单	不能保证页岩井壁稳定，不利于大排量体积改造

分析长宁页岩气地质和工程需要，可以得到如下结论：

（1）从地层条件上看，由于页岩气储层井壁易垮塌，不满足裸眼完井；

（2）长宁页岩气储层非均质性较强，采用分段裸眼完井不利于精细改造储层；

（3）前期已完成井全部采用射孔完井，技术成熟可靠，而在页岩气水平井采用裸眼完井方式还没有应用过。因此，目前长宁—威远页岩气主要是以射孔完井方式。

4. 套管层次和套管柱要求

根据地质情况和完井要求，页岩气示范区采用如图 2–9 所示的井身结构，套管下入的层次为：导管、表层套管、技术套管、生产套管。其中：

（1）表层套管。表层套管下入深度一般为 30～1500m，水泥浆返至地表，用来防护浅水层不受污染，封隔浅层流砂、漏层、砾石层及浅气层。由于川渝地区一般为山地，表层套管下深受山地地形影响较大。

（2）技术套管。技术套管用来隔离井眼中间井段的易塌、易漏、高压等复杂地层，起到隔离地层和保护井身的作用。页岩气示范区的技术套管主要用于封隔上部易漏、易塌地层，为目的层长水平段安全钻井创造条件。

（3）生产套管。页岩气井的生产套管用于为压裂和生产提供井筒环境。

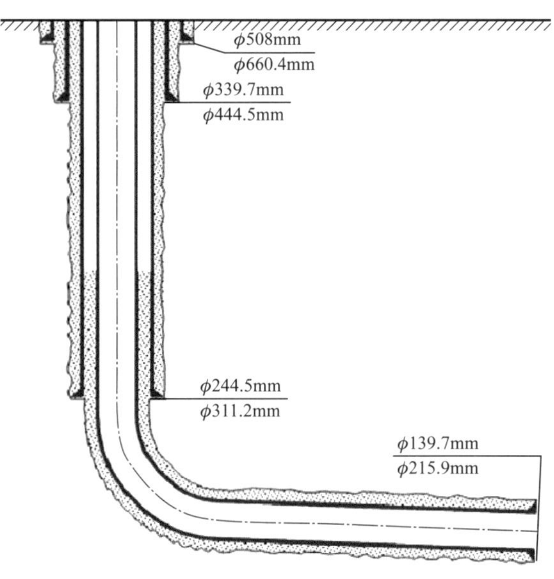

图 2-9 页岩气井身结构示意图

二、设计方法

井身结构是油气井在设计时或钻井完成后的基本空间形态，包括套管层次和每层套管的下入深度、水泥返高以及套管井眼尺寸的配合等。基于准确三压力剖面的井身结构设计方法，主要参考 SY/T 5431《井身结构设计方法》。但由于四川地区大部分为碳酸盐岩地层，难以取得准确三压力剖面，因此井身结构设计方法主要是：以三压力剖面为基础，结合地质复杂情况，并考虑完井要求等其他因素，确定套管必封点、套管尺寸等，最终设计形成合理的井身结构。

1. 建立三压力剖面

目前主要基于物探、测井、岩石力学参数和地应力研究等资料，通过专用软件形成三压力剖面。由于目前碳酸盐岩地层三压力剖面不准确，因此需要根据实钻资料和实测地层压力对软件计算出的三压力剖面进行修正，最终形成对井身结构设计具有指导意义的三压力剖面图，如图 2-10 所示。

2. 分析地层复杂情况

套管必封点的选择必须分析总结地层复杂情况，如地层复杂能够通过优化钻井液、堵漏、精细控压等工艺在可接受的周期和费用下解决，则可不下套管封隔；如分析地层复杂不能通过优化钻井液、堵漏、精细控压等工艺解决或无法在可接受的周期和费用下解决，则需要下套管进行封隔。

一般说来，复杂地层主要有：

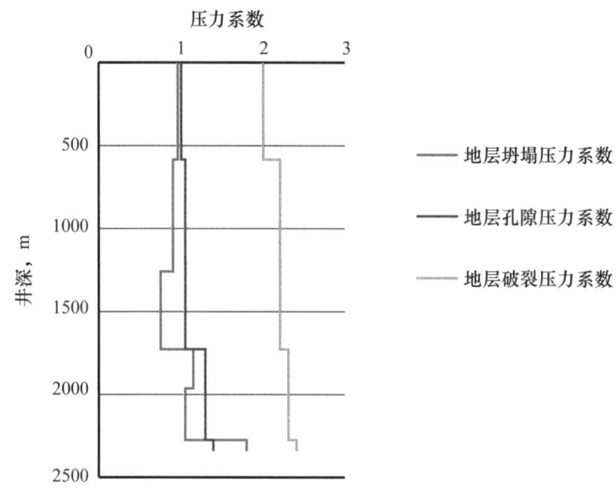

图 2-10　威远页岩气作业区某井区三压力剖面图

（1）易坍塌页岩层、塑性泥岩层、盐岩层、盐膏层、煤层等。

（2）裂缝溶洞型、破裂带、不整合交界面型漏失地层。

（3）含 H_2S 等有毒气体的油气层。

（4）敏感表层等，如井位附近河流河床底部，饮用水水源的地下水底部，诸如煤矿等采掘矿井坑道的分布、走向、长度和离地表深度位置等。

3. 考虑完井要求等其他因素

（1）如一些敏感地层，需要进行储层专打，则需要在储层顶部下套管，将储层与上部地层进行封隔。

（2）欠平衡钻井等特殊工艺井的工艺技术要求，如川西北地区使用气体钻井时，必须在沙二段中下部下一层套管进行封固才能保证井壁稳定。

（3）完井配产要求，根据配产情况计算油管尺寸，再根据油管、套管配合关系，确定生产套管尺寸，根据套管必封点情况反推技术套管、表层套管等尺寸。

（4）压裂改造要求，根据预计施工排量、施工最高压力、泵车参数等，综合考虑选择油层套管尺寸，再根据套管必封点情况反推技术套管、表层套管等尺寸，根据油层套管抗内压强度、施工最高压力，通过降低油层套管水泥返深，给上部油层套管留空间施加平衡压力等。

综合应用以上方法，才能最终设计出合理的井身结构。

三、应用实例

1. 长宁区块井身结构设计

（1）三压力剖面。根据长宁页岩气已钻井实钻资料分析（表 2-4），并结合测井资

料处理，建立了宁 201-H1 井地层三压力剖面曲线（图 2-11）；综合预测长宁地区三压力见表 2-5。该地区上部地层为正常压力系统，目的层为超高异常高压系统。

表 2-4 长宁页岩气实测地层压力

井号	层位	产层中部深度，m	地层压力，MPa	地层压力系数
宁 201	龙马溪组	2506.00	49.88（压裂后）	2.03
宁 203	龙马溪组	2385.00	31.57（未稳）	1.35
宁 201-H1	龙马溪组	2418.50	47.278（推算）	1.98
长宁 H2-1	龙马溪组	2243.66	39.66（实测）	1.80
长宁 H3-1	龙马溪组	2418.50	45.728（推算）	1.93
长宁 H3-2	龙马溪组	2430.00	45.74（推算）	1.92
长宁 H3-3	龙马溪组	2373.00	45.637（推算）	1.96

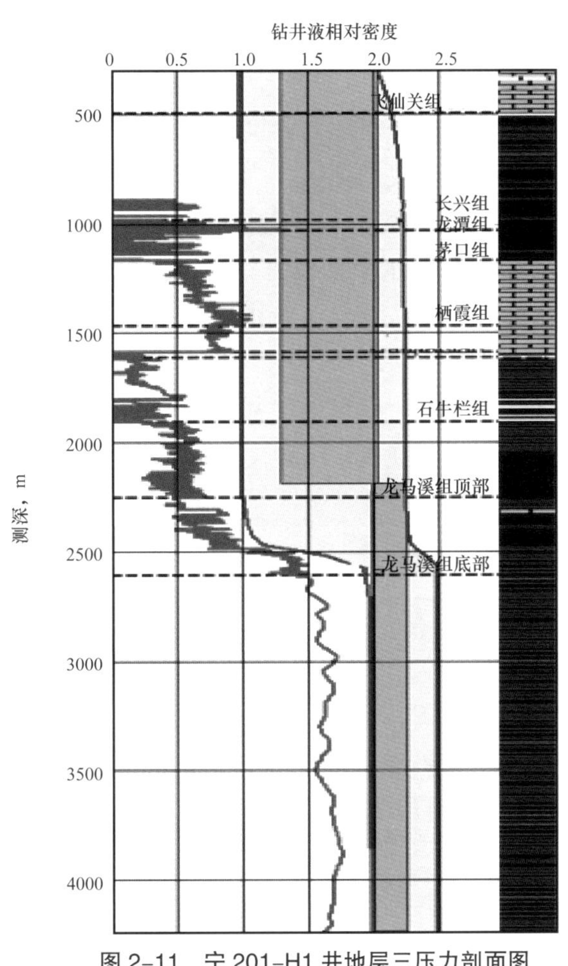

图 2-11 宁 201-H1 井地层三压力剖面图

表 2-5　长宁页岩气地层压力预测表

层位	垂深，m	地层坍塌压力系数	地层孔隙压力系数	地层破裂压力系数
嘉四[4]亚段—嘉一段	0～950	—	1.00	2.00
飞四段—茅四段	950～1625	1.20	1.00	2.20
茅三段—韩家店组	1625～2351	1.10	1.25	2.30
石牛栏组	2351～2759	0.60	1.10	2.30
龙马溪组	2759～3034	1.80	2.03	2.50

（2）必封点确定。以三压力剖面为基础，结合长宁地区基本地质特征，确定必封点：

必封点一，嘉二[3]亚段以上地层存在易漏层，飞一段—长兴组钻井过程中出现过气侵、气测异常情况，表层套管必须下至嘉二[3]亚段顶部，封固上部嘉陵江组易漏层，为下部钻井可能钻遇浅层气做好井控准备。

必封点二，栖霞组及以上地层易井漏，龙潭组易垮塌，韩家店组—石牛栏组可钻性差，下部龙马溪组页岩储层段需超高密度钻井液来平衡页岩垮塌应力，技术套管需下至韩家店组顶部，封隔上部复杂地层，为韩家店组及以下地层安全钻进创造井筒条件。

工程必封点，考虑长水平段水平井没有钻过，为确保钻井成功，增加开发信心，早期曾考虑技术套管下至大斜度井段或水平井段 A 点，以利于降低摩阻、扭矩，提高钻井成功率。

（3）井身结构设计方案优选。根据上述井身结构设计原则、页岩气开发要求、地层压力系统和套管必封点，结合现长宁区块实钻经验，提出两种不同井身结构方案进行比选，见表 2-6。

表 2-6　井身结构方案比选表

开钻次序	方案一			方案二		
	钻头尺寸 mm	套管尺寸 mm	下入层位	钻头尺寸 mm	套管尺寸 mm	下入层位
一开	660.4	508.0	须家河组 / 嘉陵江组	660.4	508.0	须家河组 / 嘉陵江组
二开	406.4	339.7	飞仙关组顶部 / 嘉二[1]亚段	406.4	339.7	飞仙关组顶部 / 嘉二[1]亚段
三开	311.2	244.5	韩家店组顶部	311.2	244.5	龙马溪组 A 点附近
四开	215.9	139.7	龙马溪组	215.9	139.7	龙马溪组

① 方案一：ϕ508mm 导管下至 80～120m，封隔水层及易垮塌层，避免地表水源污染（对于地表井漏风险较高的井，可采用 ϕ762mm 钻头钻至 50m 左右增下 ϕ720mm 卷管，封隔井口附近垮塌、窜漏）；平台第一口井 ϕ339.7mm 表层套管下入飞仙关组 20m 左右，如果嘉陵江组未出现井漏、地层出水等情况，平台后续井 ϕ339.7mm 表层套管下深可上提至嘉二[1]亚段，确保封隔嘉陵江组水层及破碎易漏层；ϕ244.5mm 技术套管下至韩家店组顶部 20～30m（垂厚），封隔上部易漏、易垮井段；ϕ139.7mm 生产套管下至井底。如图 2-12 所示。

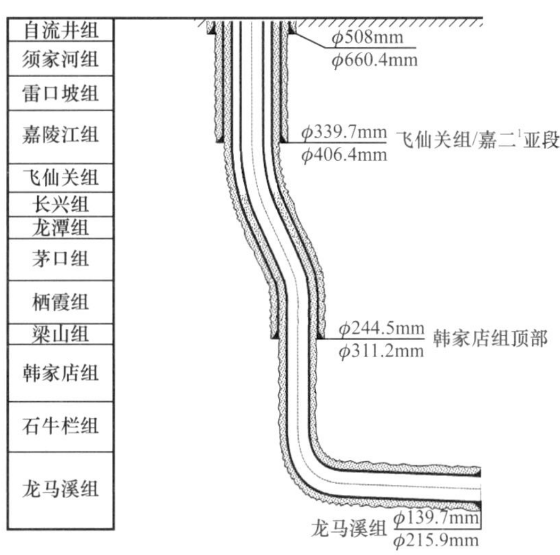

图 2-12　井身结构方案一

② 方案二：与方案一不同的是 ϕ244.5mm 技术套管下至水平井 A 点附近，封隔上部易漏、易垮井段，为水平段钻进降低摩阻、扭矩创造条件，实现储层专打；ϕ139.7mm 生产套管下至井底。如图 2-13 所示。

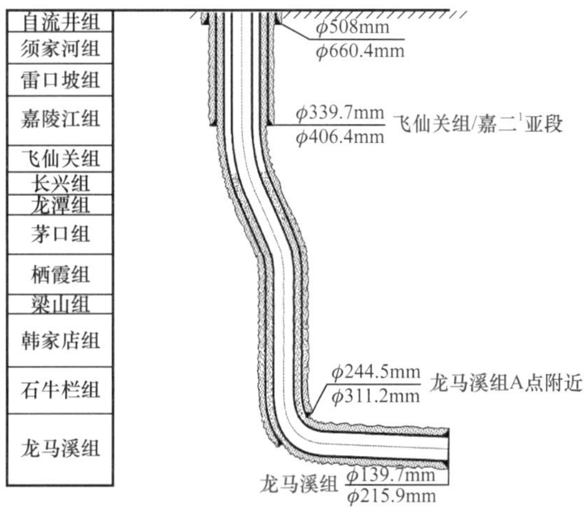

图 2-13　井身结构方案二

针对上述两种井身结构方案，分别从钻井难易程度、钻井成功率、钻井速度、周期和成本等方面进行对比评价，结果见表 2–7。

表 2–7　井身结构方案对比评价

方案	优点	缺点
方案一（技术套管下至韩家店组顶部）	ϕ311.2mm 大井眼定向段短，可提高钻井速度 常规水平井普遍采用的方案，技术相对成熟	ϕ215.9mm 井眼裸眼段长，钻进摩阻、扭矩大，套管下入摩阻大； 四开储层钻进时存在高密度条件下，上部地层存在井漏风险
方案二（技术套管下至造斜段或 A 点）	ϕ215.9mm 井眼裸眼段相对较短，钻进摩阻、扭矩较方案一小，套管下入较方案一容易	ϕ311.2mm 大井眼定向段较方案一长，速度慢，周期长； ϕ311.2mm 井眼在龙马溪组定向钻进需将钻井液密度提至 1.90g/cm^3，上部井段存在井漏风险； 大尺寸套管下入多，成本较方案一高

综合考虑，推荐成熟应用的井身结构方案一，现场可根据地表实际情况可适当调整井身结构。以岩溶报告为参考，并根据井场周边环境、钻前工程情况合理确定 ϕ720mm 加深导管，ϕ508mm、ϕ339.7mm 表层套管的下入深度。

若井场为填方、圆井未挖至基岩，或岩溶调查表明地表附近漏失风险大，则应将 ϕ720mm 导管下入基岩（2m）。对于上述风险较小的平台，可将 ϕ720mm 卷管下入圆井底部，直接采用 ϕ660.4mm 钻头开眼。对于地质条件好的平台，若第一口井已证实在 ϕ660.4mm 井段的漏失、垮塌风险可控，则后续井可以直接用 ϕ406.4mm 钻头开眼。地表条件稳定的井可采用“三开三完”井身结构，即少下一层 ϕ508mm 导管。ϕ339.7mm 表层套管的下入深度，可根据平台已钻井的实钻情况，适当浅下至嘉二 ^{1} 亚段。

2. 威远区块井身结构设计

（1）三压力剖面预测。根据威远页岩气已钻井实钻资料分析（表 2–8），并结合测井资料处理，建立威 202 和威 204 井区的三压力剖面预测表（表 2–9 和表 2–10）和三压力剖面图（图 2–14 和图 2–15）。该地区上部地层为正常压力系统，目的层为超高异常高压系统。

表 2–8　威远页岩气田产层实测地层压力

井号	层位	产层中部深度，m	地层压力，MPa	地层压力系数	备注
威 201	龙马溪组	1525	13.785	0.92	压裂后
威 202	龙马溪组	2563	35.125	1.40	压裂后
威 203	龙马溪组	3149	54.803	1.78	压裂后
威 204	龙马溪组	3493.5	67.269	1.96	压裂后

表 2-9　威 202 井区地层三压力剖面预测表

层位	垂深，m	地层坍塌压力系数	地层孔隙压力系数	地层破裂压力系数
自流井组—须一段	0～585	0.96	1.00	2.00
雷口坡组—嘉二段	585～1260	0.90	1.05	2.20
嘉二段—飞二段	1260～1730	0.75	1.05	2.20
飞一段—龙潭组	1730～1965	1.15	1.30	2.30
茅四段—梁山组	1965～2275	1.05	1.30	2.30
龙马溪组	2013～2343	1.80	1.40	2.40

表 2-10　威 204 井区地层三压力剖面预测表

层位	垂深，m	地层坍塌压力系数	地层孔隙压力系数	地层破裂压力系数
沙溪庙组	0～585	0.91	1.00	2.00
凉高山组—自流井组	585～935	1.09	1.10	2.20
须家河组	935～1440	1.03	1.20	2.30
雷口坡组—嘉陵江组	1440～2175	1.05	1.25	2.30
飞仙关组—长兴组	2175～2640	1.13	1.35	2.35
龙潭组	2640～2760	1.21	1.35	2.35
茅口组—梁山组	2760～3095	1.15	1.50	2.43
龙马溪组	3095～3525	1.82	1.96	2.50

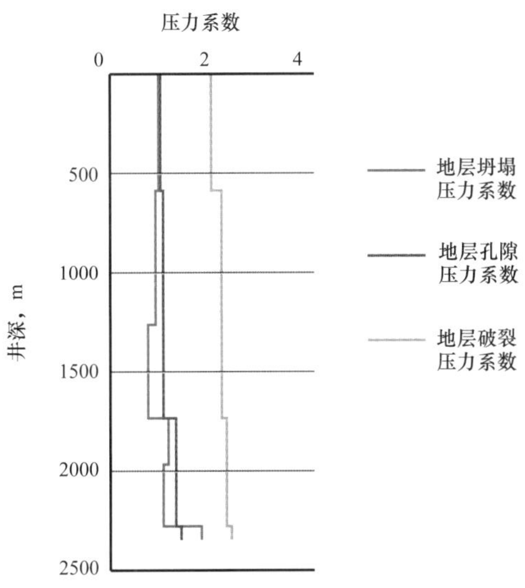

图 2-14　威 202 井区三压力剖面

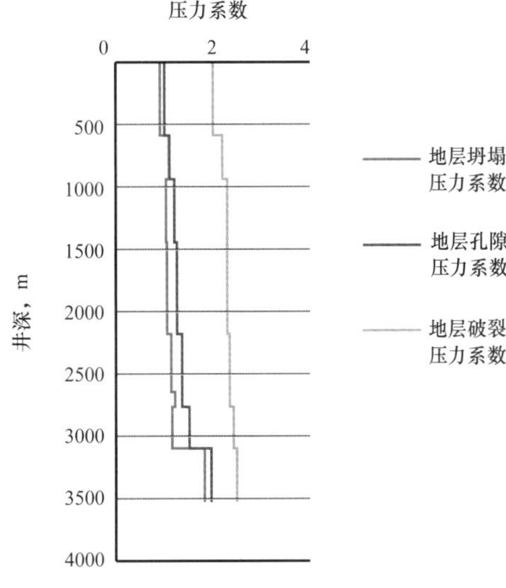

图 2-15　威 204 井区三压力剖面

（2）必封点确定。该地区由于地表出露地层不同，其套管必封点存在一定的差异：

① 出露地层为沙溪庙组。必封点一：自流井组地层易漏失和垮塌，须家河组及以下地层油气显示频繁，表层套管必须下入须家河组顶部稳定地层，为下部地层钻井作好井控准备；必封点二：该区龙马溪组地层孔隙压力系数较高，且在页岩层定向造斜、长水平段水平钻进，易垮塌，需要采用高密度钻井液钻进，而以上地层相对龙马溪组地层孔隙压力系数低，特别是茅口组承压能力低，易漏失。技术套管需下至龙马组溪组顶部，封隔上部复杂地层，为下开龙马溪组长水平段钻进创造条件。

② 出露地层自流井组—须家河组。必封点一：对于出露自流井组—须家河组，自流井组—须家河组地层易漏失和垮塌，雷口坡组及以下地层油气显示频繁，表层套管须下入雷口坡组顶部稳定地层，为下部地层钻井作好井控准备；必封点二：该区龙马溪组为页岩层定向造斜、长水平段水平钻进，易垮塌，需要采用高密度钻井液钻进，而以上地层相对龙马溪组地层孔隙压力系数低，特别是茅口组承压能力低，易漏失，栖霞组也存在漏失现象，技术套管需下至龙马溪组顶部。

（3）井身结构设计方案。威远页岩气田，自西向东，地势变缓，出露地层变新，浅层气显示层位，逐渐由老地层向新地层过渡，龙马溪组储层埋深增加，龙马溪组地层孔隙压力系数增大。威 201 井至威 204 井，龙马溪组地层孔隙压力系数从 0.92 增至 1.96，龙马溪组以上地层地层孔隙压力系数随埋深增加逐渐增大；威 202 井出露自流井组，须家河组埋深浅，雷口坡组及以下层位气显示频繁；威 204 井出露沙溪庙组，须家河组埋藏深，须家河组及以下层位气显示频繁。

井身结构方案主要依据威远气田地层三压力剖面，套管必封点，结合前期钻井经验及采气工程方案要求，沿用成熟 20in × $13^{3}/_{8}$in × $9^{5}/_{8}$in × $5^{1}/_{2}$in 四层结构（表 2–11 和表 2–12，图 2–16 和图 2–17）。

表 2–11　出露地层沙溪庙组井身结构

开钻次序	钻头尺寸，mm	套管	
		尺寸，mm	下入层位
一开	660.4	508	沙溪庙组
二开	406.4	339.7	须家河组顶部
三开	311.2	244.5	龙马溪组顶部
四开	215.9	139.7	龙马溪组

表 2-12　出露地层自流井组—须家河组井身结构

开钻次序	钻头尺寸，mm	套管	
		尺寸，mm	下入层位
一开	660.4	508	自流井组
二开	406.4	339.7	雷口坡组顶部
三开	311.2	244.5	龙马溪组顶部
四开	215.9	139.7	龙马溪组

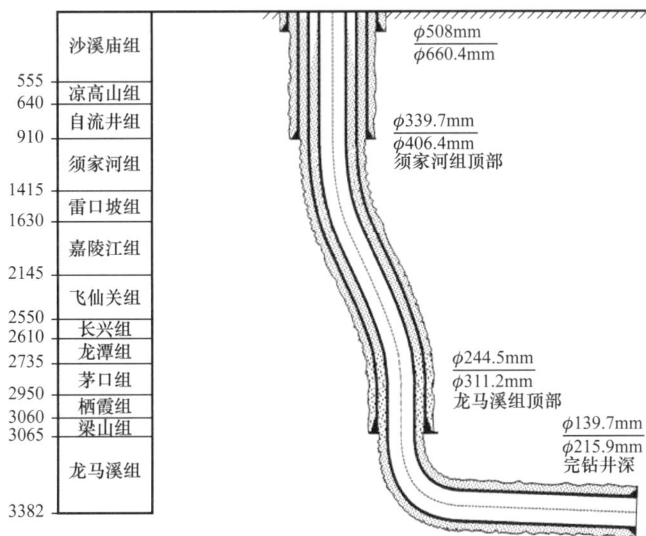

图 2-16　地表出露沙溪庙组区块井身结构示意图

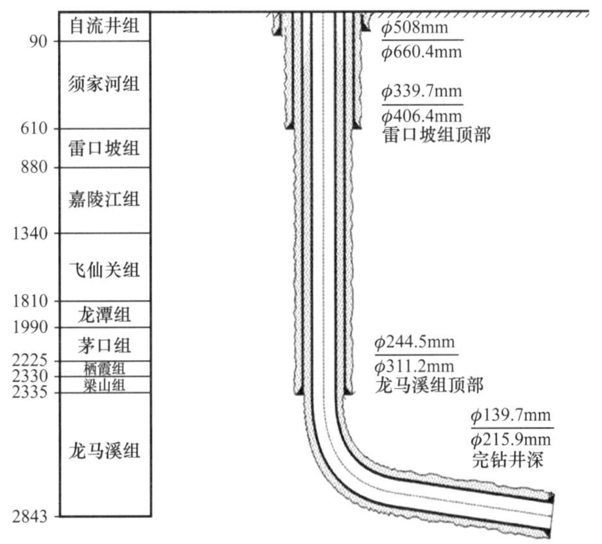

图 2-17　地表出露自流井组—须家河组区块井身结构示意图

地表出露地层为沙溪庙组，导管下至30～50m封隔窜漏层，表层套管下至须家河组顶，封隔上部漏层及垮塌层，技术套管下至龙马溪组顶，实现储层专打，生产套管下至完钻井深。若同平台首口井表层未钻遇井漏，在满足井控安全条件下，可考虑将下口井表层套管上移至350～500m稳定地层。出露地层为自流井组—须家河组，表层套管下至雷口坡组顶部。

为了推进页岩气提速提效，进一步简化威远区块井身结构：简化导管段，对平台第一口井下导管摸清情况后，后续井不再下；若地质条件较好，可缩减ϕ339.7mm表层套管下深，威204井区缩减至500m，威202井区缩减至350～400m。

第三节　井眼轨道与导向方式设计

页岩气水平井钻井过程中必须兼顾储层改造和水平段防塌要求，水平段应在脆性页岩的最佳位置延伸，同时轨道形状应有利于钻井与完井工具下入，降低摩阻。随着四川盆地页岩气勘探开发的发展，储层地质构造及应力复杂性等问题严重制约着页岩气水平井钻井技术的发展，使得钻井时井眼稳定难度增大，井眼轨道优化尤其重要。具体而言，在设计中应从整个井眼轨道以直井段的防斜打直和造斜段的狗腿度控制为基础，进一步保证水平段井眼轨道平滑。此外，在实际施工过程中，还要结合现场实钻轨道变化资料，及时调整井眼轨道，实现井眼轨道的进一步现场优化控制。

目前国内页岩气水平井钻井推广应用“工厂化”作业模式，密集丛式水平井组使得造斜点的选择出现一定的难度，造斜点上移或者下移都会对井眼轨道造成一定的影响，而且对水平段的方位、水平段长、水平段间距都有更高的要求。因此，合理地设计优化井眼轨道相关参数，可以取得更好的开发效果。[7, 8]

一、水平井井眼轨道设计考虑因素

水平井参数设计优化的关键是水平井轨道在平面上的布局，主要针对水平井水平段的方位、长度、井距等方面。丛式水平井轨道设计主要应使钻进进尺最少，有利于提高机械钻速；在井身结构允许的条件下，造斜段应尽可能在ϕ215.9mm井段完成，并且在保证成功中靶的前提下井眼轨道越简单越好；还应考虑钻柱摩阻和下套管摩阻小，后期满足压裂管柱、采气工艺的要求。水平井井眼轨道设计应遵循以下原则：

（1）根据页岩气地质目标和储层钻遇率的要求，保证钻井工程顺利实现。

（2）造斜点、井眼曲率、水平段方位、水平段长度和水平段间距等参数合理选择，保证良好的开发效果。

（3）需要选择合适的井眼轨道以保证井眼平滑，重点针对造斜段和水平段轨道进行控制，为钻井、下套管作业降低难度，提高井眼轨道质量，确保管柱下入顺利。

（4）页岩储层开发效率低，应尽量增加水平段段长，提高渗流接触面积，提高产能。

（5）尽量减少轨道控制中方位的变化，特别是大井斜的情况下方位的改变。

（6）页岩气开发中井壁稳定性难以保证，水平井井眼方位走向的设计主要依据地应力分析以及后期增产改造来实现。

（7）在设计时还应当充分考虑地层倾角变化，以便能够及时跟踪储层。

在定向井设计与施工中，丛式井井眼轨道设计造斜点的选择很重要。一般而言，造斜点应选在比较稳定或可钻性较均匀的地层，避免在硬夹层、岩石破碎带、漏失地层、流砂层或容易坍塌等复杂地层定向造斜，以免出现井下复杂情况，影响定向施工。

造斜点的深度应根据设计井的垂直井深，水平位移和选用的剖面类型决定，并要考虑满足采气工艺的需要。如：设计垂深大、位移小的定向井，应采用深层定向造斜，以简化井身结构和强化直井段钻井措施，加快钻井速度；对于设计垂深小，位移大的定向井，则应提高造斜点的位置，在浅层定向造斜，这样既可减少定向施工的工作量，又可满足大水平位移的要求。

造斜点位置选择应尽可能使斜井段避开方位自然漂移大的地层或利用井眼方位漂移的规律钻达目标点。一方面，造斜点高具有定向容易（起下钻和测量快，容易定准，进尺快，动力钻具工作时间短）、上部软地层所形成的软键槽易被破坏以及用较小的井斜获得的位移大等优势。其缺点是因轨道控制井段变长导致后面井段长而钻具重，更容易形成键槽。通常达到稳斜段后，下一层技术套管封固造斜段可避免键槽带来的麻烦；另一方面，造斜点低则定向困难，需要的造斜率和最大井斜相对要大，其优势是需要控制的井段大大缩短。为了准确，作业中往往采用随钻测量工具定向。

另外需要注意的是，高造斜点选用高造斜率是十分危险的。其所形成的狗腿度大，很容易在下部（长井段）钻具重量作用下形成严重的键槽，造成卡钻。相反，为了减少轨道控制的工作量，提高定向井钻井速度，在位移条件允许情况下，可采用低造斜点高造斜率施工，全井的摩阻也会因斜井段短而变小。同样，需要随钻测量手段保证定向的准确。

二、水平井轨道设计方法

1. 井眼轨道设计要求

一般情况下，在钻井之前就已经确定了井眼方位、起始点的位置和目标点的位置，由此可以开始进行三维井眼轨道的设计。根据不同的设计目的及要求，可将目标点井眼方位分为不限定和限定。前者通常以该点为圆心的水平圆为例，设计目标为空间点，要求轨道达到目标点即可；后者常以该线为中心线的长方体为例，其设计目标为空间直线，要求轨道进入目标点（着陆点）时沿矢量方向。因此，上述模型分别称之为点目标设计模型和线目标设计模型。

水平段井眼轨道设计主要依据地质开发方案的要求，水平段方位的设计主要依据地应力资料以及压裂资料。根据地质靶区要求和井口位置选择井身结构剖面，同时还要考虑钻井过程的难度、经济效益等因素。

2. 井眼轨道设计

水平井的井眼轨道决定了水平井施工的效率，水平井施工时摩阻大小，同时制约了水平段延伸长度。随着压裂技术进步以及地质认识的提高，当今页岩气开发的趋势是水平段越来越长，而工厂化作业的发展趋势也是平台井数越来越多，在这种情况下，如何在轨道设计时通过充分的优化，降低施工摩阻就更为重要。

三维水平井井眼轨道优化需考虑的因素有：

（1）地应力与井眼稳定性。井眼轨道应尽可能使不稳定易坍塌地层避开不利于携岩的 30°～60° 井斜，必要时可以考虑将技术套管下到大斜度段以下。应注意的是应将不同井眼方向的井眼稳定性数据投影到设计的井斜与方位角条件下，给出沿井眼轨道上的稳定性剖面。

（2）设计给出的靶前距。靶前距决定了钻达靶区需要的增斜率大小，在三维水平井情况下，应考虑扭方位带来的靶前距增量，此时设计的增斜率会更高。

（3）造斜点选择。造斜点选择应考虑对全井段的影响，此外应考虑斜井段以下地层相对较易于造斜与增斜。

（4）摩阻大小。不同的井眼轨道参数，其摩阻相差较大，应通过充分的轨道优化，降低摩阻，这不仅可以确保施工的顺利进行，也为了在出现井眼异常时能顺利完成水平井的施工。如井眼出现一定程度的垮塌与扩径时，携岩情况将会发生一定程度上的恶化。此时需要克服岩屑床增加的摩阻。

（5）施工效率。不同的井眼轨道需要不同的定向与增斜工艺，这导致钻达靶区时间相差较大，通过轨道的优化，可以采取能有效提高作业效率的钻井工艺，从而缩短钻井周期，降低钻井成本。此外，斜井段长度决定了钻头一次入井的进尺，当上部钻具不发生屈曲的斜井段中普通钻杆可以施加钻头所需的钻压时，就可以实现长水平段水平井一趟钻完成。而斜井段需要使用加重钻杆时，也应考虑在每次钻进的长度控制在加重钻杆较少进入水平井段。

如设计造斜率为 6°/30m 情况下，自 10° 井斜处到水平段垂深为 240m，此时不采用加重钻杆，仅靠普通钻杆，可施加 5～6tf 钻压；如果采用攻击性较强的 PDC 钻头，

完全可以满足施加钻压要求。而如果造斜率增大，则普通钻杆可能难以满足施加钻压的要求。当斜井段加重钻杆提供钻压时，由于钻头入井钻进时，普通钻杆应位于有一定井斜的增斜井眼内，随着钻进的进行，加重钻杆下行，当加重钻杆到达水平段后，加重钻杆就不能再提供钻压，只会增加摩阻。此时就应当起出上部钻具，将更多的普通承压钻杆倒到加重钻杆的下部，从而提升钻进的效率。

三、三维水平井井眼轨道优化设计技术

长宁—威远区块页岩气水平井大量部署大偏移距三维水平井，井眼轨道复杂；前期设计轨道均在龙马溪组井段一次造斜、扭方位完成三维长水平段，导致在大井斜段扭方位狗腿度大，同时由于现场地层变化，人为轨道控制因素等造成狗腿度在以上基础上继续变大，随着水平井段的延伸，管柱下入过程中摩阻和扭矩增大，造成频繁遇阻、卡钻现象。针对这一问题，对页岩气三维水平井井眼轨道设计方案进行了持续优化，最终形成了页岩气三维水平井轨道“三维轨道二维化设计”方案，大幅降低了页岩气三维水平井井眼轨道控制难度和井下事故复杂率，对页岩气水平井提高机械钻速、降低钻井周期起到了显著的作用。

1. 大偏移距三维水平井井眼轨道设计难点

常规二维水平井，井口与水平段投影在同一条直线上，钻井过程中只增井斜，方位保持不变，摩阻扭矩影响因素较少；而大偏移距三维水平井井口与水平段投影存在一定的垂直偏移距，钻进过程中既要增井斜、又要调整方位，同时还要考虑钻具组合在三维井段的造斜能力以及摩阻扭矩变化等因素影响，井身剖面属三维空间设计，剖面优化设计难度大，如图 2-18 所示。

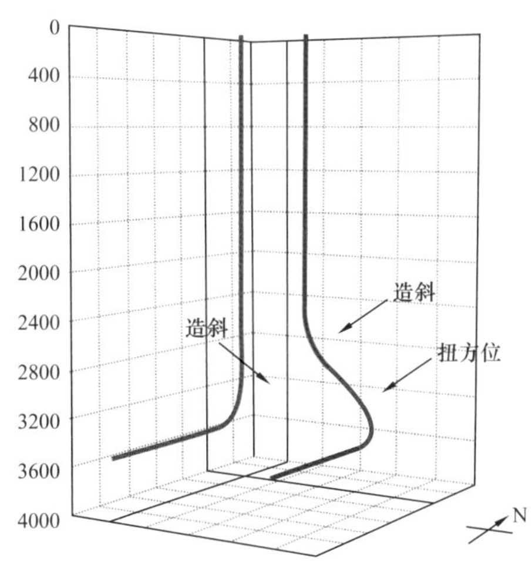

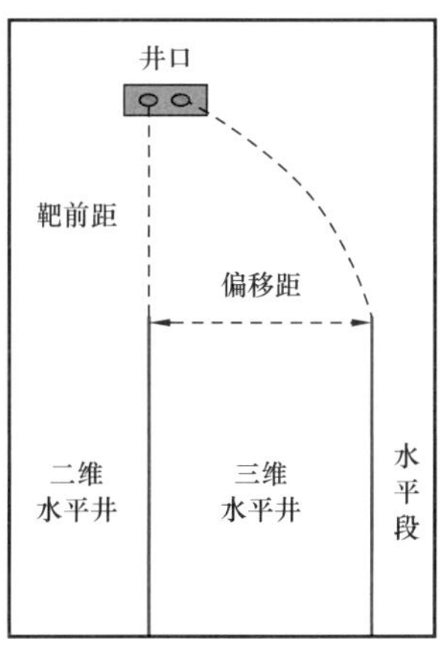

图 2-18　三维水平井井身剖面优化设计示意图

鉴于页岩气丛式水平井开发要求，井眼轨道将由二维变成三维，同时要求缩短靶前距、提高造斜率，页岩气丛式水平井面临如下难点：

（1）储层埋深深，深井钻进难度大；

（2）井间距小，井间关系复杂，防碰要求高；

（3）偏移距大、轨道方位调整难度大；

（4）水平段长，水平段后期摩阻扭矩大等。

为此以下两点成为大偏移距三维水平井施工是否顺利的关键：

（1）轨道设计优化。大偏移距三维水平井井身剖面设计方法的选择，是单井剖面设计是否科学合理、现场施工能否顺利开展的关键所在，需要综合考虑储层垂深、靶前距、偏移距、水平段长度等多种设计要求，影响因素复杂，井身剖面设计方法优选难度大；剖面确定后，关键设计参数多、影响因素复杂，结合造斜工具的造斜能力，如何优选三维井段的造斜点、扭方位点、增斜点以及全角变化率等关键设计参数，是整个剖面设计的重点与难点，决定着井眼轨道的顺畅与平滑程度，直接影响到后期钻井、套管下入过程的摩阻扭矩变化。

（2）大偏移距三维大摩阻井眼安全施工技术。由于大偏移距三维井水平井钻井过程中既要增井斜又要扭方位，对钻具工具的增斜能力要求较高，国外一般采用旋转导向钻井，轨道光滑、摩阻扭矩低、有利于轨迹控制，但钻井成本高。单弯螺杆钻具在三维井段钻井的造斜能力下降，摩阻扭矩增加易造成自锁，实钻轨迹控制难度大。

2. 大偏移距三维水平井井眼轨道优化设计技术

在长宁—威远区块，鉴于页岩气丛式三维水平井开发要求，井眼轨迹多是三维，页岩气丛式水平井面临如下难点：一是井间距小，井间关系复杂，防碰要求高；② 偏移距大、轨迹方位调整难度大；二是水平段长，水平段后期摩阻扭矩大等。

针对上述技术难点，提出了三维水平井井身剖面设计的总体思路（图 2-19）：首先根据工具造斜能力、靶前距、偏移距、水平段长度等优选剖面类型，分别对不同的造斜点、扭方位点、增斜点以及增斜率等剖面设计的关键参数进行优选，再对钻井及套管下入过程中的摩阻、扭矩进行计算分析，优选出结构设计科学、井眼轨迹光滑、摩阻扭矩低、有利于实钻轨迹控制的三维水平井井眼轨道。

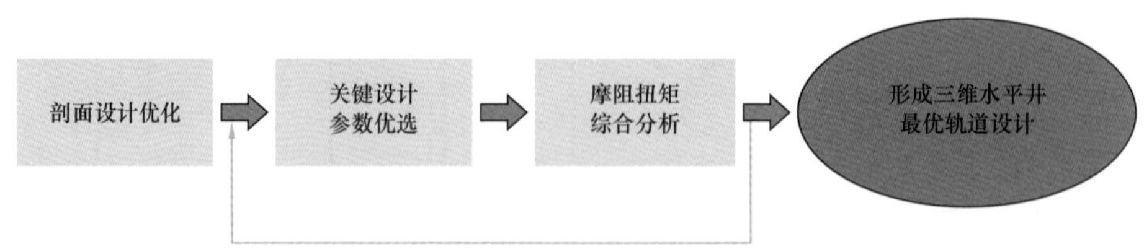

图 2-19　三维水平井剖面优化设计思路

综合考虑钻井、后期改造及采气等后期作业要求，剖面设计方法应满足以下要点：

（1）要满足当前国内常规螺杆钻具的造斜能力，提高剖面设计与钻井工具的匹配性，以便后期的低成本推广应用；

（2）所钻三维井段应尽量短、有利于降低摩阻扭矩，同时，井眼轨迹的全角变化率应满足后期压裂管柱、测试工具下入以及增产改造等作业要求；

（3）结合页岩气井坍塌、漏失等复杂地层特点，剖面设计应平滑顺畅，有利于降低实钻过程中的摩阻扭矩与实钻轨迹控制。

结合长宁丛式三维水平井实际地质工程情况，井眼轨迹优化参数确定如下：

（1）长宁区块的地层造斜率偏低，从宁 201–H1 井来看，1.5° 弯螺杆造斜率也仅 5°/30m 左右，因此采用弯螺杆钻具控制井眼轨迹的丛式井设计最大造斜率应该控制在 5°/30m 左右；

（2）丛式井组防碰绕障是重点，应在上部地层预造斜，拉开与邻井间距，实现安全、快速钻进，丛式井组防碰绕障，相邻井造斜点错开 50m 以上；

（3）采用弯螺杆钻具控制井眼轨迹的丛式井，定向井扭方位作业一般在井斜角 50° 之前完成从而减小工程难度；

（4）下技术套管前，调整方位姿态至靶区要求，以降低下部钻井摩阻扭矩，降低施工风险；

（5）井眼轨迹优化设计综合考虑工程技术能力和需求，针对大范围应用的旋转导向工具，井眼轨迹设计时造斜点选择在龙马溪组，利于韩家店组—石牛栏组采用气体钻井提速，设计造斜率（8°～10°）/30m。

长宁—威远区块部分井偏移距最大达到 1120m，是剖面设计中难度最大的一类井，三种不同类型的剖面设计如图 2-20 所示。

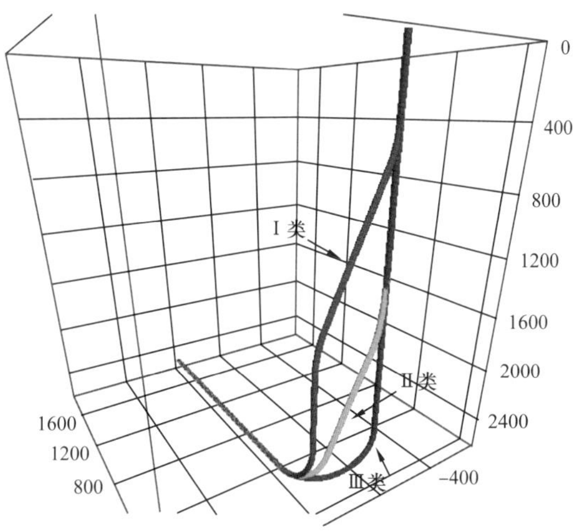

图 2-20　三维水平井井眼剖面设计方法

（1）一段制剖面（Ⅲ类）：选取较低的造斜点，采用增斜同时扭方位的钻进方式完成从直井段至入窗的钻井。该剖面针对偏移距小的水平井优点是三维井段短，有利于降低钻井进尺成本，但该剖面具造斜率高，仅适用于偏移距较小的井。

（2）三段制剖面（Ⅰ类）：选取较高造斜点，先采用较小井斜走偏移距同时调整方位，摆正方位后再增井斜入窗，该剖面的优点是大幅降低造斜率。

（3）三段制剖面（Ⅱ类）：选择适中的造斜点，先采用较大的井斜走偏移距，再增斜同时扭方位摆正方位后入窗，即在扭方位之前加上一段稳斜井段，造斜率要求高。

针对长宁—威远区块的三维水平井小靶前距，大偏移距的水平井实际情况，形成了三套井眼轨迹设计方案。

方案一：在Ⅰ类剖面基础上，形成了适中的井斜走偏移距—稳斜扭方位—增斜入窗井眼轨迹设计方案。该方案特点如下（表 2–13）：

（1）40°～50° 井斜走位移；

（2）50° 井斜前稳斜扭方位作业；

（3）螺杆造斜扭方位；

（4）造斜率 5°/30m。

表 2–13　长宁 H3–2 井针对螺杆钻具优化设计的井眼轨迹数据表

描述	斜深 m	井斜角 （°）	网格方位 （°）	垂深 m	狗腿度 （°）/30m	闭合距 m	闭合方位 （°）
直井段	40	0.00	122.00	40.00		0	0
防碰绕障	60	2.50	122.00	59.99	3.75	0.44	122.00
	320	2.50	122.00	319.75	0	11.78	122.00
自然降斜段	550	0.00	122.00	549.67	—	16.79	122.00
	1725	0.00	110.50	1724.67	—	16.79	122.00
定向增斜段	2030	44.95	110.50	1999.34	4.42	130.13	111.97
螺杆稳斜段	2125	44.95	110.50	2066.57	0	197.23	111.47
定向扭方位	2554	44.95	10.00	2370.18	4.60	418.49	81.81
定向增斜段（固井）	2584	50.18	10.00	2390.42	5.24	425.92	78.98
定向增斜段（A 点）	2845	95.72	10.00	2465	5.24	561.01	55.13
水平段（B 点）	3847	95.72	10.00	2365	0	1448.46	25.93

方案二：在Ⅱ类剖面基础上，利用旋转导向工具提速，形成了较大的井斜走偏移距—增井斜扭方位入窗井眼轨迹设计方法。该方案特点如下（表 2–14）：

（1）60°～70° 井斜走位移；

（2）60° 以上井斜段增斜扭方位作业；

（3）旋转导向工具造斜扭方位；

（4）造斜率 8°/30m。

表 2–14　长宁 H3–4 井针对旋转导向工具优化设计的井眼轨迹数据表

描述	斜深 m	井斜角 （°）	网格方位 （°）	垂深 m	狗腿度 （°）/30m	闭合距 m	闭合方位 （°）
直井段	50	0	145	50	0	0	0
绕障	87.5	5	145	87.5	4	1.64	145
	800	5	145	797	0	63.73	145
降斜段	1100	0	0	1097	0.5	76.82	145
直井段	2226	0	100.18	2223	0	76.82	145
增斜段	2459	69.92	100.18	2402	9	187.89	116.93
稳斜段	2657	69.92	100.18	2470	0	369.93	108.59
扭方位增斜段	3038	87.14	190	2565	7	661.88	126.6
水平段	4540	87.14	190	2640	0	1891.34	171.77

方案三：在Ⅱ类剖面基础上，采取双二维轨道的设计思路，形成了较小的井斜走偏移距—降斜吊直—增井斜入窗井眼轨迹设计方法。该方案特点如下（表 2–15）：

（1）20° 小井斜走位移；

（2）旋转导向工具造斜；

（3）小井斜走完位移后吊直，不需要扭方位；

（4）造斜率 5°/30m。

表 2–15　威 204H4–1 井“双二维轨道”优化设计的井眼轨迹数据表

井段描述	测深 m	井斜角 （°）	网格方位 （°）	垂深 m	北坐标 m	东坐标 m	狗腿度 （°）/30m	闭合距 m	闭合方位 （°）
直井段	940	0		940	0	0	0	0	
增斜段	1120	18.00	232.00	1117	−17.26	−22.10	3.00	28.04	232.00
稳斜段	2051	18.00	232.00	2002	−194.39	−248.80	0	315.74	232.00
降斜段	2591	0	232.00	2534	−246.18	−315.10	1.00	399.87	232.00
直井段	3127	0	315.09	3070	−246.18	−315.10	0	399.87	232.00

续表

井段描述	测深 m	井斜角 (°)	网格方位 (°)	垂深 m	北坐标 m	东坐标 m	狗腿度 (°)/30m	闭合距 m	闭合方位 (°)
增斜段	3548	75.78	315.09	3379	−76.11	−484.62	5.40	490.56	261.07
稳斜段	3975	75.78	315.09	3483	217.02	−776.79	0	806.54	285.61
增斜段（A点）	4074	94.19	315.09	3492	286.31	−845.86	5.60	893.00	288.70
水平段（B点）	5578	94.19	315.09	3382	1348.74	−1904.84	0	2333.99	305.30

通过现场试验表明，方案三采用双二维轨道的设计思路，形成了较小的井斜走偏移距—降斜吊直—增井斜入窗井眼轨迹设计方法，不需要进行扭方位作业，造斜率低于5°/30m，适合旋转导向进行定向造斜，井眼轨迹平滑，井下摩阻扭矩大幅降低（图2-21），保证了页岩气三维水平井的安全快速钻进。

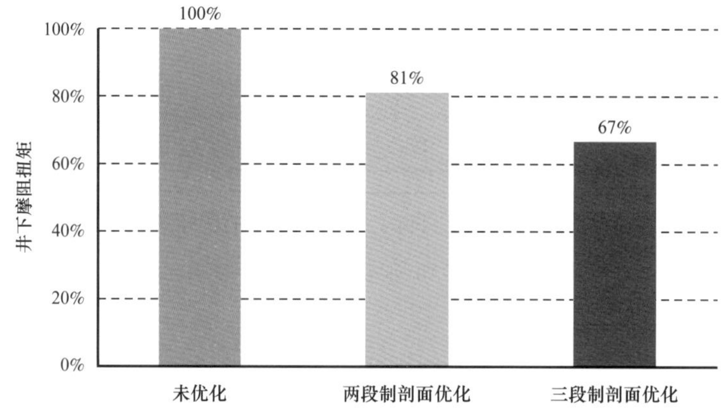

图2-21　井眼轨迹优化后相对优化前的摩阻扭矩

3.“勺”形井眼轨迹设计

“勺”形井能实现尽可能大的水平段长度和储层接触面积，有效提高页岩气产量，但由于井眼轨迹及钻具受力复杂，钻井摩阻、扭矩较大，对钻完井集成工艺要求高，一直是目前的技术难题。项目组提出了有针对性的钻具结构、井眼轨迹、钻井液等系列钻井技术方案，确保方案设计的科学性、可行性及指导性。同时，强化过程跟踪和技术把关，充分发挥地质、工程一体化管理优势，强化井眼轨迹和地质层位过程跟踪，及时优化调整轨迹、参数。2017年4月18日，顺利完钻中国石油第一口“勺”形页岩气试验井长宁H24-8井。“勺”形井技术可有效提高页岩气单井产量，是中国石油页岩气钻井技术的一项重大突破。长宁H24-8井钻进至井深3890m顺利完钻，

水平段长 1100m，钻井周期 69 天，最大反向位移 635m。

长宁 H24-8 井为该地区第一口“勺”形水平井，该井井口投影到靶区水平面上在靶区内侧，垂直靶前距设计为 120m（反向），利用优化设计技术，将三维轨迹二维化，降低钻井摩阻扭矩，减少钻井复杂，降低钻井周期。设计在井深 509m 左右朝 312°方向预增斜至 29°左右稳斜 1128m，后降斜至 10°进行增斜扭方位作业，增斜至井深 2368m、井斜 19.4°、方位 189.92°，稳斜 49m 后增斜中靶并稳斜完成 1100m 水平段。轨道设计见表 2-16 以及图 2-22 和图 2-23。

表 2-16 井眼轨道剖面设计表

井段描述	测深 m	井斜角 （°）	方位 （°）	垂深 m	北坐标 m	东坐标 m	狗腿度 （°）/30m	闭合距 m	闭合方位 （°）
直井段	509.00	0.00	312.00	509.00	0.00	0.00	0.00	0.00	0.00
增斜段	799.00	29.00	312.00	786.78	48.07	-53.39	3.00	71.84	312.00
稳斜段	1926.90	29.00	312.00	1773.26	413.96	-459.75	0.00	618.65	312.00
降斜段	2211.90	10.00	312.00	2040.68	477.33	-530.13	2.00	713.35	312.00
增斜扭方位段	2368.32	19.40	189.92	2194.13	460.53	-544.95	5.00	713.49	310.20
稳斜段	2416.97	19.40	189.92	2240.02	444.62	-547.73	0.00	705.48	309.07
增斜段（A 点）	2749.75	83.00	189.92	2438.00	202.06	-590.17	5.73	623.80	288.90
水平段（B 点）	3857.46	83.00	189.92	2573.00	-880.93	779.65	0.00	1176.39	221.51
口袋	3907.46	83.00	189.92	2579.09	-929.82	-788.21	0.00	1218.95	220.29

四、轨迹测量与控制技术

轨迹测量与控制不仅关系到水平井的导向成本，同时也关系到入靶与水平段优质储层最佳位置延伸钻进。因此，从提高勘探开发效果出发，需要不断优化水平井测量方法、测量仪器，不断优化导向工艺。在没有建立地区经验时，一般需要采用较为先进的测量仪器与导向工艺，而已取得地区经验时，可以充分借鉴这些经验，简化测量仪器与工艺，以控制导向成本，提高水平段轨迹控制水平。

1. 测量方法

由于页岩气水平井轨迹复杂，直井段可采用单点 / 多点监测，而在增斜、稳斜和降斜段必须通过随钻测量（MWD）和随钻测井（LWD）的方式对井眼轨迹进行随时

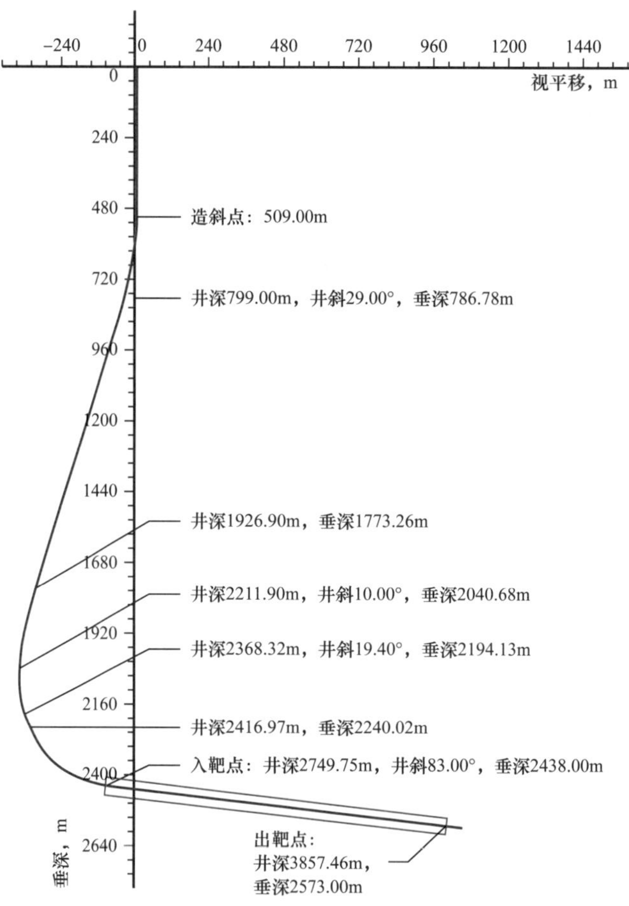

图 2-22　长宁 H24-8 井井眼轨道设计垂直投影示意图

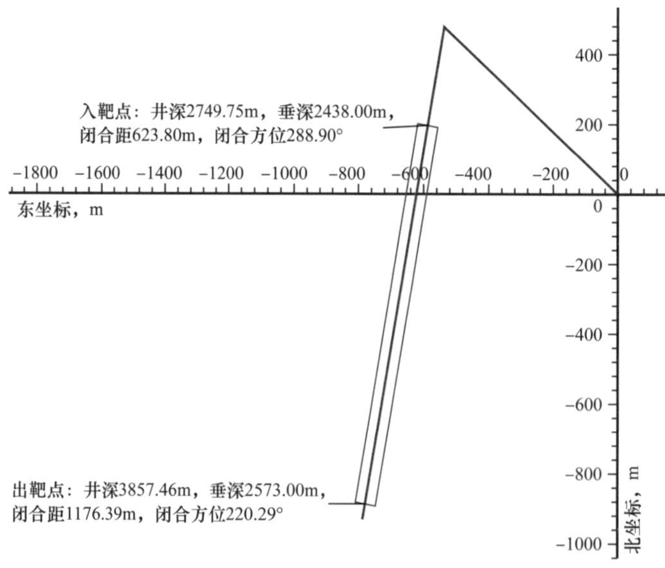

图 2-23　长宁 H24-8 井井眼轨道设计水平投影示意图

测量跟踪，以实现工程目标、避免井眼轨迹防碰。

随着水平井测量项目增多，测量方式复杂，不仅导致导向成本相差显著，而且仪器的可靠性也相差较大，因此设计时应按满足导向要求情况下，尽量简化的原则设计测量仪器与工具。

定向造斜井段：采用钻井液脉冲式随钻测量系统 MWD，测量参数包括井斜、方位、工具面等，要求全程监测。

水平井段：采用钻井液脉冲式随钻地层评价参数测量系统 LWD，测量参数包括自然伽马、电阻率、井斜、方位等，全程监控，确保轨道在最优储层中。

地质导向技术是将 MWD 和 LWD 相结合，该技术拥有几何导向能力的同时，又能根据随钻测井测出的地层岩性、地层层面、油气层特点等特征参数，随时控制井下轨迹，使钻头沿地层最优位置钻进。

除此之外，GeoVision 随钻成像服务和 RAB 钻头附近地层电阻率仪器等 LWD 技术，有助于在钻井过程中实时识别天然裂缝，解决相关测井问题。应用该类技术后，可以分析整个井筒长度范围内产生的电阻率成像和井筒地层倾角，而且成像测井可以提供用于优化钻井井眼轨道设计的相关信息，包括构造信息、地层信息和力学特性信息等。例如，通过对地层天然裂缝与诱发裂缝进行比较，可以确定井眼有效钻遇最佳目标层位；在进行工厂化作业钻井时，丛式井密集，通过井眼成像可识别相邻已钻井的水力压裂裂缝，有助于在新井中对原先未被压裂部分实施增产措施。井中诱导裂缝的存在及方向，对确定整个水平段的走向具有指导意义。

2. 导向方式[7, 8]

地质导向是在拥有几何导向能力的同时，又能根据随钻测井得出的地层岩性、地层层面、油层特点等地质特征参数，随时控制井下轨迹，使钻头沿地层最优位置钻进。在预先并不掌握地层性质特点、层面特征的情况下，实现精确控制。

在实际钻井中究竟使用哪一种导向方式，应视其具体工作环境而定。对于一些油层变化不大、油层较厚、对地层性质特点了解较清楚的场合，使用几何导向较适宜，既能满足精度要求，又能降低成本。而对于一些地层性质特点了解较少、油层厚度很薄的场合，使用地质导向更为合适。

根据导向工具特点及导向方式，井下自动导向钻井系统可采用如下 4 种组合方式（图 2–24）：

（1）几何导向 + 滑动式井下自动导向钻井系统；

（2）地质导向 + 滑动式井下自动导向钻井系统；

（3）几何导向 + 旋转式井下自动导向钻井系统；

（4）地质导向 + 旋转式井下自动导向钻井系统。

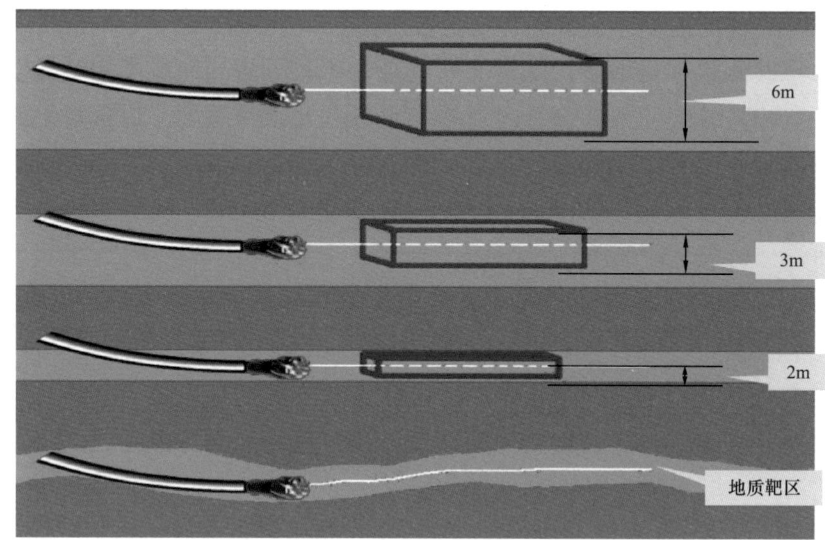

图 2-24 不同导向水平及效果

井下自动导向钻井系统采用上述哪种方式更为合适，应从发展的观点加以论证。

目前这 4 种方式又分为常规导向（MWD）和地质导向（MWD+LWD）。

（1）常规导向。直井防斜的原理可以用于储层的导向钻进，一般在防斜时需要克服钻头所受地层侧向力，使井眼沿垂直方向钻进。而在水平井导向时，则可以反向应用这一原理，甜点地层的可钻性一般要优于非甜点地层，此时钻头本身有沿甜点地层钻进的趋势，如果钻具不对钻头方向施加过多的约束，这种特性本身就有利于提高甜点地层钻遇率，并使钻头沿储层最有利位置延伸的趋势。因此适合于储层的导向钻具组合应具有较弱的刚性，这类钻具可以更少需要人工定向干预井眼方向，不仅有利于提高钻速，而且有利于提高最佳甜点位置钻遇率。

（2）地质导向。早期随钻测量与地质认识水平有限，水平井大多数采用几何导向，规定水平段在几何靶区内延伸即可，这时有观点认为 6m 厚度以内储层不适合于钻水平井。随着随钻测井技术进步，采用随钻测井仪器的地质导向技术后，井眼轨迹可以沿复杂的构造地层延伸钻进，此时形成了地质靶区概念。而随着水平井应用规模增多，导向技术成熟，目前已发展到综合利用测井、录井、工程参数监测等综合一体化导向技术，从而使导向成本更低，效果更佳。这要求在设计时提供充分的最佳储层与上下地层的差异信息，建立地质力学模型，为现场导向施工提供依据。

① 地质导向井下测量仪器的特点及原理。地质导向井下测量仪器主要包括随钻轨迹测量和随钻测井两种。随钻轨迹测量可在钻井过程中实时进行井斜角和方位角等工程参数的测量，并通过钻井液脉冲发生器，将测得的数据发送到地面，经计算机系统采集和处理后，得到实时的井身轨迹数据及若干工程参数，为钻井提供实时的数据支

持。随钻测井技术则主要测量自然伽马、电阻率、岩性密度、中子及声波时差等地质信息。通过传输实时的井下地质信息和定向数据，明确正钻遇的地质情况、预测将要钻遇的地质情况，以调控钻头进入油层，并控制在油层中穿行的井眼轨迹。

地质导向技术是根据随钻仪器传输的实时井下信息来指导钻井的。随钻测井仪器中电阻率采用补偿电磁波电阻率测量方法，由4个发射圈和2个接收圈组成探测接收单元，可测得地层真电阻率和冲洗带电阻率。双发射圈构成补偿原理，双接收圈使得测量中即使一个线圈出现故障，也不会导致电阻率读数发生大的偏差。仪器的GR单元测量地层的自然伽马强度，与地层泥质含量成正比。因此，它的测量值不受钻井液混油影响，随着钻头进入砂、泥岩层深度的改变，砂、泥岩及过渡性岩性在曲线上均有明显反映。从而利用深、浅电阻率曲线和GR曲线形态变化情况进行地质导向。

② 地质导向井下钻具。地质导向工具主要是指能实现井下地质导向施工的工具，主要是弯外壳井下动力钻具、旋转导向工具等。为实现经济高效的导向效果，地质导向工具的性能更高，范围也更广，如可调弯壳体、近钻头井斜伽马传感器等。依据地质导向仪器实时提供轨迹与地质参数，控制所需要的工程、地质数据，更精确地实现轨迹的控制。

③ 地质导向方法。地质导向技术是建立在储层预测基础上的，通过对构造、地层及随钻资料的准确录取、综合认识与精确计算，实时监控水平井井眼轨迹并及时调整定向方案、施工措施的一项新技术。地质导向施工的基本程序及方法为：

a. 根据邻井综合资料或录井资料并结合区域地质特征建立井点地区的地质模型，给出轨道与储层的岩性组合、油气显示或其他录井特点，形成地质导向的技术方案。

b. 设计井眼轨道，实现经济、高效地钻达目标靶区。在此基础上将地质模型投影到井眼轨道图中，形成指导导向施工的沿井眼剖面的地质模型。

c. 监控并描绘地质信息。

根据随钻测量信息、地面钻井参数、地质参数监测信息，及时更新地质模型，跟踪、发现标志层、甜点储层位置。

d. 实时提出地质导向意见。在水平钻进过程中，根据实时录井资料，综合分析判断井眼轨迹，提前进行地质预告，解决钻遇储层顶底如何识别的问题，在钻井工艺许可的条件下，随时调整井斜角，优化井眼轨迹，保证有效穿越储层。

3. 三维丛式水平井轨迹控制技术[7, 8]

页岩气井最显著的特点是在同一井场或平台布置多口井，各井的井口间距不到数米，井眼沿不同方位延伸，同一平台或相邻平台的井眼形成密集井网，如图2-25所示。

图 2-25 丛式井开发示意图

1）密集井眼钻井风险

（1）井眼碰撞。页岩气井井口间距小、同平台与相邻平台井眼形成密集丛式井网，井眼轨迹在地下交错，极易发生井眼相碰，即空间连续变化的两个井眼相交于一点。依据碰撞井眼之间的相互位置关系，可将井眼相碰问题归结为以下几种形式（图 2-26）：

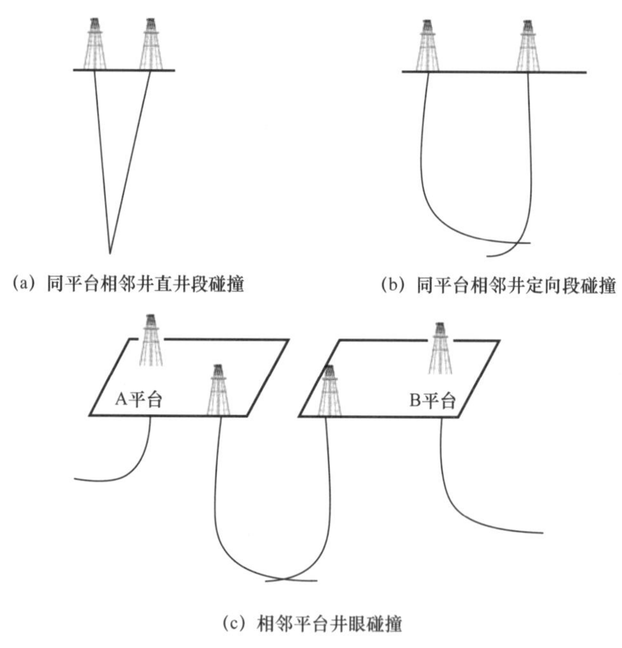

图 2-26 井眼相碰示意图

① 同平台相邻井眼相碰。同平台相邻井眼碰撞是指同一平台的相邻井眼相交于一点，这种碰撞可细分为两种类型：一类为井眼相碰于直井段，产生的原因主要是平台内各井的井口距离较小，钻井时放松了对已钻井、待钻井甚至平台内所有井的井眼轨

迹监测及控制；另一类为井眼相碰于定向段或水平段，其主要原因是井眼轨迹控制过程疏忽了预测待钻井与已钻各井之间的位置关系，而没有实施有效的防碰绕障作业，或者由于工具、地层及井眼间距的影响未实施有效绕障造成井眼相碰。

② 两平台井眼相碰。当两平台相邻时，其中一平台正钻井可能与相邻平台正钻井或已钻井相碰。这种井眼碰撞发生在平台布置密集区域，其产生的主要原因是已钻井空间投影位于待钻井目标投影方位附近，或定向井轨迹到达该井投影垂深附近，两者投影交叉。

井眼相碰后当正钻井的钻头已接近或钻到邻井井筒时，可能会造成套管挤压变形或钻穿套管（图 2–27），此时需要对破损套管进行修补从而造成生产成本增加。若井眼相碰发现不及时或套管修补处理不当甚至会引起更严重的井下事故，如导致钻井液漏失、已钻井眼报废、停产、污染等事故，最终影响正常的生产作业。

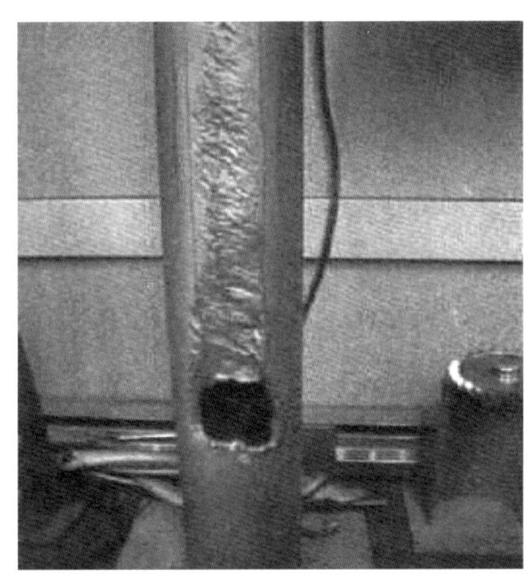

图 2–27　被钻穿的套管

（2）井眼防碰绕障措施。密集井眼钻井对于井眼碰撞风险的主要防碰绕障技术环节有：

① 防碰绕障优化设计。密集井网条件下井眼轨道设计以“一体化”理念出发，从区域井位部署优化、地下井网展布优化、工厂化作业钻前工程及丛式水平井钻完井工程等方面形成整体优化设计方案，在设计环节即做好井眼防碰绕障工作，为后续钻井环节提供参考依据。

② 随钻测量与防碰扫描。随钻测量所获得的井眼轨迹参数主要有井斜、井斜方位、工具面等，通过计算可用于描述已钻井眼轨迹。上述井眼轨迹结合防碰扫描计算可用来评估井眼碰撞的风险，目前常用的防碰扫描算法有法面距离扫描、平面距离扫描和最近距离扫描三种，依据分离系数制订相应的防碰措施。

③ 井眼轨迹控制。钻井过程中，由于地层和钻具组合等原因，即使已做好前两步工作，实际井眼轨迹仍会偏离预先设计的井眼轨道，存在井眼碰撞可能。因此，为避免井眼碰撞，实际钻井中必须做好井眼轨迹控制。

依据随钻测量获得的井眼轨迹参数评估井眼实钻轨迹，及时调整井眼轨迹使钻头沿预定轨道钻进。如果按照预定轨道钻进存在较高的碰撞风险时，需进行防碰绕障作业，良好的井眼控制技术是井眼防碰的重要保障。通过综合利用随钻测量工具、井眼轨迹预测方法和钻具组合来控制井眼轨迹，达到安全钻进的目的。

2）大偏移距三维水平井井眼轨迹控制技术

通过不断的探索与试验，形成了大偏移距三维水平井井眼轨迹控制技术，页岩气三维水平井井眼轨迹控制采用上部“预放大”防碰绕障设计与控制技术，造斜段采用旋转导向定向造斜，水平段采用地质导向进行井眼轨迹控制，有效防止了上部井眼相碰，提升了水平段延伸能力。

（1）上部“预放大”防碰绕障设计与控制技术。丛式井防碰设计关键在于平台丛式井钻井整体设计，页岩气丛式水平井组主要在造斜点的选择、槽口的分配、钻井顺序、造斜率、预造斜方面做了优化，长宁 H2 和长宁 H3 平台采用 ISCWSA 误差计算模型，应用 3D 最近距离法扫描最近空间距离，进行井眼防碰扫描分析（图 2–28 和图 2–29）。结果表明，按设计井眼轨迹进行绕障后分离系数均大于 2，能满足安全作业要求。

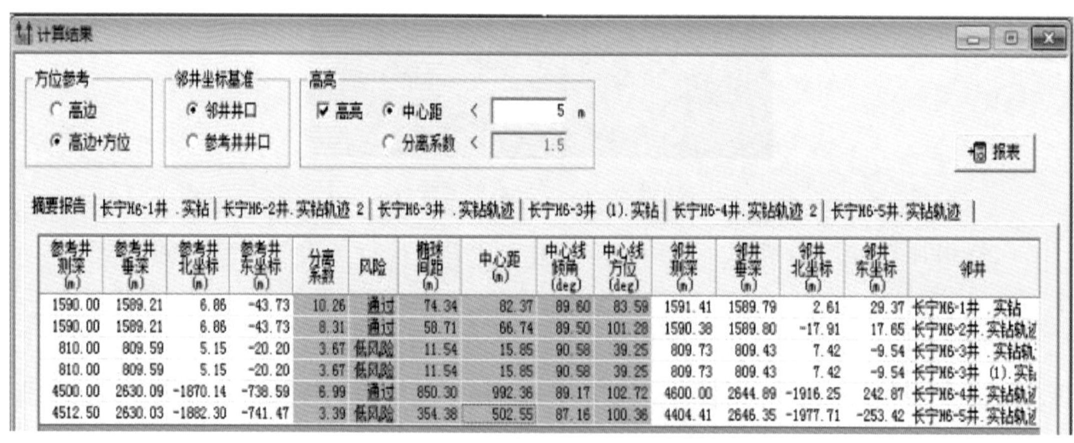

参考井测深(m)	参考井垂深(m)	参考井北坐标(m)	参考井东坐标(m)	分离系数	风险	椭球间距(m)	中心距(m)	中心线倾角(deg)	中心线方位(deg)	邻井测深(m)	邻井垂深(m)	邻井北坐标(m)	邻井东坐标(m)	邻井
1590.00	1589.21	6.86	-43.73	10.26	通过	74.34	82.37	89.60	83.59	1591.41	1589.79	2.61	29.37	长宁H6-1井 .实钻
1590.00	1589.21	6.86	-43.73	8.31	通过	58.71	66.74	89.50	101.28	1590.38	1589.80	-17.91	17.65	长宁H6-2井.实钻轨迹
810.00	809.59	5.15	-20.20	3.67	低风险	11.54	15.85	90.58	39.25	809.73	809.43	7.42	-9.54	长宁H6-3井 .实钻轨
810.00	809.59	5.15	-20.20	3.67	低风险	11.54	15.85	90.58	39.25	809.73	809.43	7.42	-9.54	长宁H6-3井 (1).实钻
4500.00	2630.09	-1870.14	-738.59	6.99	通过	850.30	992.36	89.17	102.72	4600.00	2644.89	-1916.25	242.87	长宁H6-4井.实钻轨迹
4512.50	2630.03	-1882.30	-741.47	3.39	低风险	354.38	502.55	87.16	100.36	4404.41	2646.35	-1977.71	-253.42	长宁H6-5井.实钻轨迹

图 2–28　长宁 H6 平台井组防碰计算结果

通过现场试验，浅层设计“预斜”井眼轨道，预造斜 3°～6° 防碰绕障（表 2–17），拉开与邻井距离，直井段 PDC+ 螺杆和气体钻井为防漏打快创造条件，直井段机械钻速提高 30%；优化狗腿度［（2°～4°）/30m］，减少上部套管磨损和摩阻扭矩；项目实施页岩气丛式水平井作业 10 余个平台，未出现井眼相碰事故。

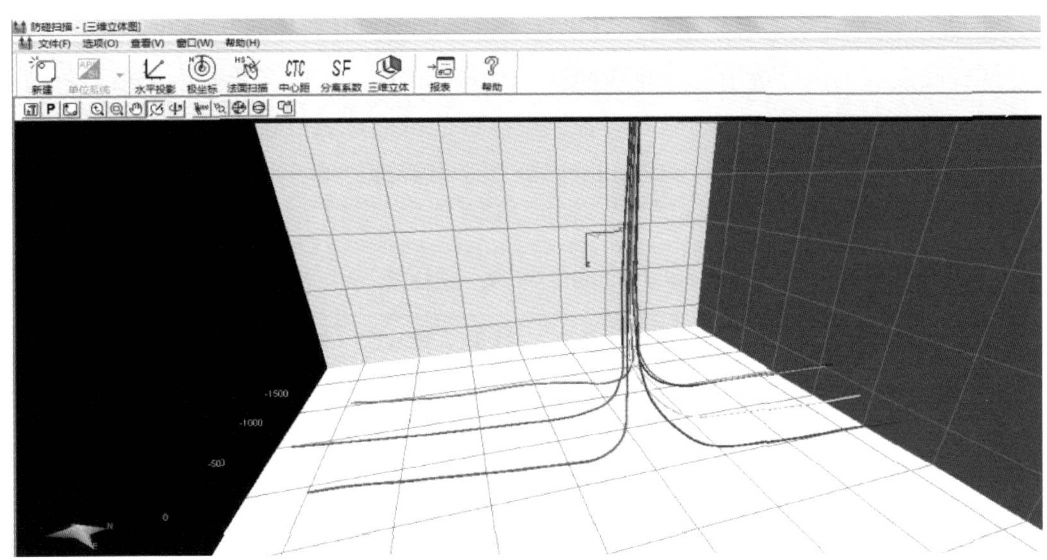

图 2-29　长宁 H6 平台井组防碰扫描三维立体图

表 2-17　长宁 H7、H20 平台“预斜”设计优化参数

井号	预造斜点井深，m	预造斜方位，(°)	造斜率，(°)/30m	预造斜终点井深，m
长宁 H7-4	30	110	2.2	120
长宁 H7-5	40	130	2.6	170
长宁 H7-6	30	347	2.7	100
长宁 H20-5	30	25	3.0	70
长宁 H20-6	30	79	3.0	70
长宁 H20-7	400	62	3.4	540

（2）定向段井眼轨迹控制技术。长水平段水平井钻进时的关键问题是降低摩阻和扭矩。实钻过程中应尽量控制好造斜率，避免因造斜率过大使摩阻和扭矩增大，使后期钻井难度增大。因此，在造斜段及水平段分别采取以下措施：

① 造斜段根据直井段轨迹，修订轨道设计，定向钻进初期精确控制工具面，确保实钻方位与修订后的设计吻合。钻完一个单根后，划眼修整井壁。定向增斜钻进期间采用随钻测斜仪器监测井眼轨迹，测量间距不超过 10m；根据造斜情况及时调整定向参数，确保井眼轨迹平滑。

② 水平段以复合钻进方式为主，采用定向滑动钻进方式或者旋转导向工具对井眼轨迹进行微调。加强待钻井眼轨道预测计算，利用趋势规律勤调，避免过度调整井眼轨迹，严格控制狗腿严重度，以降低摩阻。同时灵活测量，及时跟踪、调整井眼轨迹。

③ 油基钻井液条件下的螺杆钻具优选。由于页岩气井普遍采用油基钻井液体系，普通螺杆胶皮在油性环境下易老化从而造成脱胶等情况，可能会给井下带来严重的复杂情况。因此项目组根据现场需要对各厂家生产的抗油基螺杆进行了考察、对比，最终优选了国内立林公司生产的 ϕ172mm、7/8 头、低转速、大扭矩抗油螺杆，该螺杆技术参数较为优良，见表 2–18。

表 2–18　国产立林 ϕ172mm、7/8 头、低转速、大扭矩抗油螺杆

钻具型号	排量 L/min	转速 r/min	工作压力降 MPa	输出扭矩 N·m	最大压力降 MPa	最大扭矩 N·m	工作钻压 kN	最大钻压 kN	最大输出功率 kW
7LZ172 × 7.0L–5	1183～2366	84～168	4.0	7176	5.65	10137	100	170	150

④ 钻具组合优化。通过不断总结，逐渐简化了钻具组合，减少了加重钻杆的使用，减小了钻井时的摩阻和循环压耗。长宁—威远页岩气丛式水平井入靶以后的水平段钻进多以稳斜为主，不带扶正器的 1.25° 螺杆（图 2–30）在龙马溪组复合钻进时，能较好地保持稳斜姿态，因此该钻具组合能有效减少滑动定向钻进进尺，增加复合钻进进尺，确保井眼轨迹光滑，延伸水平段长，同时也能应对地质需要及时地进行增降斜作业，满足水平段钻进的需求。其钻具组合和效能分析见表 2–19。

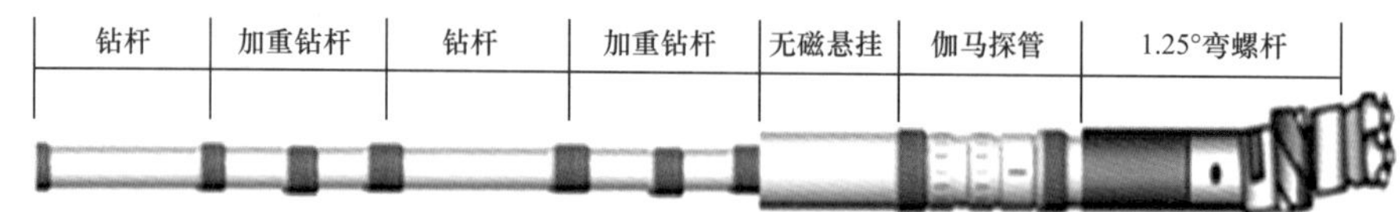

图 2–30　造斜段优化钻具组合示意图

表 2–19　水平段单弯螺杆钻具组合优化设计及效能分析

序号	名称	井段，m	钻具组合	层位岩性	效能分析
1	稳斜	3142～3303.42	ϕ215.9mm 钻头 +ϕ172mm 螺杆 DW1.25°+ 回压阀 + 定向接头 +ϕ165mm 无磁钻铤 + ϕ127mm 无磁钻杆 1 根 + 旁通阀 +ϕ127mm 钻杆 8 柱 + 随钻震击器 +ϕ127mm 钻杆	龙马溪组、灰黑色、黑色页岩	井斜：81.26° ↑ 82.06°；方位：197.36° ↑ 197.77°
2	稳斜	3303.42～4600	ϕ215.9mm 钻头 +ϕ172mm 螺杆 DW1.25°+ 回压阀 + 定向接头 +ϕ165mm 无磁钻铤 + ϕ127mm 无磁钻杆 1 根 + 旁通阀 +ϕ127mm 钻杆 8 柱 + 随钻震击器 +ϕ127mm 钻杆	龙马溪、灰黑色、黑色页岩	井斜：82.06° ↑ 86.18°；方位：197.77° ↓ 184.87°

⑤ 旋转导向钻具组合优化及试验。长宁—威远页岩气丛式水平井施工面临两大难题：一是横向偏移距大，最大达 700m，势必造成穿越偏移距的大斜度井段长和需要调整的方位角大，这将增大三维井段的轨迹控制难度；二是钻井液密度高，达到 2.1g/cm^3，

常规螺杆钻具定向增斜在大井斜情况下钻压不易传至钻头，严重影响定向效率，经过第三轮井身结构优化后，长宁地区页岩气丛式水平井的造斜段采用 215.9mm 井眼的旋转导向工具进行导向钻进（图 2–31），取得了造斜段周期从 28.86 天降至 9.96 天的现场应用效果（表 2–20）。

$8^1/_2$in造斜段：PDC 钻头+Archer高造斜率旋转导向（伽马，井斜，方位）+MWD

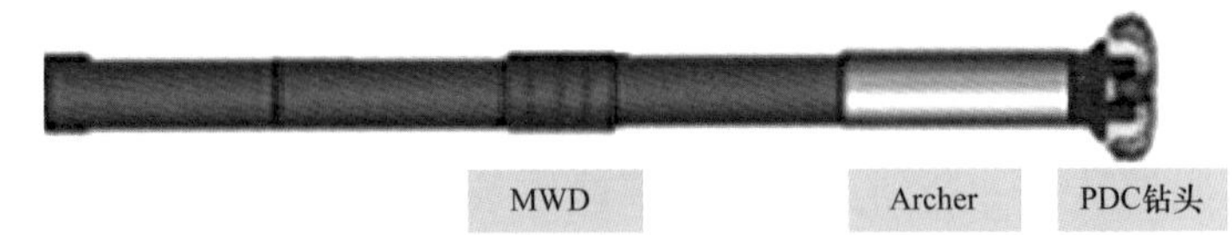

$8^1/_2$in水平段：附加动力旋转导向（泵压35MPa）或常规旋转导向（带近钻头GR，泵压30MPa）；PDC钻头+Archer/PD Vortex附加动力旋转导向+MWD

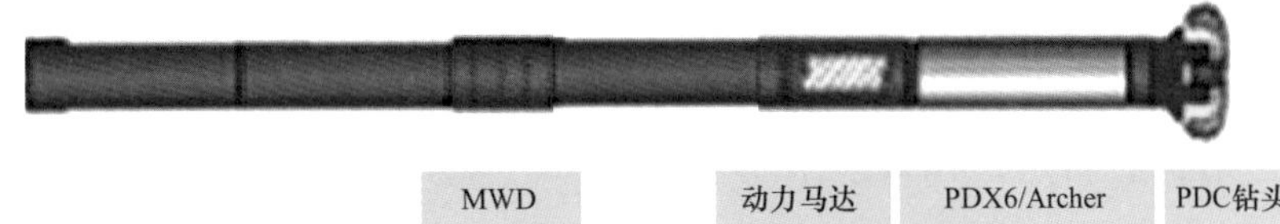

图 2–31　优化设计的旋转导向钻具组合

表 2–20　长宁区块旋转导向和螺杆钻具井眼轨迹控制效果对比

项目	井号	井深，m	造斜段长 m	造斜段周期 d	水平段长 m	水平段周期 d
螺杆定向	第一轮平均	3814	1035	28.86	1087	17
旋转导向	长宁 H3–6	4522	441	4.47	1841	21.3
	长宁 H2–7	4500	941	11.1	1500	13.8
	长宁 H3–5	4570	518	5.8	1800	12.4
	长宁 H2–6	4035	614	8.3	1350	8.6
	长宁 H2–5	4070	609	8.31	1400	16.125
水平段螺杆定向	长宁 H3–4	4600	842	9.96	1500	12.77

⑥ 页岩气丛式水平井全角变化率控制方案。页岩气丛式水平井现场施工过程中，常常会遇见因为地质预测不准确或者其他工程原因导致实钻最大全角变化率过大，钻完井后期作业难度增大。如威 204H4–6 井因为直井段位移超设计、储层提前和油基钻井液堵塞定向工具，致使实钻最大全角变化率达到 12°/30m，导致套管下入困难。

长宁—威远页岩气丛式水平井设计全角变化率（5°～8°）/30m，满足进入龙马溪组造斜，靶前距 400m 和安全下套管以及完井施工要求，提高地质工程复杂应对能力。

五、应用实例

以长宁页岩气区块地表出露自流井组的井区为例进行双二维井眼轨迹设计，设计条件如下：

（1）入靶点（A）垂深 3245m，地层倾角 5°；

（2）入靶点（A）垂直靶前距 355m；

（3）入靶点（A）横向偏移距 454m；

（4）水平段长 2000m。

该双二维井眼轨迹第一造斜点选在上部地质条件较为稳定的飞仙关组，为了避免在石牛栏组等难钻地层造斜，故将第二造斜点选在龙马溪组顶。上部井眼钻至第一造斜点位置后增斜至井斜 25° 左右，通过产生偏移距拉开与邻井井眼间距，达到防碰的目的。稳斜约 300m 后缓慢降斜，以 10° 左右小井斜进入韩家店组，迅速向下过韩家店组和石牛栏组等可钻性差的地层，同时为下步扭方位作业创造有利条件。钻至龙马溪组顶部到达第二造斜点，在该段采用双增剖面，方便调整入靶姿态确保中靶，进入 A 靶点后以 85° 稳斜至 B 靶点完钻。该井眼轨迹最大狗腿度 6.4°/30m，井眼轨迹剖面设计见表 2–21，水平、垂直投影和三维立体图如图 2–32 至图 2–34 所示。

表 2–21　长宁页岩气区块双二维井眼轨迹剖面设计

测深，m	井斜 （°）	网格方位 （°）	垂深 m	北坐标 m	东坐标 m	狗腿度 （°）/30m	闭合距 m	闭合方位 （°）
1170.00	0.00	83.00	1170.00	0.00	0.00	0.00	0.00	0.00
1648.97	24.34	83.00	1634.69	12.21	99.47	1.52	100.22	83.00
1948.97	24.34	83.00	1908.03	27.28	222.19	0.00	223.86	83.00
2193.59	12.00	83.00	2140.00	36.56	297.76	1.51	300.00	83.00
2893.59	12.00	83.00	2824.70	54.30	442.21	0.00	445.53	83.00
3003.52	20.40	0.16	2931.32	75.11	453.75	6.06	459.93	80.60
3153.52	20.40	0.16	3071.92	127.40	453.90	0.00	471.44	74.32
3456.30	85.00	0.00	3245.83	355.69	454.06	6.40	576.79	51.93
5456.30	85.00	0.00	3420.14	2348.08	454.06	0.00	2391.58	10.94

实钻轨迹要求着陆段狗腿度不超过 8°/30m，水平段狗腿度不超过 3°/30m（表 2–22）。龙马溪组以上井段使用 PDC 钻头 + 螺杆的钻具组合进行几何导向，通过 MWD 监测井眼轨迹。进入龙马溪组后使用旋转导向工具 + 近钻头伽马 + 元素录井辅助，确保优质储层钻遇率。

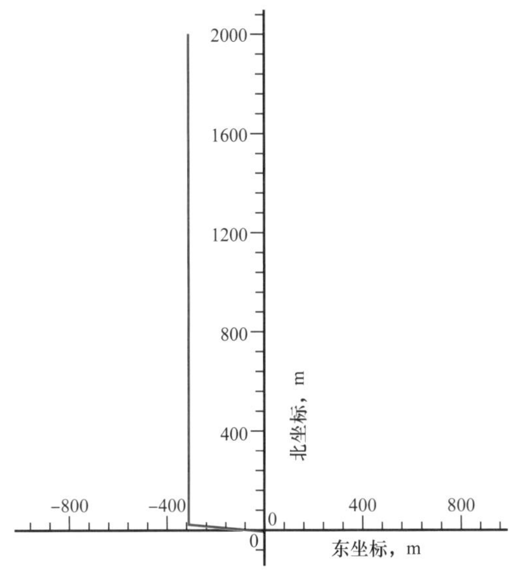

图 2-32　双二维井眼轨迹水平投影

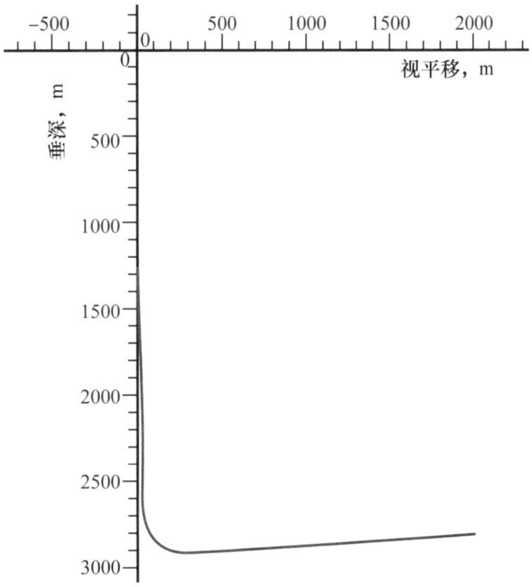

图 2-33　双二维井眼轨迹垂直投影

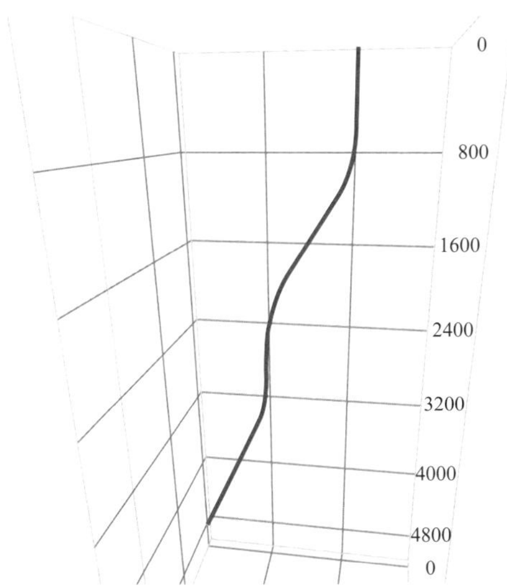

图 2-34　双二维井眼轨迹三维立体图

表 2-22　井眼轨迹控制与监测

描述	测深 m	井斜 (°)	方位 (°)	垂深 m	狗腿度 (°)/30m	钻井方式	监测方式
直井段	1170.00	0.00	83.00	1170.00	0.00	转盘 / 复合	单点、多点
增斜段	1648.97	24.34	83.00	1634.69	1.52	定向	MWD
稳斜段	1948.97	24.34	83.00	1908.03	0.00	转盘 / 复合	MWD
降斜段	2193.59	12.00	83.00	2140.00	1.51	定向	MWD

续表

描述	测深 m	井斜 (°)	方位 (°)	垂深 m	狗腿度 (°)/30m	钻井方式	监测方式
稳斜段	2893.59	12.00	83.00	2824.70	0.00	转盘 / 复合	MWD
增扭段	3003.52	20.40	0.16	2931.32	6.06	旋转导向	MWD/LWD
稳斜段	3153.52	20.40	0.16	3071.92	0.00	旋转导向	MWD/LWD
增斜段	3456.30	85.00	0.00	3245.83	6.40	旋转导向	MWD/LWD
水平段	5456.30	85.00	0.00	3420.14	0.00	旋转导向	MWD/LWD

参考文献

[1]潘军，刘卫东，张金成 . 涪陵页岩气田钻井工程技术进展与发展建议[J]. 石油钻探技术，2018，46(4)：9–15.

[2]李君，张涛，王任，等 . 浅析页岩气水平井钻完井技术现状及发展趋势[J]. 中国石油和化工标准与质量，2019(20)：207–208.

[3]臧艳彬 . 川东南地区深层页岩气钻井关键技术[J]. 石油钻探技术，2018，46(3)：7–12.

[4]唐思诗 . 页岩气钻井关键技术及难点分析[J]. 化工设计通讯，2017，43(6)：239.

[5]陶现林，徐泓，张莲，等 . 涪陵页岩气水平井钻井提速技术[J]. 天然气技术与经济，2017，11(2)：31–35.

[6]李东杰，王炎，魏玉皓，等 . 页岩气钻井技术新进展[J]. 石油科技论坛，2017，36(1)：49–56.

[7]张金成 . 涪陵页岩气田水平井组优快钻井技术[J]. 探矿工程(岩土钻掘工程)，2016，43(7)：1–8.

[8]李闯 . 国内页岩气水平井钻完井技术现状[J]. 非常规油气，2016，3(3)：106–110.

第三章
页岩气水平井钻井工艺技术

页岩气开发需要钻大量的井，在提高单井产量的基础上，还需要通过快速钻井，缩短建产周期，不断降低钻井成本。要实现优快钻井：一是要强化生产组织，保证各生产环节的有序衔接，减少非生产时间；二是要不断总结完善钻井技术，抓好全井提速。对于长宁—威远页岩气水平井钻井，关键在于韩家店组—石牛栏组强研磨性难钻地层及龙马溪组造斜段和水平段的提速，近几年，长宁—威远页岩气田在借鉴北美页岩气钻井经验的基础上，使用地质工程一体化导向技术确保优质储层钻遇率，开展钻头设计与优化，提速工具的配套使用，水平井钻井技术不断提高，钻井周期持续缩短，形成了一套适合长宁—威远页岩气水平井的优化钻井工艺技术。[1]

第一节　页岩气水平井地质工程一体化技术

由于页岩气储层地质条件复杂、地应力非均质性强，为了保证施工效率和单井产量，需要同时保证井轨迹光滑和优质储层钻遇率，但由于页岩的旋回性特征，使用无方位伽马测井进行地质导向时存在不确定性，这就需要形成一套较为成熟的钻井和地质导向一体化技术。

一、区域地质建模、单井预测

针对研究区内储层品质和完井品质的研究，利用三维地质建模技术获得各种属性模型，相关技术包括：

（1）井震结合精细构造建模技术。单井构造信息（例如成像测井构造倾角信息和真地层厚度 TST 域小层精细对比构造信息等）与地震解释层面相结合，建立精细三维构造地质模型。

（2）井震结合的属性建模技术。在岩心分析资料、特殊测井资料及地震属性（反演或其他属性）指导下通过地质统计学方法建立反映储层品质的属性模型，如 TOC、孔隙度、饱和度、含气量等。

（3）基于多尺度信息的裂缝建模技术。充分利用成像测井资料、微地震检测资料和地震属性，进行从单井、井周边到区块的裂缝分析与预测，并建立三维裂缝模型。

1. 精细小层对比

（1）基于地层真厚度（TST）域的旋回对比。水平井受井斜角和地层倾角变化的影响难以在斜深或垂深剖面进行小层对比，因此以地震资料的构造倾角为基础，结合伽马曲线的旋回变化估算真厚度才能落实井轨迹的地层位置，这样得出的结果就包括了单井分层和倾角数据。以 H9-1 井为例，相对于地层，该井轨迹可视为下切—上切—下切三大段，将三段轨迹折算成真厚度之后可以清晰地与直井对比伽马曲线所反映的旋回特征（图 3-1，图 3-2）。通过 TST 域计算后，井轨迹在地层中的位置就可以较为准确的表征，这为完钻后压裂设计提供了准确直观的参考，如图 3-3 所示。

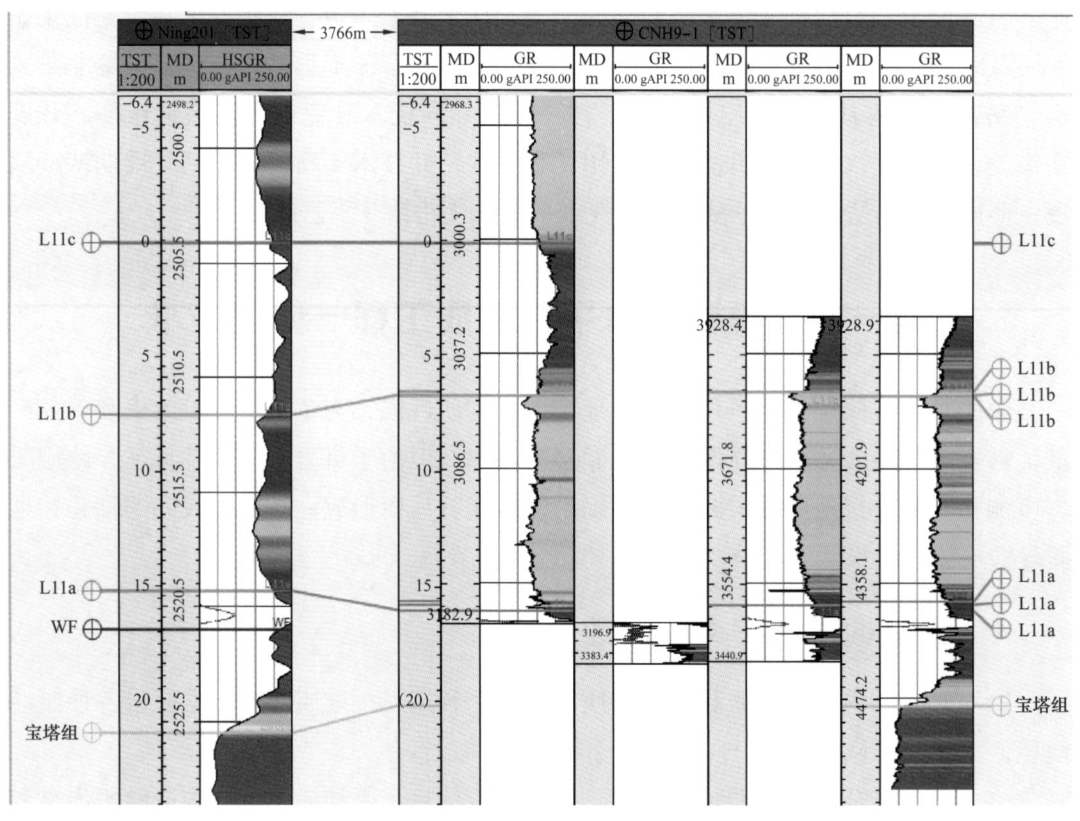

图 3-1　宁 H9-1 井 TST 域小层对比剖面

（2）在 TST 域小层对比方法中估算的地层倾角可以作为二维地质导向剖面建立的基础，建立 Geosteering 导向正演模型，可以根据导向模型中的构造剖面计算模拟伽马曲线，并通过与实测伽马曲线匹配来计算地层倾角，其建立的二维剖面也是三维构造层面建模的基础。如图 3-4 和图 3-5 所示。

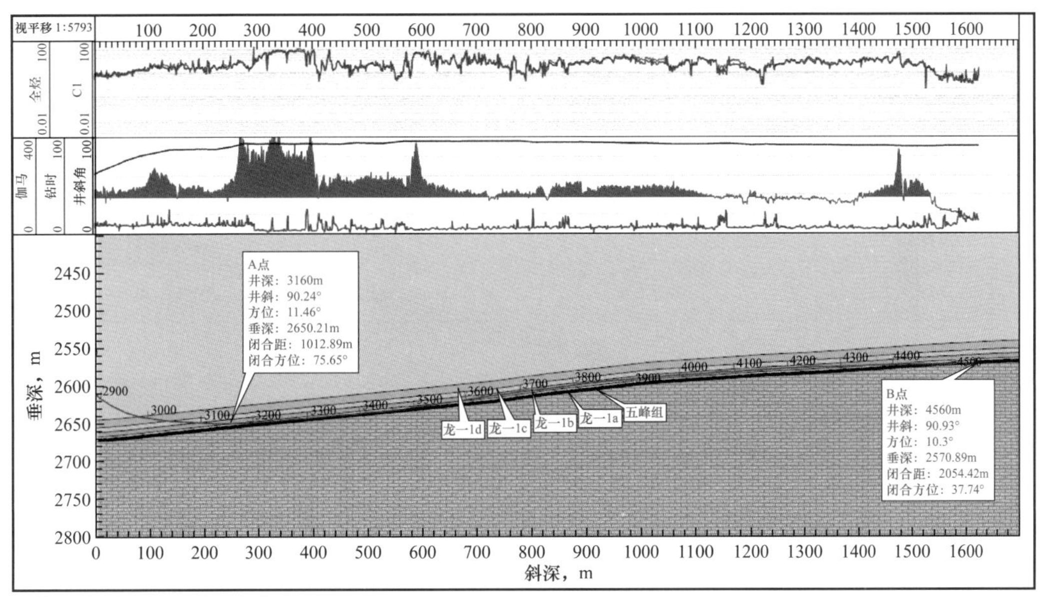

图 3-2　宁 H9-1 井导向剖面

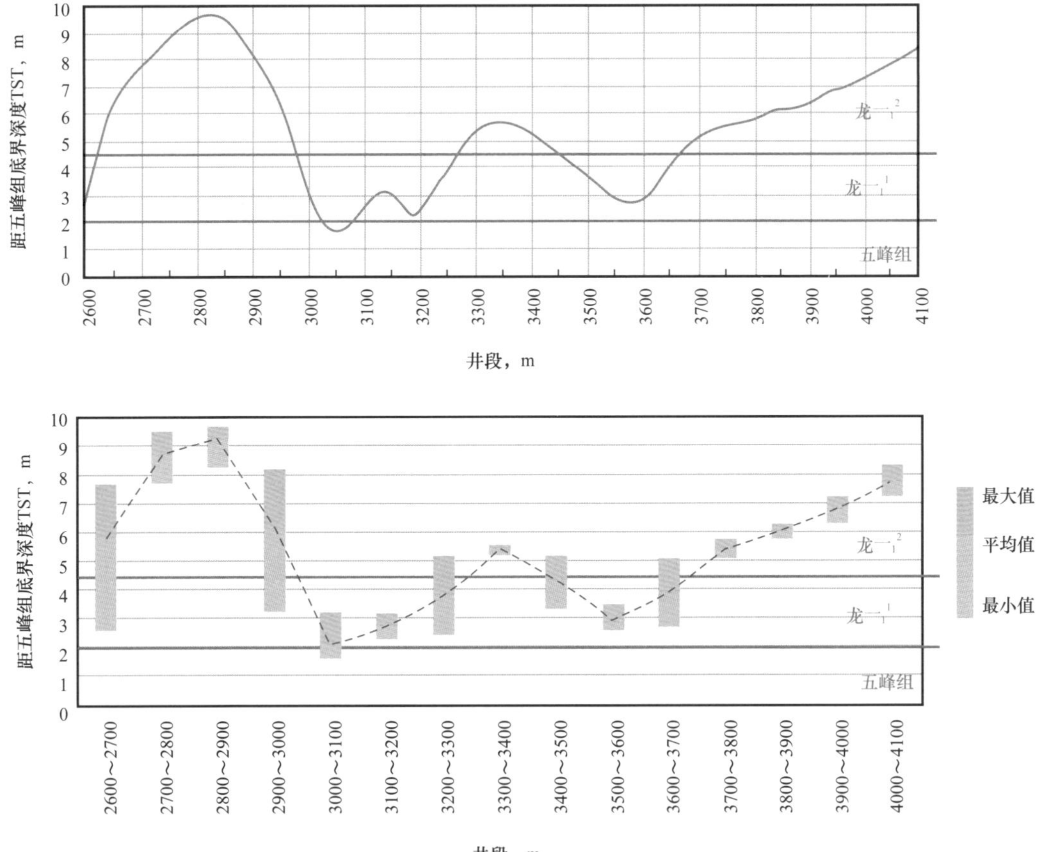

图 3-3　宁 H24-1 井轨迹距五峰组底界真厚度剖面图

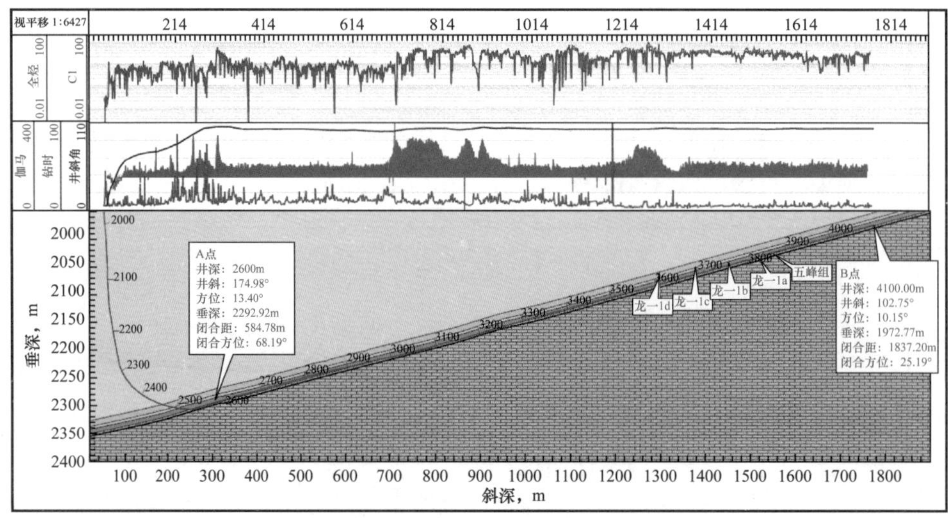

图 3-4 宁 H24-1 井二维导向剖面

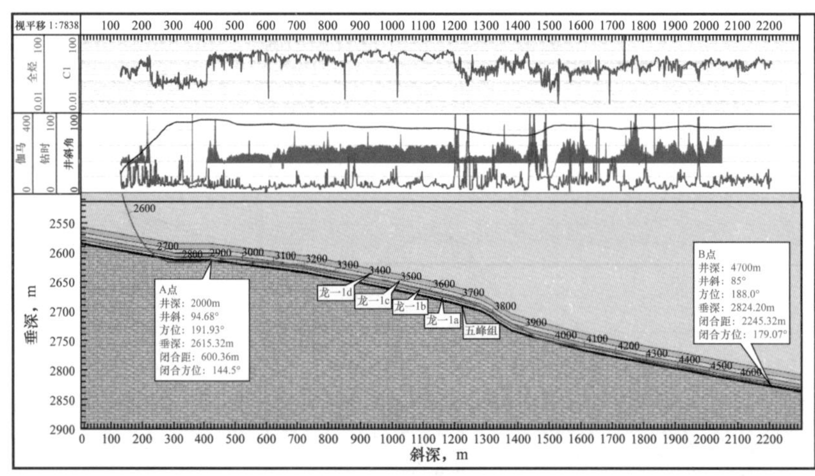

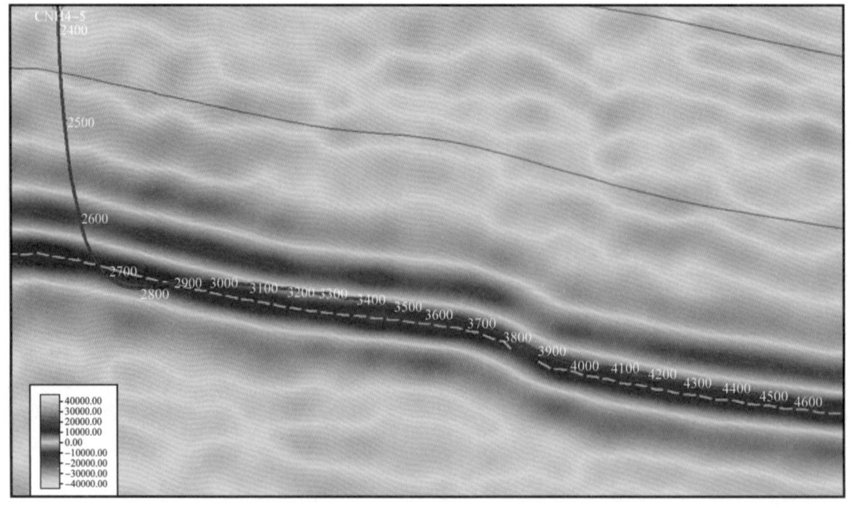

图 3-5 宁 H4-5 井二维导向剖面和地震剖面

（3）通过对比二维导向剖面和地震剖面发现，地震剖面可以提供构造趋势，并反映明显的微构造和断层特征。以 H4–5 井为例，该井着陆后倾角 4°～7° 下倾，轨迹保持在龙一$_1^3$ 小层，3700m 之后构造变陡至最大 14° 下倾，降斜后，地层变缓至 5°～7°，轨迹随之下切至五峰组—龙一$_1^2$ 小层，在导向剖面上表现出明显的低幅褶皱特征，对比地震剖面可见该构造特征在地震剖面上也有清晰的反映，这说明地震资料可以反映明显的微构造特征。H13–6 井在 3988m 处的断层在地震剖面上也可以得到验证，如图 3–6 所示。

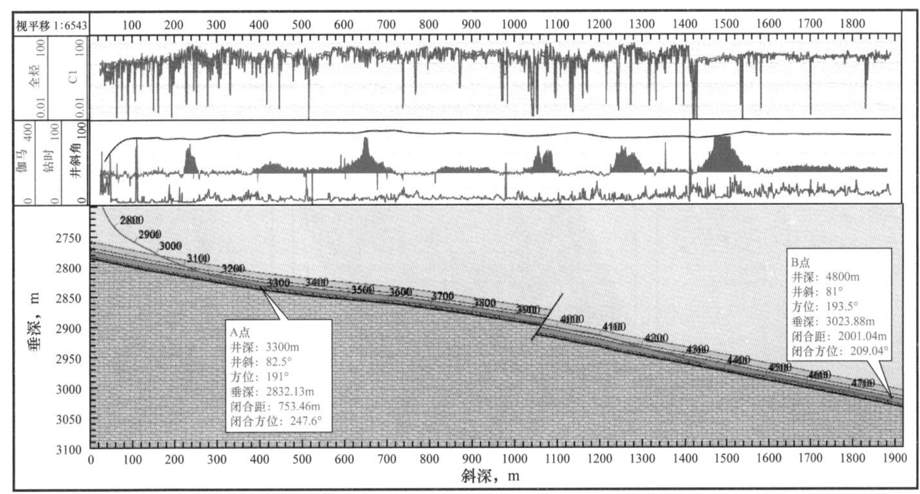

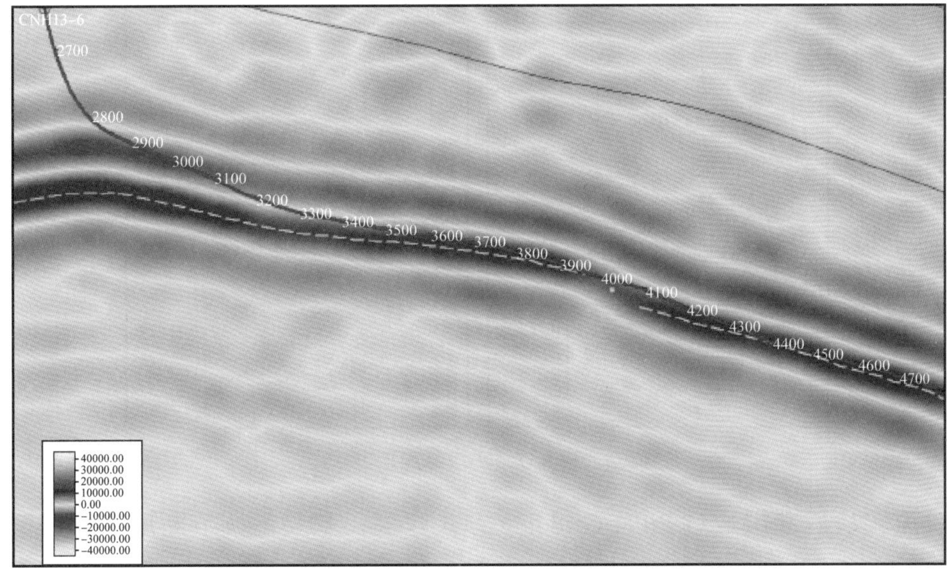

图 3–6　宁 H13–6 井二维导向剖面和地震剖面

（4）通过邻井相互验证，克服山区地震资料时深关系的不确定性，不断提高构造模型的精度。通过多维互动，借助于二维、三维和 TST 域等多种对比和显示方法也为小层对比和随钻地质导向提供了丰富的途径。

2. 构造模型

时深转换是构造建模的基础，采用的方法是以完成井的时深标定为基础，再结合大量完钻井及沿水平段设置的多口虚拟井建立和校正速度模型。以地震解释层位为基础，速度模型从地震参考面开始，包括韩家店组、石牛栏组、龙马溪组和五峰组及宝塔组。深度域的构造模型包括 36 断层和 8 个小层层面，其中五峰组底界、龙一段顶和龙二段顶采用地震解释层面控制，龙一$_1$亚段中各小层采用小层厚度平面图控制，如图 3–7 所示。

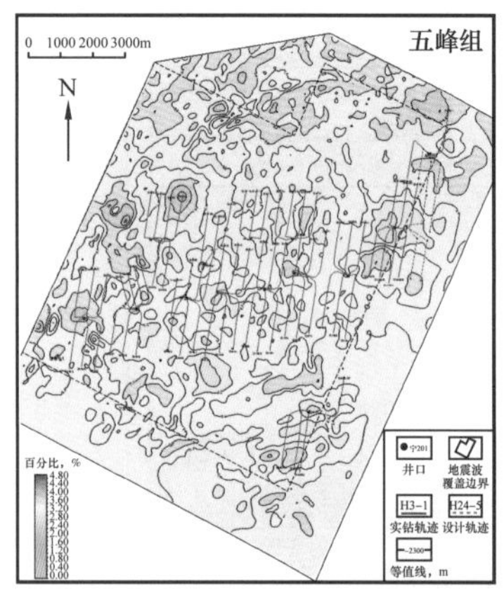

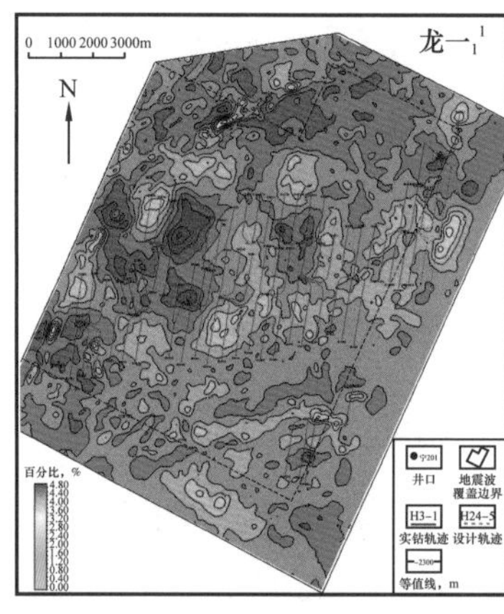

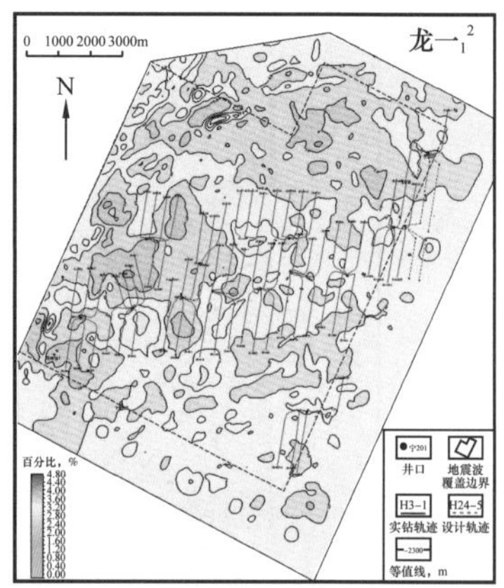

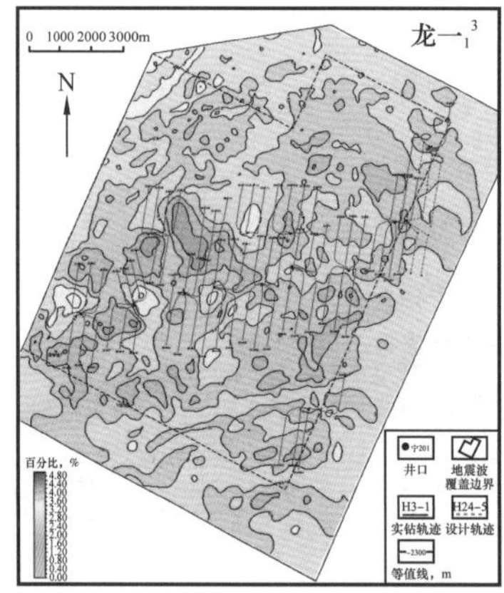

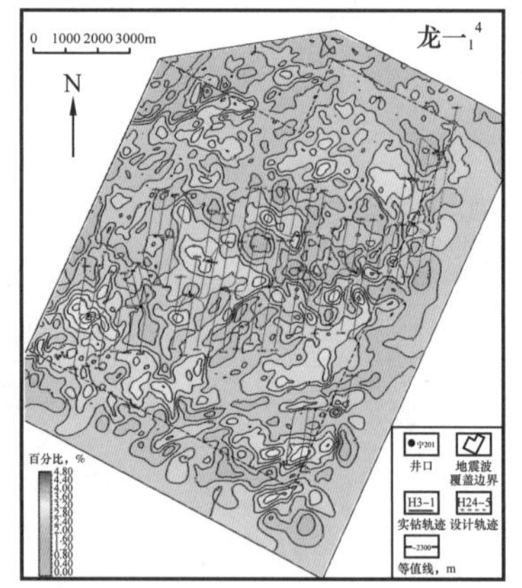

图 3–7　小层等厚图

时深转换后断层通过 Pillar Gridding 方式建模，主要是调节断层之间的交接关系。建立断层模型后，评价断距的分布如图 3–8 所示，宁 201 主体区断距大部分小于 20m，东南部和西北部的断层断距较大，最大可达百米级。

构造建模时，为保证井轨迹剖面构造的准确，尤其是水平段剖面构造的协调可靠，应用了二维导向剖面的成果（图 3–9 和图 3–10）。构造模型是井震结合建模的成果，应用了地震解释断层和层面、单井分层及导向剖面。

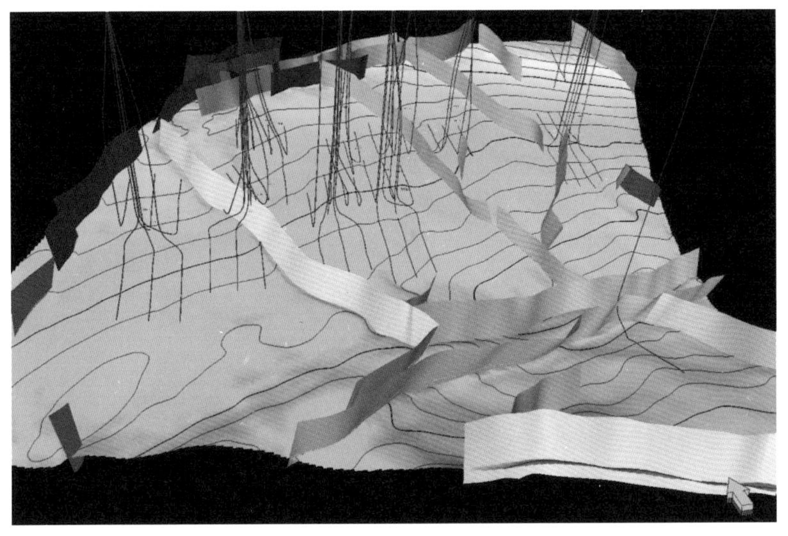

图 3-8　宁 201 井区断层——层面模型

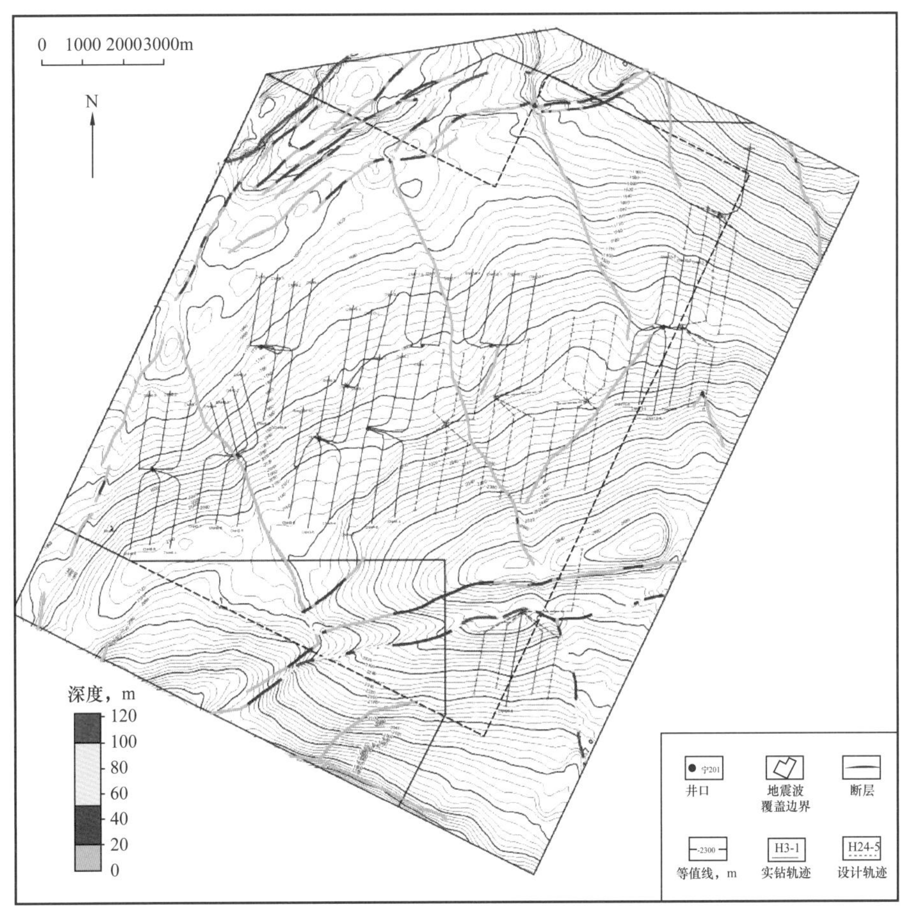

图 3-9　宁 201 井区断层断距分类图

（0～20m 绿色，20～50m 蓝色，50～100m 黄色，大于 100m 红色）

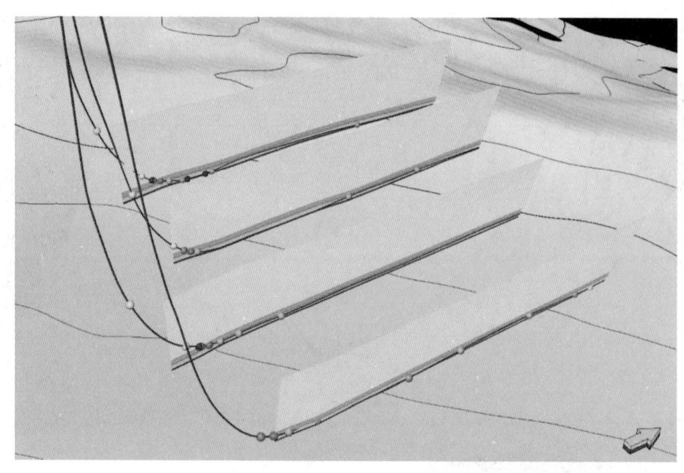

图 3-10　根据单井二维导向剖面控制三维构造层面

对于构造网格模型，平面网格精度为 30m × 30m，垂向网格精度采用渐变式设计，考虑到测井的垂向分辨、页岩垂向上的非均质性及观音桥段等岩性层的厚度约为 0.5m（表 3-1）。龙一$_1$亚段和五峰组平均垂向网格厚度为 0.5m，向上逐渐粗至 5m，30m × 30m × 0.5m 的网格总数为 6387 万。宝塔组因未见底，模型从宝塔组顶面下推 50m 作为宝塔组石灰岩段。在划分垂向网格（Layering）时遵循层序地层学的等时原则，采取按比例劈分。

表 3-1　垂向网格劈分（Layering）设置表

分层	平均层厚 m	网格劈分方法	劈分设置	平均网格厚度 m
龙二段	115	Proportional	18	7
龙一$_2$亚段	160	Fractions	5，5，5，5，5，5，5，5，5，5，5，5，5，5，5，4，4，4，4，4，3，3，3，3，3，2，2，2，2，2，2，2，2，2，2，2，2，2，2，2，2，2，2，2，2，1，1，1，1，1，1，1，1，1，1	2.9
龙一$_{14}$亚段	10.5	Proportional	18	0.6
龙一$_{13}$亚段	6.3	Proportional	16	0.4
龙一$_{12}$亚段	8.7	Proportional	16	0.53
龙一$_{11}$亚段	1.7	Proportional	3	0.6
五峰组	3.9	Proportional	12	0.3
宝塔组	50?	Fractions	1，1，2，2，2，2，2，4，4，4，4，4，6，6，6	3.2

注：Proportional 方式是将一层垂向劈分为一定数量的网格；Fraction 方式如“2,2,1”意思是将该层划分 3 层网格，第一层网格占该层厚度的 2/（2+2+1），即 2/5，第二层占 2/5，第三层占 1/5。

图 3-11 和图 3-12 为节选的五峰组底面构造图和地层倾角平面图，二者相结合可为布井和钻井设计提供构造特征和复杂程度的直观分布。

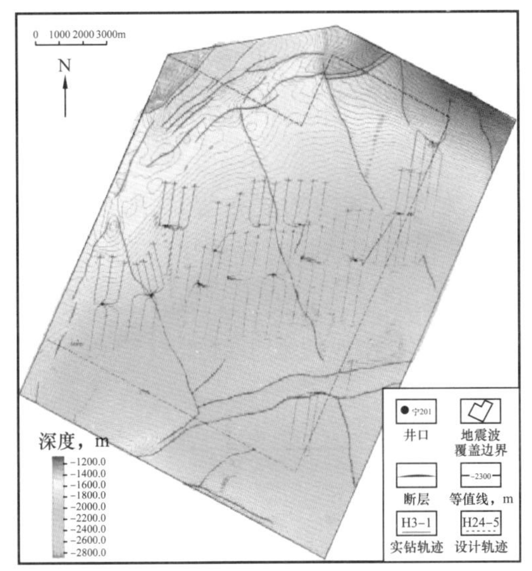

图 3-11 五峰组底界构造图

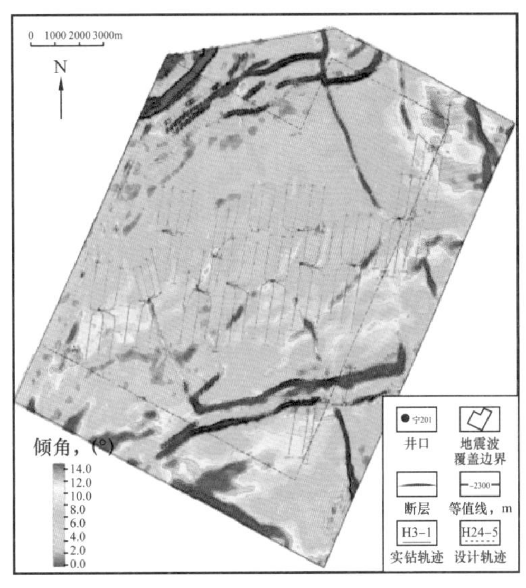

图 3-12 五峰组底界构造倾角平面图

3. 属性模型

建立储层品质属性模型的目的是通过三维地质建模方法评价储层的三维空间展布，从而为水平井布井和压裂设计提供支持。

本区属性建模的方法是在地震反演和单井测井解释的基础上，建立三维属性体，从而为三维地质力学模拟和压裂工程服务。研究流程如图 3-13 所示，三维属性模型的建立可分为 4 步：

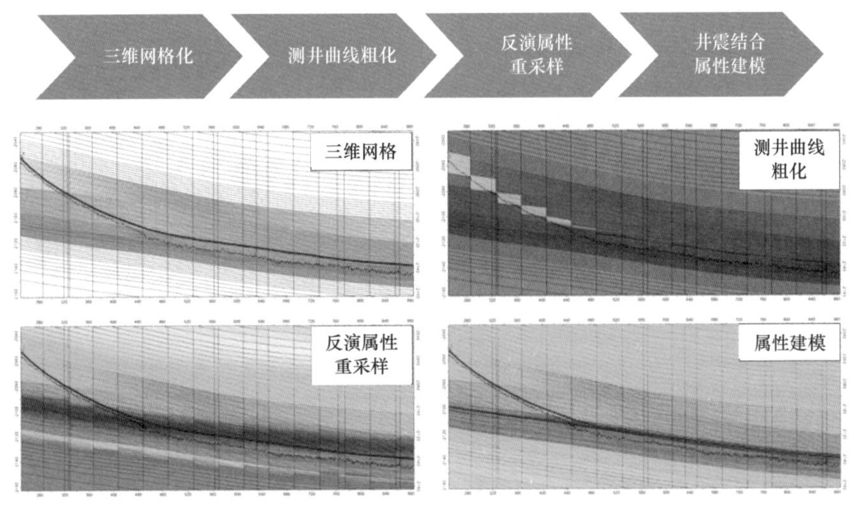

图 3-13 井震结合的属性建模流程

（1）三维网格设计，结合地震面元确定网格横向尺寸，根据测井分辨率确定网格垂向尺寸；

（2）测井曲线粗化，将测井曲线采样到井眼轨迹穿过的网格；

（3）反演属性重采样，将反演属性重采样到三维网格；

（4）井震结合属性建模，反演属性作为软数据控制属性的横向分布，测井数据作为硬数据控制属性的垂向分布。

属性建模的重要基础是属性趋势，地震反演为全区属性的展布提供了平面趋势。在地震反演属性（或其他适合属性）趋势的控制下，基于测井解释成果，利用三维地质建模技术建立了储层品质模型［孔隙度、总有机碳储量（TOC）］，以及岩石弹性和强度属性模型（杨氏模量、泊松比等）。图 3-14 为龙一$_1$亚段和五峰组反演总孔隙度平面图。

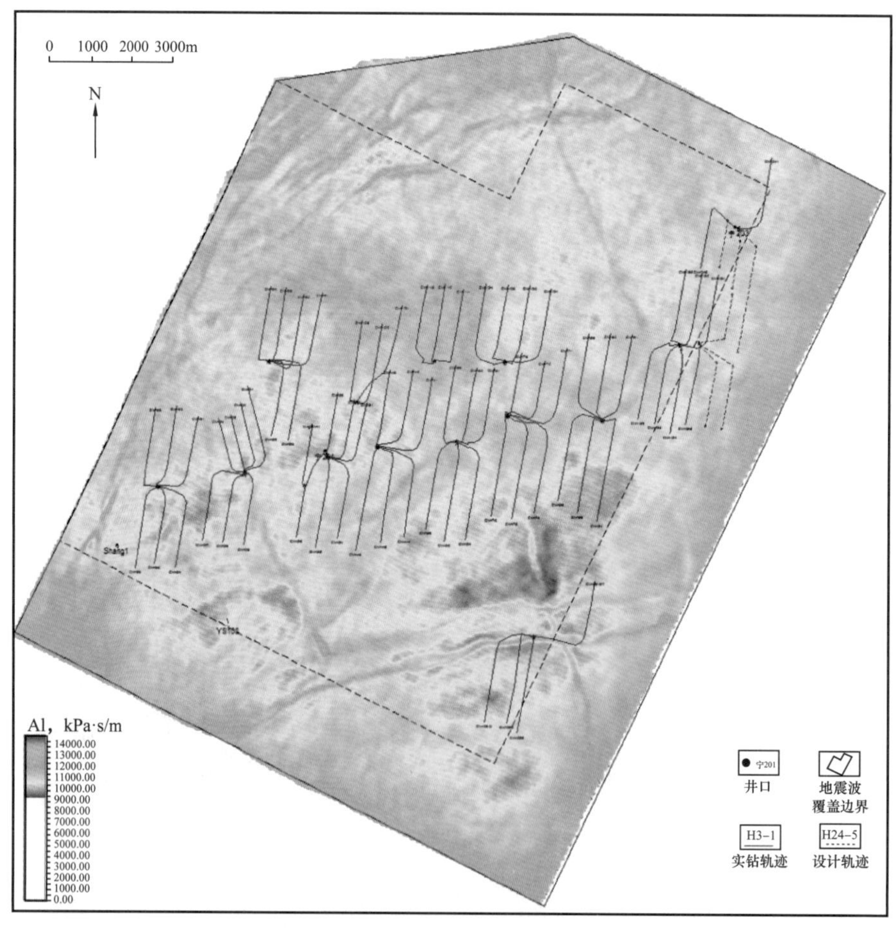

图 3-14　龙一$_1$亚段和五峰组反演总孔隙度平面图

通过测井数据与反演属性对比可见，反演数据提供了宏观的趋势。反演结果与测井结果的相关性分析（图 3-15）表明，二者具有较好的相关性，虽然二者尺度不同，

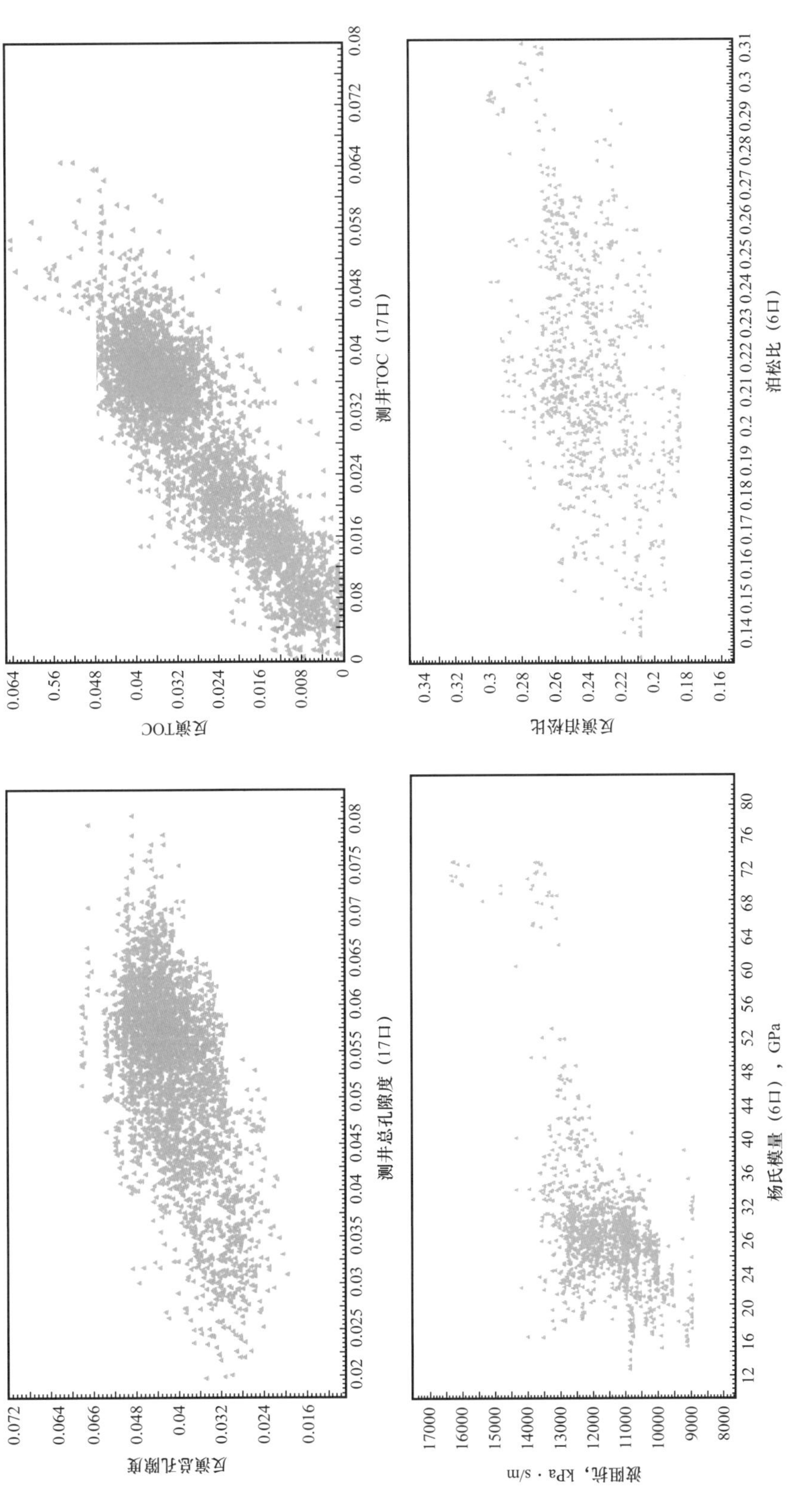

图 3-15　反演—测井相关性分析图

但结合协同克里金模拟可以为高斯模拟提供“软数据”控制。这里需要说明的是在属性建模时，断层附近和地震体覆盖次数较少的区域不做趋势控制。

除了模型参数要保证测井与反演的相关性之外，属性建模还要保证测井解释的各个参数之间的相关性，如图 3–16 所示。如通过反演属性控制得到了 TOC 之后，可以用 TOC 属性做协同克里金模拟有效孔隙度。模型中使用的协同控制有：有效孔隙度（TOC 协同）、岩石密度（有效孔隙度协同）、含水饱和度（有效孔隙度协同）、黏土含量（总孔隙度协同）、泊松比（杨氏模量协同）。

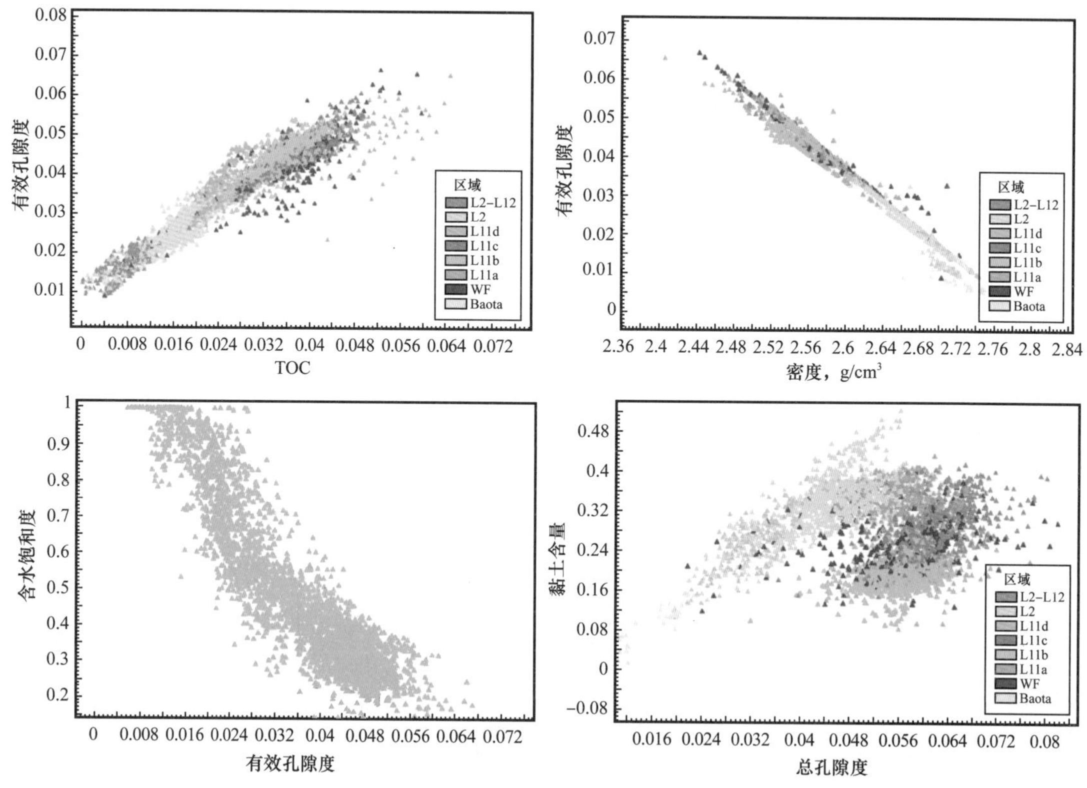

图 3–16　测井解释参数相关性分析图

垂向趋势采用测井数据建立，图 3–17 为等时地层框架内 TOC 垂向趋势图，可见宁 201 和宁 203 两口直井的结果反映了一致的垂向趋势，水平井数据统计到网格模型后也展示了较一致的垂向趋势变化。这说明属性建模既要考虑反演提供的平面趋势，又要结合页岩的垂向趋势。图 3–18 为通过趋势建模（Petrel Trend Modeling）计算的模型趋势体与测井解释成果的对比图，从图中可见，横向加垂向趋势得到的趋势体与测井曲线具有较好的对应关系，可以在属性建模时作协同克里金（Co–Kriging）模拟。

变程函数是控制属性模型网格间相关性的算法基础，变程参数代表网格间相关性的最大距离。通过分析水平井可以得出横向变程的大小，在 500～600m，通过分析直

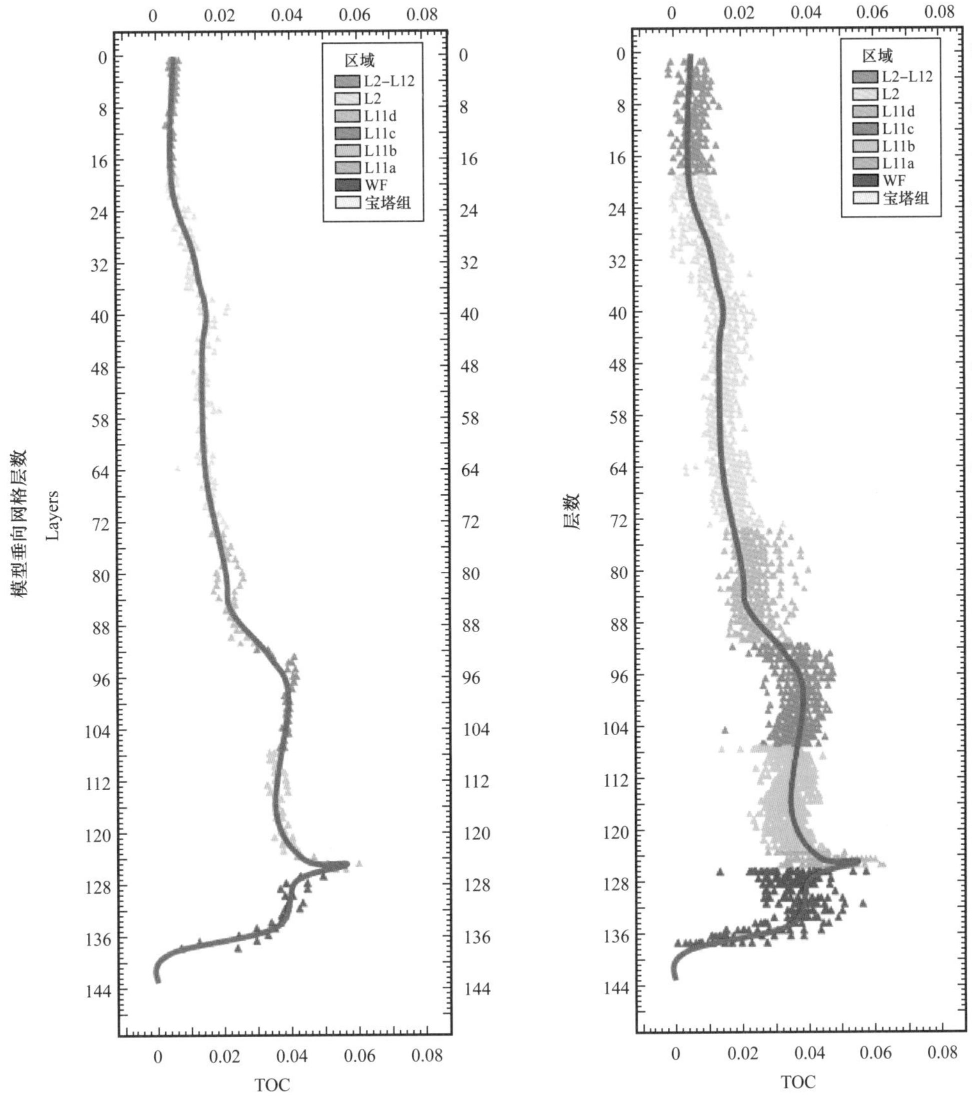

(a) 2口直井

(b) 15口水平井

图 3-17 等时地层框架内 TOC 垂向趋势图

井或水平井的直井—斜井段可以得出垂向变程的大小在 2～3m，如图 3-19 所示。

通过属性建模完成了储层品质属性剖面（孔隙度、TOC、饱和度、黏土含量、含气量、密度）和岩石弹性和强度参数（横向和垂向杨氏模量、横向和垂向泊松比、单轴抗压强度、抗拉强度、内摩擦角、脆性指数）等。

4. 裂缝模型

天然裂缝系统建模的核心内容是井震结合，建立不同尺度的微断层、天然裂缝带、小尺度离散天然裂缝等，最终目的是研究天然裂缝与人工裂缝的相互作用，从而

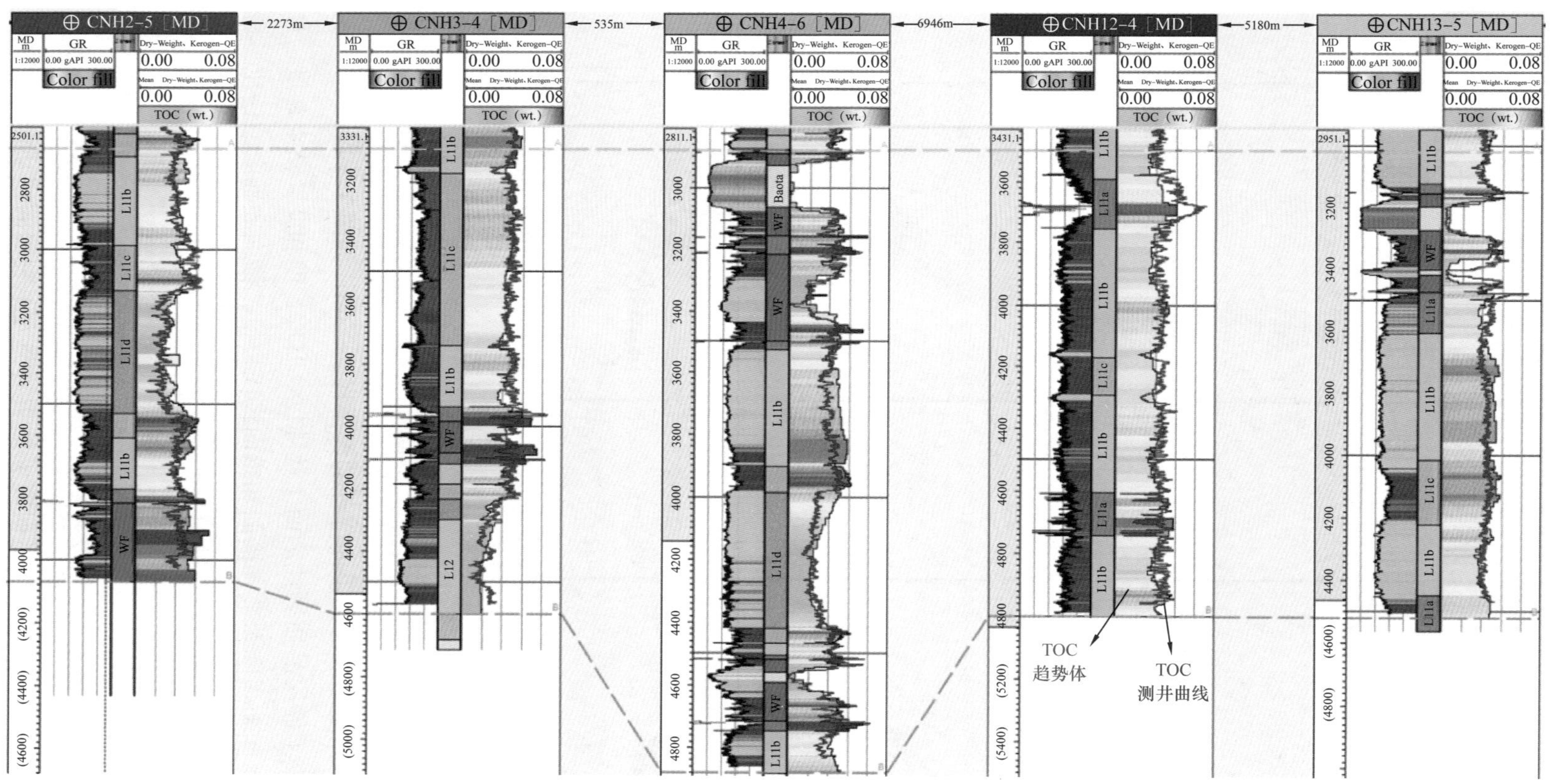

图 3-18 模型趋势体与测井解释曲线对比图（TOC）

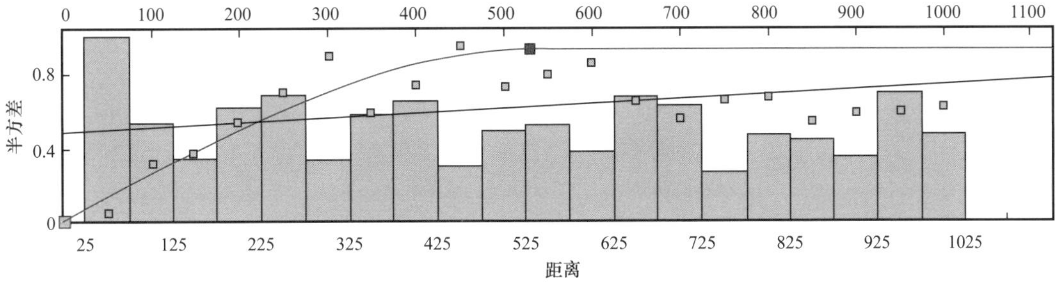

回归曲线块金效应：0.486；基台值：0.513；变程：2894.5

(a) 龙一$_1^2$横向变程分析图

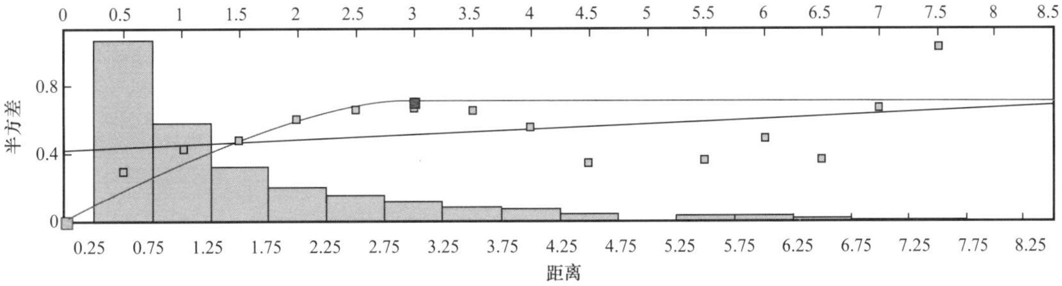

回归曲线块金效应：0.427；基台值：0.572；变程：27.985

(b) 龙一$_1^2$垂向变程分析图

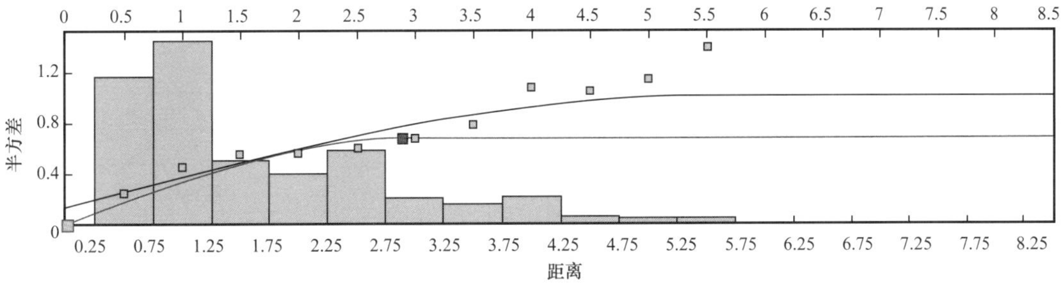

回归曲线块金效应：0.138；基台值：0.861；变程：5.3538

(c) 龙一$_1^3$垂向变程分析图

图 3–19　变程分析图

支持压裂作业。

离散裂缝网络模型（DFN）直接用随机产生的裂缝片来组成裂缝网络，依此来描述裂缝系统。DFN 裂缝表征所需的参数包括裂缝发育强度、方位、倾角、延伸长度及高度等。

（1）裂缝发育强度。经过蚂蚁验证后，认为这一属性对天然裂缝的指示较好。在这里直接采用了蚂蚁体作为输入，线性变换为与井上的裂缝发育强度可对比的属性体。在实际模拟时，考虑到岩石力学模拟的限制，将裂缝片总数控制在 20 万～30 万。在模拟时根据蚂蚁体的强弱，将裂缝区分为 4 组，以利于区分其力学性质（表 3–2）。

表 3–2　裂缝力学性质表

裂缝组	蚂蚁体	裂缝强度	地球物理响应	地质类别
1	＞-0.4	＞0.046	同相轴明显错断或者扭曲，方差体强反映，蚂蚁体强反映，可手动追踪；微地震高震级	大断层为主，横向规模百米级到千米级
2	-0.65～-0.4	0.027～0.046	带状分布，同相轴扭曲、分叉，方差体有相应，蚂蚁体中等响应；微地震高震级	小断层和裂缝带，横向规模几十米到百米级
3	-0.8～-0.65	0.015～0.027	同相轴振幅变弱，方差体几无响应，蚂蚁体响应变弱；微地震震级较高或呈带状、团状	小型裂缝带或为 2 级裂缝带的扩展，横向米级到几十米级
4	＜-0.8	＜0.015	同相轴几无变化，不确定较大	米级裂缝

（2）产状。受到资料录取的限制，目前中等尺度天然裂缝的主要参数还是无法直接测量的，但通过分析断层的产状可以获取裂缝的主要发育规律，如通过统计井区的断层发现，研究区目的层的断层主要有三组：近 E—W 向，（N）NE—（S）SW 向，NNW—SSE 向，其中 NE 向的断层数量更多。断层的倾角一般较高，在 60° 以上。定义裂缝的方位主要是定义裂缝的倾向，通过蚂蚁体的平面分布可以获得裂缝带的走向，倾向根据与走向 90° 交角定义，如图 3–20 所示。

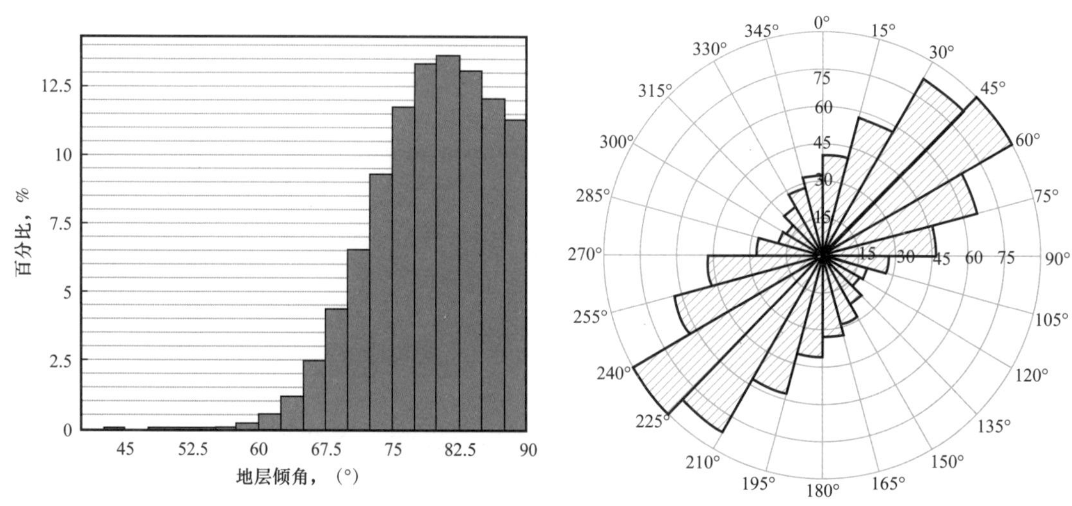

图 3–20　全区 DFN 倾角与走向统计

（3）长度及高度。地下天然裂缝的长度及高度无法从成像测井获得，从对露头区裂缝延伸长度的测量表明多数裂缝延伸长度小于 100m（穆龙新，2009）。在这里根据模拟需要将裂缝片长度设置为 0～150m，平均约 50m（图 3–21），裂缝片长高比为 2∶1。

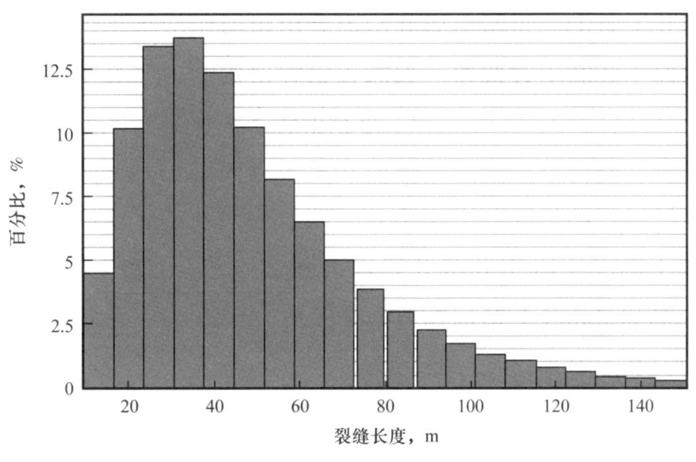

图 3-21　DFN 裂缝长度直方图

于前述认识，建立了离散裂缝网络模型（DFN），建立 DFN 的目的是在后续的岩石力学模拟和油藏模拟中考虑地层中天然裂缝的影响，从而更合理地描述地层的地质特征，如图 3-22 所示。

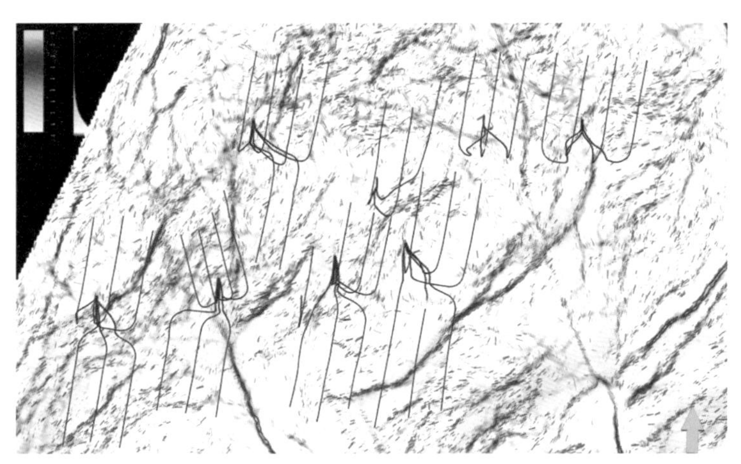

图 3-22　DFN 与蚂蚁体叠合图

二、页岩储层特征识别

地质导向就是一套综合运用录井、随钻测井等实时地质信息和随钻测量的实时轨迹数据，根据地质认识调整井身轨迹，准确入靶，并使井身轨迹在目的层有利位置向前延伸的技术。其基本原理是地层对比和深度校正，即根据录井和随钻测井提供的钻时、岩屑、荧光及气测等录井信息和自然伽马、电阻率等测井信息对地层尤其是标志层进行识别和对比，根据标志层的实钻垂深、预估的标志层距目的层顶底的距离和水平井所在区域的构造特征，预测出不同位移处目的层顶底的垂深，及时校正设计，调整钻井轨迹，确保准确入靶以及合理穿越油气层。

由于地层在纵向上沉积环境的改变和后期成岩作用的影响，不同的岩性会呈现出不同的元素和伽马能谱组合的特征。因此，建立不同地区纵向上元素和伽马能谱变化特征剖面，就能在钻井过程中通过特殊录井技术快速判断地层辅助导向。因此，在页岩气钻井过程中，除了采用常规的综合录井技术外，还多采用 XRF 元素录井技术、伽马能谱录井技术等特殊录井技术辅助伽马地质导向技术。这些特殊录井技术除了可以辅助地质导向，还可以快速识别岩性，辨别沉积环境，判识矿物的类型，后期计算有机碳含量、矿物组分含量，丰富了录井评价非常规储层的技术。

三、地质导向控制技术

通过长宁和威远区块的大量实践，最终形成了采用精细化地质建模、预设标志点、“走产层中线”控制的水平段地质工程一体化地质导向设计思路，基于随钻伽马与元素录井结合的定位方法，使用旋转导向工具进行长水平段地质导向钻井，I 类储层钻遇率达到了 96%。

1. 优化测井技术

页岩气水平井钻井主要采用随钻伽马测井（LWD）进行水平段地质导向钻进，利用自然伽马数据进行目的层标定。但伽马测井数据不能进行储层精细描述，更不能实现射孔和压裂的优化设计。通过实践，优化了过钻具存储式测井技术，采用无电缆测井方式，测井时将仪器安装在钻具内，整套仪器通过释放销钉悬挂在上悬挂器和仪器保护套内，钻具将仪器下至井底后，通过钻井液脉冲信号或投球使测井仪器从上悬挂器释放，进入测量井段。同时利用仪器自带电池短节进行供电，采用自带的存储芯片进行数据采集和存储，采用时间—深度测量方式对测量数据按深度进行校正。该技术解决了复杂井况条件下测井资料采集的难题，满足了页岩地层评价需求，达到测井提速、提效、降低成本和风险的目的。

2. 细化储层预测

储层预测技术是页岩气地质导向钻井实施的前提，主要内容包括微构造预测研究和水平井井眼轨迹地质剖面预测技术。水平井储层预测基本流程如图 3-23 所示。微构造预测研究在水平井地质目标跟踪过程中起到至关重要的作用，其研究的基础是水平井邻井测井、录井资料以及地震勘探资料，通过详细对比并全面分析储层变化规律，从而获得储层顶底界微构造，再对目的层微构造变化进行精细描述，以直观反映目的层在水平方向上的起伏变化规律，进而为水平段井眼轨迹预测提供可靠的地质依据。井身剖面地质预测是基于地质工程提供的不同深度岩性、厚度和储层展布等参数和微构造研究结果，落实目的层地层产状、厚度变化、岩性、含气性，再根据轨道设

计参数，建立二维轨道方位上的预测地质剖面，从而计算出造斜点至靶点不同岩性段轨道深度、开采目的层顶底界面埋深、油气水界面垂深等地质参数。钻井工程人员将根据这些参数进行科学的井眼轨道和钻具组合设计。

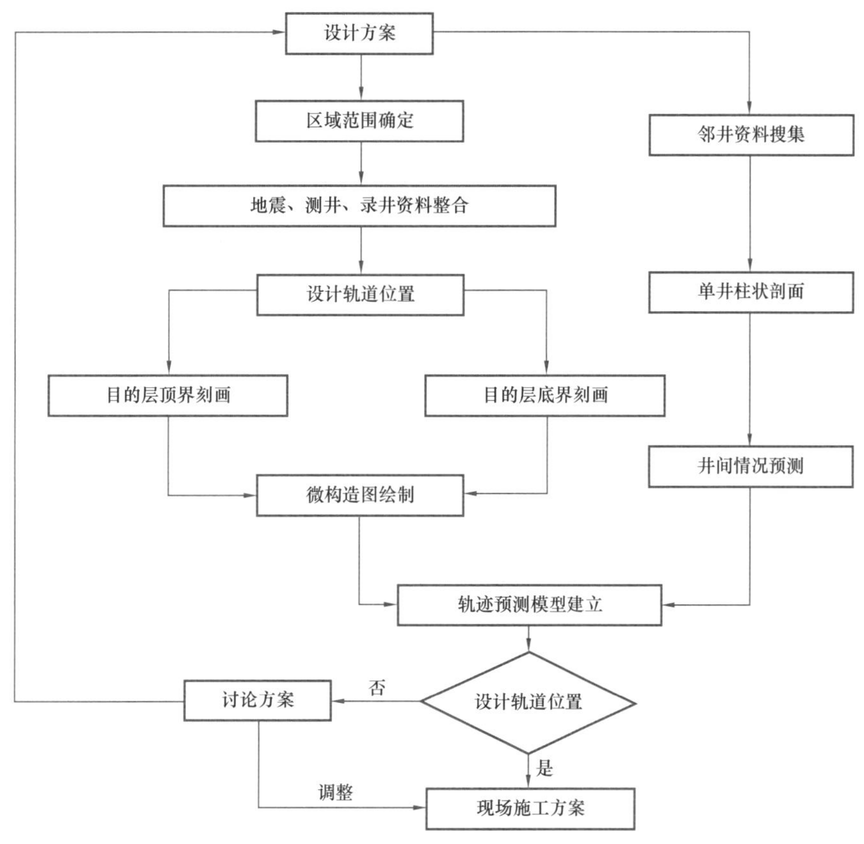

图 3-23　页岩气水平井储层预测流程

3. 基于地质目标跟踪的轨迹调整技术

井底钻头位置预测主要通过地层岩性、含气性及测井响应特征等进行识别预测，从而正确判断钻头在目的层中的位置，这是水平井井眼轨迹控制和纵向调整的关键。对优质页岩储层而言，其具有自然伽马和电阻率高的测井响应特征，且储层内钻时、含气性相对稳定。因此，可将自然伽马、电阻率、钻时及含气性等测井响应特征作为储层预测剖面可靠性评价的判别标准。当目的层实际构造产状与钻前预测结果一致时，储层测井响应特征趋于稳定，可根据实钻轨迹参数和储层特征参数预估当前钻头所处储层位置及纵向变化；当目的层实际构造产状与钻前结果不一致时，可以根据 LWD 测井响应特征和井眼轨迹进行分析判断。随钻电阻率受测量条件和范围的限制，当测量半径范围内无泥岩和夹层影响时，自然伽马和电阻率变化相对稳定，钻时和岩屑含气性变化不大，此时可根据钻前预测剖面，结合当前钻井参数，对待钻井眼轨道进行初步预测；当测量范围内受到围岩影响时，电阻率下降，自然伽马值增大，此时需要对井眼轨迹位置进行判定，即通过分析井眼轨迹的变化趋势，结合井斜角、岩屑和钻时等变化规律，对钻头位置作出正确判断。此外，利用随钻测井电阻率与储层纵向沉积变化的对应关系也可以判断钻头在储层中的位置。

页岩地层储层段均存在一定程度的非均质性和各向异性，且储层段通常有一定的倾角（4°～7°）或起伏不平的情况，一旦地震资料分辨率不能有效识别储层，就必须在导向钻井过程中及时预测钻头钻出储层的可能性。为此，基于储层倾斜方向和钻头钻出储层的方式，即储层下倾且钻头沿储层底界穿出［图 3–24（a）］、储层上倾且钻头沿储层底界穿出［图 3–24（b）］、储层下倾且钻头沿储层顶界穿出［图 3–24（c）］和储层上倾且钻头沿储层顶界穿出［图 3–24（d）］，提出了 4 种估算地层倾角的计算方法如图 3–24 所示。

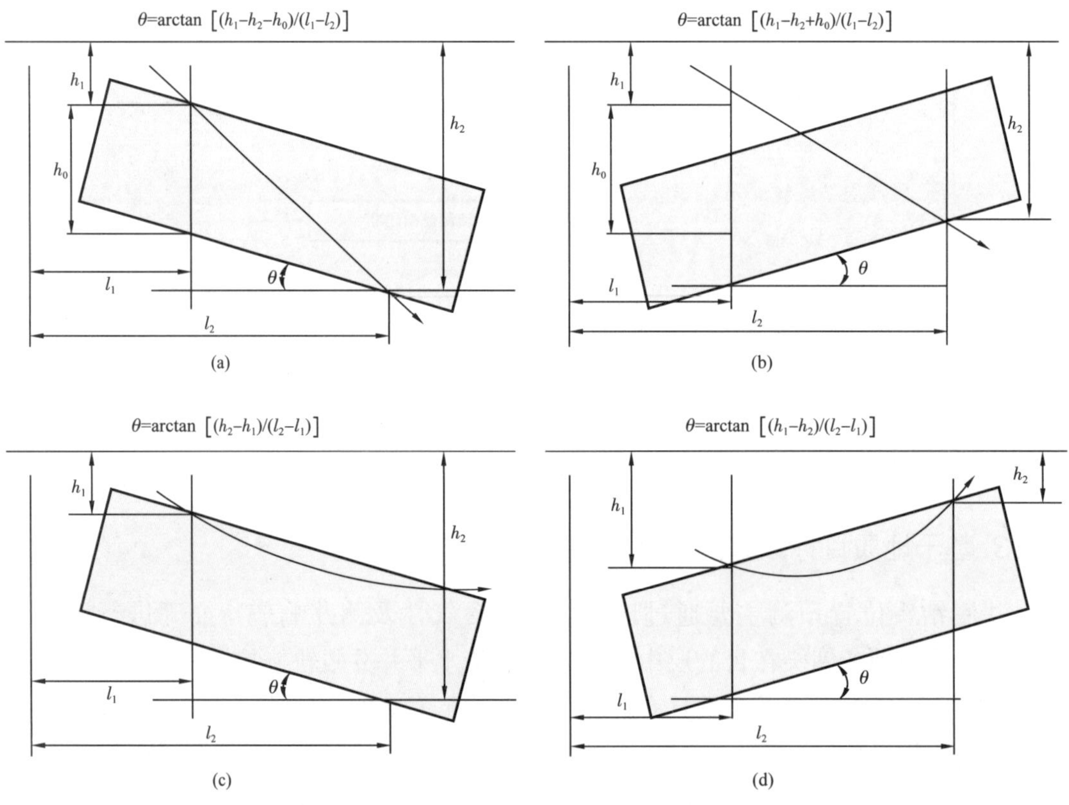

图 3–24　钻头钻出储层后的实际地层倾角估算

图 3–24 所示各计算公式中：θ 为地层倾角；h_1 为着陆点海拔高度；h_2 为钻出储层位置处海拔高度；h_0 为储层视厚度；l_1 为着陆点水平位移；l_2 为钻出储层位置处的水平位移。该地层倾角估算值并不能完全代表储层实际情况，但可为导向钻井提供参考。

4. 精细导向技术

水平段井眼轨迹纵向调整技术是导向钻井过程中地质目标跟踪的核心内容，是确保井眼轨迹在储层中合理位置延伸的关键。钻井过程中，将随钻测井结果和地质分析结果实时标注在已经形成的预测剖面和平面图上，通过对比实测信息和预测信息，预测待钻地层与当前钻井参数的配伍性，从而及时调整轨道参数和钻井参数，最大限度地保障井眼轨迹在储层内的最佳位置。

对于厚度大、横向分布范围广且各向异性明显的页岩地层，运用导向钻井技术进行地层评价，引导水平井优快安全钻井，已成为目前页岩气水平井优快钻井配套的关键技术之一。前期采用“螺杆钻具 +MWD+LWD（伽马测井）”导向钻井技术，力求页岩地层水平段井眼轨迹沿理想设计轨道钻进，但有限的伽马测井资料无法保证储层精细描述的准确性。因此，加强储层测井评价，进而辅助实施地质工程一体化导向钻井技术，是实现经济高效地质导向的关键。地质导向与控制技术应用效果如图 3-25 所示。

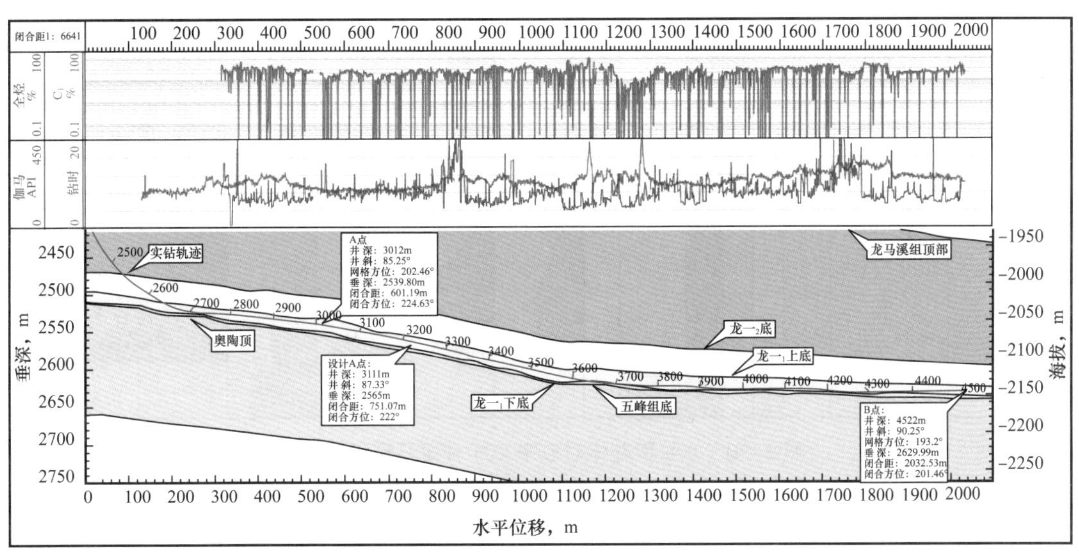

图 3-25　宁 H3-6 井地质导向图

四、应用实例

1. 储层靶体位置及特征确定

储层靶体位置根据已完成的宁 201 井和宁 201-H1 等井实钻及压裂资料确定（图 3-26），水平段靶体对应于宁 201 井龙马溪组 2517.50～2522.50m 优质页岩段，对应的靶体储层特征为：伽马平均值 202API，黏土含量 27%，石英含量 46%，碳酸盐含量 25%，孔隙度 5.9%，裂缝不发育，总有机碳含量平均 3.4%，总含气量约 7.1m^3/t。

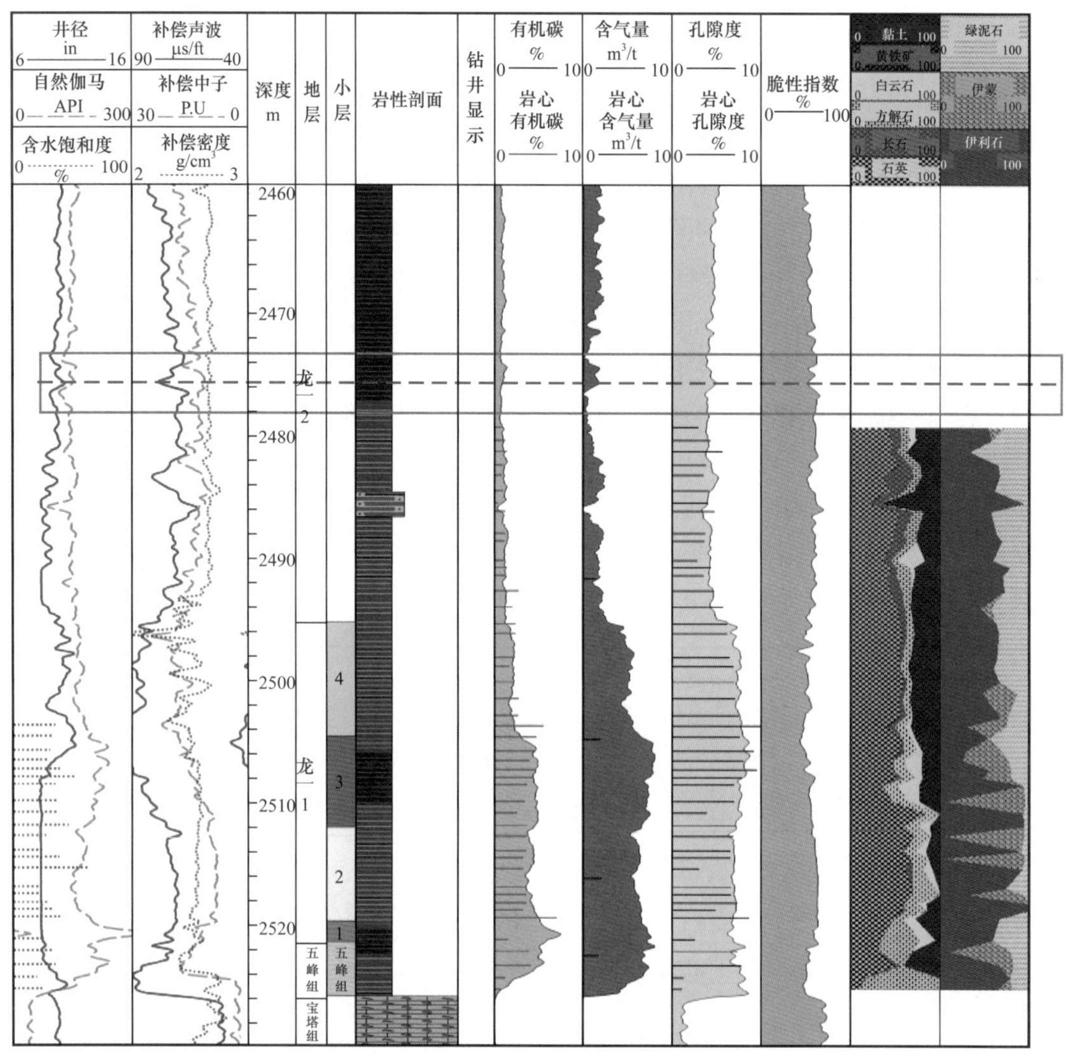

图 3-26 水平段靶体对应宁 201 井龙马溪组位置图

实线框为水平段靶体，位于五峰组底界以上 3～8m，对应宁 201 井龙马溪组井段 2517.50～2522.50m（图 3-26）；虚线位置为水平段轨迹，对应宁 201 井龙马溪组井深 2520.00m。

2. 导向工具选用及技术要求

（1）工具及导向手段类型：旋转导向工具 + 近钻头伽马 + 元素录井辅助。

（2）技术要求：着陆段狗腿度不超过 8°/30m，水平段狗腿度 3°/30m

3. 靶体的基本数据

宁 H7-4 靶区数据见表 3-3。

表 3-3 宁 H7-4 靶区数据

<table>
<tr><th rowspan="2">井号</th><th rowspan="2">层位</th><th rowspan="2" colspan="2">地层视倾角
(°)</th><th colspan="2">靶区垂深</th><th rowspan="2">纵偏移
m</th><th rowspan="2">横偏移
m</th><th rowspan="2">闭合
方位
(°)</th><th rowspan="2">闭合距
m</th><th rowspan="2">备注</th></tr>
<tr><th>靶点
名称</th><th>垂深
m</th></tr>
<tr><td rowspan="2">宁
H7-4</td><td rowspan="2">龙马
溪组</td><td>井口
到入
靶点</td><td>下倾
3.7</td><td>入靶点
(A 点)</td><td>3141</td><td rowspan="2">5</td><td rowspan="2">30</td><td>118.1</td><td>1070.9</td><td rowspan="2">(1)要求以井斜角 85° 进入 A 点;(2)进入 A 点后以 A 点为原点,沿 190° 方向完成 2000m 水平段完钻</td></tr>
<tr><td>入靶
点到
出靶
点</td><td>下倾
5.0</td><td>出靶点
(B 点)</td><td>3316</td><td>166.4</td><td>2545.3</td></tr>
</table>

4. 钻前建模和预测的异常点位置

根据地震数据进行导向钻前的地质建模(图 3-27),重新预测入靶点深度及水平段异常点位置,指导实钻中的导向策略。本井根据模型图预测 A 点垂深 3250m,预计水平段在 1320m(水平位移 2400m)左右时钻遇地层异常点,地层迅速变陡。

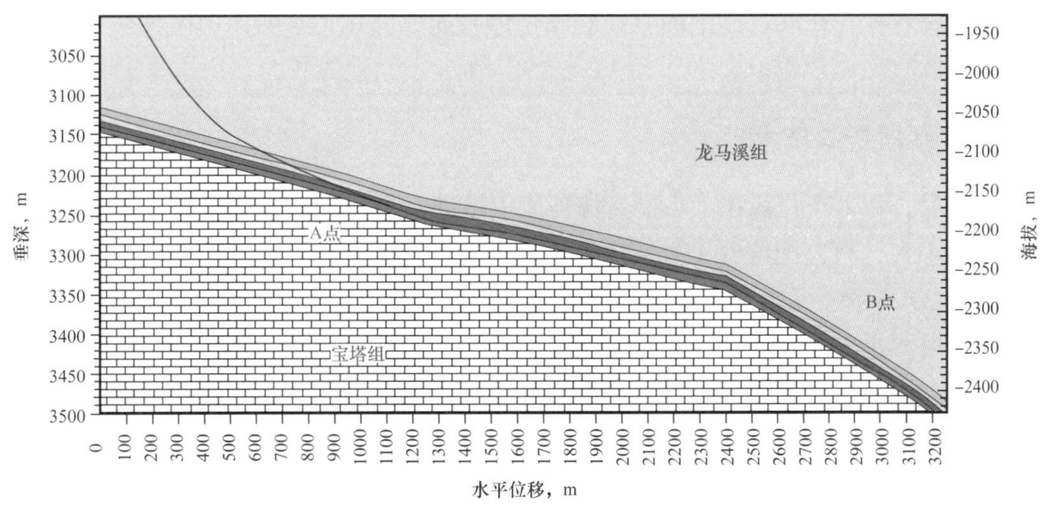

图 3-27 地质导向钻前模型图

5. 着陆段导向技术

(1)根据钻前预测的 A 点垂深,按照靶体基本数据要求,重新设计优化轨迹,并按新轨迹实施。

(2)实钻过程中,与直井实时进行伽马曲线对比,根据不同点的伽马曲线特征做出相应的调整,以确保成功入靶,如图 3-28 所示。

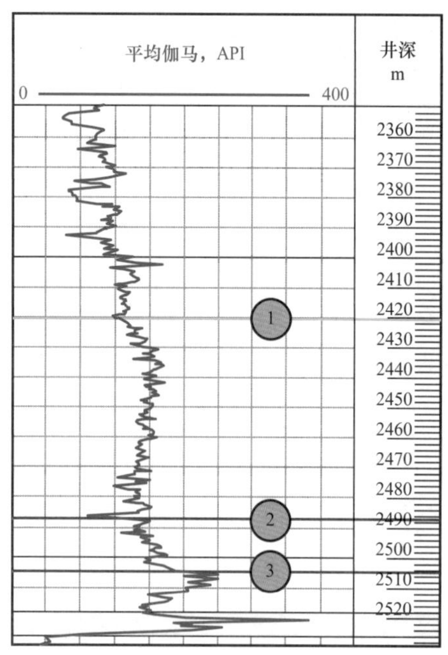

图 3-28　入靶前控制点伽马曲线特征图

控制点 1：伽马值从 120API 上升至 150API 的特征点，距靶体中部垂深 102m，通过对密度新预测 A 点，并对轨迹进行调整；

控制点 2：出现低伽马尖峰，伽马值为 90API，距靶体中部垂深 35m，通过对密度新预测 A 点，并对轨迹进行调整；

控制点 3：伽马值从 150API 上升至 240API 的特征点，即 4 小层和 3 小层分界点，距 1 号层垂深 15m 左右；此井入靶点位置地层倾角 5°，即应以 85° 井斜入靶，故钻遇此点时井斜应该控制在与入靶井斜 10° 的角差左右即 75°，（钻遇此点时井斜未到 75°，应在钻完 3 小层前增至 75°，未钻遇此点井斜不能超过 75°），以 75° 井斜稳斜钻进进入 2 小层后继续稳斜钻进 20～30m 进尺（上倾井靠下限，下倾井靠上限），此时计算轨迹已进入 2 小层垂深 4m 左右，距 1 小层垂深 4m 左右。最后以 50m 均匀增 10° 的指令进入 1 小层入靶（在此过程中随时注意随钻伽马曲线变化，及时做出出现异常情况的调整）。

6. 水平段导向技术

入靶后，以 85° 井斜在 1 小层高伽马值中钻进，水平段前 1000m 地层整体平缓且起伏变化不大，轨迹围绕着 1 号层进行钻进，轨迹进入五峰组（利用伽马曲线特征判断如图 3-29 所示，元素录井辅助验证）后及时以 1°/10m 为一个调整单元逐步增斜上切回 1 号层，进入 2 号层应适当缓慢以 0.5°/10m 为一个调整单位逐步降斜，使轨迹回到 1 号层高伽马值钻进。始终保持轨迹在 1 小层高伽马值钻进，不仅能提高 1 号小层的钻遇率，而且有利于轨迹位置的判断和控制。

轨迹在 1 号层上切 2 号层及下切至五峰组伽马曲线（图 3-29）特征判断。若轨迹上切，伽马曲线呈圆滑缓坡的形态下降；下切则陡峭形态下降至低点后又迅速上升，形成一个相对的低伽马值尖峰。

按照地震剖面和钻前建模预测的水平段异常点（地层变陡）位置 1320m，在水平段 1270m 时，提前 50m 降井斜并把轨迹调整至靶体的底部，地层变陡后，随着伽马值的变化及时降低井斜。若 3°/30m 狗腿度追踪不上地层的变化速度（尤其钻遇断层），维持 3°/30m 狗腿度以保证井眼轨迹的平滑。

页岩气钻井已形成了一套完善的地质导向技术，在区块地质模型的基础上，建

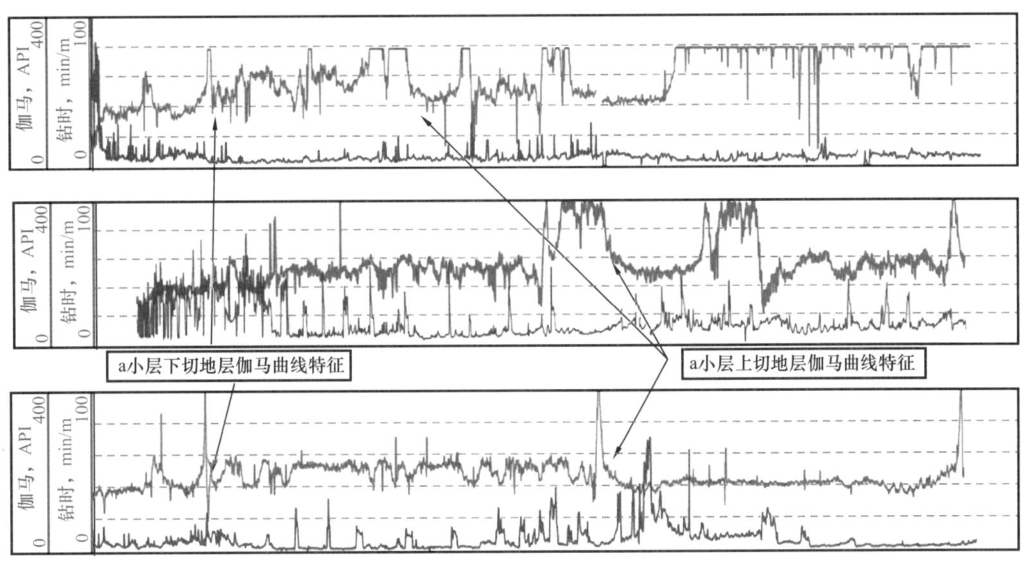

图 3-29　长宁区块已钻水平段伽马曲线特征图

立工厂化区域地质模型，根据邻井的动静态资料对模型进行优化，提高模型预测的准确性；根据工厂化完钻水平井资料调整模型，进一步认识储层，同时总结工厂化水平井入靶及钻进特点，总体考虑横向对比，确保水平井钻进的高效性。在“十二五”期间开始实施水平井整体开发，已完钻 160 口水平井，入靶成功率 100%，储层钻遇率大于 95%。

第二节　页岩气水平井钻井提速技术

长宁、威远、昭通和焦石坝等页岩气区块地层老、可钻性差，页岩层段地层压力系数高，造成相关地区前期钻井速度慢、钻井成本高。针对上述问题，相关区块经过多轮的探索、试验、优选、集成，形成复合钻井、个性化钻头设计与优选、钻井参数强化和欠平衡钻井等提速技术，提速效果显著。

一、复合钻井

复合钻井是指转盘或顶驱带动井下动力钻具同时转动的钻井方式。在这种情况下，钻头在井下动力钻具的作用下旋转，而动力钻具又随着钻具的旋转一起转，此时钻头的转速叠加，因此钻速快，一般用于稳斜井段，或者在合理控制钻井参数的情况下微调井身轨迹。

螺杆钻具配合 PDC 钻头在实际钻井过程中联合钻进。若螺杆转子处于工作状态，螺杆定子旋转主要由转盘或顶驱驱动钻柱旋转带动。此时钻头是一种复合运动模式，由螺杆转子和定子同时带动旋转，其绝对速度更快。

螺杆钻具是一种由高压钻井液驱动的容积式井下动力钻具，其由传动轴总成、马达总成、万向轴总成、防掉总成和旁通阀总成五大部分组成，如图 3-30 所示。螺杆与相应尺寸扶正器配合组成滑动式导向工具，是采用转盘与井下滑动导向工具不起钻，通过顶驱或转盘的转动和停止完成定向井直井段、定向造斜段、增斜段、稳斜段的连续钻井作业，通称为滑动导向复合钻井技术。减少了因改变钻具结构而进行的起下钻作业，提高了整体钻井时效。

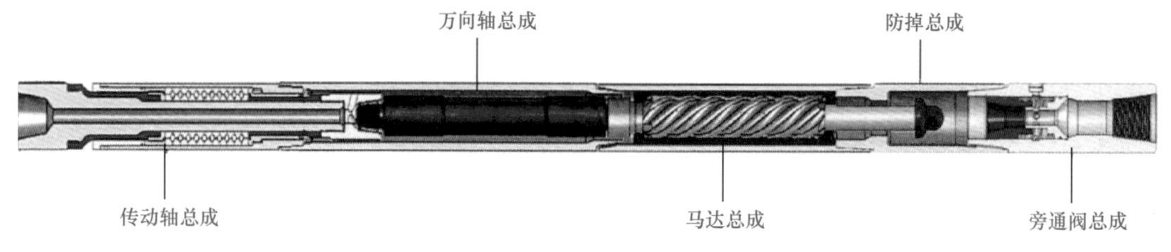

图 3-30　螺杆钻具示意图

页岩气丛式水平井在直井段需要进行防碰绕障作业，根据井眼轨迹设计，上部井段需要预增斜至 20°，避开相邻井眼，然后降斜至 0°，到达龙马溪组层位造斜点后更换旋转导向增斜。在直井段韩家店组—石牛栏组含有砾石，地层可钻性差，直井段采用水基钻井液，井温低于 125℃。根据上述特点在直井段一般选用 7/8 头低转速、高扭矩、耐温 125℃、弯度 1.25° 或 1.5° 的常规螺杆。

在水平段采用旋转导向或 PDC+ 螺杆钻进，储层段部分含黑色致密页岩气，地层可钻性差，部分井采用油基钻井液，井温低于 125℃，在螺杆选择上一般旋转 7/8 头低转速、高扭矩、耐温 125℃、弯度 1.25° 耐油螺杆或长寿命螺杆。

页岩气水平井在钻井过程中，主要在直井段和水平段应用复合钻井，实现稳斜钻进，提高机械钻速。目前复合钻进方式采用 PDC 钻头 + 螺杆 + 顶驱钻进方式实现，根据井段和开次的不同，复合钻井包括以下两种情况：

（1）二开直井段 ϕ311.2mm PDC 钻头 +ϕ244.5mm 螺杆 +ϕ308mm 稳定器 + 止回阀 + 定向接头 +ϕ203mm 无磁钻铤 +ϕ203mm 钻铤 + 随钻震击器 +ϕ203mm 钻铤 +ϕ139.7mm 钻杆。

（2）三开 ϕ215.9mm PDC 钻头 +ϕ172mm 螺杆 + 止回阀 +ϕ213mm 稳定器 + 定向接头 +ϕ165.1mm 无磁钻铤 +ϕ165.1mm 钻铤 + 随钻震击器 +ϕ165.1mm 钻铤 +ϕ139.7mm 钻杆。

三开造斜段和水平段：ϕ215.9mm PDC 钻头 + 旋转导向 + 螺杆 + 止回阀 +ϕ127mm 钻具 +ϕ127mm 加重钻杆 + 随钻震击器 +ϕ127mm 加重钻杆 +ϕ139.7mm 钻具（推荐水平段每 3 柱钻具加 1 只旋流清砂器）。

二、一趟钻技术

所谓"一趟钻"就是钻头一次下井打完一个开次的所有进尺。对于水平井来说，一个开次可能涉及一个、两个或多个井段，如直井段、斜井段、水平段。斜井段又可能包括造斜段、稳斜段、降斜段。"一趟钻"已成为低油价下"工厂化"丛式水平井钻井提速降低成本的重要途径，多井段一趟钻的提速降本效果尤为明显。水平井一趟钻不仅仅是钻头技术的升级，而是钻井工程的全面升级，也是水平井钻井总体技术水平的集中体现。要实现"一趟钻"，不仅需要集成应用先进高效技术，还需要创新的团队协作管理[2-5]。

1. 轨道参数的优化

页岩气丛式井组普遍采取三维剖面设计，为提高钻速、降低摩阻，保证管柱的顺利下入，在轨道设计时还应考虑斜井段与水平段在不起出钻具情况下，有效施加钻压，并且不会发生钻具屈曲。按此原则，对井眼轨迹进行了优化，靶前距300～500m，井眼曲率设计为8.0°/30m，通过高造斜率旋转导向增斜到目标A点。

2. 个性化钻头设计与优化

钻头是钻井破岩的直接工具，其效率好坏直接关系到钻井速度快慢，地层适用性强的高效钻头成为页岩气优快钻井技术的关键部分。目前常用钻头分牙轮钻头与PDC钻头，牙轮钻头适应多夹层、砾岩等复杂地层，PDC钻头适应相对均质的砂泥岩地层钻进，速度比牙轮钻头更快。提高大偏移距三维水平井造斜段和水平段的钻井速度和效率是缩短整个钻井周期，降低钻井成本的关键。国外在页岩气水平井钻进中，PDC钻头由于高效率以及加工的灵活性、个性化，技术得到了快速发展，实现了一只钻头一趟钻完成造斜段和水平段。根据地层条件与钻井方式优化钻头结构，合理选择钻头类型，不断改善钻头性能与使用寿命，成为国内页岩气革命大环境下，实现降本增效、规模开发的重要技术环节。

1）地层可钻性分析

基于地层岩石力学性质的实验研究和关系函数建模方法研究，利用测井、录井、地质与钻井等资料分析处理，结合室内岩心力学性能试验结果，建立页岩气钻井主要工区岩石力学参数与可钻性剖面，为钻头选型分析提供依据。

从图3-31和图3-32中分析得出，长宁H3-6井龙马溪段为3000～5000m，抗剪强度平均值10MPa、抗压强度平均值100MPa、内摩擦角平均值40°、可钻性PDC级值低于6。

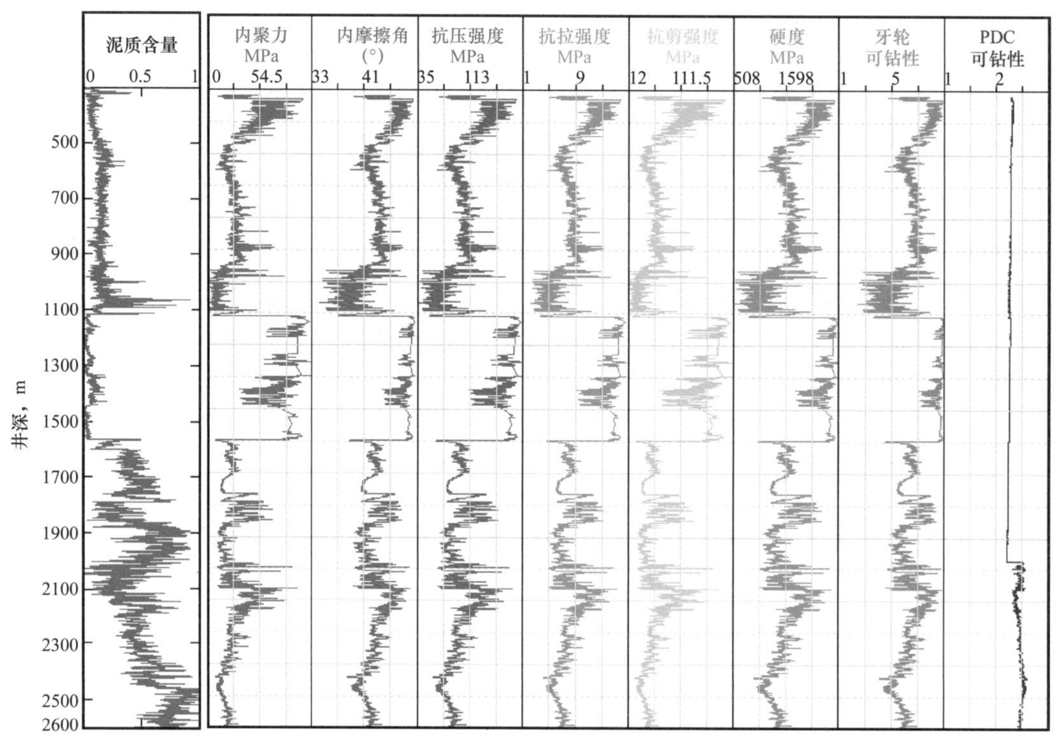

图 3-31　长宁页岩气区块岩石力学特性评价分析曲线（长宁 H3-6 井直井段）

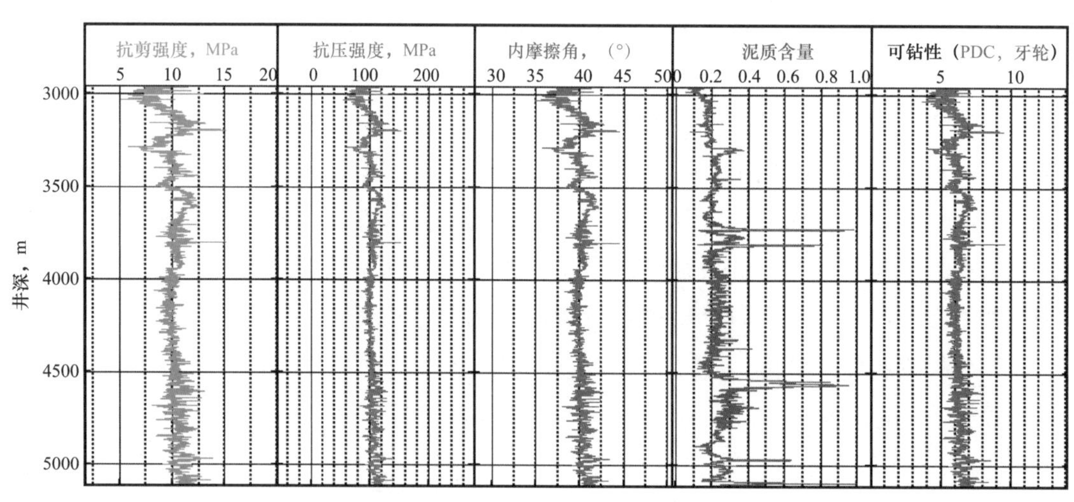

图 3-32　长宁页岩气区块岩石力学特性评价分析曲线（长宁 H3-6 井水平段）

从图 3-33、图 3-34 中分析得出：

（1）龙马溪组井段为 2270～4672m，抗剪强度平均值 10MPa、抗压强度平均值 100MPa、内摩擦角平均值 40°、可钻性 PDC 级值低于 5。

（2）在 3000～3250m 井段时增斜钻进，且岩性变为石灰岩，故抗压强度、可钻性等岩石力学等参数出现波动。

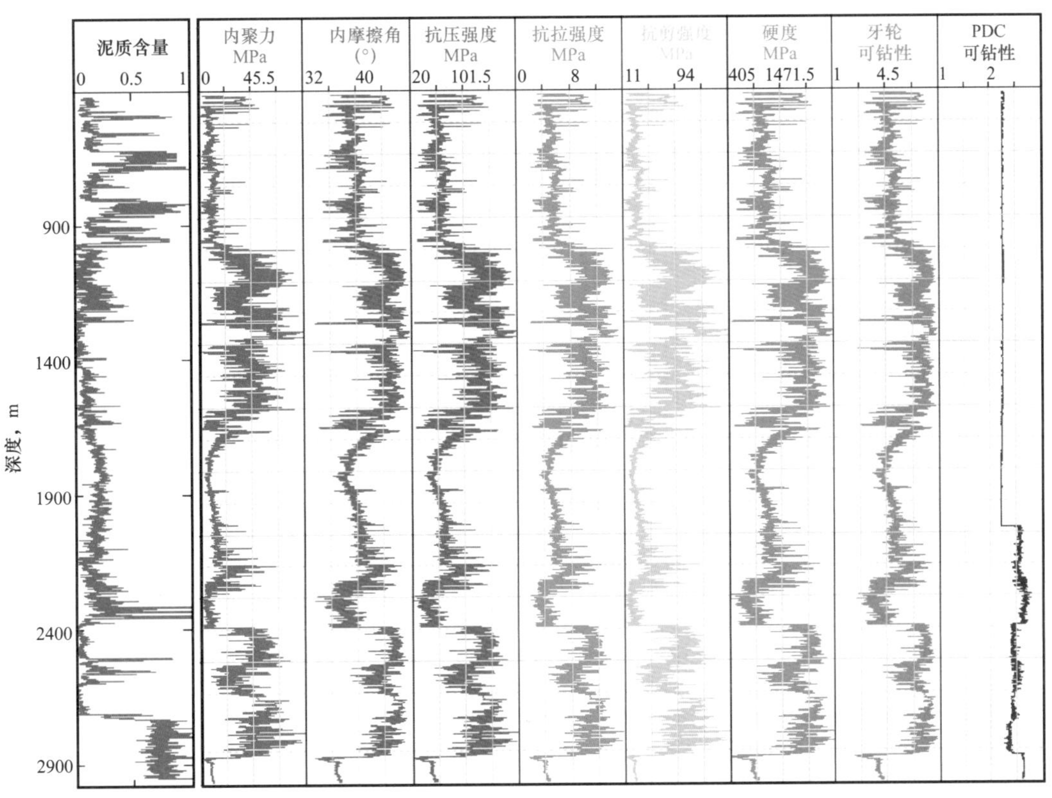

图 3-33 威远页岩气区块岩石力学特性评价分析曲线（威 202H2-3 井直井段）

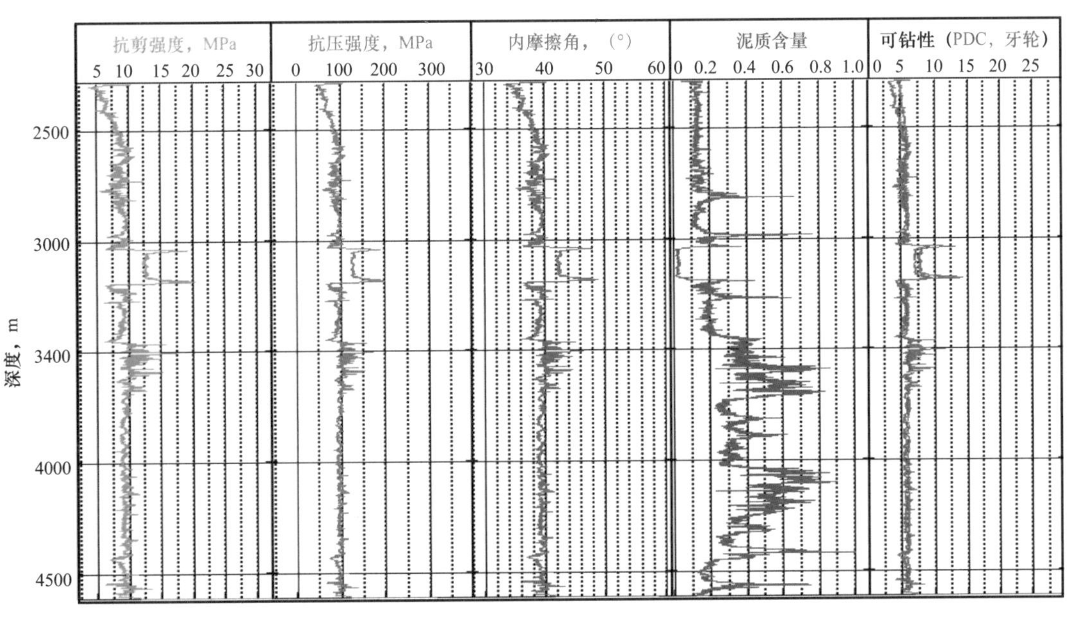

图 3-34 威远页岩气区块岩石力学特性评价分析曲线（威 202H2-3 井水平段）

从图 3-35 中得出，威 202H10-6 井龙马溪组段为 2300～3200m，抗剪强度平均值 9MPa、抗压强度平均值 100MPa、内摩擦角平均值 38°、可钻性 PDC 级值低于 5。

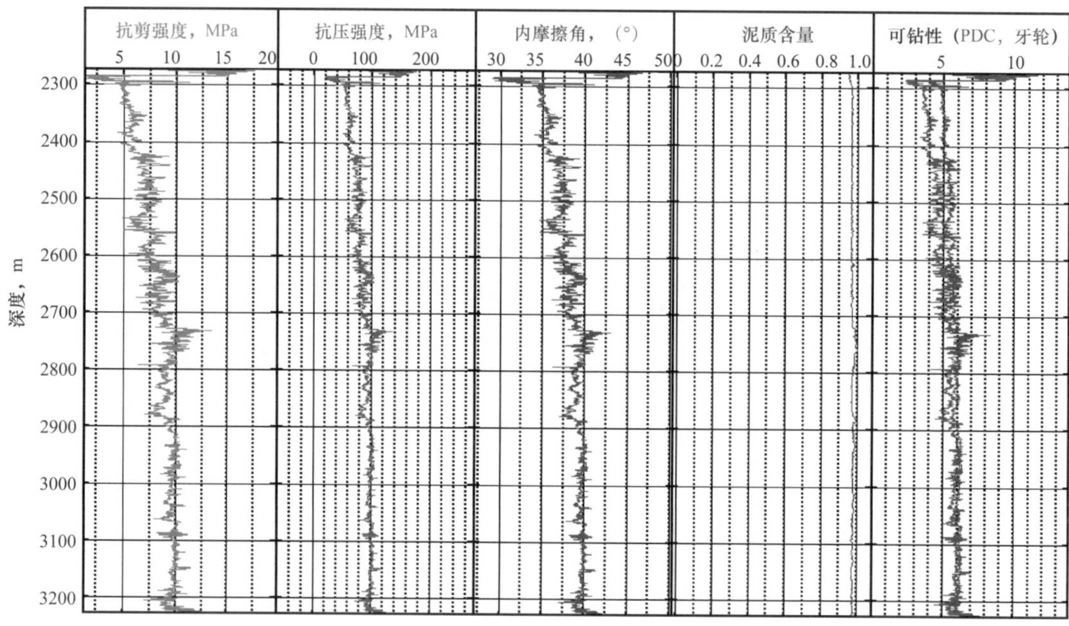

图 3-35　威远页岩气区块岩石力学特性评价分析曲线（威 202H10-6 井水平段）

从图 3-36 得出：(1) 威 204H9-4 井龙马溪组井段为 2900～4000m，抗剪强度平均值 9MPa、抗压强度平均值 90MPa、内摩擦角平均值 38°、泥质含量值 0.1～1、可钻性 PDC 级值为 5。

(2) 在 3300～3400m 井段时旋转导向钻进，未出现增斜钻进等情况，抗压强度、可钻性等岩石力学等参数出现波动。

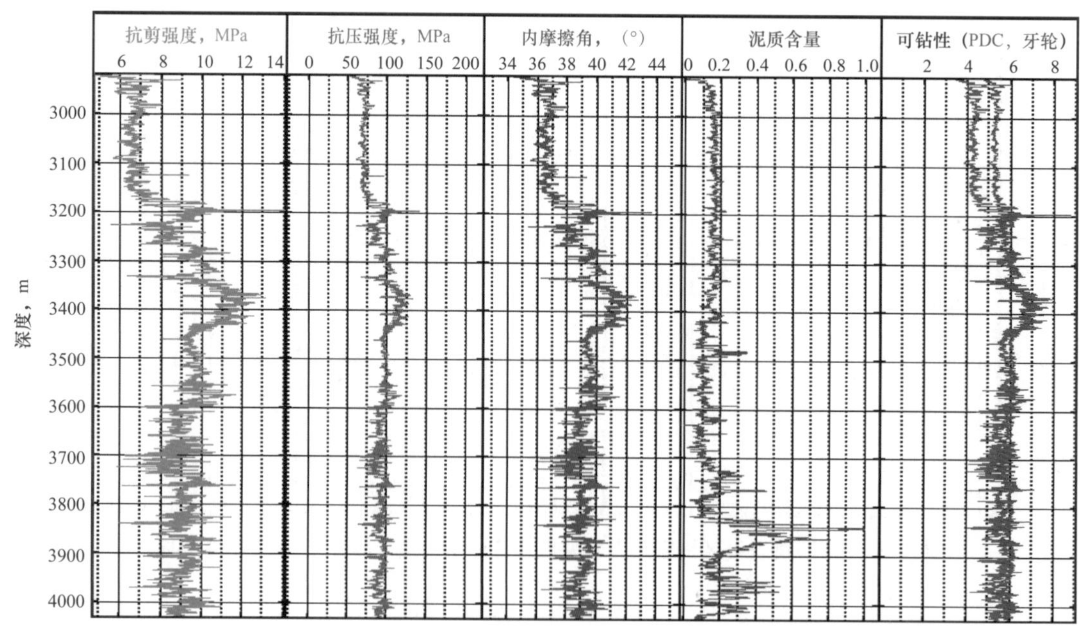

图 3-36　威远页岩气区块岩石力学特性评价分析曲线（威 204H9-4 井水平段）

从图 3-37 得知：（1）威 204H11-3 井龙马溪组井段为 3100～4000m，抗剪强度平均值 9MPa、抗压强度平均值 90MPa、内摩擦角平均值 38°、可钻性 PDC 级值低于 5。

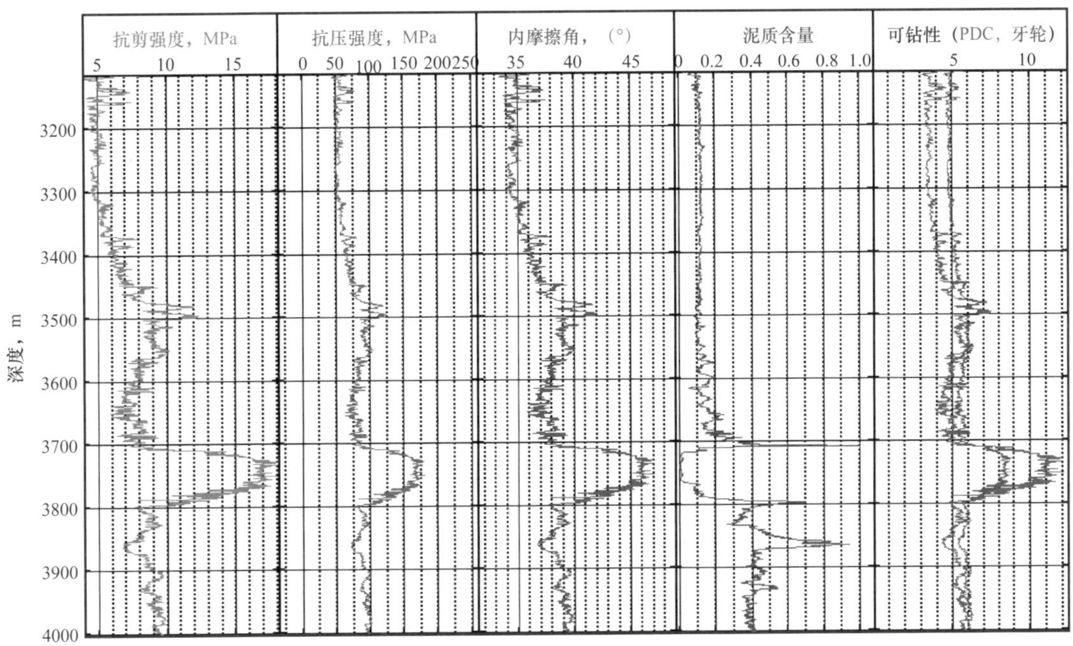

图 3-37　威远页岩气区块岩石力学特性评价分析曲线（威 204H11-3 井水平段）

（2）在 3700～3800m 井段时旋转导向钻进，进入临湘组、五峰组层位，岩性为深灰色页岩，未出现增斜钻进等情况，抗压强度、可钻性等岩石力学参数出现波动。

根据上述井的分析结果，得到以下结论和认识[1-8]：

（1）长宁区块浅表嘉陵江组为白云岩、石灰岩夹石膏，岩石硬度、强度较高，存在一定波动；飞仙关组—长兴组岩石强度分布大段砂质泥岩、泥质砂岩层而下降，整体分析表层有利于 PDC 钻头提速。进入中部龙潭组黑色泥页岩发育，地层较软，对应强度与可钻性下降，平均硬度 600MPa，牙轮可钻性级值为 3～4；茅口组—栖霞组富含燧石结核的大段石灰岩，强度与可钻性最高，硬度超过 1500MPa，牙轮可钻性级值 8～9，钻头适应性最差，为钻井提速瓶颈地层；韩家店组—石牛栏组为泥、灰质粉砂岩，较高的石英含量对应较强的研磨性，牙轮可钻性级值为 5～7.5，同时软硬地层的频繁交错给 PDC 钻头使用造成很大挑战。进入龙马溪组后，对应泥质含量持续上升，钻遇的黑灰页岩对应较低的岩石强度与较高的可钻性，有利于储层快速钻进。

（2）威远区块纵向岩性分布差异更为明显，表层为砂泥岩为主的自流井组、泥灰质砂岩夹黑色页岩须家河组，泥质含量波动变化，地层强度较低，牙轮可钻性极值为 2～4。进入雷口坡组和嘉陵江组白云岩和石灰岩，岩石硬度强度与可钻性级值出现了明显上升，硬度 1400～1500MPa，牙轮可钻性极值 5～8.5，可钻性较差。飞仙关组—

长兴组以灰质泥岩、粉砂岩为主，岩石强度与可钻性级值较低，适合 PDC 钻头钻进；龙潭组发育铝土质灰黑页岩，泥质含量较高，岩石强度下降。进入茅口组—栖霞组富含燧石结核大段石灰岩，对应较强的岩石力学参数与较差的可钻性，其硬度与内聚力分布较三叠系中下统更为稳定，硬度 1500～1600MPa，牙轮可钻性级值 8～9，为提速瓶颈地层。进入龙马溪组后，随着泥质含量上升，岩石力学参数与可钻性级值出现快速下降。

（3）长宁—威远区块龙马溪组层位，抗剪强度平均值为 9～10MPa、抗压强度平均值 88～100MPa、内摩擦角平均值 38°～40°、PDC 可钻性级值为 4～6，从地层的岩石力学特性可以发现，PDC 钻头对龙马溪组的适应性较强，但为满足“一趟钻”钻穿该层段，需保证 PDC 钻头的抗冲击能力情况下，还需兼容钻头的耐磨性。其中，个别井位在局部层段测井曲线出现波动，结合录井资料，发现主要由于增斜钻进、层位和岩性变化引起，属于正常波动。因此，为了使得 PDC 钻头达到最高效率，需提高钻头在造斜段的稳定性和穿越夹层的能力等方面设计。

综上分析，页岩气水平井钻井钻头优选工作针对表层打快、中部提速、储层定向钻进，其中针对地层特点的个性化 PDC 钻头是整体优快钻井的关键。

2）页岩气 PDC 钻头设计与优化技术[9-13]

三维水平井由于其空间复杂的轨迹剖面特点，钻头使用环境更严峻，要求更高。结合 PDC 钻头在水平井段钻井存在的问题，钻头设计要求具有良好的导向能力，抗冲击性好，耐磨性高，保径不缩径，水力清洗效果好。水平井钻头选用时应考虑以上特点，选择专为水平井开发的钻头，才能实现较好的钻井提速效果。

结合地层岩石力学参数与可钻性剖面，对页岩气钻井区块地层特征参数分析，基于不同钻头类型与性能，根据不同地层条件、钻井方式、井眼轨迹要求等因素进行钻头结构优化与选型（表 3-4）。

表 3-4　不同钻头类型性能比较

特性	牙轮钻头	PDC 钻头
切削齿材料及性能	硬质合金齿、强度高、冲击性与耐磨性较差	聚晶金刚石与硬质合金复合而成，耐磨性好，冲击性能较差，热稳定性较高，形状多样尺寸较小
破岩方式	冲击 / 刨削	剪切切削
地层适应性	各类地层	软至中硬均质地层
钻井参数	大钻压、低转速	小钻压，中转速
钻井方式适应性	转盘、动力钻具	转盘，动力钻具及复合钻井
定向性能	好	较好
一趟钻适应性	大钻压、寿命低，适应性较差	小钻压、长寿命，适应性好

（1）钻头个性化设计。实际使用过程中，还需要针对具体使用过程中，不断分析钻头的使用效果，进行个性化优化。如收集好第一口井使用的钻头资料，根据使用结果优化钻头方案。

相对于常规气井使用的钻头，页岩气井使用的钻头主要特征体现在储层长水平段的快速钻进、便于定向、单只进尺高方面，其余上部地层也要针对性地优化，针对地层和井筒情况和需求特点进行设计。

① 结构设计。通过对井下钻具组合的力学分析，钻头结构设计必须保证钻头不是钻具系统的薄弱环节。一是钻头体的刚性强度；二是刀翼工作过程的动态平衡；三是钻柱失稳过程的极限强度。

② 功能设计需保证钻头高效切削钻进。一是大弧度非平滑轮廓，减小钻压损失；二是独特规径设计，降低钻头摩阻；三是布齿方式既保证钻头工作过程中的强制平衡，又保证刀翼之间切削量的平衡，使产生的岩屑量一直保持均衡，有利于岩屑顺利排出；四是水力布局（包括刀翼上齿间的疏流槽）保证排屑槽任何位置没有明显且持续的涡流产生，有利于岩屑顺利排出；五是钻头中心切削方式优化，提高心部岩石去除效率和钻头稳定性。

根据使用的钻头技术指标进行统计分析，结合开发区域地质特征，从而进一步优化钻头序列方案。

（2）表层钻头优选。页岩气区块表层属于中软—中硬地层，对应岩性与岩石力学参数分布均匀，整体可钻性好，在较快速钻进时对钻头存在一定的冲击性。该层段的钻头设计选用由 5 刀翼，16mm 或 19mm 复合片钻头。钻头优选主要以攻击性考虑，同时兼顾考虑钻头可能钻遇夹层的抗冲击能力。选用中等偏小切削后角设计，提高钻头快速钻进指标；优选高抗冲击复合片，提高钻头抗冲击能力，提高快速钻进时，钻头穿夹层能力；鼻肩部减振节设计，有效提高钻头穿夹层能力及抗冲击能力，保证钻头使用寿命；中等内锥、中等冠形，在快速钻进中有效提高钻头工作的稳定性。

如图 3–38 和图 3–39 所示，该类钻头有利于开展大尺寸的 PDC 钻头提速。考虑表层可钻性级值低于中部瓶颈地层，对 PDC 钻头抗研磨性要求低，井下压力温度较低，可在实践应用优选国产 PDC 钻头，在中等抗压强度与少量研磨性层段获得更好的机械钻速与钻井效益。该类钻头采用适合软—中硬地层 PDC 抛物线轮廓设计，宽排屑槽设计，使切削齿保持较高攻击性，而一定角度倒划眼齿与斜保径设计有助于提高钻头平稳性与钻头遇阻处理能力。在现场应用中，同一构造不同方向也会出现岩性特征较大差异，例如威远的威东、威西区域地层可钻性差异明显，根据可钻性高低来选用单排齿和双排齿钻头，主要以 HS5163SB、CK506D、WS556L 和 CAS5164U 等型号 PDC 钻头为主。

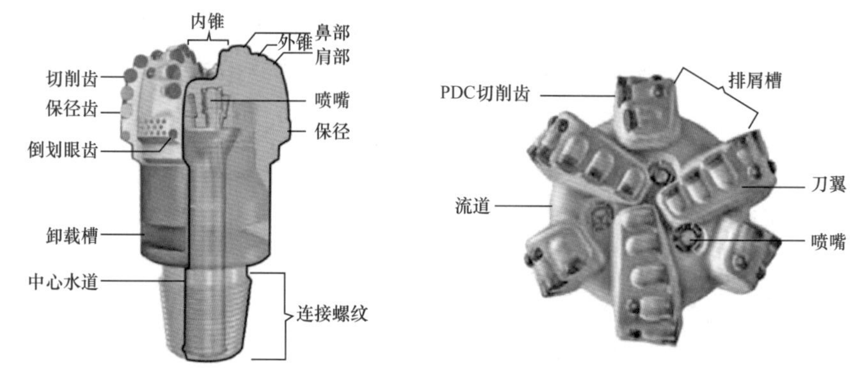

图 3-38　PDC 钻头结构示意图

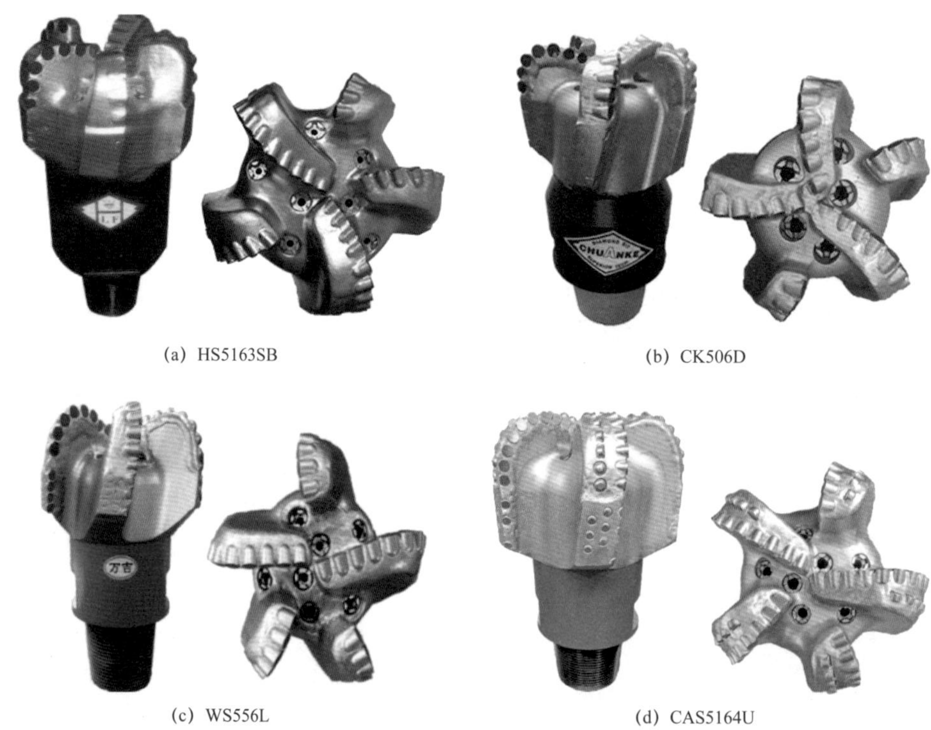

(a) HS5163SB　(b) CK506D

(c) WS556L　(d) CAS5164U

图 3-39　表层钻进优选国产 PDC 钻头示意图

（3）中部钻头优选。随着纵向岩性变化，中部地层会出现机械钻速变慢的情况。其中龙潭组主要发育铝土质泥页岩层，黏土水化造成井下钻屑黏附于滤饼虚厚，加之钻头结构与排量不能及时清理钻头，钻头易泥包，PDC 切削齿不能有效吃入地层，破岩效率快速下降；茅口组—栖霞组为含黄铁矿、燧石结核灰岩，岩性致密、坚硬，可钻性最差，钻头优化前机械钻速仅 1～2m/h，成为提速瓶颈地层；长宁页岩气区块发育的志留系韩家店组—石牛栏组为泥灰质粉砂岩夹灰岩，石英含量较高，研磨性强，可钻性差。

该层段的钻头选用由 5～6 刀翼，16mm 复合片钻头。钻头设计特点主要以同时兼顾进尺寿命和攻击性考虑。中等偏大切削后角设计，提高钻头综合钻进指标；鼻肩部后排齿，优化的高差设计，有效增强钻头使用寿命；内锥减振节设计，增强钻头穿夹层钻进时的抗冲击能力和稳定，有效增强钻头使用寿命；中等内锥、中等冠形、力平衡布齿设计，在快速钻进中有效提高钻头工作的稳定性；保径齿加倒划眼齿设计，有效提高钻头对井径的修复能力和起钻防卡倒划能力，提高井身质量和安全性。

（4）储层钻头优选。由于页岩储层需采用钻长水平井眼方法开采，目前主要有基于地质导向的螺杆钻具与旋转导向钻具两种方式。岩性上储层主要以页岩为主，属中软地层，研磨性与可钻性级值并不大，在采用中部 PDC 钻头优选基础上，不断强化 PDC 钻头定向控制能力，多采用 5 刀翼单排齿大排屑槽钻头。对于螺杆钻具，主要采用国产川庆钻探工程有限公司 CFS 系列页岩气钻头 CFS5194U 和 CFS5164U，或哈里伯顿公司 MegaForce 系列 PDC 钻头；对旋转导向工具则采用与之相匹配的模块化 PDC 钻头，如图 3-40 和图 3-41 所示。

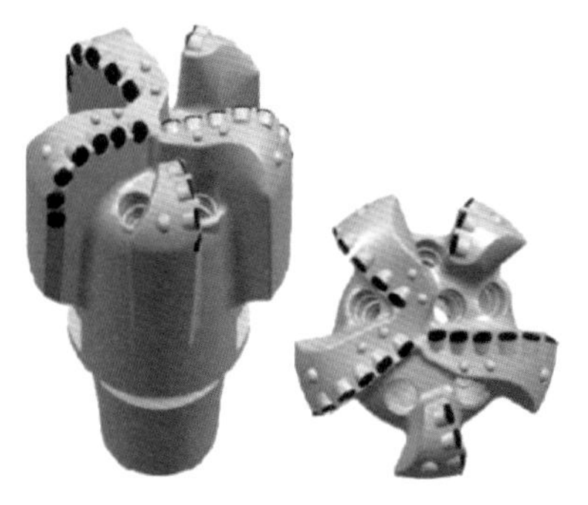

(a) 贝克休斯公司AT505S

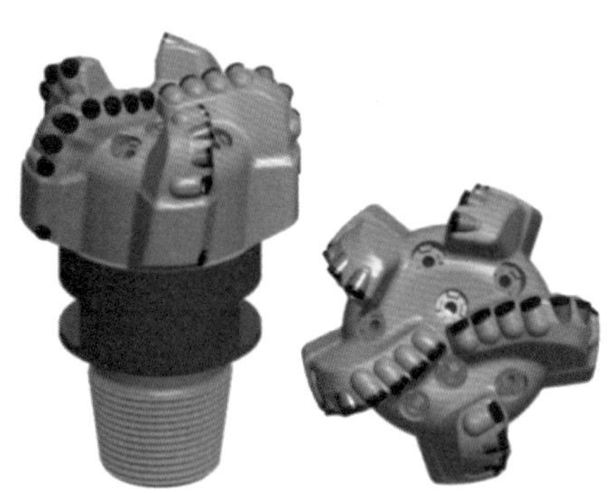

(b) 斯伦贝谢公司MDi516

图 3-40　储层旋转导向匹配 PDC 钻头示意图

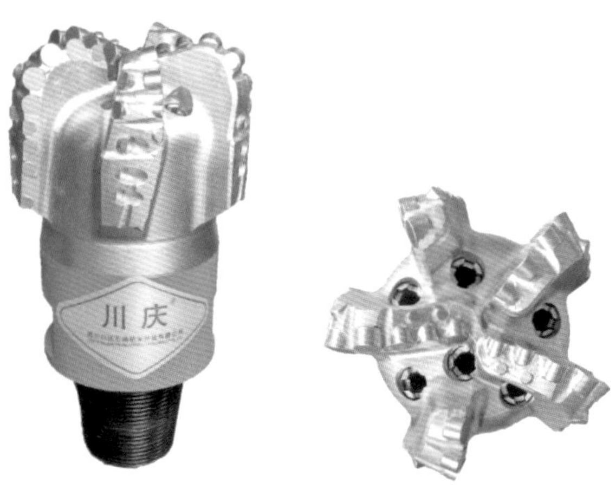

图 3-41　储层螺杆匹配 PDC 钻头示意图

考虑水平段钻进钻头处液压能较低，易出现井眼清洗效率低导致钻头破岩效率低、定向控制能力下降的问题，采用广泛的碳化钨胎体 PDC 钻头，改变刀翼高宽比提高过流面积易造成胎体断裂。鉴于页岩研磨性较低，钢体钻头强度能满足此类地层而不易磨蚀，刀翼长而不易断裂，增加钻头本体与井壁间过流面积；采用钢体材质后可将钻头本体设计为流线型，使岩屑更易进入排屑槽；基于制造工艺不同，钢体钻头普遍更短，有利于井斜突变井段定向控制。目前采用斯伦贝谢公司 Spear 系列与贝克休斯公司 Talon 系列、川庆钻探工程有限公司 CFS 系列钢体钻头。进口钻头配合国外旋转导向工具，CFS 系列配合优质螺杆使用，两种方式的最高日进尺都已超过 300m。

（5）全井钻头方案[2, 3]。通过结合地层特点与钻头滚动评价，开展 PDC 钻头个性化设计，提高与各纵向地层的匹配性，配合螺杆钻具复合钻进、气体钻井、旋转导向钻井等工艺方式，有效实现页岩气表层防斜打快、中部提速、储层水平优快钻井目的。针对不同页岩气区块形成“上部国产 + 中下部旋转导向配进口”及“上部国产 + 中下部螺杆配国产 CFS”为主体的页岩气钻井钻头优选序列。现场应用上，威远区块 2014—2015 年较 2013 年平均机械钻速提高 90%，长宁区块 2014—2015 年较 2012—2013 年平均机械钻速提高 13%，见表 3–5 和表 3–6。

表 3–5　长宁区块优选钻头序列表

地层	主要岩性	钻头型号	钻头类型
须家河组—雷口坡组	砂泥岩、白云岩	HS6164SBH，HS6164SBZ	PDC
嘉陵江组	白云岩、石灰岩夹石膏	HS5164，HS6164SBZ	PDC
飞仙关组—长兴组	白云岩、石灰岩	HS6164SBZ，GS1605SR，HS5164	PDC
龙潭组—栖霞组	铝土质泥页岩，含燧石、黄铁矿致密灰岩	HS5164SBZ，HS5164，GM1605ST，WS566BA，WS566AMH	PDC
龙马溪组	灰质、碳质泥页岩	MDI516LBPXG，MD（S）i516，MM55DH，AT505S，AT605S，T605S，WS356AA，CFS5194U，CFS5164U	PDC

表 3–6　威远区块优选钻头序列表

地层	主要岩性	钻头型号	钻头类型
沙溪庙组—须家河组	砂泥岩	HS5164，HS5164SBZ，HS5163SIT，HS5194，DFS1605BU，GS1605S，SG525CG	PDC
须家河组—龙潭组	砂岩、石灰岩、白云岩夹石膏、泥岩、灰质砂岩、铝土质泥页岩	TS1653，T1655B，TS1953，WS556LB，GS1605ST，DFS1605BU，CAS5164U	PDC

续表

地层	主要岩性	钻头型号	钻头类型
茅口组—栖霞组	含燧石、泥质夹层石灰岩	GS1605ST，GS1605SR，DF1605BU，DFS1606U，CAS5164U，T1655	PDC
龙马溪组	灰质、碳质泥页岩	MDI519，MD（S）i516/616，MDI516LBPXG，TS505S，WS356BA，DFS1605BU，CFS5194U，CFS5164U	PDC

3. 旋转导向钻井技术[17-30]

通常工厂化水平井轨道要求靶前距尽可能短（300～500m），设计井眼轨迹造斜率在 8°/30m 左右，钻井中所面临的摩阻扭矩大、井眼轨迹难以控制等难点，为了提高机械钻速、减少钻井事故、及时调整井眼轨迹，通常采用旋转导向钻井技术。旋转导向钻井技术的核心是旋转导向钻井系统，它主要由地面监控系统、地面与井下双向传输通信系统和井下旋转自动导向钻井系统三部分组成。采用旋转导向钻井系统（图 3-42），实现在旋转钻进中连续导向造斜，可以提高机械钻速和井眼净化效果，减少压差卡钻，降低井下风险，而且还具有三维井眼轨迹的自动控制能力，从而提高井眼轨迹的平滑度，降低扭矩和摩阻，增加水平井的延伸长度。目前在北美页岩气水平井中，常规旋转导向工具让单一井段"一趟钻"渐成常态，而高造斜率旋转导向工具[（15°～18°）/30m]则实现了双井段甚至三井段的"一趟钻"。

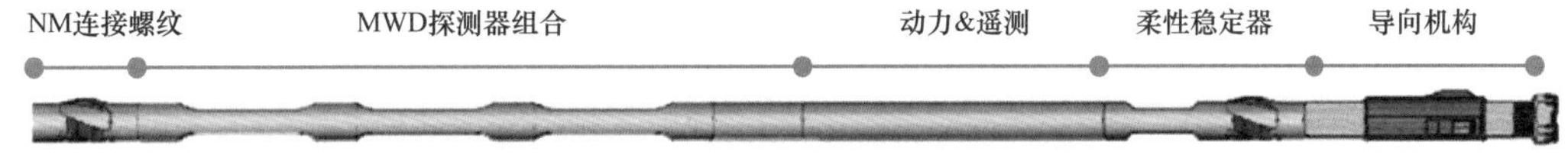

图 3-42　旋转导向钻具结构示意图

目前商用的旋转导向钻井系统主要包括贝克休斯公司的 AutoTrak Curve、斯伦贝谢公司的 PowerDrive Archer 和哈里伯顿公司的 Geo-Pilot 系统，见表 3-7。

表 3-7　典型旋转导向钻井系统性能指标

工作方式	典型产品	造斜能力，（°）/30m
静态偏置推靠钻头式	AutoTrak	6.5
动态偏置推靠钻头式	Power Drive	8.5
静态偏置指向钻头式	Geo-Pilot	5.5
复合式	Archer	15

“十三五”期间，旋转导向钻井技术在四川长宁、威远和昭通国家级页岩气示范区开展试验推广应用，应用旋转导向钻井技术后，水平段段长增加了500～1119m，在长宁和昭通区块，已经有3口井实现造斜段和水平段一趟钻，提高了页岩气单井产量和开发效益。同时井眼轨迹更加平滑，确保了后期电测、安全下套管和完井增产的顺利实施，综合效益显著。

4. 钻具组合优化

（1）斜井段钻具组合。一方面，为了缩短靶前距，增加储层接触面积，页岩气水平井井眼轨迹造斜段应尽量缩短；另一方面，页岩气井为丛式三维水平井，在扭方位后钻具与井壁间摩阻扭矩较大，采用普通井下动力钻具和弯接头进行造斜，易造成井眼轨迹不光滑，后期钻井过程中出现严重托压、卡钻等问题，经过不断优化，造斜段长设计为500m左右，造斜率8°～15°/30m。在钻具组合方面需要选择造斜率高的旋转导向，保证造斜段的增斜率。选择定向能力较强的PDC钻头，提高造斜段破岩能力，减少钻头磨损。为保证准确中靶，在钻进过程中应带LWD进行地质导向钻进。在造斜段采用加重钻杆替代钻铤，降低下部钻具重量，保证旋转导向增斜效果，同时增大环空，利于岩屑的顺利返出，减少卡钻等复杂事故的产生。综上所述，在页岩气示范区造斜段均采用如下钻具组合：

ϕ215.9mm Smith PDC钻头（MDi516）+旋转导向+LWD+回压阀+ϕ127mm加重钻杆+ϕ127mm钻杆。

Archer工作时间为150～200h，造斜点至A点约600m，斜井段可实现一趟钻完成。

（2）水平段钻具组合。包括以下两点：

① 复合钻进底部钻具组合。底部钻具组合优化的原则是在保证水平段井眼轨迹控制能力的条件下，尽可能提高复合钻进与滑动导向钻进的比例，其核心技术是单弯螺杆钻具组合在滑动钻进时可以满足井眼轨迹调整与增斜扭方位要求，在复合钻进时可以满足稳斜要求。从理论上讲，单弯螺杆钻具复合钻进时的造斜率为0时为最优，这时就可以完全复合钻进直至完成水平段。但实际上，造斜率与底部钻具组合复合钻进时的力学特性以及地层的岩石力学性质相关，因此随着稳定器磨损或者地层岩石力学性质变化，其造斜率随之变化，井眼轨迹偏离设计轨道，就需要滑动导向钻进进行纠正。

单弯螺杆钻具组合复合钻进时，相对滑动钻进时有两大特点：一是受到重力对底部钻具组合弹性变形的影响，单弯螺杆产生的侧向力随着钻柱的旋转而变化，因此其旋转一周的合力并不为0，这就意味着复合钻进时将同样具备一定的造斜能力；二是单弯螺杆产生的侧向力随着钻柱的旋转施加于井壁四周，而不是滑动钻进时的一个方

向，这就可能带来井径扩大。

导向钻具组合在钻头处产生的侧向力是评价钻具组合造斜性能的重要参数，获取侧向力的重要方法是利用纵横弯曲连续梁理论公式进行计算，该方法已经非常成熟。常用的钻具组合配置：ϕ215.9mm 钻头 +1.25°ϕ172mm 单弯螺杆（自带 ϕ215mm 稳定器）+ 普通稳定器（或没有）+MWD 定向接头 +ϕ165mm 无磁钻铤 1 根 +ϕ127mm 钻杆。（如果要实现水平段一趟钻，就不能使用加重钻杆，因为只要使用加重钻杆，其位置必须随井段延伸而调整，这就必须经常性起钻。一趟钻的基本条件是不用加重钻杆，这时最大可施加钻压就限定在斜井段钻杆可施加的范围，即不大于 10tf。）

图 3-43 是计算出的导向钻具工具面在井底旋转 360° 产生的各个角度的井斜力 F_x 和方位力 F_f，所有侧向力的合力 F_h 可以作为判断导向钻具组合造斜特性的参数。需要注意的是，这个指向力还需要与轴向力的分量结合起来，一般钻具弯曲向下井壁时，弯曲钻具的重力分量起减少瞬时钻压的作用，使钻头切削量减少。而钻具弯向上井壁时，弯曲段的重力分量起增大瞬时钻压的作用，使钻头切削量增加。

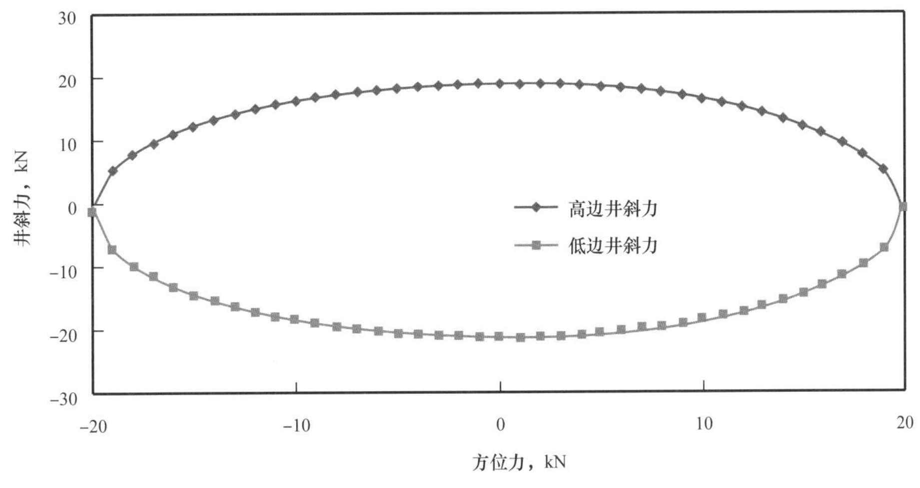

图 3-43　旋转一周产生的井斜力、方位力

通过计算单弯螺杆钻具组合的合力为 1kN 左右，方向垂直向下（即降斜力）。由于重力的方向是垂直的，只影响井斜力，当旋转 1 周时，方位力合力应使钻头稍指向上井壁，即“微增斜”钻具可以实现较好的稳斜效果。

根据纵横弯曲连续梁理论和大量钻井实践，稳定器与井眼之间的间隙对于侧向力的影响很大。对于单弯螺杆钻具组合，可以选择上稳定器，通过选择不同的直径或调节稳定器的位置，可以改变钻具组合的造斜能力。

图 3-44 的计算结果显示，复合钻进时钻具组合的合力远小于滑动钻进时的侧向力，这就是意味着旋转复合钻进时，造斜率要比滑动钻进时小；复合钻进时侧向力合力不为 0，随着上稳定器直径的变小，合力增大。上稳定器与螺杆自带的稳定器之间

的距离对于侧向力合力影响大，随着两稳定器距离的变大，合力由负值变为正值，并逐渐增大，因此复合钻进时有可能是增斜钻进也可能是降斜钻进。

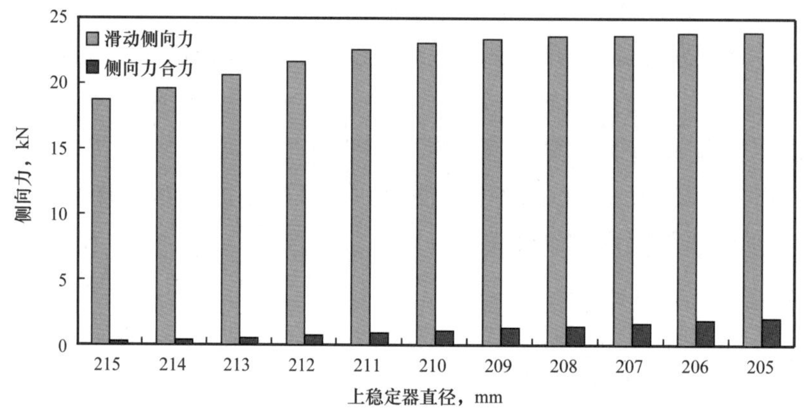

图 3-44　上稳定器直径对两模式侧向力的影响

单弯螺杆钻具组合复合钻进时，较大的侧向力不断切削井壁四周，造成井眼扩大，地层越疏松扩径越严重，井径扩大后底部钻具组合力学特性会发生变化。如图 3-45 所示。

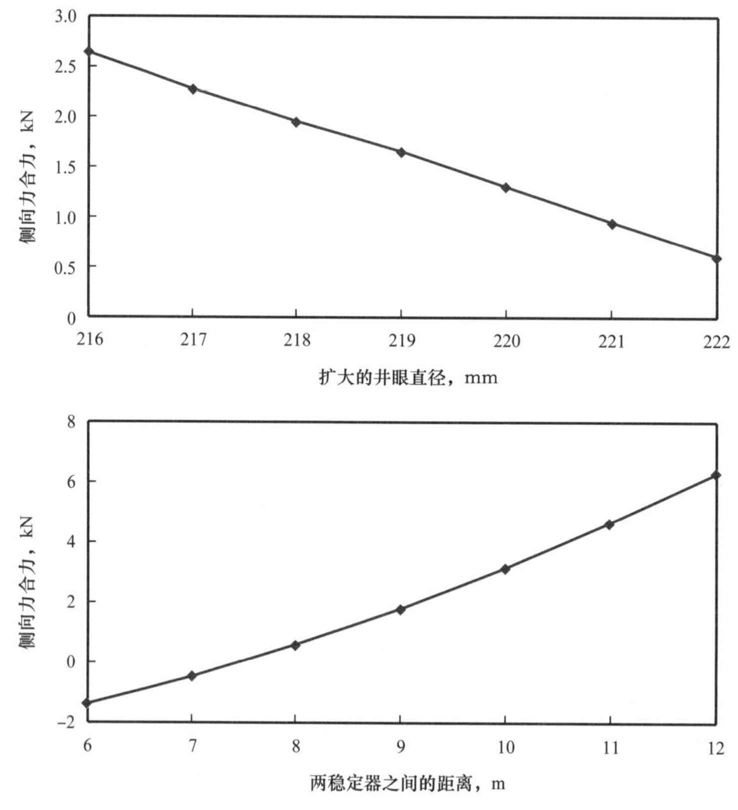

图 3-45　井眼扩大对侧向力的影响

通过分析单弯螺杆导向钻具组合稳定器位置、直径以及所钻地层等因素对于造斜率的影响，优化了长水平段导向钻具组合：上稳定器直径设计为 214mm，保持两稳定器距离为 7～8m；复合钻进时，其理论造斜率接近于 0，同时导向钻进时具有较高的控制能力，达到尽量增大复合钻进比例的目标。

在现场试验中，不断增强对各类旋转导向工具组合在页岩气地层的造斜规律和特性的认识，同时根据轨迹控制要求，形成了造斜段与水平段分段优化旋转导向钻具组合。其中：$8^1/_2$in 造斜段因具有高全角变化率，采用“PDC 钻头 +Power Drive Archer 高造斜率旋转导向（LWD）+MWD”钻具组合实施钻进。其实质为在旋转导向工具之后加装直螺杆马达以提供额外转速。需要注意的是，附加动力旋转导向钻进方式工况下泵压往往较高（长宁区块钻井井深达到 4500m 时，泵压升至 33MPa 甚至更高），对钻井泵等地面设备的承压能力提出较高要求，需及时检查并更换设备相关易损件。因此，当地面设备满足高泵压情况下，水平段全程采用附加动力旋转导向完成钻进。比如 NH3-5 井水平段（井深 2958～4570m）实钻中全程采用 Power Drive Vortex 旋转导向系统，完钻井深处最大泵压为 33.2MPa。若不能满足，则起钻后变换为常规旋转导向钻具组合继续钻进。比如 NH2-6 井水平段实钻中从井深 2870m 处采用 Power Drive Vortex 旋转导向系统钻至 3315m 时泵压升至 32.6MPa，起钻后变更为常规旋转导向钻具组合完成后续井段钻进。当钻至设计井深 4035m 时，泵压为 27.5MPa，有效规避了附加动力旋转导向钻井方式对应的高泵压工况。此外，如储层地质信息掌握精确及工程要求相对较低（长靶前距、低偏移距、低全角变化率等），则可酌情考虑采用常规“螺杆钻具 +MWD”进行水平段钻进，此举亦可大幅降低成本。

②“一趟钻”水平井钻具结构。三维丛式水平井的“一趟钻”钻具结构有别于其他地区定向井的“一趟钻”钻具结构，其钻具结构不仅包括带稳定器的弯外壳井下动力钻具，还具有不需要起钻倒换钻具结构就可以完成 1500m 以上长水平段的施工能力。

在斜井段以下全程使用 PDC 钻头情况下，具备采用“一趟钻”钻具组合的条件，此时大斜度段以下可以不使用加重钻杆，钻进时可以不必起钻倒换钻具结构，实现“一趟钻”完成水平段。而斜井段需要采用牙轮钻头时，则在牙轮钻头使用结束后再使用“一趟钻”钻具组合。

常规水平井施工时，为给钻头施加钻压，需要斜井段及以上钻具垂直向下的重力分量应能足以施加钻压。而一般斜井段的垂深段长在 200～400m，此时 ϕ127mm 普通钻杆可施加的钻压为 40～80kN，无法满足钻头钻进的需要。为此需要在斜井段及以上采用部分加重钻杆，以实现钻压的有效施加。而随着钻头在水平段钻进，加重钻杆将进入水平段，此时加重钻杆将不能再提供钻压，仅增大钻具旋转与向前移动的摩阻。此时解决的途径是加长斜井段长度，或增加加重钻杆长度，但仍有一定限制。

PDC 钻头使用，使需要的钻压显著低于牙轮钻头，通常在 40～50kN 以内即可满足钻进的需要，此时除底部钻具组合（BHA）外，完全可以不采用加重钻杆与钻铤。

5. 强化钻井参数[10-17]

北美页岩气井绝大部分页岩气区块可钻性普遍较好。采用“高钻压、高转速、大排量”的激进钻井方式，提速效果较好。以美国 Delaware 地区页岩层段钻井为例，其平均水平段长 1300～2300m、完钻井深 4700～5754m，其 ϕ215.9mm 井眼在使用 PDC 钻头、油基钻井液（密度 1.55g/cm^3）条件下，通过参数强化，即钻压 120～200kN、顶驱转速最高 200r/min、排量 33L/s、泵压超过 35MPa，机械钻速达到 30～80m/h。

页岩气开发前期，水平段所采用的参数均不足以满足对于短起下钻前、起钻前或通井前等工况对井筒的水力清洁要求。核心问题在于所采用的转速低、起钻前循环时间过短，无法满足顺利起钻前井筒清洁要求。钻井过程中除采用旋转导向 + 螺杆钻井之外的参数对井筒的清洁基本满足要求。采用旋转导向 + 螺杆钻具钻进，地面转速只有 50r/min 左右，这样的转速不能满足井筒清洁的需求。

若采用旋转导向 + 螺杆钻具钻进，且使用大扭矩低转速螺杆钻具，要保证井底复合转速达到 300r/min 以上才能满足井筒清洁的要求。

根据国外的提速经验，采用软件科学论证、优化，提出了适合相关区块的优化钻井参数（表 3–8）。

表 3–8　适合相关区块的优化钻井参数

井眼尺寸 mm	钻压 kN	顶驱转速 r/min	排量 L/s	泵压 MPa	钻井方式
444.5/406.4	＞150	＞80	＞55	＞5	PDC+ 螺杆复合钻进
311.2	＞150	＞80	＞55	＞20	PDC+ 螺杆复合钻进
215.9	＞150	＞80	＞35	＞30	直井段：PDC+ 螺杆复合钻进
	＞150	＞80	＞35	＞30	造斜段以下：PDC+ 旋转导向 + 螺杆复合钻进

为满足上述钻井参数，钻井泵、循环管线、配套顶驱等地面循环系统升级为 52MPa 压力级别，优选缸套等配件，满足 ϕ215.9mm 井眼长时间、高泵压（30MPa 以上）、大排量（30L/s）钻进；顶驱设置最大工作扭矩在 29kN · m 左右，如发生阻卡，顶驱扭矩可能大幅增加，因此要求采用 DQ70 型顶驱；ϕ311.2mm 井眼全部采用 ϕ139.7mm 钻杆，ϕ215.9mm 井眼采用 ϕ139.7mm 钻杆 +ϕ127mm 大井眼钻具。

长宁区块 H9 平台和长宁 H2 平台 ϕ215.9mm 井眼实钻表明：H9 平台采用 $5^1/_2$in+5in 复合钻具，优化钻井参数实现较高机械钻速，同比 H4 平台水平段提升 300% 以上，见表 3–9。

表 3–9　某区块页岩层段优化钻井参数效果表

井号	井段，m	钻井液密度 g/cm^3	钻井参数			泵压 MPa	机械钻速 m/h
			钻压，kN	转速，r/min	排量，L/s		
H4–6	2880～4880	2.15～2.19	110～120	35+ 螺杆	24～28	23～25	2.2
H4–2	2860～4360	2.12～2.15	100～120	35+ 螺杆	26～29	24～25	3.1
H9–6	2880～4380	1.96～2.00	110～130	64+ 螺杆	30～32	21～24	8.1

6. 低成本钻井技术

旋转导向系统能够实现页岩气水平井造斜段、水平段一趟钻，大幅缩短了钻井周期，提高了页岩气单井产量，但其高额的租用费用也增加了大量的钻井成本，因此还需进一步攻关研究低成本钻井技术，进一步降低钻井成本，提高页岩气开发效益。低成本钻井技术主要通过使用高效 PDC 钻头、长寿命螺杆、水力振荡器、钻柱扭摆系统、LWD 等工具，替代旋转导向系统，达到降低钻井费用的目的。目前高效 PDC 钻头能够配合旋转导向系统完成造斜段和水平段的最大进尺 1985m，已经满足页岩气水平井一趟钻需求，但该钻头为国外进口的史密斯钻头，国内的高效钻头还需不断完善。国外进口长寿命螺杆使用寿命可以达到 300h 以上，在不发生任何井下复杂的情况下，基本可以达到 1500m 水平段一趟钻作业。一趟钻作业需要使用长寿命螺杆，但国内螺杆使用寿命不足 200h，不能实现 1500m 水平段一趟钻。水力振荡器和钻柱扭摆系统是目前解决三维水平井托压严重的关键工具，能够降低钻柱与井壁间摩阻，提高定向段机械钻速。水力振荡器使用寿命与长寿命螺杆相当，约 300h，同时随着水平段长度延伸，水力振荡器安放位置需要调整，才能实现水力振荡器应用效果的最大化，而在每次下钻中水力振荡器不可能发生改变，应用效果在部分井段不明显。钻柱扭摆系统作用在顶驱上，通过来回转动上部钻柱，释放上部钻柱与井壁间摩阻、扭矩，达到降低摩阻扭矩的作用，并且在应用中不受使用寿命限制，能够有效保证 1500m 水平段一趟钻完成。LWD 电池使用时间超过 300h，基本可以保证水平段一趟钻完成。

目前采用高效 PDC+ 长寿命螺杆 +LWD+ 水力振荡器 / 钻柱扭摆的低成本钻井方

式，单趟钻能够实现 1100m 水平段进尺，与水平段一趟钻还存在较大差距，容易受到钻井液清洁程度、井漏、卡钻等井下复杂的影响，导致某部分工具不工作，无法实现水平段一趟钻作业，因此如何提高低成本钻进方式一趟钻成功率，形成相应标准规范将成为下步工作重点。

三、应用实例

长宁 H19-4 井为一口三开页岩气水平井，三开井眼尺寸 ϕ215.9mm，造斜点设计深度 2190m，造斜段长 422.67m，设计造斜率 6.3°/30m，设计水平段长 1850m。若采用常规螺杆钻具定向造斜则严重影响生产时效，在造斜段下入斯伦贝谢公司的旋转导向系统，在井深 2554m 顺利进入 A 靶点，井斜 94.96°、网格方位 201.17°、垂深 2361.86m、闭合距 466.42m、闭合方位 160.77°。在井深 4180m 完钻，井斜 100.82°、网格方位 201.21°、垂深 2010.21m、闭合距 1956.13m、闭合方位 192.35°。该井选用首次成功应用于中国页岩气的专用钻头，参数强化执行的工作方法，完成造斜段 + 水平段一趟钻，完钻周期 57.5 天，造斜段 + 水平段 1985m，钻井周期 7.29 天。其中造斜段长 385m，周期 1.35 天；水平段长 1600m，周期 5.94 天。造斜段日进尺最高 287m，造斜段平均机械钻速 15.3m/h，造斜段行程钻速 285m/d，水平段日进尺最高为 379m，水平段平均机械钻速为 17.3m/h，水平段行程钻速为 269.4m/d；造斜段 + 水平段平均机械钻速 16.9m/h，造斜段 + 水平段行程钻速 272.3m/d。

第三节　页岩气水平井钻井配套工具

一、旋转导向工具[29-33]

常规水平井在斜井段一般采用滑动钻进，即上部钻具不转动，利用最下部井下动力钻具进行增斜的方式。由于钻具不能旋转，不仅导致携岩效率低，而且滑动时摩阻增大，严重时甚至导致钻具自锁，无法钻进。

旋转导向系统是指钻具旋转的情况下，依靠旋转导向工具自身的控制机构，使钻头始终沿某一方向钻进，从而实现井眼轨迹的随钻调整。随着水平段的不断延长，钻进摩阻增大，钻具托压问题突出，甚至影响到水平井眼的实施，这时旋转导向系统的优势就更加明显。旋转导向系统有利于提高钻井效率，减少钻井事故与复杂，提高综合效益。

旋转导向钻井技术是 20 世纪 90 年代初发展起来的一项自动化钻井新技术。国外钻井实践证明，在水平井、大位移井、大斜度井及三维多目标井中推广应用旋转导向钻井技术，既提高了钻井速度、减少了事故，也降低了钻井成本。旋转导向钻井工具

的基本功能有两种：导向功能与不导向功能（稳斜功能）。导向功能是指当需要向某一个井斜、方位导向时，可由稳定平台通过控制轴将上盘阀高压孔的中心即工具面角调整到与所需导向的井斜、方位相反的位置上，这时钻具沿所需的井斜及方位进行钻进，并由各随钻测试仪器随时监测井眼轨迹。稳斜功能（不导向）是使稳定平台带动上盘阀，使其和钻柱以不同的某一转速作匀速转动（20～40r/min），这时在360°工具面角的方向上，不断有类似巴掌的推板伸出并推靠井壁，综合作用则表现为不导向，亦即稳斜钻进。

1. 旋转导向系统结构

旋转导向钻井系统的核心是旋转导向钻井井下工具系统，其按工作方式分为静态偏置推靠钻头式、动态偏置推靠钻头式和静态偏置指向钻头式。旋转导向钻井工具主要通过稳定平台单元、工作液控制分配单元和偏置执行机构单元三部分实现上述功能。其工作原理为：利用测试元件将测得的井眼参数通过短程通信传输到随钻测量仪，再由随钻测量仪将信息传输到地面。同时，旋转导向钻井工具接收由地面发出的指令，控制该工具的导向状态。

美国是应用旋转导向钻井技术最成功的国家，近年来其国内导向钻井使用量占定向井总进尺比例逐年递增。发展至今，有三家油气服务公司所研发的旋转导向钻井系统较为成熟，在世界范围内得以推广应用。

（1）斯伦贝谢公司于2002年推出了第二代导向工具（Power Drive Xtra）（图3–46），该工具采用偏置钻头的导向方式。2005年又推出新一代近钻头随钻地质导向Peri Scope15工具，能连续探测距钻头前方5m处流体界面和地层的变化，具有360°测量和成像能力。经美国康菲石油公司现场应用统计，Peri Scope 15在薄储层钻遇率由常规MWD/LWD技术的50%～60%提高到93%，产量比预期值提高60%。

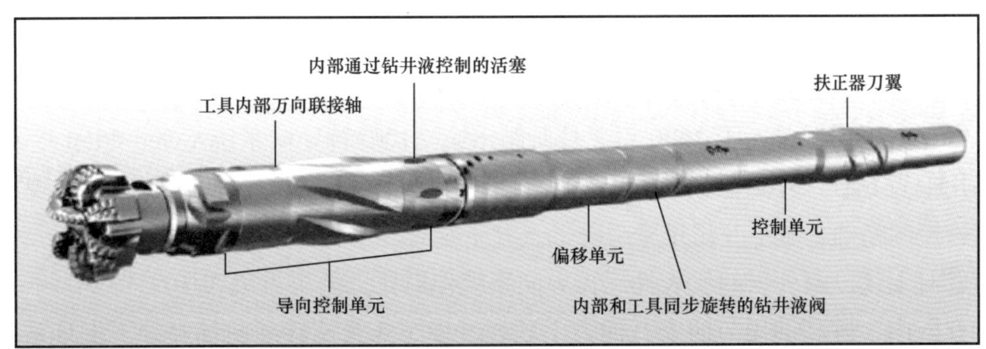

图3–46 斯伦贝谢公司Power Drive Archer高造斜率旋转导向系统

为进一步满足陆地钻井市场，斯伦贝谢公司研制出Power Drive Archer高造斜率旋转导向系统，在Marcellus页岩和Wood Ford页岩地层水平井钻井中发挥了重要作用。

这是一种将推靠式和指向式优势特征相结合的混合型旋转导向系统，既可以实现高狗腿度（DLS，最大造斜率 16.7°/30m），同时又可以达到常规旋转导向系统的机械钻速。由于是全程旋转系统，所有外部组件和钻柱一起旋转，这有利于井眼清洁，同时降低卡钻的风险。系统可进行三维定向井钻井，可在任何一点开窗侧钻，工作过程中所有的外部部件都旋转，减少了机械以及压差卡钻的可能性，改善了井身质量。此外，其摒弃了滑动钻进及旋转钻进模式的交替更换，故使用旋转导向系统能够降低井眼弯曲度、避免了粗糙井眼带来的高摩阻，有助于在油藏内延伸出更长的水平井段。

（2）贝克休斯公司于 2002 年推出第三代 AutoTrak 导向系统，是目前技术最成熟、应用最广泛的旋转导向钻井系统，是贝克休斯 INTEQ 公司与 Agip 公司在早期的垂直钻井系统（VDS）和直井钻井装置（SDD）基础上研制的旋转闭环钻井系统。该技术把闭环导向技术与螺杆钻具结合在一起，增加了旋转导向马达的钻井能力，速度、可靠性和精度更好。该系统可精确地按设计钻出井眼轨迹，可以用连续旋转钻井的方式在油藏内自动精确导向钻达目标，实现了旋转闭环钻井。

最新一代 AutoTrak Curve 导向系统可实现一趟钻快速钻进井眼垂直段、曲线段和水平段，减少起下钻次数，实现更快速建井。其为全闭环旋转导向系统，可根据指令向任意方向钻出准确、平滑的井眼轨迹。其导向功能主要由安装在导向套筒中的三个可伸缩棱块实现。导向套筒位于钻头附近，以固定的速率低速旋转。地面控制信号发出后，井下供电装置驱动棱块有选择地伸出，使旋转中的钻柱向既定方向偏斜。在钻头附近还安装有伽马射线探测器，有效缩短了工具长度，帮助进行更为精确的地质导向。系统能够将地面指令传递到井底，使钻头按照预定方位和井斜钻进，在北美最坚硬的非常规地层中完成了超过 10000h 的现场试验，井眼尺寸为 222.25mm，节省钻井周期达 60%。系统最高造斜率超过 15°/30m，允许钻井液添加堵漏剂，拓展了钻井液选用范围。与传统旋转导向系统相比，AutoTrak Curve 钻入储层时间更短，井眼控制能力更强，成本更低，适用范围更广。

（3）哈里伯顿公司于 2000 年 2 月研制出第二代旋转导向系统（Geo-Pilot），该系统采用偏置钻柱、不旋转外筒式导向方式，同年 10 月份开始商业化应用，实现了井眼轨迹控制精确、水平井扭矩摩阻降低、井下复杂和卡钻事故等减少的目的。

针对上述三家公司的代表性旋转导向系统作对比，结果见表 3-10。

在国内，胜利油田与西安石油大学联合开发了 3 套旋转导向钻井井下工具系统样机，进行了 20 多次地面试验，2006 年 8 月在营 12- 斜 225 井上进行了包括旋转导向钻井井下工具、MWD 随钻测量系统、信息上传系统和地面监控系统在内的整个旋转导向钻井系统的联合现场试验，获得了成功。这表明我国自主研发的旋转导向系统经

过攻关，完成了关键技术研究及样机开发阶段，下一步将进入技术完善阶段，为商业化应用奠定了坚实基础。

表 3-10 代表性旋转导向系统对比表

工作方式	代表系统	旋转导向程度	造斜能力（°）/30m	钻井安全性	位移延伸能力	螺旋井眼	适应井眼尺寸 mm
静态偏置推靠钻头式	AutoTrack RCLS	外筒不旋转	6.5	中	低	存在	215.9～311.1
动态偏置推靠钻头式	Power Drive SRD	全旋转	8.5	高	高	存在	152.4～463.6
静态偏置指向钻头式	Geo-Pilot	外筒不旋转	5.5	中	中	消除	215.9～311.1

2. 旋转导向系统使用

页岩气水平井滑动钻进过程中，托压问题较为严重，成为提速增效的一大掣肘。即使定向段与水平段钻进中使用油基钻井液，但由于龙马溪组中上部泥质含量高，为防止井壁垮塌故钻井液密度高达 1.9～2.1g/cm^3，导致定向扭方位段仍然存在严重“托压”现象，造成定向效果差、滑动钻进比率高，影响施工效果和周期。另外，丛式井组三维井横向位移大，空间方位变化大，造成施工井摩阻增大，易“托压”，造成滑动钻进难、定向效果差。尤其是上倾水平井水平段定向施工时必定存在摩阻大的因素，进一步造成定向施工困难。在长宁地区水平井段钻进过程中，水平段长 800m 后出现托压现象，滑动钻进极为困难。针对于此，旋转导向钻井技术得以启用，并在页岩气井钻井扮演着越来越重要的角色。

随着页岩气田的勘探开发进程，规模化、效益化开发对水平井钻井提出了更高要求：尽可能缩短钻井周期，加快钻井速度；在满足安全下套管前提下，提高造斜率［（10°～15°）/30m］，缩短靶前距，提高开发效果；伽马 / 近钻头伽马随钻测井和综合录井地质工程一体化追踪储层，提高优质页岩钻遇率与箱体钻遇率。根据页岩气的地质特点和工程需求，结合对页岩气开发进度的要求，对页岩气旋转导向工具提出了“大的提速效果、高的造斜能力、强的保障能力”的要求。

长宁—威远区块页岩气钻井主要采用国外先进旋转导向系统。结合该地区具体工程与地质难点，对斯伦贝谢公司等国际主流旋转导向工具展开评价（表 3-11），最终优选出斯伦贝谢公司 Archer 和 Power Drive 工具系列以分别应对造斜段（高全角变化率）和水平段钻进，该工具能满足页岩气造斜要求。

表 3-11 国际主流旋转导向工具展开评价表

公司	备选工具	造斜能力（°）/30m	优点	缺点
斯伦贝谢公司	Archer	＜15	高造斜率，混合造斜（指向＋推靠式）	调研时国内不能同时满足 2 口井作业
	Power Drive	＜5	推靠式，外壳旋转，性能稳定，价格较 Archer 便宜，且备货充足	造斜率较低，增斜段不适用
贝克休斯公司	AutoTrack	＜6.5	推靠式，性能稳定	外壳不旋转，井眼不光滑，且实际增斜率可能达不到要求
哈里伯顿公司	EZ-Pilot	＜10	指向式，执行机构不与井壁接触	国内使用较少，供货周期较长

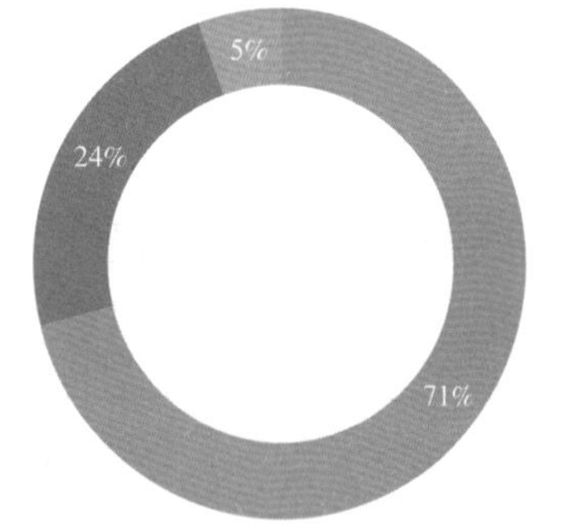

图 3-47 国外旋转导向在中石油页岩气区块的市场份额统计

在页岩气勘探开发初期，部分井在定向造斜段采用滑动定向方式，但是由于托压严重、钻速慢、周期长，已被旋转导向所取代，特别是目前页岩气井的增斜段，均采用旋转导向工具。且以斯伦贝谢公司 Power Drive Archer、贝克休斯公司 AutoTrak Cruve 以及哈里伯顿公司 EZ-Pilot 为主，国外旋转导向设备在川渝地区页岩气总计服务 242 口井。其中：斯伦贝谢公司 172 口，占比 71%；贝克休斯公司 57 口，占比 24%；哈里伯顿公司 13 口，占比 5%（图 3-47，表 3-12）。

表 3-12 目前国外旋转导向系统在国内市场的可用数量

序号	制造商	典型系统	可用数量，套
1	贝克休斯公司	AutoTrak Curve	13
2	哈里伯顿公司	Geo-Pilot	—
3	斯伦贝谢公司	Power Drive X6	3
4	斯伦贝谢公司	Power Drive Xceed	—
5	斯伦贝谢公司	Power Drive Archer	16

实践表明，旋转导向钻井技术不仅有效解决了滑动钻进时的托压问题，同时对钻井工程带来如下益处：工具增斜能力提高至 8°/30m 后，造斜点下移至龙马溪组层段，

同时石牛栏组—韩家店组难钻地层可用气体钻井提速钻进，实现了井眼轨迹优化；采用高造斜率旋转导向工具进行增斜扭方位着陆段，造斜效率和井下风险显著降低；水平段可采用螺杆钻具钻进，钻井成本大幅降低。

3. 应用效果

从旋转导向技术在长宁—威远区块页岩气井钻井工程中的施工结果来看，其应用堪称成功。其中，长宁地区完钻井平均机械钻速从4.45m/h提高至6.8m/h，提高52%。其中，造斜段周期从28.8天降至10.6天，机械钻速从2.75m/h提至4.99m/h；水平段段长增加443m，周期从17天降至14.4天；威远地区完钻井平均钻井周期从146.25天缩短至83.63天，减少62.62天。平均机械钻速从1.3m/h提高至5.6m/h，增加3.3倍。其中，造斜段机械钻速由0.8m/h提至6.9m/h，水平段机械钻速从2.4m/h提至6.23m/h。就经济效益而言，从现场应用该技术其中14口井的统计结果来看，定向钻井周期缩短529.9天，按ZJ50钻机每天运行综合费用10.5万元计算，计算节省钻井费用超过5564万元，极大降低了页岩气开发成本。综上所述，旋转导向钻井技术在长宁—威远区块页岩气钻井中成功实现提速降本增效，有力促进了川渝页岩气规模效益开发进程。

4. 旋转导向系统应用实例

以某井为例对旋转导向现场应用进行实例说明。为提高钻井效率，达到优质页岩钻遇率≥95%的设计要求，同时保证井眼轨迹圆滑以减轻后期完井作业压力，该平台钻井过程中使用了斯伦贝谢公司生产的Power Drive X6、Power Drive Archer旋转导向系统。

该井为一口四开长半径水平井，四开设计井眼尺寸ϕ215.9mm，设计造斜率6.8°/30m，设计水平段长1850m。若采用常规螺杆钻具定向造斜则严重影响生产时效，而常规旋转导向设备造斜率又无法满足造斜段施工的要求，基于以上原因在造斜段使用Power Drive Archer高斜率旋转导向，在水平段施工使用Power Drive X6旋转导向。四开实钻中采用螺杆钻具钻完上部直段，从井深2768m造斜开始使用Power Drive Archer旋转导向系统造斜钻进，实钻造斜段最大狗腿度8.63°/30m，实钻造斜段最大狗腿度区间为3555～3608m。靶点A为3600m（垂深3264.8m），入靶井斜83°，入靶方位190°。钻进至井深3688m，考虑本井设计储集层下倾（下倾角度为9°～11°），不需要太高的造斜率，故后期水平段使用Power Drive X6钻至设计井深，完钻井深5430m。其中水平段长1850m，水平段最大井斜85°，水平段最大狗腿度2.37°/30m。四开钻井周期62.3天，机械钻速5.58m/h。

二、防摩减阻工具

1. 钻柱扭摆系统

钻柱扭摆系统是专门用于定向井和水平井滑动钻井过程中降低井下摩阻扭矩和滑动钻井“托压”现象、提高钻井效率和机械钻速的成套系统，通过一个与顶驱司钻箱相连的控制系统，控制顶驱带动钻具顺时针、逆时针按设计参数反复连续摆动，以保持上部钻柱一直处于旋转运动状态，从而克服滑动钻井过程中，因为钻柱不旋转导致的摩阻大、“托压”钻速慢、岩屑床等多种问题。现场应用结果表明，该系统能使钻压平稳地传递给钻头提高钻井速度，增加工具面稳定性、缩短工具面调整时间提高定向效率和造斜效果，延长井下设备（马达、钻头）的使用寿命等优势。

1）钻柱扭摆系统结构

钻柱地面扭摆方法释放滑动钻井摩阻的研究，在国际钻井工程领域正处于一个方兴未艾的时期，其中，以美国斯伦贝谢公司和Canrig公司的成果最为领先。斯伦贝谢公司基于扭矩反馈原理的钻柱地面扭摆滑动钻井控制系统的总体框架模型（图3–48），通过控制顶驱带动钻柱在一定的扭矩或者转动角度内持续正反旋转，改变钻柱与井壁间的静摩擦力为动摩擦力，进而降低滑动钻井摩阻。研究认为，一般静摩擦系数比动摩擦系数约大25%。

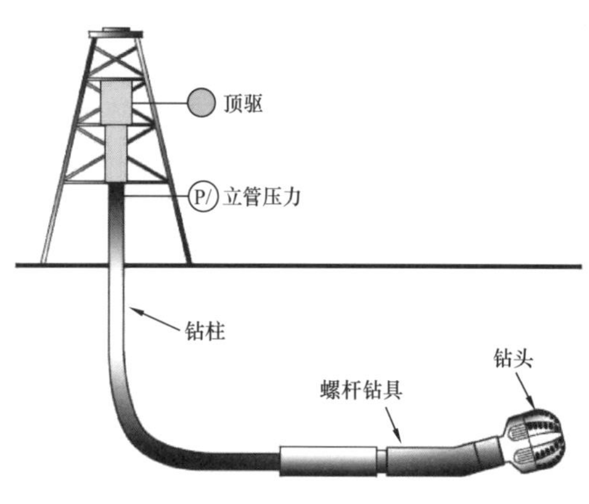

图3–48 钻柱地面扭摆滑动钻井控制系统的总体框架模型图

在地面扭摆运动作用下，滑动钻井时井下钻柱轴向摩擦阻力分布状态有3个典型区间，即地面扭矩作用区（简称S区）、固有摩阻区（简称F区）和井下动力元件的反扭矩作用区（简称R区）。S区代表了地面扭摆运动在井下钻柱中的扩散范围，以及对轴向摩阻的释放或缓解的能力。F区是维持井下导向马达工具面不变并顺利向前滑动钻进所要求的静态摩擦区，它的存在有利于井下方位的控制和调整。在不同的下部导向钻具组合和井眼曲率条件下，F区有一个最优的长度范围，大于或者小于该长度均将影响导向控制系统的精度。R区反映了井下导向动力元件的反扭矩在下部钻柱中的传播长度，代表了下部导向钻具组合克服近钻头摩擦阻力的能力。在滑动钻井过程中，地面扭摆作用区代表了井下钻柱受地面扭摆运动影响的范围，通过改变该区钻柱与井壁的相对运动形态，将静摩擦变为动摩擦，大幅降低滑动钻井过程的钻柱轴向摩擦阻力。工具运行中通过调整顶部钻柱

的左右摆动扭矩峰值，尽可能地扩展地面扭摆作用区的长度，最大限度实现降低摩阻的功能。

钻柱地面扭摆滑动钻井控制系统以斯伦贝谢公司的 Slider 系统和 Canrig 公司的 ROCKIT 系统最为代表。其中 Slider 系统为斯伦贝谢公司的专利技术，通过控制顶驱带动钻柱按设定的扭矩限制值顺时针、逆时针依次重复扭摆来提高滑动钻井效率和控制工具面。Slider 系统已在国外广泛应用，包括在美国非常规天然气中已完成超过 800 口水平井；在美国路易斯安那州外大陆架上、沙特阿拉伯 Khurais 油田大位移水平井以及墨西哥海湾都有成功应用。PICK ROCK 钻柱地面扭摆快速滑动钻井控制系统（简称 PR 系统）是基于 Slider 系统自主研发的一套降摩减阻工具，主要由软件和硬件两部分组成。

（1）硬件部分。它的硬件由顶驱控制器、触摸操作屏、控制信号切换部分、快速连接电缆组成。PR 系统的硬件适合各种顶驱的安装，硬件安装时间不超过 2h，且可实现无损安装。

顶驱控制器主要包括 PLC 模块、系统配电断路器、供电开关电源、信号隔离单元等。

顶驱控制器具备运算功能、控制功能、通信功能、编程功能、诊断功能、处理速度迅速、模拟信号输入输出完全隔离的功能。它是整个系统的硬件核心，起着系统大脑的功能。

触摸操作屏采用西门子 12in 操作面板，用于司钻操作该系统，并实现参数显示与存储。

控制信号切换部分包括控制信号切换器和切换开关，通过线缆连接，用于切换老系统与新系统的信号控制。

快速连接电缆包括司钻箱连接线、控制器电源线、远程通信线、操作屏通信线、操作屏电源线，采用插件的形式实现快速安装、拆卸功能，且提高了现场安装时间。

（2）软件部分。软件部分包含 PLC 运算控制程序、操作界面程序、远程显示程序，是钻柱扭摆快速滑动钻井系统的核心部分。在钻井过程中，软件部分组件收集钻柱扭矩和钻柱转速数据，并可以通过系统操作界面，向控制系统输入钻柱转速、钻柱扭矩限制、井下工具面角度等控制参数，系统控制钻柱在参数设定范围内做来回旋转工作，最终使钻压平稳地传递给钻头，并且保持住工具面的平稳，达到高效定向送钻。

PLC 运算控制程序从顶驱原控制系统采集实际转速、实际扭矩和编码器脉冲值等，作为控制回馈信号；向顶驱原控制系统申请控制权限，并控制顶驱的启停、转速、正反向、扭矩限制等，构成一个闭合的控制系统。控制顶驱在限定的扭矩值范围内，以设定的转速不停地来回旋转。

操作界面程序对比国内外类似的系统，顶驱加载控制模块是最适合司钻操作习惯的人机界面，系统简单易学，操作简便，同时能够观测实时曲线，查询并导出历史参数。

远程显示程序可在监控室电脑远程显示操作界面的状态，同步监测其运行参数。使用者可通过点击图标打开页面，全屏显示系统的运行情况（图 3–49）。

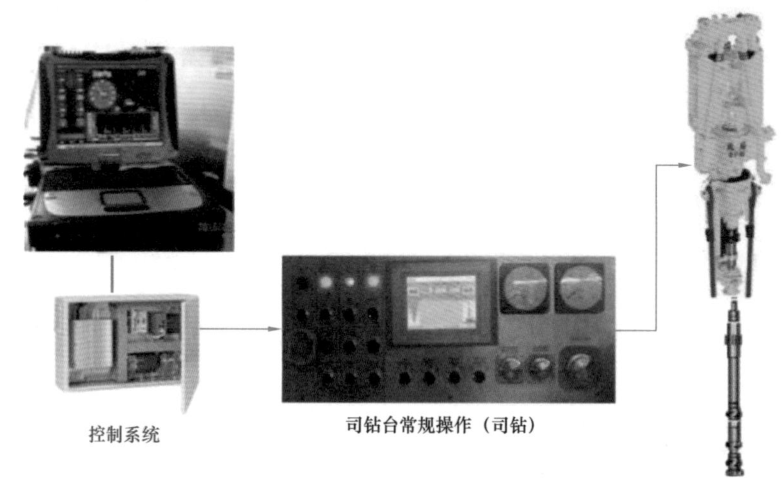

图 3–49　钻柱地面扭摆快速滑动钻井控制系统控制原理

PR 系统技术优势：

① 全部为地面设备，无井下工具，不影响顶驱正常操作，不会因为该系统的原因导致额外起下钻或井下工具落井风险。

② 通过地面钻柱扭摆，把上部钻具静摩擦阻力变为动摩擦阻力，使长水平段水平井、大位移井滑动钻井过程中最大限度地降低摩阻、提高机械钻速。

③ 在扭摆循环周期内，通过有控制地施加扭矩脉冲，稳定定向工具面，定向井工程师无须频繁进行校正和调整工具面作业，从而提高施工效率，同时工具面更加稳定，滑动钻井造斜率更高。

④ 通过消除滑动钻井过程中“托压”导致的瞬间大钻压，使马达和钻头受反扭矩冲击减小、马达和 PDC 钻头寿命提高，起下钻次数减少。

2）PR 系统的使用

在长宁和威远页岩气国家示范区、昭通页岩气国家示范区等地区开展了钻柱地面扭摆快速滑动钻井控制系统的现场试验。先后在长宁 H24–8 井、YS108H19–1 井、YS108H21–1 井和 YS108H19–5 井等 16 口井进行了钻柱地面扭摆快速滑动钻井控制系统的现场试验（表 3–13）。现场试验结果表明，该系统能使钻压平稳地传递给钻头，具有提高钻井速度，增加工具面稳定性、缩短工具面调整时间提高定向效率和造斜效

果，延长井下设备（马达、钻头）的使用寿命等优势。部分井次突破了大偏移距、上水平段条件下无法实现“PDC+螺杆钻具”低成本模式钻进的技术瓶颈，成为旋转导向工具的有效补充，保证安全快速钻进，减少起下钻的次数，缩短施工周期。

表 3-13 钻柱地面扭摆快速滑动钻井控制系统现场试验表

序号	井号	井段，m	厂家	变频器型号	进线通道
1	长宁 H24-8 井	1403～3690	辽河油田天意石油装备有限公司	西门子 120	无进线口，拆蜂鸣器进线
2	YS108H19-1 井	4003～4650		西门子 120	有进线口
3	YS108H21-1 井	3231～4015		西门子 120	有进线口
4	YS108H19-3 井	3334～3341		西门子 120	有进线口
5	YS108H19-5 井	2920～4520		西门子 120	有进线口
6	YS112 H7-5	3256～3287	四川宏华石油设备有限公司	西门子 120	有进线口
7	YS112 H7-3	3274～3305		西门子 120	有进线口
8	YS112 H7-7 井	3809～3817		西门子 120	有进线口
9	泸 202 井	4234～4365	北京石油机械有限公司	西门子 120	有进线口
10	YS112 H6-4 井	1496～2195		西门子 120	无进线口，拆隔栏挡板
11	长宁 H25-7 井	3662～3681		西门子 120	无进线口，拆隔栏挡板
12	泸 204 井	3906～4681		西门子 120	有进线口

3）应用效果

该技术已在国外进行了广泛应用，包括在美国非常规天然气中完成了超过 800 口水平井，在美国路易斯安那州外大陆架上、沙特阿拉伯 Khurais 油田大位移水平井以及墨西哥海湾都有成功应用，且效果明显。

国内在滇黔北昭通国、长宁—威远页岩气示范区应用 10 余口井。最大井深 4650m，最大水平段长 2030m，滑动钻井速度有效提高。

（1）有效减少定向辅助时间，提高定向作业时效（图 3-50）。PR 系统“附加扭矩”或“零点偏移”均可在钻进过程中调整工具面，扭矩钻压传递平稳无“托压”，工具面温度，定向辅助时间大幅降低，前期应用井水平段使用 PR 系统后，定向钻进纯钻时间占比达到 80% 以上，较常规提高 15%～40%。

（2）有效减少摩阻，平稳增加钻头钻压，提高钻速（图 3-51）。上部钻柱正反旋转、下步钻柱反扭矩作用旋转和振动，有效减少摩阻，增加钻头上有效钻压，钻速提高 20%～50%。

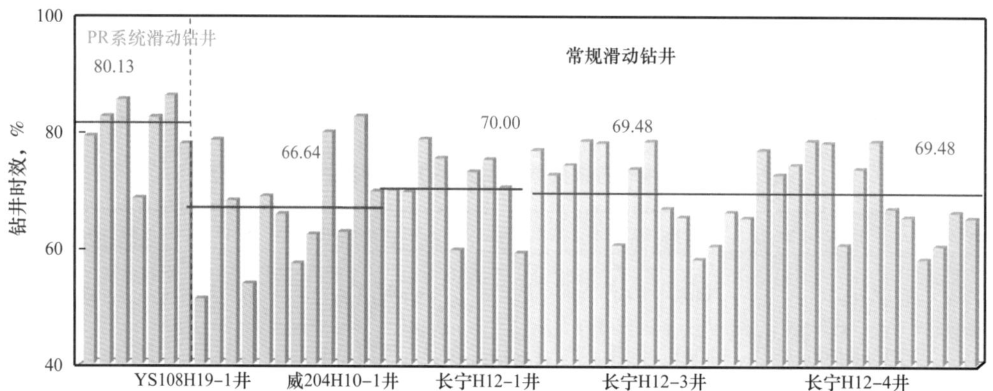

图 3-50　PR 系统滑动钻井和常规滑动钻井时效对比（刨除接单根、事故复杂等非钻井时间）

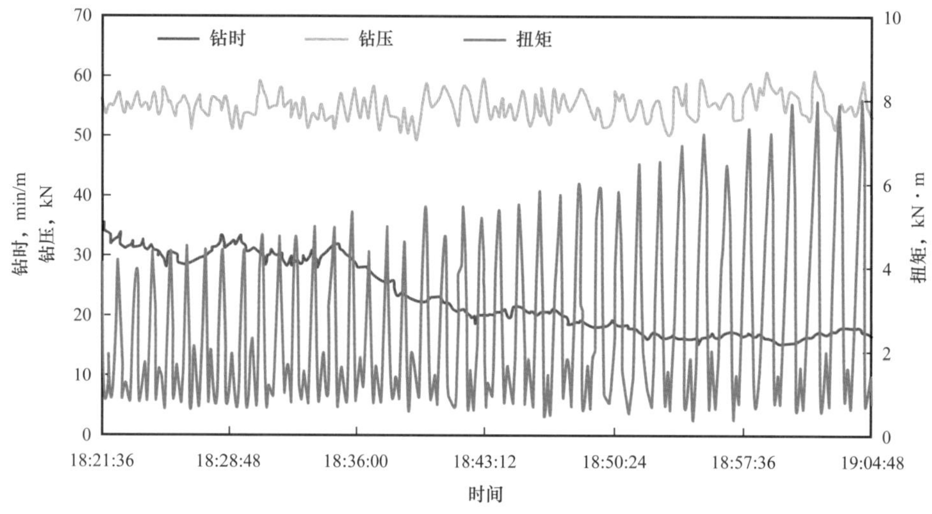

图 3-51　使用 PR 系统后扭矩、钻压和钻时对比

（3）钻进过程中调整和维持工具面，提高作业效率和定向效果（图 3-52）。定向效果好，单次定向段更长、施加钻压更加均匀，工具面更加稳定，前期应用井造斜率较常规定向增加 20% 以上。

YS108H19-1 井目标工具面 -20°～20°，使用 PR 系统工具面稳定在 -15°～45°，且直接调节工具面，大幅提高了定向效率。

（4）定向时，钻柱处于运动状态，减少了黏卡等井下复杂的出现，提高了钻井安全。

4）PR 系统应用实例

以某井为例对 PR 系统现场应用进行实例说明。为降低作业成本，提高作业效率，该井钻井过程中使用了自主研发的 PR 系统。

该井为一口水平定向井，设计水平段长 2030m，使用旋转导向系统钻进至井深

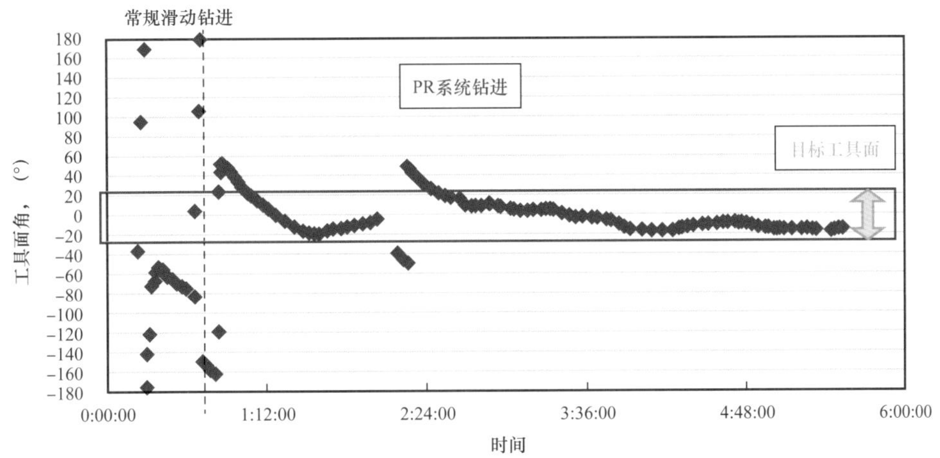

图 3-52　PR 系统滑动钻进和常规滑动钻进定向效果对比

4003.67m 时（剩余水平段长 646.33m），由于井下摩阻大，更换 PDC+ 螺杆 +MWD 常规定向钻具组合，同时配备 PR 系统继续钻进。该井实际钻进至井深 4650m 完钻，PR 系统累计进尺 646.33m，系统在 YS108H19-1 井共使用 8 个定向井段，累计定向 34.1m。8 次常规滑动定向，累计总用时 1433.77min，其中纯钻用时 1147min。使用 PR 系统后，定向钻进纯钻时间占比为 80%。邻井未配备水平段共计 14 次常规滑动定向，累计总用时 4930min，其中纯钻用时 3450min。定向钻进纯钻时间占比仅为 69.97%。配备 PR 系统后辅助时间比例大幅降低。该井复合钻进时机械钻速 6.12m/h，使用 PR 系统机械钻速为 3.26m/h，停用 PR 系统机械钻速 1.08m/h，使用 PR 系统后定向钻进钻时大幅提高。

2. 水力振荡器

目前国外的水力振荡器（Agitator）主要使用 NOV 国民油井公司的 Andergauge 配件公司生产的产品，Andergauge 公司生产的水力振荡器通过自身产生的纵向振动来提高钻进过程中钻压传递的有效性和减少 BHA 与井眼之间的摩阻，水力振荡器可以在所有的钻进模式中，特别是在有螺杆的定向钻进过程中改善钻压的传递，减少扭转振动，从而有效提高机械钻速，缩短钻井周期。

随着当前的井眼越来越不规则，大位移井钻进模式必须面临更大的挑战，Andergauge 公司的水力振荡器通过简单有效的方式解决这个难题，提出了一个独特而有效的途径，对于解决这个难题指出了一个新的方向。平滑稳定的钻压传递，甚至在经过大的方位角变化后的复杂地层中对 PDC 钻头工具面角的调整能力可以使钻具组合钻达更深的目的层；并且在钻进过程中不需要过多的工作来调整钻具，很快就可以达到工具面角的扭转，工具面角的保持使机械钻速提高明显。

1）水力振荡器结构

水力振荡器主要由3部分结构组成（图3-53和图3-54）：一是动力部分；二是阀门和轴承系统；三是配套振荡短节。刚性强的由单根连接成的管柱使用振荡短节，挠性强的管柱不使用振荡短节。

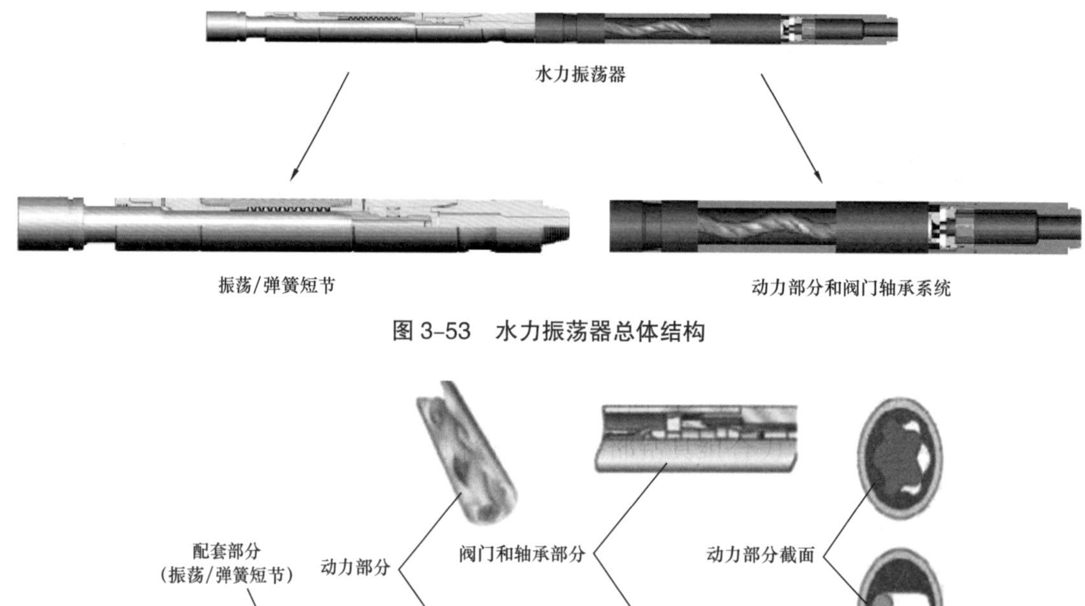

图3-53 水力振荡器总体结构

图3-54 水力振荡器结构示意图

（1）动力部分。动力部分位于水力振荡器的中间部位，由一个1∶2的马达组成，与螺杆的工作原理相似，钻柱上部传来的钻井液进入螺杆与外壳之间空间，带动螺杆转动，将钻井液的液力能转换为螺杆的机械能。

（2）阀门和轴承系统。阀门和轴承系统如图3-55所示，位于动力部分下端。马达的转子下端固定一个阀片，当流体通过动力部分时，驱动心轴转动。由于螺杆的特性，末端在一个平面上往复运动（称之为动阀片）。

与动力部分连接的是阀门和轴承系统，主要部件就是耐磨套和一个固定的阀片（定阀片），动阀片和定阀片紧密配合。

由于转子的转动，导致两个阀片相错和重合，相错和重合就导致上游的压力发生变化，周期性相对运动造成流体流经工具的截面积（最大值和最小值）周期性地发生变化，过程如图3-56至图3-58所示。

两个阀门最少重合时（图3-57），由于流体通过工具的截面积为最小，所以通过工具后产生一个最大的压力降。

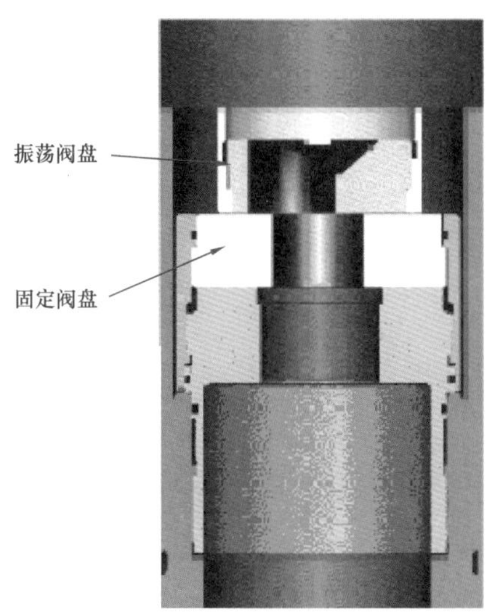

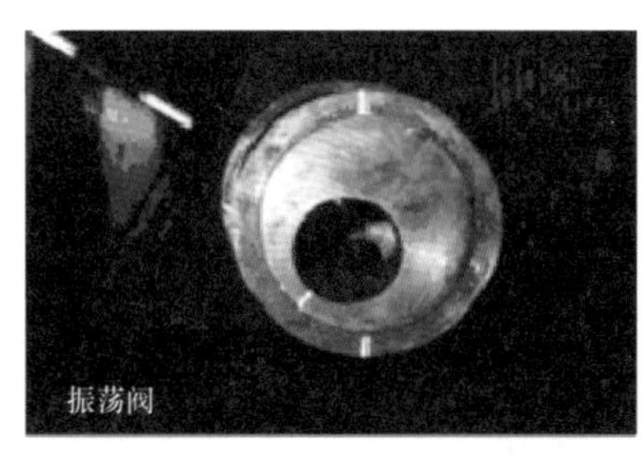

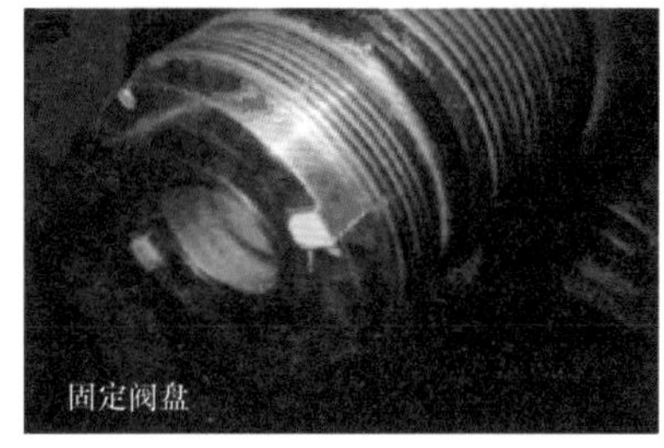

图 3-55 阀门和轴承系统

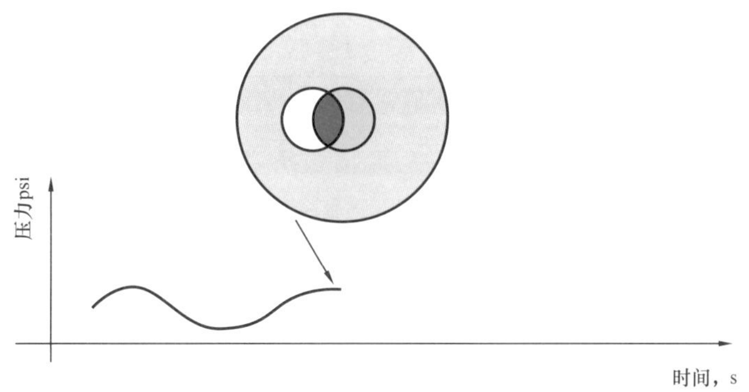

图 3-56 阀门截流面积（最小值）（两个阀片相错时）

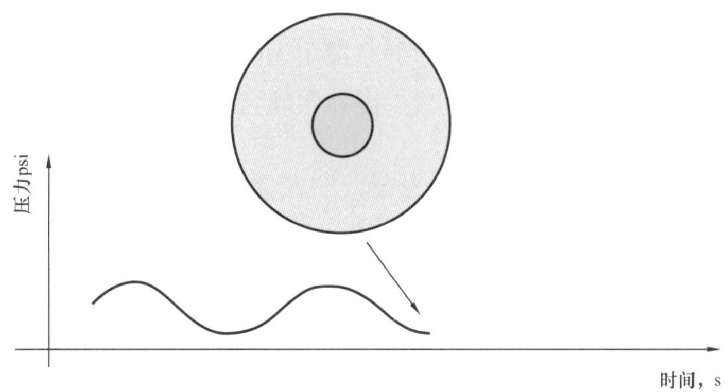

图 3-57 阀门截流面积（最大值）（两个阀片重合时）

两个阀门最大（完全）重合（图 3-58），此时流体通过截面积最大，所以产生的压降最小。

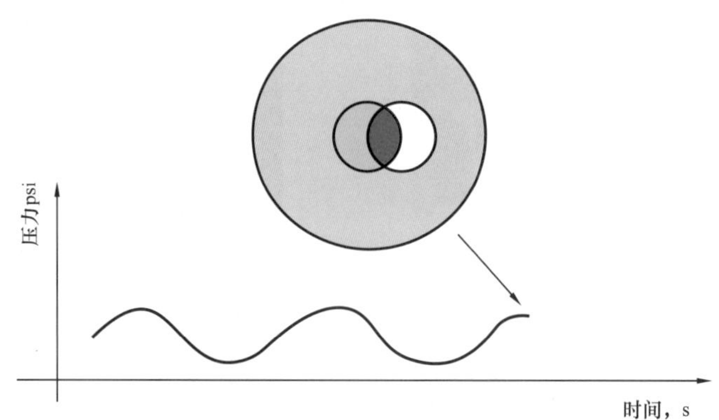

图 3-58　阀门截流面积（最小值）（阀片移动到另一端相错时）

截面积周期性变化导致上游压力同步周期变化。

（3）振荡 / 弹簧短节。振荡 / 弹簧短节结构如图 3-59 所示，主要由一个对外密封的心轴和密封心轴外围轴向上安装的弹簧组成。

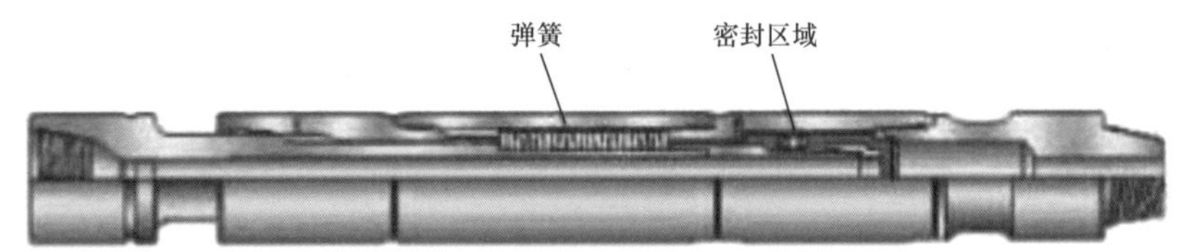

图 3-59　弹簧短节

钻井过程中，钻井液经过水力振荡器动力部分带动转子转动，导致动阀片和静阀片的相错和重合，阀门的截面积（最大值和最小值）发生周期性的变化，使流体流经工具后的压力发生变化而产生压力脉冲。压力脉冲作用到心轴的下端面时，在压力的作用下，心轴向下方移动并且压缩弹簧，当这个压力释放后，心轴在弹簧作用下返回到原来的位置。短节的活塞在压力和弹簧的双重作用下，轴向上往复运动，从而使管柱在自己轴线方向上来回运动，原来的静摩擦阻力就变成了动摩擦阻力。这样，摩擦阻力就大大降低，工具就可以有效地减少因井眼轨迹产生的钻具拖拉现象，保证有效的钻压。

功能及技术优势：

水力振荡器通过钻井泵将液压能转化为机械能，改变钻进过程中仅靠下部钻具的重力给钻头施加钻压的方式，使钻头或下部钻具与钻柱中的其他部分的连接变为柔性连接，从而达到提高滑动机械钻速的目的，其作用主要有以下几点：

① 改善井下钻压传递效果。改变钻头的加压方式，把单纯的机械式加压改为机械与液力相结合的加压方式，为钻头提供真实、有效的钻压。

② 减少摩阻，防止托压。水力振荡器在钻进过程中使其上下钻具在井眼中产生纵向的往复运动，使钻具在井下的静摩擦变成动摩擦，大大降低了摩擦阻力，工具因此

可以有效地减少因井眼轨迹而产生的钻具托压现象，保证有效的钻压。

③ 与 MWD/LWD 工具的兼容性。水力振荡器与 MWD 和 LWD 配套使用不会损坏 MWD 和 LWD 工具以及产生干扰系统信号，增加了水力振荡器的实用性。

④ 与各种钻头均配合良好。可同牙轮钻头和 PDC 钻头一起使用，且对钻头牙齿或轴承无冲击损坏；另外其对井下钻头所受瞬时力具有缓冲作用，可延长钻头使用寿命。

⑤ 加强定向钻进，提高机械钻速。其可防止钻具重量叠加在钻具的某点或者某段，从而更好地控制工具面。另外，水力振荡器配合 PDC 钻头时可提高钻头定向能力，使 PDC 钻头滑动钻进更加容易，显著提高定向钻进和转盘钻进速度。

2）水力振荡器使用

（1）页岩气三维水平井钻井难点。为提高页岩气单井产量，水平段越来越长，在长宁地区的水平井斜深超过 4000m，水平段均在 1500m 以上，加上页岩储层易应力垮塌，井眼清洁难度大等，水平段后期井眼轨迹控制困难。

同时由于页岩气开发需要通过反复压裂进行增产，页岩气井多为三维水平井组（图 3-60），大幅扭方位后均不同程度地出现黏卡，摩阻、扭矩增大，钻具偏磨，托压严重、钻头对工具面控制力差等现象。

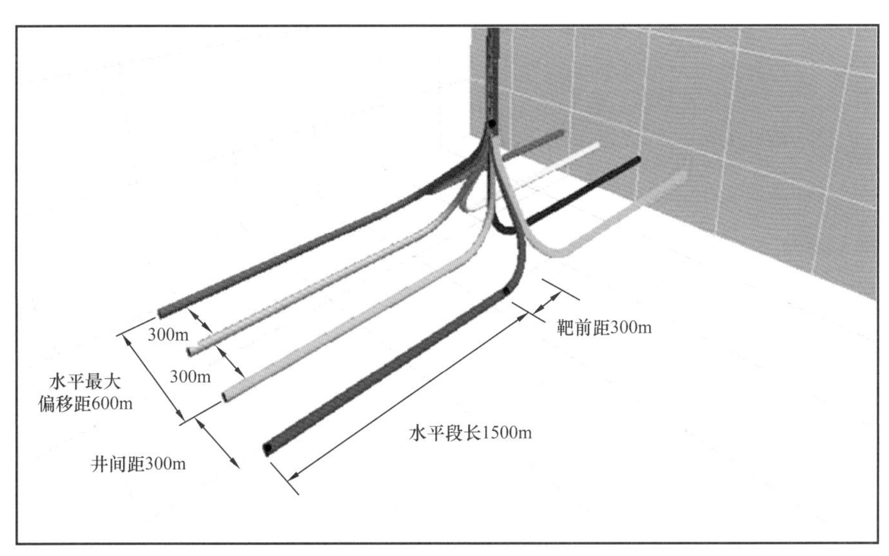

图 3-60 长宁地区三维水平井井眼轨迹

斜井段同一裸眼包含多个层位，地层压力系数不一致，在 1.85g/cm^3 以上高密度钻井液条件下，部分井段存在厚滤饼或严重的压持效应，使滑动钻进出现严重的黏卡“托压”现象。

以上作业难点，严重影响滑动钻井增斜效果和效率，制约水平段的进一步延伸，大幅降低钻井机械钻速，延长钻井周期。

（2）水力振荡器可行性分析。针对长宁—威远地区页岩气钻井存在的技术难题，开展水力振荡器在长宁地区的可行性分析，以提高页岩气定向钻井机械钻速、缩短钻井周期。水力振荡器在长宁—威远页岩气井可行性分析见表 3-14。

表 3-14　常用水力振荡器技术规格

工具尺寸 in	$3^3/_8$	$3^3/_4$	$4^3/_4$	$6^3/_4$	8	$9^5/_8$
总长，m	1.98	2.28	2.74	2.74	3.35	3.81
质量，kg	56.75	108.96	140.74	454	726.4	908
推荐流量 范围，L/s	5.7～8.8	5.7～8.8	15.8～20.8	25.3～37.8	31.5～63	37.8～69.4
温度，℃	150	150	150	150	150	150
工作频率，Hz	26 $7.61s^{-1}$	26 $7.61s^{-1}$	18～19 $15.81s^{-1}$	16～17 $31.51s^{-1}$	16 $56.81s^{-1}$	12～13 $56.81s^{-1}$
工作产生 压差，MPa	3.1～4.8	3.4～4.8	3.8～4.5	4.1～4.8	4.1～4.8	3.8～4.5
最大拉力，kN	818	1112	1575	3083	4400	5605
接头	$2^3/_8$in REG/标准或 $2^7/_8$in REG/标准	$2^3/_8$in 或 $2^7/_8$in 内平或 $2^7/_8$in 标准	$3^1/_2$in IF 内平	$4^1/_2$in IF 内平	$6^5/_8$in REG/标准	$7^5/_8$in REG/标准上扣 $7^5/_8$in REG/下部外螺纹或 $6^5/_8$in REG/标准

① 与 MWD 和 LWD 工具的兼容性。水力振荡器在工作状态产生的振动不会损坏 MWD、LWD 工具和产生干扰系统信号。在长宁地区的水平井定向造斜段井眼尺寸为 ϕ241.3mm 和 ϕ168.3mm，可选 ϕ203.2mm 和 ϕ120.1mm 的水力振荡器，其振动频率最高为 19Hz，与 MWD 系统频率不同，不会影响 MWD 和 LWD 的信号，水力振荡器可以与 MWD 和 LWD 配套使用。

② 与钻头的兼容性。水力振荡器产生的振动是温和的振动，振幅 1/8～3/8in，振动加速度小于 3g（g 为重力加速度），不会对钻头产生振动破坏。与各种钻头均配合良好，与牙轮钻头使用不会破坏牙轮钻头的轴承。钻进过程中平稳地传递钻压，有效地延长 PDC 钻头的使用寿命，不会产生顿钻现象。

③ 水力振荡器规格齐全，具有 ϕ85.7mm～ϕ244.5mm 多种尺寸规格，采用 API 标准螺纹类型，能够适用于不同的钻具组合。

④ 钻具组合中加入水力振荡器后，不影响井下随钻仪器（MWD/LWD）的工作，不对井下随钻仪器的脉冲信号传输造成影响。

⑤ 排量范围广，最大排量可达 69.4L/s。对于 ϕ241.3mm 井眼，ϕ203.2mm 的水力振荡器，排量范围要求 31.5～63L/s，设计排量为 32～38L/s，能够满足排量要求。对于 168.3mm 井眼，120.1mm 的水力振荡器，排量范围要求 15.8～20.8L/s，设计排量为 15～17L/s，能够满足排量要求。

⑥ ϕ203.2mm 的水力振荡器工作压差为 4.1～4.8MPa，ϕ120.1mm 的水力振荡器工作压差为 3.8～4.5MPa，能够和螺杆共同使用，井队配备 3 台钻井泵能够满足钻井需求。

⑦ 水力振荡器中的胶芯能够承受 150℃的高温，长宁区块水平井垂深仅 2400m，井底温度较低，不会因为高温导致水力振荡器失效。

⑧ 水力振荡器使用寿命与螺杆相当，可达到 150h，不会影响起钻时间。

（3）水力振荡器工具优选。页岩气水平井滑动钻进过程中出现摩阻、扭矩增大、托压的井段一般是在水平段，水平段井眼大小为 ϕ241.3mm，选择 ϕ178mm 水力振荡器，规格型号为 ZJXC–178，其结构参数见表 3–15。

表 3–15　ϕ178mm 液力旋转冲击钻井工具结构参数

规格型号	长度，mm	外径，mm	压力损耗，MPa	螺纹类型	
				上	下
ZJXC–178	1230	178	≤1.0	NC50 或 NC46	NC50 或 $4^1/_2$REG

（4）水力振荡器安放位置。水力振荡器的作用主要是减小管柱运动过程中受到的摩擦力，钻具受卡时的管柱侧向力越大，摩擦力就越大，水力振荡器的效果就越明显。所以，管柱在井下钻进过程中受到侧向力最大的点就是安放水力振荡器效果最佳的位置。

以三维水平井管柱力学分析软件中的摩阻扭矩模块为基础，计算在钻进过程中管柱上任一点受到的累积摩擦力。在模拟钻进至目的井深后，管柱受到的累积摩擦力越大，水力振荡器就安放在这一段，并且做出安放水力振荡器前后的效果对比图（图 3–61）。

图 3–61　水力振荡器效果评估方法

软件分析水力振荡器的安放最佳位置以及安装水力振荡器后对整体钻柱力学的影响程度，如图 3-62 和图 3-63 所示。

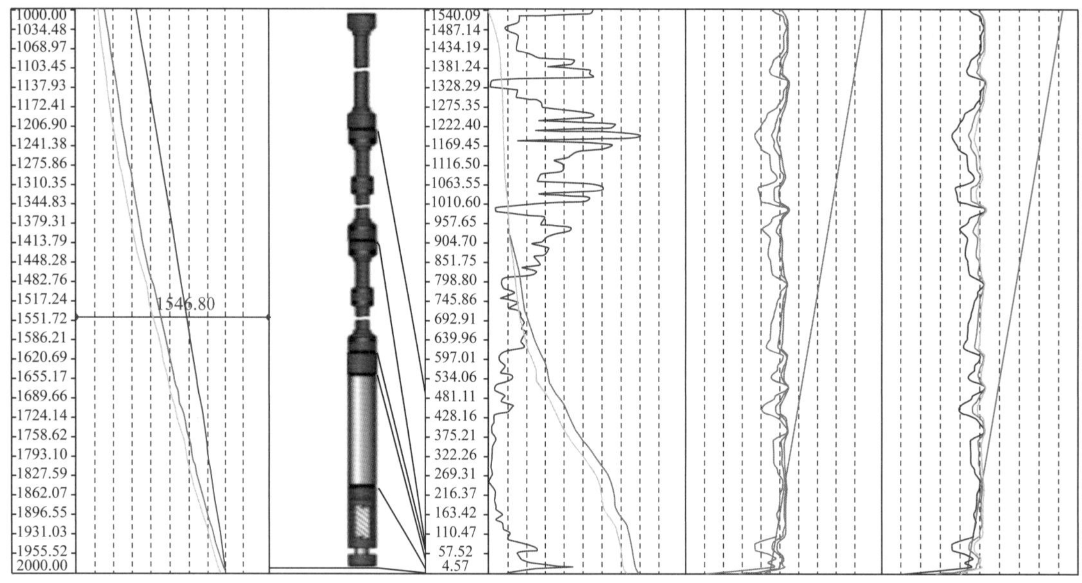

图 3-62　水力振荡器安放位置软件计算分析图

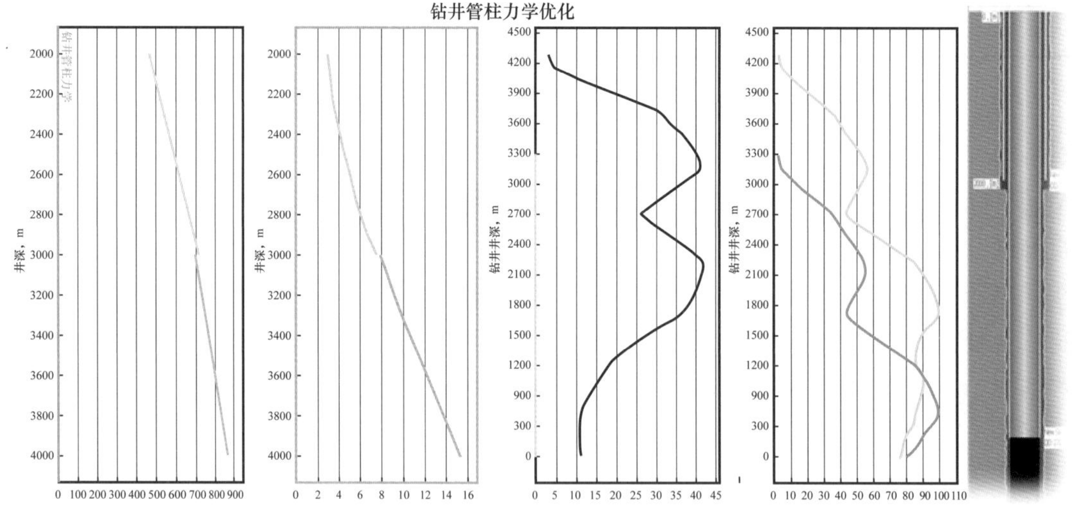

图 3-63　水力振荡器安装后的力学对比分析

3）应用效果

水力振荡器在长宁、威远和昭通页岩气示范区应用 10 余口井，解决了三维水平井滑动钻进扭矩摩阻大、托压严重的难题，提高了定向段机械钻速，为页岩气钻井提速降本作出了贡献。长宁区块定向段采用旋转导向钻进平均机械钻速 7.81m/h，水力螺杆 + 水力振荡器钻进平均机械钻速 10.23m/h，较前者提高 31%，在长宁托压严重

区块可以考虑采用螺杆 + 水力振荡器替代旋转导向工具，降低钻井作业成本。威远区块定向段采用螺杆钻进平均机械钻速 3.22m/h，螺杆 + 水力振荡器钻进平均机械钻速 4.32m/h，较前者提高 34%，采用旋转导向钻进平均机械钻速 5.2m/h，威远区块地质结构较为复杂，水力振荡器的提速效果与旋转导向系统相比还有一定差距，还需进一步完善水力振荡器、钻具组合。水力振荡器与旋转导向工具应用情况对比见表 3–16。

表 3–16 长宁 H13 平台螺杆 + 水力振荡器和旋转导向工具应用情况对比（龙马溪组）

井号	井段，m	进尺，m	周期，d	纯钻时间 h	机械钻速 m/h	钻头型号	钻具组合
长宁 H13–1	3448.92～4592.79	1143.87	12.08	146.4	7.81	QF1610	旋转导向
威 204H1–2	4430.8～5460	1029.2	14.81	171.1	6.02	MDI519	旋转导向
威 204H1–3	3473～4001.7	528.7	5.01	81.5	6.49	MDI516	旋转导向
威 204H10–6	3054～5109	2055	29.89	442.08	4.64	AT505S/HCC	旋转导向
威 204H6–3	4739.01～5034.93	295.92	12.6452	97.71	3.03	HM5163	螺杆
威 204H6–5	3983.57～4715.35	731.78	14.78	205.87	3.55	HM5163	螺杆
威 204H10–1	3558.66～4094.85	536.19	14.21	181.48	2.95	HM5163	螺杆
长宁 H13–3	3457.11～3918.9	461.8	4.40	39	11.84	MDI516	螺杆 + 水力振荡器
	3918.91～4421	502.09	5.02	55.18	9.10	$8^1/_2$in FS55D	螺杆 + 水力振荡器
威 204H1–3	4001.7～4238.8	237.1	2.72	31.5	7.53	MDI516	螺杆 + 水力振荡器
	4238.8～4579.5	340.71	4.31	63.5	5.37	MDI516	螺杆 + 水力振荡器
	4579.51～5230	650.49	6.26	114	5.71	MDI516	螺杆 + 水力振荡器
威 204H6–3	5034.93～5265	230.07	12.66	135.17	1.7	HM5163	螺杆 + 水力振荡器
威 204H6–5	4715.35～5350	634.65	21.4	206.08	3.08	HM5163	螺杆 + 水力振荡器
威 204H10–1	4094.85～5000	905.15	13.10	143.41	6.31	HS5163	螺杆 + 水力振荡器

4）水力振荡器应用实例

NH2–1 井是长宁 H2 井组的一口页岩气三维水平井，设计井深为 3864 m，水平段长 1004m。NH2–1 井在井深 2185.6m 下入水力振荡器进行稳斜扭方位钻进，钻至 2351.65m，方位从 44.68° 降至 17.29°，其中累计定向钻进进尺为 166.05m，纯钻时间为 90.64h，定向平均钻速为 1.832m/h。将 NH2 –1 井与同井场 3 口未使用水力振荡器的邻井进行对比分析，结果见表 3–17。

表 3–17　NH2–1 井水力振荡器使用效果

水力振荡器	井号	井段，m	井斜，(°)	方位，(°)	进尺 m	钻井周期 d	纯钻时 h	机械钻速 m/h
未使用	NH2–4	2269.54～2432.4	41.28～66.88	330.52～343.77	162.86	5.9	83.83	1.94
	NH–3	2064.7～2220.49	14.13～42.18	346.92～345.24	155.79	9.6	79.5	1.96
	NH2–2	2052.47～2217.3	43.68～42.85	64.57～26.36	164.83	7.8	103.5	1.59
	平均	—	—	—	164.83	7.76	88.94	1.83
使用	NH2–1	2185.6～2351.65	48.33～51.12	44.68～17.29	166.05	6.7	90.64	1.832

其中，钻具组合为：ϕ241.3mm PDC × 0.30m+ϕ197mm 1.5° 弯螺杆（237mm 扶正块）× 8.06m+ 回压阀 × 0.47m+ 定向接头 × 1.00m+ϕ165.1mm 无磁钻铤 1 根 × 8.95m+ 411 × 411 双外螺纹接头 × 0.49m+431 × 410 接头 × 1.1m+430 × 410 ϕ178mm 水力振荡器 × 1.23m+8 柱 ϕ127mm 加重钻杆 × 225.56m+ϕ127mm 钻杆。

钻井参数为：钻压 60～90kN，转速 35r/min，排量 28～30L/s，泵压 22～23MPa，钻井液密度 1.75～1.99g/cm^3。

根据水力振荡器在 NH2–1 井现场试验效果可以得出：

（1）配合使用 ϕ178mm 水力振荡器后，钻具发生周期性振荡，对解决托压有一定作用，但定向时工具面易大范围摆动，需经常上提钻具调整工具面，综合平均机械钻速与邻井平均水平相当；

（2）NH2–1 井从 2185.6m 使用水力振荡器进行扭方位钻进，钻至井深 2351.12m，钻井时间为 6.7 天，相对于邻井同层位的平均水平，定向造斜周期缩短了 1.06 天，缩短 13.6%。

三、提速工具在水平井提速效果

通过集成应用个性化 PDC 钻头、旋转导向系统、钻柱扭摆系统、水力振荡器等提速工艺、工具，形成了长宁—威远页岩气田大偏移距三维水平井以“个性化 PDC 钻头 + 螺杆 / 旋转导向系统 + 优质钻井液”为主体的钻井优快钻井技术模板，相比第一阶段，平均钻井周期由 156 天下降至 87 天，缩短 44%，水平段长不断延伸，由第一阶段的 1045m 延伸至第三阶段的 1556m，目前最长水平段长已达到 2000m，基本掌握 2000m 长水平段钻井技术（图 3–64），储层钻遇率达 95% 以上（表 3–18）。

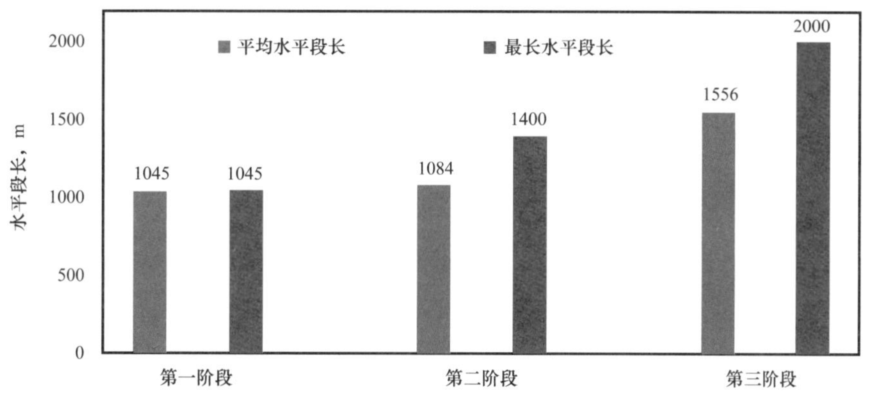

图 3-64　长宁区块三阶段页岩气水平段长统计图

表 3-18　典型井优质页岩钻遇率

平台	井号	水平段长，m	优质页岩钻遇率，%
长宁 H2	H2-5 井	1400	97
	H2-6 井	1350	97
	H2-7 井	1500	95
长宁 H4	H4-3 井	1500	99
	H4-5 井	1800	97
	H4-6 井	2000	95
长宁 H8	H8-2 井	1500	95
	H8-3 井	1500	100
	H8-4 井	1900	98

第四节　页岩气水平井钻井复杂预防及处理技术

页岩气资源多集中在中西部山区，作业区人口密集，开发环境极其敏感，其地表地形复杂，属于典型的喀斯特地貌，表层钻井常遇到井位临近水源区、地表易漏、表层裂缝和岩溶发育、钻遇地下暗河等问题，表层钻井作业井漏复杂普遍发生，一定程度上制约了页岩气钻井，且易污染周边环境。例如：长宁区块背斜核部出露寒武系、志留系，两翼为二叠系—三叠系。出露最老地层为下寒武统龙王庙组，顶部多出露二叠系。上部底层须家河组为一套湖泊、河流相沉积的细—中粒石英砂岩及黑灰色页岩不等厚互层夹薄煤层，雷口坡组和嘉陵江组为石灰岩、白云岩含石膏。受长期风化剥蚀影响严重，孔隙、裂缝、溶洞发育，普遍存在井漏复杂，甚至出口失返，易造成较严重的环境污染。

经过不断积累总结和技术攻关，目前已形成表层防漏治漏技术和水平段防卡钻技术，为页岩气钻井过程中的复杂预防及处理提供技术支撑。

一、表层防漏治漏技术

1. 地表漏失层勘探技术[5-8，36，37]

为明确表层的地质特征，有效避免暗河、岩溶等地质复杂，降低井漏复杂率，对长宁页岩气区块开展了地层电磁法岩溶勘察研究，针对性地勘察表层裂缝、暗河、岩溶发育层，并行采用瞬变电磁法和音频大地电磁法布设勘查。

瞬变电磁法是利用不接地回线或接地线源通以脉冲电流为场源，以激励探测目的物感应二次电流，在脉冲间歇测量二次涡流场随时间变化的响应。当发射回线中的电流突然断开时，在介质中激励出二次涡流场，二次涡流场从产生到结束的时间是短暂的，这就是“瞬变”名词的由来。在二次涡流场的衰减过程中，早期以高频为主，反映的是浅层信息，晚期以低频为主，反映的是深层地下信息。研究瞬变电磁场随时间变化规律，即可探测不同导电性介质的垂向分布。

音频大地电磁法是利用人工场源激发地下岩石，在电流流过时产生的电位差，接收不同供电频率形成的一次场电位，由于不同频率的场在地层中的传播深度不同，所反映深度也就与频率构成一个数学关系，不同电导率的岩石在电流流过时所产生的电位和磁场是不同的，音频大地电磁法方法就是利用不同岩石的电导率差异观测一次场电位和磁场强度变化的一种电磁勘探方法。

在地层特征勘探中，这两种方法是其他地球物理方法，特别是地震法的一种重要的补充；此外，在地热调查、天然地震的预测预报等方面两种方法都发挥了或者正在发挥着重要作用，不仅给石油和天然气的普查与勘探增添了一种新的手段和方法，而且也给那些地震勘探难以较好解释或者难以到达地区的石油勘探展示了新的前景。

在获得勘查数据后，要进行勘查结果的资料分析和解释，对异常地层进行判断划分。通常，采用电阻率异常的方式来进行异常地层划分。对于地表含水、岩溶特征的地层，比对勘查工作成果及反演剖面电性特征，含水岩溶电性 0.5～25Ω·m 范围，为低阻视电阻率，干枯岩溶裂缝或孔洞电性 8000～20000Ω·m 范围，为高视电阻率，是地表勘查重点研究的异常。

以宁 213 井电磁法勘查结果为例，如图 3-65 所示，根据视电阻率反演剖面的电性特征，结合地表地质调查及收集资料将物探反演剖面中地层进行了大致划分。根据

视电阻率反演剖面的电性特征，井台区域岩溶较发育，根据异常划定标准，圈定出了7个低阻异常区，主要发育于嘉陵江组及长兴组，其中发育在井台下方标高1000m及500m附近的异常，在钻井作业时应特别注意防范。

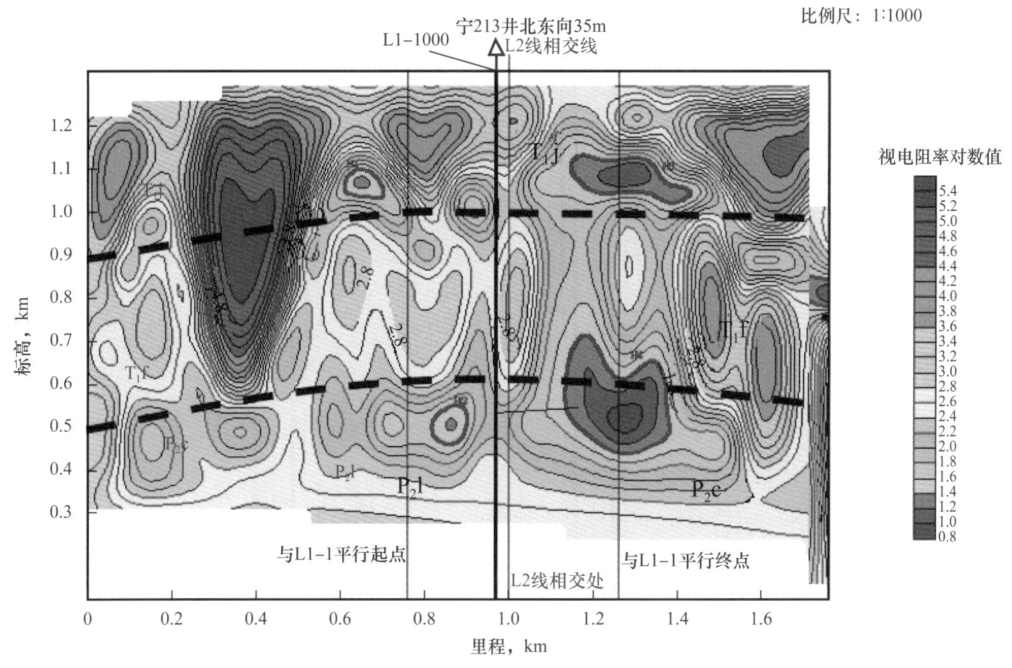

图 3-65　宁 213 井电磁法地层勘查视电阻率图

引入电磁法地质勘查后，钻井施工前开展针对性的地层特征勘查与解释，根据电磁法地质勘查研究成果，合理地进行平台和井位部署，以避开地下岩溶发育、暗河等复杂地区。在井位确定后，进行岩溶勘查，可以为钻井工程提供指导，有效提示出相关复杂层段，施工中采用合理措施封隔裂缝、暗河、岩溶发育层，避免井漏复杂和环境污染。以宁 213 井为例，在电磁法地质勘查后，对井身结构进行重新优化，改用五开井身结构：因井场修建有 10m 深的填方，增下一层 ϕ720mm 导管，具体如下：一开为保障钻机底座安全，用 ϕ762mm 钻头钻进硬地层 2m，下 ϕ720mm 导管，导管固井尽量少留口袋。现场根据补心实际高度计算导管实际下深；二开采用 ϕ660.4mm 钻头钻至井深 200m 左右，下 ϕ508mm 套管封隔地表疏松及易漏易产水层，现场根据实际钻进情况确定下入深度；三开采用 ϕ406.4mm 钻头钻入飞仙关组顶部 50～55m，下 ϕ339.7mm 套管封隔嘉陵江组水层和漏层，防止钻井过程中对当地水源污染；四开采用 ϕ311.2mm 钻头钻进至韩家店组顶部 20m，下 ϕ244.5mm 技术套管；五开采用 ϕ215.9mm 钻头钻至完钻井深，下 ϕ139.7mm 套管后期完成。各开次水泥浆均返至地面。井身结构优化如图 3-66 所示。

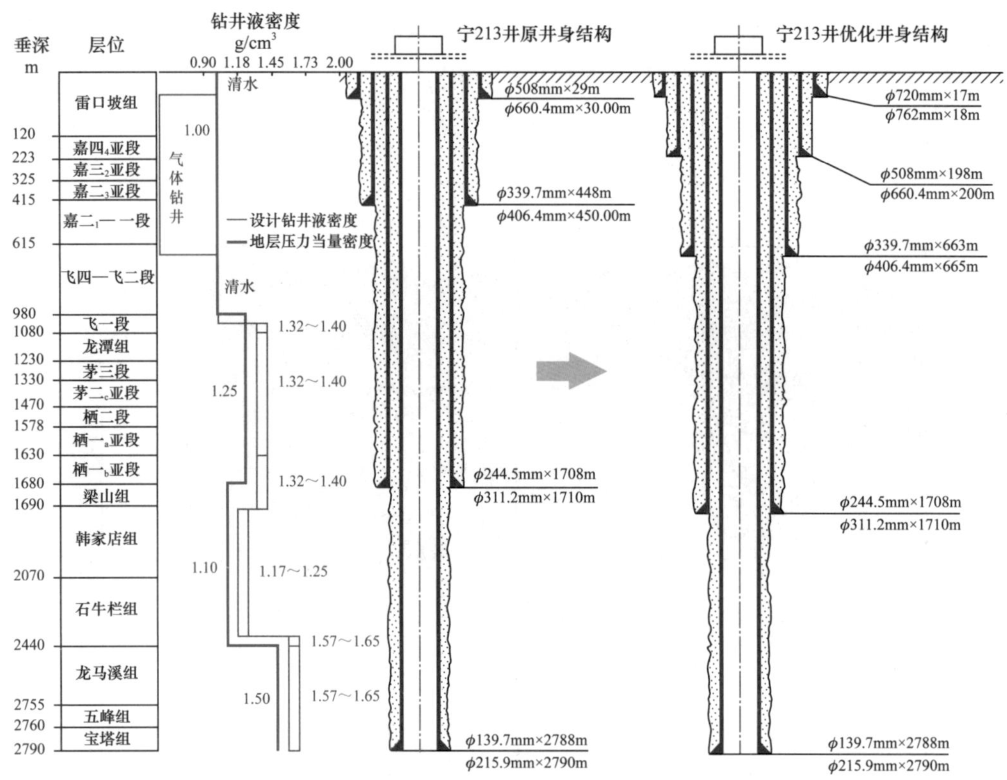

图 3-66　宁 213 井井身结构优化图

2. 气体钻井防漏、治漏技术[18-19，26，38-40]

长宁页岩气表层存在裂缝、溶洞性井漏，且地表水系丰富，是川渝地区典型的喀斯特地貌特征，钻井液钻井漏失严重造成堵漏、储水等停时间较长，严重阻碍了页岩气的效益开发。例如宁 201 井用密度 1.06g/cm^3 钻井液钻至井深 21.5m 井漏失返，漏失钻井液 8.5m^3，之后改为清水强钻至 272.12m，累计漏失膨润土浆 495.4m^3、清水 4172m^3；宁 208 井堵漏、储水时间达到 8 天，进尺仅 10.42m；宁 H2-3 井漏失膨润土浆 132m^3，漏失清水 2100m^3；H2-4 井漏失土浆 98.5m^3，漏失清水 2153m^3。且地表裂缝、溶洞连通性好，钻井液钻井可能会造成钻井液窜漏污染地下水源。如宁 207 井气体钻井在嘉二层段钻遇地层出水后转钻井液钻井，钻井液钻井井漏失返，堵漏无效，后发现邻井小河被钻井液污染，给当地环境和周围居民生活造成了恶劣影响。

2014 年平台井建设以来，先采用空气钻井、出水后转雾化 / 充气钻井的模式先后在 6 个平台 25 口井成功治理井漏，未造成环境污染，减少了清水强钻因缺水或堵漏造成的等停；平均用时 6.02 天顺利钻至固井井深，摸索出了一套批量钻井方法，已成为川渝地区页岩气开发的工程模板。该轮平台井表层下深 400m 左右，纵向上暴露出的漏层和水层较为简单，一般气液参数即可满足要求，见表 3-19。

表 3-19 2014 年平台井建设以来表层气体钻井治漏情况统计

编号	平台	井次	总进尺，m	机械钻速，m/h	平均周期，d	行程钻速，m/d
1	H5 平台	6 井次	3447.90	3.77	9.3	61.76
2	H6 平台	6 井次	2107.00	8.60	2.72	129.03
3	H11 平台	3 井次	1226.93	8.56	3.4	120.17
4	H12 平台	4 井次	2263.00	4.17	7.3	77.47
5	H13 平台	5 井次	1575.15	4.16	—	—

2016 年以来，页岩气井位逐渐向海拔较高的山上部署，垂深比山下平均增加 500m 左右，出露自流井组，表层套管下深增加了 100～400m，有的甚至设计下至飞仙关组顶部。气体钻井深度增加，暴露出了更多的漏层和水层，给气体钻井工艺水平和地面安全提出了新的挑战。为此有针对性地开展了雾化钻井工艺优化研究，形成了以气体钻井为主，清水强钻为辅的页岩气表层防漏、治漏技术。

平台的第一口水平井采用较为保守的技术措施，通常先采用膨润土浆或清水钻进，发生轻微漏失时采用随钻堵漏或清水抢钻方式处理，钻遇恶性漏失时转为空气钻井。空气钻井钻遇地层产水后根据出水量大小转换为雾化或充气钻井。通常情况下：当出水量小于 $2m^3/h$ 时，可用加大气量的方法予以处理；而在 $2～10m^3/h$，可用雾化钻井的方法处理，再大就应考虑转为充气钻井。为了更好地指导生产，就目前常见的 ϕ406.4mm 井眼 50～1000m 井段雾化钻井参数进行了优化。

（1）雾化钻井携水原理。雾化钻井中，雾化液的重要作用是输送表面活性剂，降低液滴的界面张力，使液滴更易分散，且分散得更细小，从而增大携水量。

① 充分乳化地层产出液，促使并保持环空呈雾化稳态流。在环空气液比依次增大的情况下，气相、液相、固相流动会呈现出断塞流、过渡流和环雾流 3 种流型，其流型转变可通过提高空气排量或者消除引起回压的因素来实现。观察发现，随着气液比增大，使得气液两相为分散相的断塞流气泡拉长，气泡头部会突破液体断塞，将液体推至井壁，而气相会在环空中形成气体心子，逐步过渡到环雾流，气液相都变成连续相，环雾流的气体心子高速流动会对贴附在井壁的环形液膜产生剧烈的卷席作用，当气相能将液膜卷席成颗粒状液滴进入气流中时，流型就会向雾状流转变，气流对液膜的卷席作用与液相的表面张力密切相关，表面张力越低，气流的卷席作用越强。所以，在空气雾化钻井中空气排量有限的情况下，应向空气流中连续泵入含有一定量表面活性物质的雾化液，充分乳化少量的地层产出液，有效地降低地面产出液的表面张力。

目前，所采用的雾化液可将地层水的表面张力从 0.07～0.08N/m 降至 0.025～0.05N/m，促使环雾流向雾状流转变，近似于均相流，并保持环空呈雾状流，使整个循环系统气、液、固分布均匀，各项压力平稳，波动不大，环空压降趋于减小，井眼畅通无阻，有利于钻屑从井底快速返出，实现正常的雾化钻井。所以说，雾化液中表面活性物质的用量及其特性是雾化液的主要指标之一。

② 化学分散、分散油水滴和“钻屑团”，增强气流举升能力。在雾化钻井过程中，无论什么流态，都不同程度地有大大小小的液滴分散在气流中，这种分散能力取决于气流对液体的搅动、冲击作用的程度和增加单位表面积所做的功。

一方面搅动冲击得越猛烈，液滴分散得越小，越易被气流举升至地面。液滴分散得越小，比表面积就越大，做的功就越多，所以在雾化钻井中空气动能就会在此方面造成大量消耗。另一方面，如果在空气流中泵入雾化液来降低地层液体的表面张力，则气流在这方面所做功将大大减少。或者说，在同一气量条件下，液相在气流中的分散度将大大提高，这就是雾化液引入活性剂起分散作用的主要原因。雾化液特有的起泡、吸附、润湿反转等作用，将遇油水黏结成的钻屑团和黏附井壁的钻屑分散开来，防止液滴聚集、钻屑堆积现象发生。这样，空气流的能耗将会减少，大大增强了气流举屑、携水的能力。

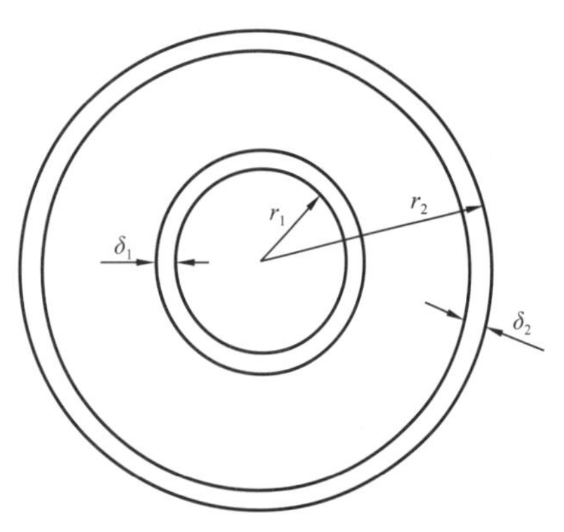

图 3-67　环空流截面积几何结构

（2）雾化钻井携水量分析。在雾化钻井模型中，液体的大部分通常以液滴的形式被携带于中央气流中，因管子中央核心部分的流体密度不同于单相气体的流动密度。同时，管壁附近的液膜表面是一个不稳定的“粗糙”面。如图 3-67 所示，设外管壁内侧与内管壁外侧液膜厚度相等，且都为 δ（$\delta=\delta_1=\delta_2$），则气芯区的面积和气芯区面积占整个环空横截面总面积的分数分别为：

$$A_{\text{core}}=\frac{\pi}{4}\left[\left(D_2-2\delta\right)^2-\left(D_1+2\delta\right)^2\right] \tag{3-1}$$

$$\alpha_{\text{core}}=1-\frac{4\delta}{D_2-D_1} \tag{3-2}$$

根据 Wallis 气芯区携液量占总携液量研究成果，分别对不同井眼、不同井段雾化钻井最大携带水能力进行了计算，结果见表 3-20。

（3）雾化钻井参数优化。设计计算参数如下：钻头井深 1000m、井口压力为 0.1MPa、地表温度 25℃、岩屑颗粒直径 2.54mm、最高机械钻速 6m/h、地层出水量 $5m^3/h$。

表 3-20 不同井眼尺寸和井深条件下雾化携水能力

井深，m	不同井眼尺寸下最大携水量，m^3/h			
	444.5mm	**311.2mm**	**215.9mm**	**152.4mm**
500	14.4	9.6	5.0	0.8
1000	10.2	6.0	3.6	0.6
2000	8.4	4.8	1.2	0.6
3000	6.5	4.0	0.8	0.6

注气量达到 240m³/min 后，井底压力随气量的增加几乎不再变化，而此时注气压力相对较低，为 6.5MPa（图 3-68）。由于气体的可压缩性，注气压力越高返出至地面时气体膨胀量越大，对地面排砂管线的承压能力提出了挑战。

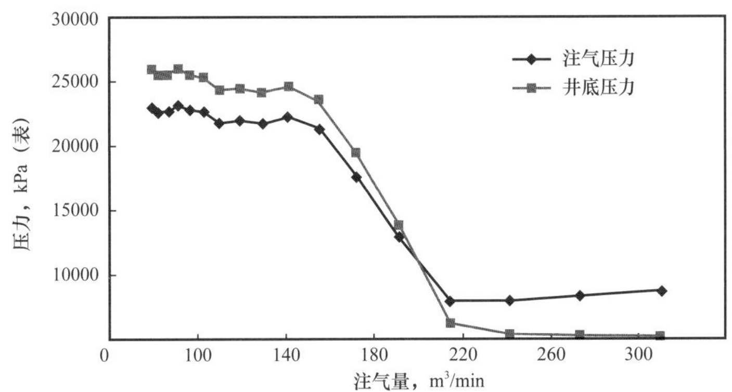

图 3-68 井底压力和注入压力随注气量变化图

由图 3-69 可见，在注气量未达到 240m³/min 时，岩屑浓度随注气量的增加而降低，当注气量达到 240m³/min 时，最高岩屑浓度为 0.52%，当超过此气量后，环空岩屑浓度随气量变化甚微。因此，在设计最高机械钻速 6m/h 的前提下，注气量最佳考虑为 240m³/min。

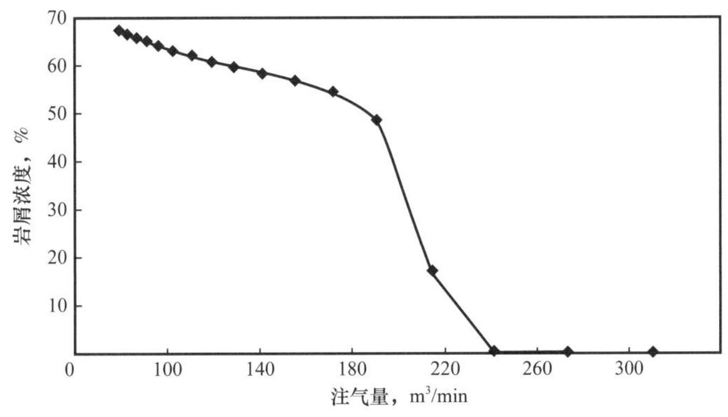

图 3-69 岩屑浓度随注气量变化图

根据气体与液体注入量的关系可知（图 3–70），当注气量为 240m³/min 时，对应液量为 3.91L/s。

根据前面模拟结果，ϕ406.4mm 井眼雾化钻井优化参数见表 3–21。

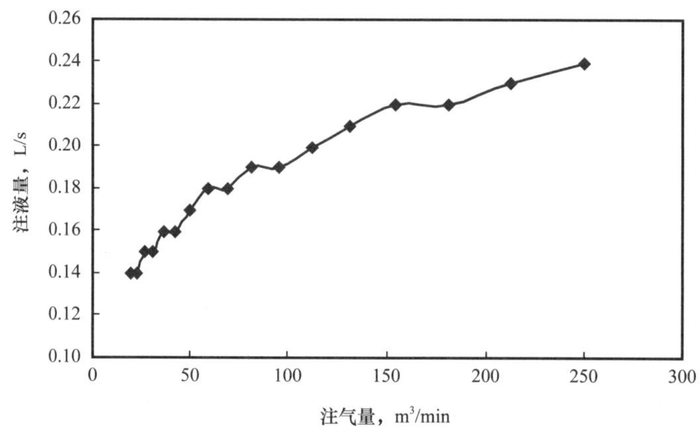

图 3–70　注气量与注液量的关系

表 3–21　ϕ406.4mm 井眼雾化钻井参数

井段，m	钻井介质，g/cm³	钻压，kN	转盘转速，r/min	注气量，m³/min	注液量，L/s
50～1000	雾化	100～150	50～60	240	4～6

此外，对 ϕ660.4mm 井眼、ϕ444.5mm、ϕ311.2mm 井眼不同井段进行雾化钻井参数优化设计，设计考虑实际地层出水为 5m³/h，结果见表 3–22。

表 3–22　不同井眼不同井段雾化钻井参数优化设计

井眼尺寸，mm	介质	井段，m	推荐气量，m³/min	推荐液量，L/s
660.4	雾化	＜500	200～250	3～6
444.5	雾化	＜1000	180～240	4～6
311.2	雾化	＜1000	110～160	2～4
		1000～2000	150～200	
		2000～3000	190～250	1～3

（4）雾化钻井实施工艺。在雾化钻井现场施工过程中有两种方式可供选择：一种是间断注基液雾化钻井；另一种是连续注基液雾化钻井方式。

① 间断注基液雾化钻井。间断雾化钻井是当地层出水后先采用干气体钻井钻进 1 根或多根单根，然后注入基液循环带砂的钻井方式，其有基液用量少、沉砂池占用体积相对较小等优点，但实施条件较为苛刻。首先是地层出水量不能大于雾化钻井携水

能力范围，其次是地层出水量不能太小，水灰比必须大于一定比例，以保证干气体钻井时绝大部分砂粒能被带出而不是完全被黏附在井壁上，因此，水灰比的计算显得尤为重要。

分析表明，地层出水后，地层水首先要润湿岩屑和井壁。只有当岩屑和井壁完全润湿后，多余的地层水才以自由水滴形式携带。岩屑、井壁的润湿需水量，可在给定井径、井深、岩屑尺寸、注气量等参数后，由沿井筒积分的方法得到。

目前，由于间断注液方式实施雾化钻井的认识还不足，现场试验较少。

② 连续注基液雾化钻井。连续雾化钻井是采用气液同注的施工方式，其实施条件是地层出水量不大于雾化钻井携水能力要求，同时现场沉砂池的容积还必须满足连续雾化钻井的需求。

雾化钻井工艺实施要点：

① 保持基液的清洁度。采用三级或多级沉淀后进入雾化泵，如地层出水量较小，长时间雾化钻井导致储备罐中基液浑浊，可先直接向雾化泵中泵入清水，以确保水眼或钻具不会被刺；

② 注意观察出口返出的泡沫质量和监测基液罐中的基液性能，及时从基液罐或雾化泵补充发泡剂，保持基液中的发泡剂浓度 0.5%～1.0%，以确保钻进效果。

③ 接单根时，首先应上提本单根，再下划至底，保持循环 3～5min 后，上提方钻杆，停止雾泵注液，保持空气循环 2～3min，停气，确定立压降至零后，开始接单根。单根接好后，按要求的排量供气供液，重新建立循环，直到返出情况稳定后方可恢复钻进。同样，在起钻前为防止钻屑的沉降，也应充分循环清洁井眼。

④ 中途进行单点测斜，起下钻，和终止钻井前等，应先进行正常的循环携砂洗井，再停止雾泵注液，增开空压机，以大排量空气将井筒内的基液吹出，并适当干燥井眼，尽量减少井内残余液体与水敏性泥页岩的接触时间，以保持井壁稳定。

⑤ 钻井液转换时在钻井液中加入 0.5% 的消泡剂和 10% 的柴油，以确保井壁上渗透的雾化基液不会导致钻井液起泡。

现场试验应用 12 井次，平均钻井周期 8.6 天（表 3–23），未因漏失造成地下水污染和缺水等。气体钻井进尺较第一阶段平台井增加了 1/4 甚至 1 倍，而周期却只增加了 43%，特别是与长宁 H11–3 井（0～652m）的 64 天和长宁 H13–1 井（0～553m）相比，周期缩短近 50 天。

表 3–23　气体钻井表层治漏试验应用情况

序号	井号	井眼尺寸，mm	井段，m	进尺，m	机械钻速，m/h	气体钻井周期，d
1	宁 H7–1	444.5	236.00～742.00	506.00	3.24	10.6
2	宁 H7–2	444.5	259.89～755.00	495.11	2.68	13.6

续表

序号	井号	井眼尺寸，mm	井段，m	进尺，m	机械钻速，m/h	气体钻井周期，d
3	宁 H7-5	444.5	271.30～755.00	483.70	3.18	8.8
4	宁 H7-6	444.5	247.00～737.00	490.00	3.57	9.8
5	宁 H24-8	660.4	0.00～30.00	30.00	0.79	1.8
6	宁 H25-8	406.4	74.50～492.51	418.01	3.09	7.5
7	宁 215	660.4	30.00～241.00	211.00	1.61	11.5
8		444.5	241.00～594.00	353.00	2.86	7.7
9		311.2	594.00～955.97	361.97	5.95	6.2
10	宁 216	660.4	0.00～40.00	40.00	0.58	7.3
11		444.5	40.00～376.00	336.00	6.47	6.1
12	宁 217	660.4	27.50～249.00	221.50	1.61	12.8

（5）气体钻井应用实例。在长宁表层（0～700m）实施空气雾化钻井治理井漏共计 30 井次（表 3-24），避免了类似 H10-3 井及宁 207 井因井漏造成的水体污染事件，有效治理表层漏失，减少了清水强钻因缺水或堵漏造成的等停。

表 3-24 长宁构造平台井表层气体钻井情况

编号	平台或井	井次	总进尺，m	机械钻速，m/h	平均周期，d	行程钻速，m/d
1	H5 平台	6 井次	3447.90	3.77	9.3	61.76
2	H6 平台	6 井次	2107.00	8.60	2.72	129.03
3	H7 平台	4 井次	1938.61	2.74	10.19	47.56
4	H11 平台	3 井次	1226.93	8.56	3.4	120.17
5	H12 平台	4 井次	2263.00	4.17	7.3	77.47
6	H13 平台	5 井次	1575.15	4.16	—	—
7	H25 平台	1 井次	418.01	3.09	7.53	55.51
8	宁 215 井	1 井次	564.00	2.24	7.0	—

特别是长宁 H5 平台，在同一裸眼段纵向上分布有 4 个溶洞性漏层、1 个水层，井深超过 300m 接立柱后沉砂为 9～19m 的复杂情况下采用雾化钻井成功钻至设计井深，套管均顺利下放到位，平均单井节约清水 $2.1 \times 10^4 m^3$，见表 3-25。

表 3-25　长宁 H5 平台气体钻井治漏情况

井号	井段，m	进尺，m	平均钻速，m/h	周期，d	套管下深，m	漏失量，10^4m^3
H5-1 井	106.60～680.00	573.40	3.85	8.50	678.00	0.69
H5-2 井	96.00～680.00	584.00	4.32	13.12	677.97	0.63
H5-3 井	121.00～680.00	559.00	2.95	13.04	678.00	0.90
H5-4 井	96.00～649.50	553.50	4.34	8.04	647.50	0.56
H5-5 井	96.00～686.00	590.00	3.77	9.83	684.00	0.75
H5-6 井	98.00～686.00	588.00	3.77	8.56	684.00	0.70
总计		3447.90	3.77	10.18	—	0.71

在威远西 2 个平台 9 井次采用先空气钻井，出水后转雾化钻井的模式顺利钻达设计井深，避免了表层严重井漏带来的一系列工程和环保问题。平均用时 4.72 天完成表层钻进，平均机械钻速 6.46m/h。

3. 清水强钻技术

使用清水钻井液钻进能强化循环液体携岩能力，确保井下安全。实钻中采用大排量，提高大尺寸井眼的携砂能力，减少井下复杂。实现钻进、通井一趟钻，大大减少起下钻时间，实现快速钻进，实现了快防漏的快速钻进过程，大大减少了钻井周期。同时清水钻井成本低，易运输，大大节约了钻井成本。

礁石坝地区上部地层嘉陵江组和飞仙关组埋深较浅，石灰岩易形成裂缝，泥岩易被地表及地下水剥蚀，因此在地表层段裂缝和溶洞发育，极易发生井漏。礁石坝地区采用空气钻井技术有可能发生地层出水的现象导致携砂困难、泥包钻头、阻卡等钻井复杂，延误周期，有一定的局限性。针对该区浅表层漏速快、漏失量大、堵漏效率低的特点，采用清水抢钻方式钻表层，被认为是目前该区浅层钻进最高效的方式。

2012—2015 年礁石坝页岩气田焦石坝地区 162 口井共发生 337 起井漏复杂情况，其中雷口坡组、嘉陵江组和飞仙关组漏失次数累计 122 次，占比约 36.2%，但严重井漏主要发生在雷口坡组和嘉陵江组，上述两组地层漏失总量最大，占漏失总量的 71.41%。特别地，嘉陵江组漏失总量最大，漏失量占总量的 57.43%，漏失次数 73 次，常发生大型、恶性漏失，堵漏效果不理想，堵漏难度大（表 3-26）。

礁石坝地区钻井漏失类型以裂缝性漏失和渗透性漏失为主。其中，渗透性漏失 96 次，占漏失总次数的 37.5%，漏失量占 13.1%；裂缝性漏失最多为 104 次，占 40.63%，漏失量占 56.5%；溶洞性漏失 42 次，占 16.4%，漏失量占 28.9%；其他致漏 14 次，占 5.5%，漏失量占 1.5%。

表 3-26　焦石坝地区井漏统计

层位	漏失次数		漏失井数		漏失总量	
	次数	占比，%	井数，口	占比，%	数量，m^3	占比，%
雷口坡组	23	6.82	17	8.41	32309.5	13.98
嘉陵江组	73	21.66	56	27.72	132742	57.43
飞仙关组	26	7.71	20	9.9	27299.54	11.81
长兴组	2	0.59	1	0.5	676.6	0.29
茅口组	14	4.15	14	6.93	8379.68	3.63
栖霞组	3	0.89	3	1.49	1377.16	0.59
梁山组	3	0.89	3	1.49	330	0.15
韩家店组—小河坝组	102	30.27	48	23.76	17179.97	7.43
龙马溪组—五峰组	91	27	40	19.8	10848.33	4.69

嘉陵江组和飞仙关组地层岩性以石灰岩为主，石灰岩与水不相溶，清水钻进过程中能够保证井壁的稳定。清水钻井时，使井底压力偏低，使岩石的塑性和强度降低，同时由于地层孔隙压力的作用，使井底岩石处于拉应力或产生向井内的推力，降低了井底岩石破碎强度。嘉陵江组和飞仙关组地层含水，常规钻井需预防与处理出水情况，而用清水代替钻井液，出现地层出水现象时，只需保持清水循环顺畅就能够继续钻进。在出水地层比气体钻井具有优势，当发生恶性漏失情况，需要用清水抢钻，迅速下套管封固而后继续钻进。

通过对比发现（表 3-27），礁石坝地区使用清水钻井技术，平均机械钻速和钻井周期等指标均比采用常规钻井和泡沫钻井高。因此，清水强钻方式是应对礁石坝页岩气田表层漏失最有效的手段。

表 3-27　焦石坝地区三种钻井方式对比

钻进方式	平均机械钻速，m/h	钻井周期，d	发生复杂事故数，次	处理复杂所用时间，h
常规钻进	4.59	16.45	2	56.3
泡沫钻进	5.26	10.79	1	24.5
清水钻进	11.84	3.72	0.6	16.2

但是，清水钻井也伴随着携屑携砂能力不强、沉砂沉屑较多容易造成卡钻等问题，针对这一问题制订了以下措施：

（1）尽可能增大钻井泵的排量；加快接单根的速度；振动筛筛布使用 160 目，除

砂器使用 200 目，有效地降低清水中的固相含量。

（2）清水钻进时向清水内加入一定量的聚丙烯酰胺钾盐和高黏处理剂来提高其悬浮携砂能力和包被能力。

（3）钻完进尺下套管前，配稠浆（加入少量土粉、高黏处理剂、大钾）洗井将井眼内岩屑清洗干净，保证下套管的顺利。

清水钻井技术的顺利实施，节约了钻井成本，保证了礁石坝地区表层钻进安全，减少了该区的表层井漏复杂事故。且表层平均钻井周期大幅缩减，是常规钻井平均周期的 1/3，是泡沫钻井平均周期的 1/2。

利用清水强钻需要满足水源充足、泵排量大于 60L/s 的条件，确保岩屑流入缝洞中，防止沉砂卡钻，需要消耗大量水资源。因此，该区在每个井区接通供水管线，以保障清水抢钻作业用水。礁石坝地区使用在保障供水的情况下，使用清水钻井技术有效解决了表层漏失的复杂问题，且平均机械钻速、钻井周期等指标优秀，被中国石化认为是应对礁石坝页岩气田表层漏失的有效手段。

二、水平段防卡技术[14–16]

1. 水平段卡钻因素分析

（1）地层因素。威远—长宁区块龙马溪组页岩地层钻水平井过程中具有微裂缝、层理发育、含黏土矿物、具脆性、坍塌压力高等易塌特点，地层易塌是该区页岩气长水平段水平井钻井易发生卡钻的先天影响因素。

从岩石力学角度，微裂缝和层理发育将破坏岩石的完整性、弱化原岩的力学性能。同时，微裂缝和层理发育为钻井过程中钻井液进入地层提供了通道，在钻井正压差及毛细管力的作用下，钻井液滤液可沿裂缝、微裂缝或层理面侵入地层。一方面，可能诱发水力劈裂作用，加剧井壁地层岩石破碎；另一方面，增大了钻井液与地层中黏土矿物和有机质的作用概率及作用程度，加剧地层强度降低和井壁失稳。页岩含黏土矿物，地层中微裂缝—黏土矿物—钻井液综合作用易降低页岩的结构强度。具脆性使龙马溪组在钻头破碎岩石的瞬间，井周地层中容易形成大面积的诱导缝，这些诱导缝在后继钻井液的持续作用下将可能诱发大的掉块现象。

（2）井身结构因素。威远区块前期页岩气开发井设计井身结构为：ϕ508mm 导管下至 50m 左右，避免表层窜漏，ϕ339.7mm 表层套管下至须家河组顶部，封隔上部易漏易垮层段，ϕ244.5mm 套管下至栖霞组顶部，封隔上部易漏层；ϕ139.7mm 套管下至完钻井深，封固产层。

但现场实钻中发现栖霞组易发生严重井漏，从而造成与栖霞组处于同一裸眼段的龙马溪组水平段无法采用高密度钻井液平衡坍塌压力导致卡钻。

典型井例：威 202H1-1 井（井身结构见图 3-71），该井钻至井深 2742.65m，上提钻具至 2741.62m 见悬重异常，悬重由 800kN 上升至 950kN，立压由 25.6MPa 上升至 27.2MPa，顶驱憋停（设置值 20kN·m）卡钻。

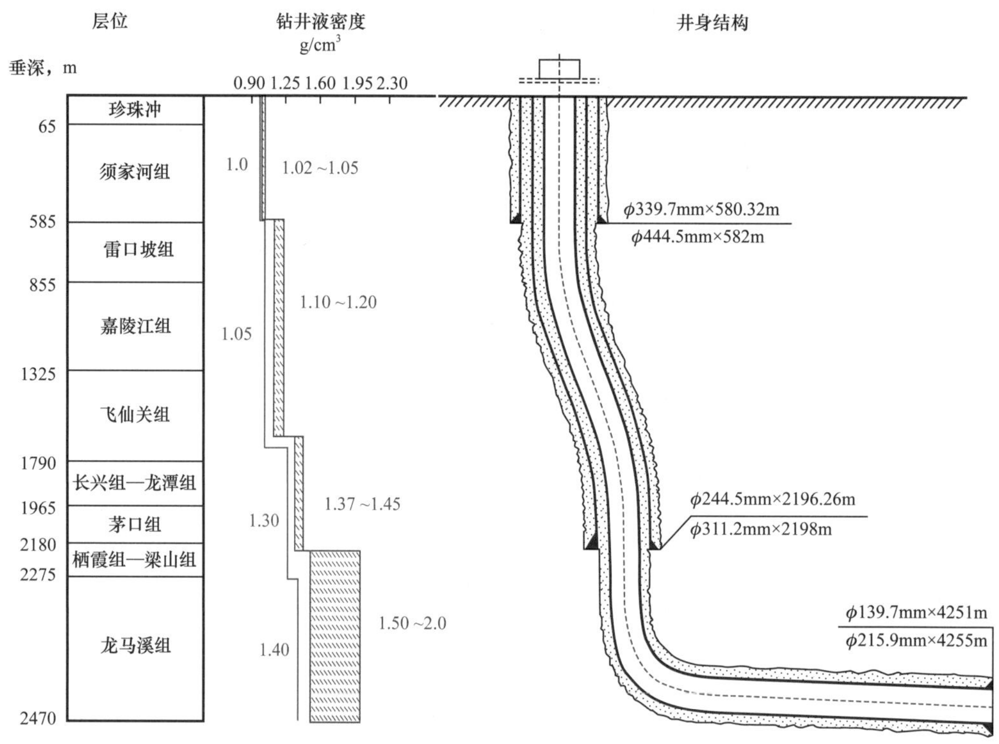

图 3-71 威 202H1-1 井井身结构示意图

卡钻主要原因：该井 ϕ215.9mm 井眼采用密度 1.81～1.91g/cm^3 的钻井液钻至 2196.38m（栖霞组）遇恶性井漏，多次堵漏后降密度至 1.70g/cm^3，继续钻进至 2742.65m，井壁垮塌卡钻。该井由于 ϕ244.5mm 技术套管未将栖霞组低压易漏层段与龙马溪组高密度钻井液层段有效分隔，较低的钻井液密度不能平衡龙马溪组页岩段较高的坍塌压力（页岩段最高坍塌压力系数在 1.90 左右），造成井下垮塌卡钻。

（3）井眼轨迹因素。轨迹设计和控制对页岩气长水平段水平井正常钻完井作业非常重要。轨迹不光滑、狗腿度高等容易造成钻井、通井、下套管过程中阻卡频发，作业困难，严重影响钻完井安全和施工效率。

典型井例：威 204H4-6 井钻至 5880m 完钻，钻井过程中，起钻中上提摩阻平均达 50tf，最大 90tf，下放最大达 50tf。后通井、下套管异常困难，采用顶驱旋转下套管至 5870m 固井，通井、下套管耗时 16 天。

阻卡主要原因：该井实钻井眼轨迹为三维大井斜角扭方位（井斜 70°，井深 3400m），且 3255.99～3371.62m 最大狗腿度达 12.78°/30m。三维轨迹控制中大井斜扭方位作业、狗腿度高是该井起下管柱摩阻高（图 3-72），套管阻卡的最主要原因。

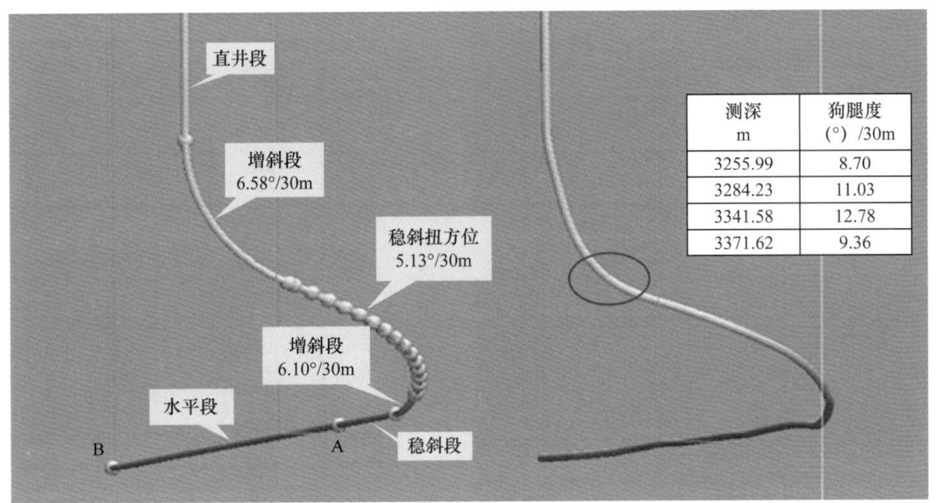

测深 m	狗腿度 (°)/30m
3255.99	8.70
3284.23	11.03
3341.58	12.78
3371.62	9.36

图 3–72　威 204H4–6 井设计井眼与实钻井眼轨迹示意图

该井水平段钻遇五峰组—宝塔组断层，为提高优质储层钻遇率，4709.3～4760.4m 井段全力增斜，井斜由 90° 增加至 94°，并在 4760.4～4806m 井段保持 94° 井斜稳斜钻进，后又在 4806～4834.5m 井段将井斜由 94° 下降至 90.6° 降斜钻进，水平段轨迹大幅调整，经软件模拟计算，起钻摩阻同比水平段稳斜轨迹大 10tf 以上，因此分析水平段轨迹大幅调整是该井卡钻的重要原因。

（4）钻井参数因素。钻井参数不合理，容易引起卡钻，如钻井时排量达不到井眼清洁的携砂排量时，岩屑会在大井斜角段堆积形成岩屑床，易发生岩屑床卡钻。岩屑床的成因主要为：在稳斜段和水平段，钻具在井眼中靠向下井壁，特别是滑动钻进过程中岩屑易沉在下井壁且不易清除，井眼中部的环空较大、岩屑返出难度增大，岩屑在此处易堆积，堆积的岩屑在排量低时，会因环空返速降低不能及时带出而形成岩屑床。

典型井例：

威 202H1–6 井，用密度 1.95g/cm^3 的油基钻井液钻进至井深 3050.37m，准备接立柱（龙马溪组，灰黑色页岩），泵压 22.9MPa，排量 24.7L/s。换顶驱背钳钳牙，排量 9.4～12L/s；上提钻具遇卡，悬重由 850kN 上升至 1100kN（原悬重 900kN，上提摩阻 100kN，下放摩阻 50kN）。

卡钻主要原因：该井在更换顶驱背钳钳牙时降低排量循环 20min，采用 landmark 软件模拟计算表明，排量 9.4～12L/s 时卡钻点附近井段岩屑床厚度达 75～85mm，环空岩屑浓度达 25%～30%（图 3–73）。钻井排量低造成岩屑、掉块等回坐是该井卡钻的最主要原因。

（5）其他因素。卡钻井大量采用 PDC+ 螺杆 + 钻铤 + 加重钻杆等滑动定向钻具组

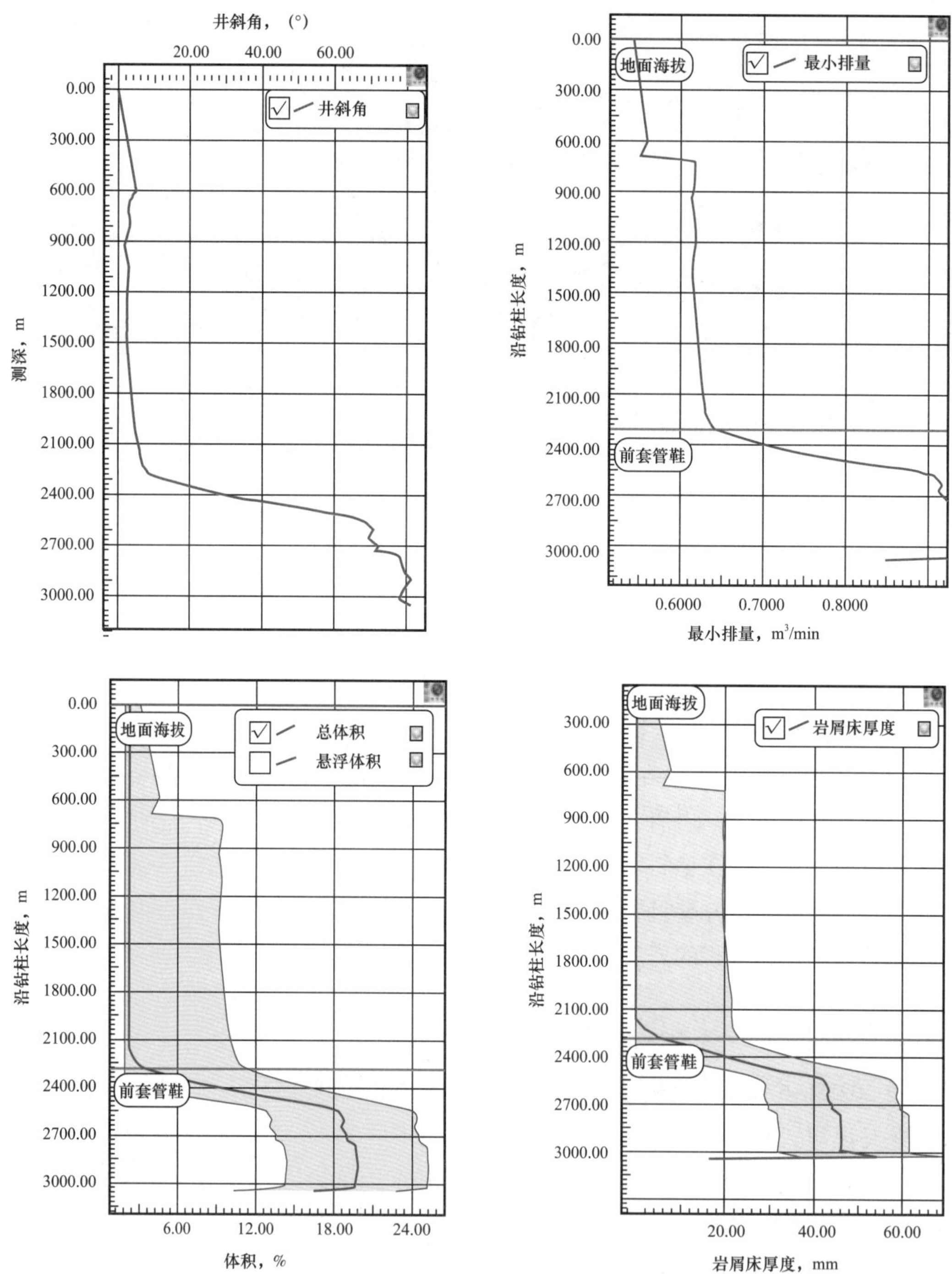

图 3-73　威 202H1-6 井更换顶驱背钳钳牙期间岩屑床厚度、浓度计算值

合钻进，该组合钻出井眼易为螺旋形，长水平段作业中管柱摩阻、扭矩大，加上页岩储层易碎、易垮特点，容易发生阻卡复杂；且钻具组合中未配置随钻震击器，遇阻、卡后，不能及时、有效地震击解卡。

2. 长水平段防卡钻技术对策

1）钻井液性能优化

包括如下三点：

（1）钻井液密度确定。页岩规律性坍塌压力、漏失、破裂压力等难以通过测井、岩石力学试验等方式取得，钻井液密度需要根据井下情况确定。特别是应注意微裂缝发育地层的坍塌压力与漏失压力。小于坍塌压力当量钻井液密度会有一定程度的垮塌，但高于漏失压力当量钻井液密度会在压力发生波动时发生大规模垮塌。

结合威远—长宁区块实钻情况确定龙马溪组易塌地层钻井液密度，长宁区块：1.90～2.15g/cm^3，威 202 井区：1.95～2.20g/cm^3，威 204 井区：2.00～2.30g/cm^3。

（2）封堵性能优化。采用合理密度的钻井液防止龙马溪组页岩垮塌。除了合理的钻井液密度，另外一条重要的途径就是提高封堵效果，具有良好封堵效果的封堵剂，能够减少滤液侵入地层，对井壁起到稳定的作用。常用的封堵类材料有沥青类、石蜡类和刚性颗粒封堵剂。

沥青类材料是现场中常用的封堵剂之一，其以良好的封堵性，在现场成为首选的封堵材料。它在接近软化点时变软，并且在压差的作用下，被挤入地层的微裂缝和孔喉之中，从而在井壁形成一个封堵带。由于沥青具有疏水特性，不溶于水的沥青粒子靠物理吸附或者覆盖作用减少自由水进入页岩，抑制页岩分散和防止井壁坍塌，从而保持井壁稳定。现场应采用以地层温度为基准，采用不同软件点温度、不同粒度的沥青类封堵物质，以提高封堵效果。

（3）润滑性能优化。水平段钻井液的润滑性是是否满足井下安全钻进的一个重要指标。良好的润滑剂，加入钻井液体系中，能够对井壁起到很好的润滑作用，降低钻具转动时的扭矩和上下活动时的摩阻。

2）井身结构优化

针对威远井区栖霞组高密度钻井液钻井易漏，与龙马溪组放在同一裸眼段钻进易造恶性井漏、垮塌卡钻等复杂事故。结合该区块须家河组—梁山组地层孔隙压力系数相差不大，而龙马溪组需要采用 1.90g/cm^3 以上高密度钻井液钻井的情况，将 ϕ244.5mm 技术套管下深由栖霞组顶部优化下至龙马溪组顶部（图 3-74），使栖霞组易漏层与下部龙马溪组易塌层有效封隔，为龙马溪组高密度钻井液安全钻进提供井眼条件。

3）其他防卡钻工艺措施制订

包括如下几个方面：

（1）钻进作业。一是旋转导向钻进过程中推荐采用大排量、高转速钻进，排量≥30L/s、顶驱转速≥80r/min，保证井筒清洁，减少岩屑床；根据实际情况设置合理

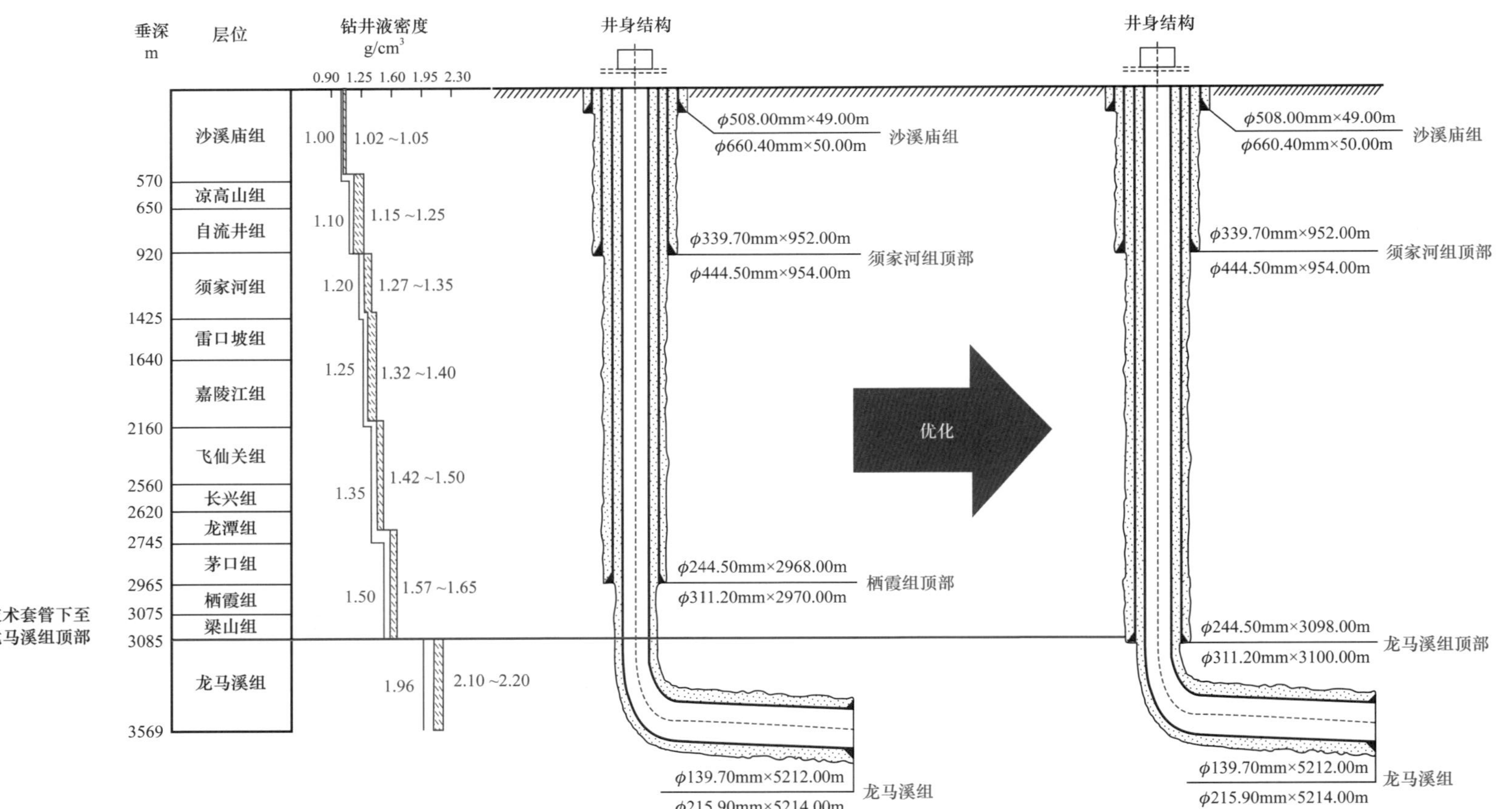

图 3-74 威远区块井身结构优化示意图

的顶驱扭矩上限，推荐 35kN·m，避免憋停。二是钻进过程中遇不明原因的钻速明显变慢、扭矩增大、上提下放摩阻增加等异常情况时，应立即停止钻进，并采用大排量、高转速循环 1～2 个循环周，直到振动筛返出干净，泵压、摩阻、扭矩正常后恢复钻进。三是在钻速较快井段，应加大排量、转速，延长循环时间，如仍存在井眼清洁问题，应控速钻进，寻找最优钻速进行钻进。四是钻进过程中，严密监控掉块的数量、形状、大小等特征，岩屑录井需要实时跟踪监控掉块情况。

（2）接立柱作业。一是钻完立柱后，保持钻进转速和排量，转动钻具循环不少于 10min，待扭矩平稳后上提钻具，前 5m 拉划井眼速度不得大于 2m/min，整柱拉划井壁 1～2 次后，再进行接立柱作业。二是接立柱应确保钻具处于自由状态，先停顶驱再停泵，充分释放钻具扭矩。三是接立柱后先开泵以小排量逐步提高至正常排量，再缓慢转动钻具，观察泵压、排量和返出正常后再下放钻具，逐步提高顶驱转速，待扭矩正常后再恢复钻进。四是每柱应进行提拉试验，准确记录正常上提下放和空转的悬重、泵压及扭矩等数据；接立柱、划眼时，应注意参数变化和井下情况预判，严防过提过压造成卡钻。

（3）起下钻作业。一是起钻前应充分循环清洁井筒，循环排量应使用钻进排量，顶驱转速大于 80r/min，循环时间大于 4 倍迟到时间。二是记录各次起下钻摩阻，绘制井深—摩阻曲线图指导起下钻作业。三是起钻遇卡不超过 100kN，严禁硬提；遇卡后，下放钻具 3～5 柱，使用原钻进排量和转速，循环 30min 后起钻；若遇卡点上移，则说明为岩屑床所致，应继续循环至井筒完全清洁后正常起钻；若遇卡点不变，则采取倒划眼起钻，划过遇卡点后再正常起钻。四是下钻遇阻不超过 50kN，严禁硬压；遇阻后，上提钻具，开泵、开顶驱划眼通过遇阻井段，若划眼不能正常通过，则起钻更换钻具组合通井。

钻进至完钻井深起钻按下列操作步骤执行：

① 起第 1 柱。刹住绞车停止送钻，不得立即上提钻具，保持钻进转速和排量循环 10min 以上；收回旋转导向肋板（推靠式）或使旋转导向处于自由状态（指向式），待扭矩平稳后保持钻进参数上提钻具拉划井眼，前 5m 拉划速度不得大于 2m/min，连续整柱上下拉划循环 1 个迟到时间后停顶驱、停泵、卸立柱。② 起第 2～5 柱。接顶驱，按钻进参数开泵循环，连续整柱上下活动钻具，1 个迟到时间后停顶驱、停泵、卸立柱。③ 第 5 柱起完后用吊卡试起 3～5 柱判断井下情况，若无异常则正常起钻，若试起遇卡，则起钻时每柱记录上提悬重、摩阻；水平段至造斜段严禁高速起钻，起钻速度应控制在每柱 5min 以上。

（4）倒划眼作业。一是倒划眼应严格控制划眼速度，不超过 2m/min；除正常摩阻外，倒划遇卡不得超过 20kN，遇卡后应先下放钻具，使用大排量、高转速循环 10min 后继续倒划眼操作。二是在造斜段底部和中部应放慢倒划眼上提速度；倒划眼至造斜段顶部后应大排量循环一周后，再使用吊卡起钻，尽量避免造斜段底部循环。三是倒划眼过程中严密观察泵压和扭矩变化，避免过激操作；同时，实时监测并评估井壁稳定性，对比相关位置作业工况数据，提前预防卡钻发生。

第五节　页岩气水平井钻井信息化技术

在信息技术迅猛发展、市场竞争日益激烈的今天，国内外大公司和大企业纷纷加强信息化建设，优化工作流程，提高技术和管理水平，以达到提高核心竞争力、创新增效的目的。

页岩气开发离不开“效率”二字，技术上要求在复杂的地质条件下达到高的中靶精度和储层钻遇率，管理上需要大幅度降低成本，要求钻井管理精细化、决策科学化。钻井作为油气行业上游业务中耗费投资最大，又对石油勘探开发水平产生重大影响的工程技术服务板块，其信息化是必然趋势，在数字油田建设的大背景下，钻井系统信息化建设已经成为了石油钻井行业信息化的代名词。

一、钻井信息化建设现状及趋势分析[34]

1. 国内外钻井信息化建设现状

全世界的钻井服务商都面临着前所未有的来自经济与技术两个方面的巨大挑战。国际上大的石油公司都已经建立起了成熟的钻井系统，其数据采集全面、自动采集率高、准确率高，网络健全。通过先进的钻井信息系统，钻井现场的钻井工程数据、井眼轨迹数据、随钻测井数据、录井数据等被加密后通过无线网络（如卫星网、GSM 网络）实时传送到公司总部，现场工程师和总部的地质师、地球物理师、油藏工程师如同在一个“虚拟办公室”中协同工作（设计井眼轨道、调整钻井措施、确定完井策略等），效率大大提高。这种数字化钻井技术帮助石油公司打破了地域限制和专业局限，实现了专业集成，具有良好的辅助决策功能，为石油公司创造了巨大的财富。

随着随钻测量技术、随钻测井技术、随钻地层评价和钻井动态数据实时测量技术的进步和网络技术的应用，数字化钻井的时代正在到来。国际知名石油公司都已经建立起了成熟的数字化实时钻井系统，打破了地域限制和专业局限，实现了专业集成，具有良好的辅助决策功能，为公司创造了巨大的财富。如：意大利阿吉朴（AGIP）公司的钻井信息系统实现了钻井数据资料的实时采集和处理，整个系统包括数据采集、卫星通信和数据处理系统三大部分，数据处理系统的开发技术实现了数学模型和人工智能技术的有机结合，对钻井工程关系密切的、影响钻井安全的、经济的几个方面作了高水平的开发；BP Amoco 公司、Texaxo 公司和 Enterprise Oil 公司等著名石油公司

都已实现了一体化的数据管理和决策支持信息系统，有力地支持了公司决策，大大提高了生产效率，有效地降低了生产成本。

自20世纪末期，我国石油企业开始了以钻井资料管理系统应用为代表的钻井信息化建设。经过多年的探索和实践，大部分企业都建立了钻井数据库，研发或配套了部分应用软件。如：钻井实时监控系统、钻井装备远程管理系统、生产信息管理系统、钻井工程分析与计算系统等。但现有的系统都是根据各专业的不同需求及自身特点而独立开发的，大多是运行于各专业的单机系统，所采用的硬件平台、传输方式和数据库各不相同，采用孤立的数据组织方式，系统之间缺乏统一规划，互不共享，实验和调试数据方式多样，花费大量时间和精力进行多种格式的匹配，修改成本高、工作量繁杂，大量数据分散，造成无法描述作业过程自定义数据，数据分散造成传输通道浪费，交互效率低下。这些系统促进了钻井技术水平的提高，一定程度上降低了勘探开发的综合成本，但与国外钻井信息系统相比仍然存在很大差距。与知名国际公司相比，信息系统的协同办公、智能化决策与应用、运行保障方面还有较大提升空间。

例如，固井、井控管理等业务的信息化建设处于起步阶段，缺乏固井作业实时监控、井控装备与物资、井控决策等内容；地质导向数据无法实时远程监测，无法实现即时决策，同时缺少测井原始数据和成果数据；工程预警准确率不高，远程在线决策支持有待完善，智能化分析和控制水平低。

2. 国内钻井信息化建设发展趋势

钻井信息化建设离不开“数据”这个源头，通过整合钻井现场实时数据、实验数据、现场检测数据、设计数据、工程技术监督数据，实现钻井工程业务的全面信息化，过程管理可视化和决策应用智能化，提高钻井工程管理水平。

未来，钻井工程信息化建设将围绕“全面感知、远程支持、智能钻井”三个方面，从实时数据获取、远程技术决策、智能化分析与应用等方面不断推动钻井工程技术数字化向智能化转型升级。以打造智能油气田为目标，强化钻井工程技术信息化应用研究，依靠大数据、云计算等信息技术，实现人员、设备和环境的全面感知、实时监控和自动预警，支撑钻井业务高效管理。

强化钻井作业现场全面感知，提高现场安全监控与进度掌控能力。建设智能识别系统，解决人工远程监控效率低、问题易遗漏、发现不及时的困境，利用人工智能深度学习、图像识别、AR技术建立重大施工步骤流程提醒，风险区域系统提示，设备异常自动预警，确保作业现场安全规范。

强化工程技术远程支持，提高钻井作业与故障处理效率。建设钻井工程设计与远程技术支持系统，为工程作业远程技术优化分析提供支撑。在钻井工程设计与管理信息系统的基础上，拓展固井、试油、完井和压裂酸化等工程设计与远程施工数据的实时对比分析和智能优化功能，建成钻井工程设计与远程技术支持系统。提高工程设计、现场远程技术支持和施工后评估效率和水平，提高工程技术决策效率。

强化智能化钻井技术应用，提高智能钻井与应急处置能力。建设钻井工程智能控制系统，提高精细化钻井控制水平，提高设计符合率和井工程质量。新建水平井地质导向实时分析系统和钻井实时分析系统，升级精细控压压力平衡法固井系统，通过实时监测施工数据，结合大数据分析、人工智能技术，对施工参数进行实时分析与调控，实现施工作业过程中实时预警纠偏，达到提高井工程质量的目的，满足油气藏开发需求。建设智能井控专家系统，落实井控管理制度和分级管理责任，确保井控本质安全。利用井控管理信息系统，分解落实井控管理制度，强化钻井作业重点施工环节的井控预警与控制，杜绝井喷及井喷失控事故，确保井控本质安全。

强化数据开发应用与质量管理，为钻井方案及设计的智能分析和智慧决策提供支撑。深入挖掘数据利用，拓宽应用范围。建立钻井工程技术数据库，利用大数据分析等信息技术手段，最大化地开发利用数据资产，打造智能协同能力。建立健全数据质量管理体系，统一数据标准和规范，提高数据采集质量，开展数据治理，保证数据的统一性，保证数据的及时性、准确性和完整性，为数据的跨专业集成和利用奠定基础。

二、钻井信息化建设框架

钻井系统信息化是包括钻井数据库、钻井应用软件和钻井基础设施在内的钻井综合信息系统，是在数字油田的大背景下提出的。钻井的主流程是从信息的收集与分析开始，经过地质设计、工程设计、钻前以及钻井施工过程，其中钻井施工过程包括井控管理、欠平衡钻井、钻井液性能管理、固井管理、定向井钻井管理及取心服务等子流程和录井、测井、试油（或中途测试）等关联业务，流程所涉及的单位除了钻井队外，还有钻井设计单位、钻前施工队、固井队、定向技术服务队、欠平衡服务队、钻井液服务队、录井队、测井队和试油队，以及上层的钻井公司、钻井研究机构和技术服务等单位。

在全面考虑钻井全过程所涉及的数据以及各单位从事生产经营活动所需要的应用功能，从钻井数据的采集与管理、上层应用、网络与基础设施配套等三方面设计了信息化钻井技术框架，该框架主要有钻井数据中心、生产运营组织系统（中心）和技术专家咨询决策系统（中心），简称为“三大中心”，其中钻井数据中心是基础，生产运营组织中心和技术专家咨询决策中心是建立在钻井数据中心之上的两大类应用系统，前者侧重于生产经营管理，后者侧重于专业技术辅助决策。数据采集系统和钻井数据管理发布系统是和钻井数据中心紧密相连的，前者与钻井现场和各管理环节相连接，相当于神经末梢，后者作为钻井数据的综合发布平台，为各类人员提供数据查询服务，为上层应用系统提供数据接口，同时为甲方提供数据支持。网络与基础设施、管

理与考核制度两大配套体系是整个框架实施的保障，与三大中心构成完整的信息化钻井技术框架。[35]

1. 钻井数据中心

钻井数据中心设计是从满足钻井生产业务需求的角度出发，通过数据采集软件和硬件，将钻井生产科研、经营管理、后勤支持、人力资源以及关联业务等 5 大类源头数据按照统一的标准规范进行采集管理，做到各种数据在数据发生的第一时间以统一的格式一次性入库并通过校验，直接进入钻井数据中心集中管理，同时支持上层各类业务管理的应用和数据的深层次处理应用。这些数据在逻辑上构成一个统一的库，称为钻井数据中心。

2. 生产运营组织中心

生产运营组织中心是通过网络将钻井生产、经营与管理的各单位或部门组织在一个虚拟办公室内，通过信息的实时采集和指令的实时传送，实现网络协同调度，提高生产运营组织效率和科学性。例如，在钻井设计阶段，其他各部门可以从网上获取该井的概要信息，并着手进行前期准备。钻井设计审批后，各部门可以迅速从网上查阅到相关的技术要求，并制订相应的施工措施：定向井服务队伍、取心服务队伍、钻井液服务队伍、固井队伍、录井队伍、测井队伍和中途测试队伍等均可随时掌握现场动态和需求，在最短时间内介入，缩短钻井周期。

3. 技术专家支持决策中心

技术专家支持决策中心主要是利用强大的数据资源（实时数据和经验数据），结合先进的钻井技术，建立合理的模型，智能地处理钻井施工中的各种问题，达到预防和处理事故、提高钻井速度、降低钻井成本的目的。

（1）地质与工程信息融合技术。① 地质与工程信息深度融合：以每一口井井深为纵坐标，把地质分层、地层压力与岩石物性信息与井身结构、钻井液、钻具组合工程信息相融合，通过曲线对比，使专家更直观、便捷地了解井筒周缘地质参数，优化设计方案；② 宏观地质分析：通过开发专用数据接口提取地质研究成果，以底图投放、三维场景等方式同井筒信息共同展示，专家据此可直观分析井筒地理环境、井下状况和邻井复杂情况，从而做出有针对性的适合此区块的最佳方案。

（2）钻井工程方案论证支持技术。① 图形可视化：待论证方案与邻井井史数据，均可以地理域和深度域串接，通过二维剖面 360° 三维场景集成展现，图形间可联动，便于专家直观、快速、灵活地进行信息分析与判断；② 一体化数据流支持：对于所有论证环节，底层由统一数据库支持，数据可在任何模块加载、更新，其他模块也可调用，确保任何业务数据都有唯一性；③ 邻井案例对比：邻井施工情况可作为新井设计重要参考依据，在底图上选一口或多口邻井，提取历史数据，汇总、统计、分析技术指标、井下故障，可获得该区块经验教训，以此为基础，可综合对新井设计合理性进行评价；④ 多方案对比：可设计多套、多侧重向的井身结构、钻具组合方案，与该系统同界面显示，方案间异同一目了然，专家可以此讨论并优选；⑤ 方案模拟：水力方案设计、固井方案设计、井控方案设计等涉及强度校核、压力控制等细节，内嵌计算模型通过对设计数据计算模拟，调整参数后也可当场模拟验证，利于方案最优化，避免反复修改论证。

（3）远程多井实时监测预警技术。① 多参数关联预警法。通过该区块已钻井，确定特征量经验权重，得加权型的标准特征向量；以当前井的正钻层位上部井段的正常钻进实时数据，建各工程的正常参数波动区间，超出区间波动即为异常；监测位于下部的井段钻进过程，以灰色关联算法求实际异常波动值与标准特征向量关联度；实时计算关联度，如某风险关联度过高，则系统报警提示正在发生该风险。② 单参数超限预警法。依据每口井地区、层位、钻机不同，预设大钩负荷和扭矩等工程参数门限值，钻井中以远程实时传输录井参数，判别超限并报警给后方专家。③ 远程多井监测预警。基于以上方法，以并行计算对所有监测井同时监测，把每口井监测所得结果实时反馈井位分布图，可实现该井具体监测模块导入，开展具体分析，便于一名专家同时监测多口井。

（4）远程协同技术。① 远程传输。实现了井场信息、视频远程传输，集成低带宽TCP/IP 视频会议系统。② 在线意见共享。任何专家可启动软件审阅设计，并批注到方案相应位置，意见可通过网络发送到所有客户端。在异地也可针对某个问题互通有无、协同决策。

通过钻井信息系统不断地采集、传输钻井实时数据，并进行处理，专家会诊后再把决策指令反馈到钻井队，实现实时最优化钻井施工，还可使钻井和油藏地质人员“透视”地下三维图像实时监督正钻井和待钻井的井眼轨迹。钻井信息系统将综合运用网络技术、信息技术、数据库技术、综合性软件集成技术和互联网技术，使钻井过程控制和优化钻井达到新水平，使石油钻井的信息共享和技术应用突破地域的界限，各学科专家组成的项目工作组远程协同工作成为现实。

三、应用实例

随着国内页岩气开发的钻机规模、钻井市场的迅速发展，信息技术已经成为生产、科研、经营和管理各个方面不可或缺的技术支撑。例如，中国石油西南油气田的工程技术与监督管理系统（RTOC）、钻井优化中心（DOC）对于整个川南页岩气开发的管理水平、技术水平和钻井信息化水平的提高都有很重要的意义。

1. 工程技术与监督管理系统（RTOC）

为了实现工程技术与监督管理信息化建设目标，建立了“工程技术与监督管理系统”，如图 3-75 所示，该系统实现了油田公司对所有页岩气钻完井作业现场“三级监管”：对钻井试油动态跟踪，对故障复杂井下步措施及时研讨、决策；建立 RTOC 中心 24h 值班制度，对监督巡检、旁站履职等开展远程技术支持与监管；现场工程技术监督运用“手持终端”强化岗位巡检，在监督需要巡井检查的地点设置芯片，实现追踪式巡井，发现问题立即照相并自动传回基地，突出“全天候、全留痕”的特点，强化闭环管理；运用“多功能记录仪”，记录关键环节施工情况，有效弥补监督旁站取证的短板。

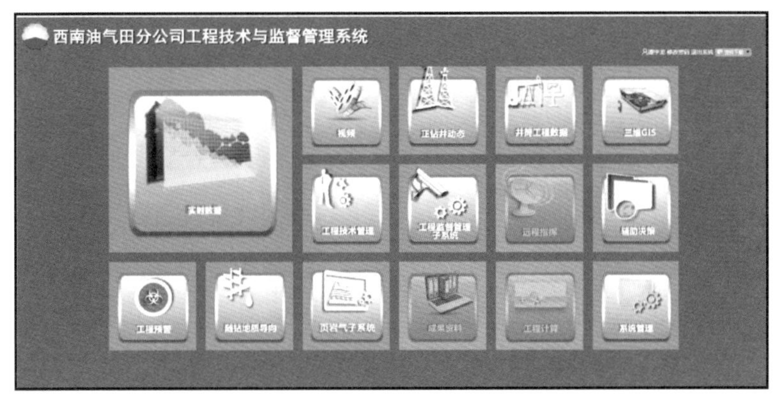

图 3-75　工程技术与监督管理系统主界面

（1）工程技术管理子系统（图 3-76）。针对现场跟踪不及时问题，特别是对重点井、高风险井、故障复杂井作业动态的跟踪不及时，无法实时掌握下步措施及风险控制方案。建设工程技术管理子系统，实现钻井试油工程动态跟踪管理、工程进度跟踪管理、工程故障复杂跟踪管理、井控安全跟踪管理、新工艺新技术及特殊工艺应用跟踪管理、钻遇油气显示跟踪管理等，并为业务管理部门提供相应的动态数据报表。实现完善的数据统计分析及对比、钻井经济技术指标分析等应用功能。

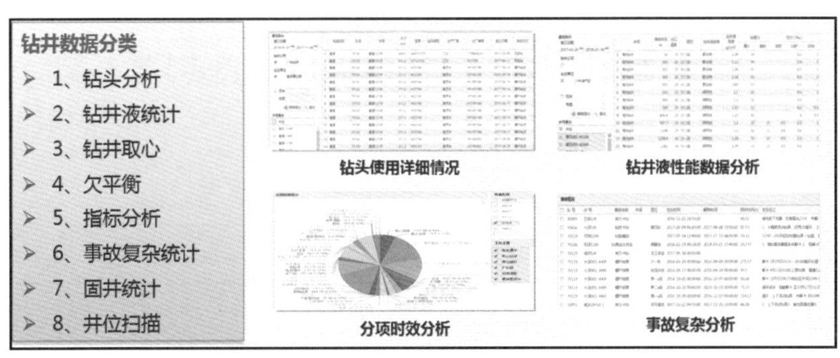

图 3-76　工程技术管理子系统

（2）工程现场实时监控子系统（图 3-77）。针对现场施工动态传输及时性问题，建设工程现场实时监控子系统，通过井场工作区域的网络视频监控系统，实现远程应急指挥调度、生产监控、安全监控、远程技术支持、专家会诊以及应急指挥等功能，优化业务操作流程，提高作业效率。建立并完善工程技术施工现场数据的采集标准、采集流程及管理规范，实现钻井、录井、测井、试油等现场工程数据及音视频数据的动态采集、实时传输、集中存储、在线查看，满足工程技术管理人员对工程技术作业动态实时掌控的需求。

图 3-77　现场实时监控子系统

（3）工程技术专业数据库（图 3-78）。针对工程技术专业资料和数据缺乏系统化整理、专业成果共享度不高的问题，建立工程技术专业数据库，业务包括钻井、录井、测井、固井、试油等，数据包括动态数据、成果数据、报告文档、图形、图片等，实现工程技术数据的集中管理和共享，全面满足分公司对工程技术作业“可看、可查、可互动”的需求。

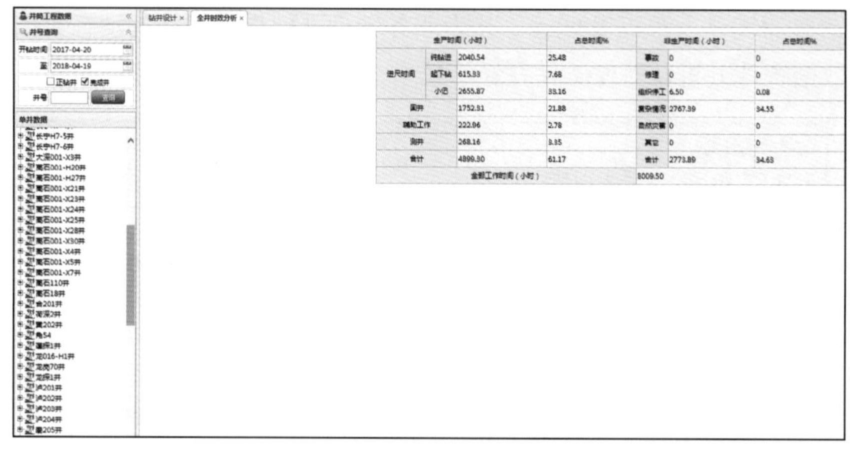

图 3-78　工程技术专业数据库

（4）RTOC 远程技术支持中心（图 3–79）。建设 RTOC 远程技术支持中心，实现作业现场实时视频远程监控，将施工作业现场视频传送至 RTOC 中心，根据需要在应急状态下传送至应急抢险中心。建立工程院 RTOC 中心 24h 值班制度，实时掌握施工作业动态、现场监督的在井情况、监督日常履职、重点环节的旁站情况。

图 3–79　RTOC 远程技术支持中心

（5）工程监督管理子系统。针对目前工程技术监督人员较多、监督资料缺乏统一性、资料数据庞大、不利于迅速查阅的问题，建设工程技术监督人员动态管理、监督报表管理、故障复杂管理、监督日志管理、单井卡片管理、在线培训与考试等内容，实现工程技术监督人员基础信息、资质、培训、考核的一键查询，数据支持导出 Excel 和 Word 格式。实现网上调派工程监督、在线培训监督及考试、远程抽查工程监督在岗履职等功能。

2. 钻井优化中心（DOC）

近两年，为了进一步“高效”“精准”“安全”地指导页岩气钻井现场作业，长宁页岩气开发示范区试点建立了钻井优化中心。其主要目的为工程分析，通过“EPDOS 钻井工程实时平台 +ERA 钻井优化软件”+ 钻井专家 +DOE 现场钻井优化工程师的模式，对钻井数据实时监控、计算机软件优化分析、DOE 数据审核与技术指令落实、钻井专家团队建议、提供甲方科学决策支持，实现数据分析与钻井参数优化、复杂井况预警及处理，有效提高钻井效率。

（1）前期数据收集。DOC 作业前，需要首先对计划支持井进行系统性分析和研究，根据邻井复杂、地质情况、轨迹等的差异，制订针对性措施，提前锁定优化工作重点。以长宁某井区为例，2019 年 172 口建产井中平均周期超过 80 天的井数为 77 口，占比 44.7%，平均周期低于 60 天的井数为 68 口，占比 39.5%。钻井周期未按正常统计学正态分布，其主要原因在于以井漏和卡钻为主的井下复杂与事故。所以，DOC 运行初期重点围绕预防复杂与事故，运行中后期在安全钻进的基础上进行优化提速。

（2）地质力学建模（MEM）（图 3-80）。根据钻井设计轨迹及地层序列、邻井数据等，建立地质力学模型，再将实钻测井和钻井数据用于该地质力学模型校准。同时使用 MUDWIN 和 STABO-Drill 两种模型方法分别计算防止井筒剪切破坏并保持稳定性所需钻井液密度，从而研究得出安全钻井的钻井液密度窗口。

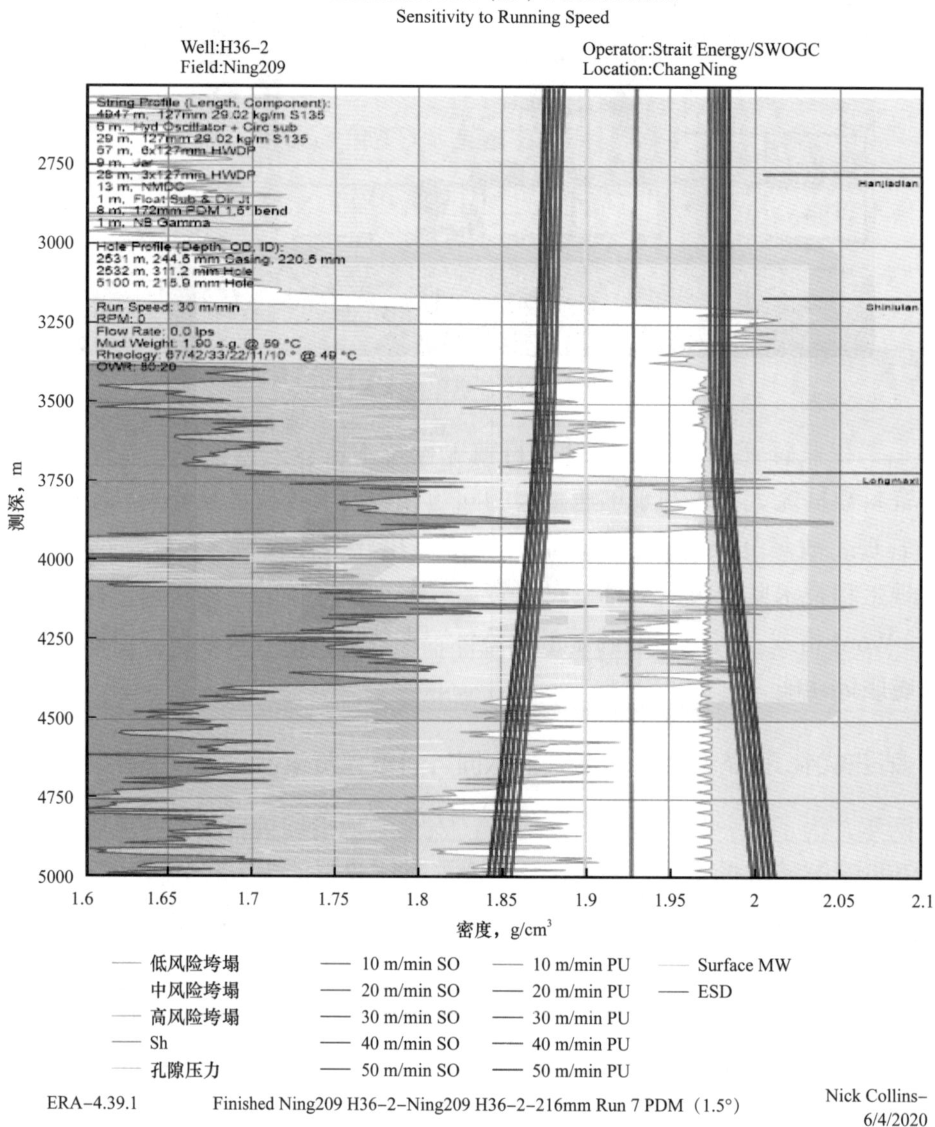

图 3-80　地质力学建模示例

（3）日常措施优化。只有有了科学的计算，才能在保障安全的情况下把起下钻和下套管速度最大化，给予现场可执行的作业程序。与传统经验判断不同，地质力学模型的建立对坍塌压力进行了细分，为钻井液密度的选择提供了科学的依据。通过井下ECD的准确计算与地质力学模型结合，在安全前提下最大化起下钻和下套管速度，提高作业效率。

以宁209H50-3解决井漏问题为例，该井在ϕ215.9mm井眼水平段发生了多次井漏，DOC分析井漏原因为地层裂缝发育，同时循环当量密度过高导致。DOC根据地质力学建模，发现2900～3051m为高坍塌风险地层，坍塌压力值为1.71～1.76g/cm^3，考虑井壁掉块问题，优化钻井液密度不低于1.73g/cm^3。根据ECD计算，确定钻井液密度由原1.78g/cm^{3}降低为1.73g/cm^3，调整钻井液密度后未发生井漏复杂或严重掉块的现象。

（4）实时诊断、识别异常工况。钻井优化中心除能对每日钻井提出优化建议外，还能通过实时跟踪钻井曲线，诊断、识别异常工况。2019年4月26日08：00，宁209H66-1井钻进至3642m，泵压由20MPa下降至19MPa，降低了1MPa。优化工程师及时捕捉到泵压异常变化，根据异常参数对井下情况进行分析，初步判断为钻具刺漏，建议井场立即采取起钻措施，并逐根检查钻具，如图3-81所示。2019年4月26日晚，钻具出井，发现井下螺杆顶部距离母台阶0.34m处，有一道长8cm×宽1cm的裂口。通过及时EP-DOS系统捕捉泵压曲线变化，快速识别井下异常工况，DOC迅速采取应对措施，避免了钻具刺漏进一步发展为断钻具事故。

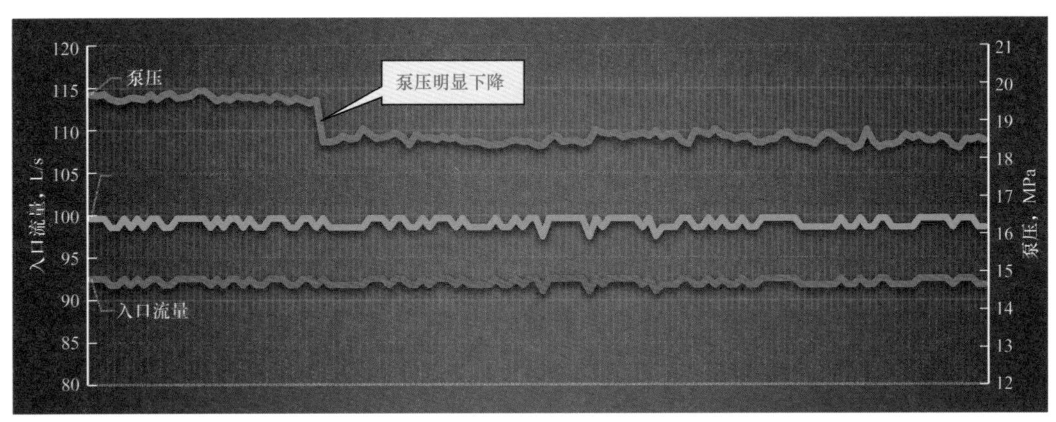

图3-81 宁209H66-1井钻具刺漏泵压与排量对应图

（5）系统优化提速。通过使用雷达图系统优化分析方法（图3-82），把影响钻井效率的因素分为6大项及40个子项。找出影响效率的短板并持续优化，达到区块提速的阶段性目标，通过设备和工具能力的不断提升、短板的不断补齐、持续的系统优化，不断向北美页岩气钻井水平靠近。宁209H36-2井部分井段使用螺杆钻具钻进，通过优化钻井参数实现整体机械钻速 9.90m/h，相比同平台邻井 H36-1 井同井段全部使用旋导钻进，机械钻速 9.11m/h，机械钻速提升 8.67%。

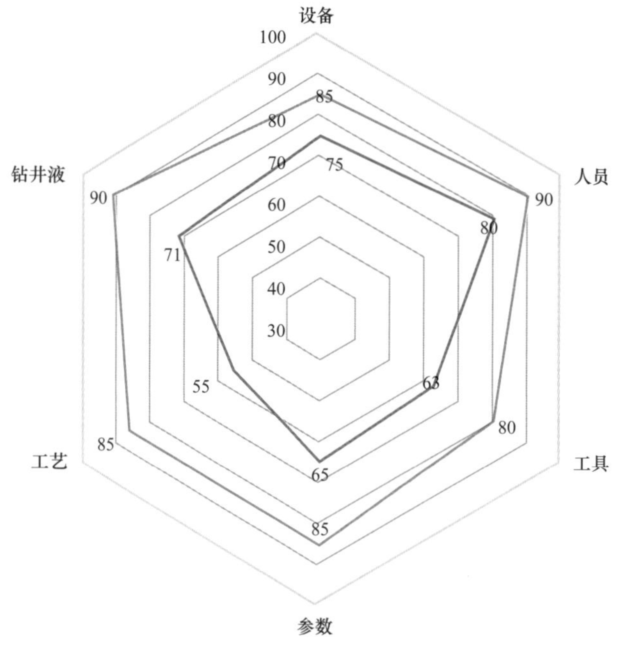

图 3-82　系统优化分析雷达图

参考文献

［1］潘军，刘卫东，张金成．涪陵页岩气田钻井工程技术进展与发展建议［J］．石油钻探技术，2018，46（04）：9-15.

［2］姚小平．浅析页岩气水平井钻完井技术现状及发展趋势［J］．中国石油和化工标准与质量，2018，38（13）：178-179.

［3］王俊英．昭通地区页岩气钻井技术难点与对策［J］．石油工业技术监督，2018，34（6）：36-39.

［4］臧艳彬．川东南地区深层页岩气钻井关键技术［J］．石油钻探技术，2018，46（3）：7-12.

［5］杨海平．涪陵页岩气优快钻井工艺技术探讨［J］．化工管理，2018（12）：176.

［6］达瑞．页岩气钻井技术［J］．石油知识，2017（6）：15.

［7］睢圣．永川页岩气区块水平井快速钻井技术［C］．2017 年全国天然气学术年会论文集，2017.

［8］肖方强．涪陵地区页岩气田钻井技术研究［J］．中国石油和化工标准与质量，2017，37（19）：170-171.

［9］李彬，付建红，秦富兵，等．威远区块页岩气“井工厂”钻井技术［J］．石油钻探技术，2017，45（5）：13-18.

［10］骆新颖．长宁威远区块页岩气水平井提速技术研究［D］．成都：西南石油大学，2017.

［11］唐思诗．页岩气钻井关键技术及难点分析［J］．化工设计通讯，2017，43（6）：239.

［12］代杰．四川长宁页岩气“工厂化”钻井技术探讨［J］．石化技术，2017，24（6）：239.

［13］戴昆．水平井钻井技术在页岩气井的应用［J］．化工管理，2017（16）：223.

［14］周峰．页岩气开发过程中的钻井技术分析［J］．石化技术，2017，24（5）：119.

［15］王文涛．四川盆地页岩气开发钻井技术难点与对策分析［J］．化工管理，2017（15）：120，122.

［16］任茜，钟睿．长宁页岩气钻井难点及提速方案［J］．中国石油石化，2017（6）：125-126.

［17］李东杰，王杰，魏玉皓，等．页岩气钻井技术新进展［J］．石油科技论坛，2017，36（1）：49-56.

［18］代锋．气体钻井技术在南方页岩气复杂地层中的应用［A］// 中国石油学会天然气专业委员会，四川省石油学会．2016 年全国天然气学术年会论文集［C］．中国石油学会天然气专业委员会，四川省石油学会：中国石油学会天然气专业委员会，2016.

［19］张国芳．四川长宁区 CNH-2-7 页岩气井空气钻井技术设计与应用［C］．2016 年全国天然气学术年会论文集，2016.

［20］张金成．涪陵页岩气田水平井组优快钻井技术［J］．探矿工程（岩土钻掘工程），2016，43（7）：1-8.

［21］刘超．涪陵页岩气田“绿色”钻井关键技术研究与实践［J］．探矿工程（岩土钻掘工程），2016，43（7）：9-13.

［22］刘成．焦页非常规页岩气井优快钻井技术［J］．石化技术，2016，23（6）：194.

［23］李闯．国内页岩气水平井钻完井技术现状［J］．非常规油气，2016，3（3）：106-110.

［24］刘虎，段华，沈彬亮，等．焦石坝地区海相页岩气水平井优快钻井技术［J］．西部探矿工程，2016，28（6）：59-61，65.

［25］杨青松，王坤．控压钻井技术在页岩气钻探中的应用研究［J］．石化技术，2016，23（5）：182.

［26］肖洲．气体钻井技术在长宁页岩气区块的应用［J］．钻采工艺，2016，39（3）：125-126.

［27］邓元洲．涪陵页岩气田钻井技术难点及对策［J］．化工管理，2016（15）：112.

［28］邓元洲．页岩气“井工厂”钻井技术现状及展望［J］．化工管理，2016（13）：156.

［29］白璟，刘伟，黄崇君．四川页岩气旋转导向钻井技术应用［J］．钻采工艺，2016，39（2）：9-12，1.

［30］乔李华，周长虹，高建华．长宁页岩气开发井气体钻井技术研究［J］．钻采工艺，2015，38（6）：15-17，6-7.

［31］游云武．涪陵焦石坝页岩气水平井高效钻井集成技术［J］．钻采工艺，2015，38（5）：15-18，6.

［32］张德军．页岩气水平井地质导向钻井技术及其应用［J］．钻采工艺，2015，38（4）：7-10，6.

［33］刘伟．四川长宁页岩气“工厂化”钻井技术探讨［J］．钻采工艺，2015，38（4）：24-27，7.

［34］杨传书．新形势下的钻井信息化［J］．石油钻探技术，2007，35（2）：79-82.

［35］李健昆．华东钻井信息化建设现状及发展构想［J］．数据库与信息管理，2013，16：51-53.

［36］万夫磊．长宁页岩气表层防漏治漏技术研究［J］．钻采工艺，2019，42（4）：28-31，7-8.

［37］万夫磊，刘洪彬，齐玉．宁 213 井区浅表层环保钻井技术研究［J］．钻采工艺，2018，41（6）：13-15，26，5.

［38］肖洲，邓虎，侯伟，等．页岩气勘探开发的发展与新技术探讨［J］．钻采工艺，2011，34（4）：18-20，2.

[39] 邓柯，刘殿琛，李宬晓. 预弯曲动力学井斜控制技术在长宁构造气体钻井中的应用［J］. 钻采工艺，2020，43（2）：38–40.

[40] 周长虹，李宬晓，邓柯. 气体钻井技术历史性回顾、现状及展望［C］. 2018 年全国天然气学术年会论文集（04 工程技术），2018：681.

第四章

页岩气水平井钻井液技术

与常规水平井相比，页岩气水平井层以三维水平井为主，水平段长，而且需要进行分段压裂。对于要进行分段压裂的水平井，原则上其水平段方位应沿着最小水平主应力方向或垂直于最大水平主应力方向，以便减小压裂难度。井眼沿着最小主应力方向钻进时，由于泥页岩地层裂缝发育，在长水平段钻进过程中不仅容易发生垮塌、井漏、泥页岩水化膨胀后缩径等各种井下复杂情况，而且在长水平段，摩阻、携岩以及地层伤害问题也非常突出，钻井液性能的好坏将直接影响钻井效率、井下复杂情况的发生率及储层保护效果。因此，从钻井液方面讲，井壁稳定性能、井眼清洗性能和润滑性能等将成为页岩气水平井钻井液关键技术；同时，在实施这些技术的过程中，将面临井壁稳定、降阻减摩和岩屑床清除等难题。[1，2]

第一节　页岩井壁稳定性分析

一、页岩组分分析[3]

1. 长宁—威远地区地层概况

（1）长宁地区地层概况。长宁地区背斜核部出露寒武系和志留系，两翼为二叠系—三叠系。

从地表至基底的地层层序依次为侏罗系，三叠系须家河组、雷口坡组、嘉陵江组、飞仙关组，二叠系长兴组、龙潭组、茅口组、栖霞组、梁山组，志留系韩家店组、石牛栏组、龙马溪组，奥陶系五峰组、宝塔组、大乘寺组、罗汉坡组，寒武系洗象池组、迂仙寺组、九老洞组和震旦系。震旦系与上覆寒武系九老洞组，阳新统与下伏志留系（奥陶系）、与上覆乐平统，三叠系雷口坡组与上覆须家河组均呈不整合接触。

其中，志留系龙马溪组上部为灰色、深灰色页岩，下部为灰黑色、深灰色页岩互层，底部见深灰褐色生物灰岩。根据邻井宁 201 井、宁 203 井及高木 1 井实钻资料显示，龙马溪组厚 280～320m（构造核部缺失）。

（2）威远地区地层概况。威远构造核部出露最老地层为中三叠统嘉四段（曹家坝威基井），顶部区多为须家河组，沟谷多为雷口坡组，外围分布侏罗系上部地层。从地表至基底的地层层序依次为三叠系须家河组、雷口坡组、嘉陵江组、飞仙关组，二叠系乐平统、阳新统，下志留统龙马溪组，奥陶系五峰组、宝塔组、大乘寺组、罗汉坡组，寒武系洗象池组、迁仙寺组、筇竹寺组和上震旦统灯影组、喇叭岗组，缺失石炭系和泥盆系。上震旦统不整合于前震旦系花岗岩基底之上，震旦系与上覆寒武系筇竹寺组，阳新统与下伏志留系（奥陶系）、与上覆乐平统，三叠系雷口坡组与上覆须家河组均呈不整合接触。

志留系龙马溪组为一套浅海相碎屑岩，主要为灰黑色粉砂质页岩、碳质页岩、硅质页岩夹泥质粉砂岩。由于受乐山—龙女寺古隆的影响，厚度分布不均，一般分布在0～200m，往威远的东南方向变厚。该组由上至下：颜色加深、砂质减少、有机质含量增高。

2. 页岩岩石矿物组分分析

依照 SY/T 5163—2018《沉积岩中黏土矿物和常见非黏土矿物 X 衍射分析方法》，采用 PANalytical 公司生产的 X 射线衍射仪，对取自长宁县的露头岩样、威远井下岩心及宁 203 井井下岩心进行了 XRD（图 4–1）矿物组分分析测试。

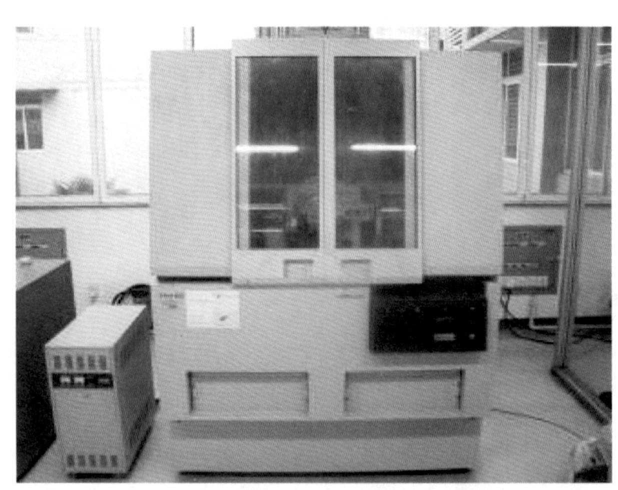

图 4–1　X 射线衍射仪（XRD）

（1）矿物组分全岩分析。岩样的 XRD 全岩分析结果见表 4–1。

页岩矿物组分全岩分析结果表明：

① 威远岩样黏土矿物总量分布在 29.53%～37.43%；石英含量分布在 33.9%～43.67%；脆性矿物总量分布在 54.69%～62.53%；白云石含量较小，分布在 1.39%～3.7%。

表 4-1　各地层岩样 XRD 衍射全岩分析结果

类型	编号	矿物含量，%（质量分数）							
		黏土含量	黄铁矿	石英	正长石	斜长石	方解石	白云石	菱铁矿
威远	1	34.32	3.85	40.84	3.87	14.24	1.49	1.39	0
	2	33.53	4.09	36.73	5.17	15.76	1.42	3.31	0
	3	29.53	4.23	43.67	4.59	12.2	2.07	3.7	0
	4	37.43	4.87	33.9	5.07	13.66	2.06	3.02	0
长宁	1	25.14	0	21.24	1.44	6.19	37.93	8.07	0
	2	25.71	0	24.67	1.34	5.33	35.94	7.01	0
	3	37.82	0	21.6	0	4.73	29.53	6.32	0
	4	39.48	0	19.47	1.56	4.62	25.05	9.81	0

② 宁 203 井岩样黏土矿物总量分布在 25.14%～39.48%；石英含量分布在 19.47%～24.67%；脆性矿物总量分布在 50.7%～67.28%；白云石含量分布在 6.32%～9.81%。

（2）黏土矿物组分分析。岩样进行了 XRD 黏土矿物组分分析实验，结果见表 4-2。

表 4-2　岩样 XRD 黏土矿物分析结果

类型	编号	黏土矿物相对含量，%					间层比，%S
		伊利石（I）	蒙脱石（S）	伊 / 蒙混层（I/S）	高岭石（K）	绿泥石（C）	
威远	1	57.1	0.0	17.2	0.0	25.6	10
	2	69.1	0.0	5.0	0.0	25.9	10
长宁	1	51.5	0.0	37.1	0.0	11.5	15
	2	68.6	0.0	19.1	0.0	12.4	15

岩样 XRD 黏土矿物分析结果表明：

① 威远岩样的伊利石含量分布在 57.1%～69.1%，伊 / 蒙混层含量分布在 5%～17.2%，绿泥石含量分布在 25.6%～25.9%；长宁岩样伊利石含量分布在 51.5%～68.6%，伊 / 蒙混层含量分布在 19.1%～37.1%，绿泥石含量分布在 11.5%～12.4%。

② 龙马溪组页岩岩样黏土矿物均以伊利石为主，威远井下岩样的伊利石平均相对

含量63.1%、长宁岩样的伊利石平均相对含量60.0%。

③ 长宁龙马溪组页岩岩样的伊/蒙混层矿物及间层比的平均相对含量都高于威远龙马溪组页岩岩样。

④ 龙马溪组页岩为弱膨胀性地层，抑制水化膨胀不是该地层稳定井壁钻井液设计与性能优化中面对的主要矛盾。

二、页岩岩石力学与地应力[4]

1. 页岩岩石力学特性分析

表征岩石力学特性的指标主要有岩石的抗压强度特性、抗剪强度特性、抗张强度特性、硬度及岩石的脆性等。岩石的力学特性是影响井眼稳定性的又一重要因素，这些强度特性从不同的角度表征了岩石在受到外力扰动作用过程中的变形和破坏特征及其不同钻井液的影响，其直接关系到可用安全钻井液密度的大小、钻井液性能及可能发生的井下复杂与事故的表现形式。

该分析主要采用页岩基础物性测试分析手段进行。其中硬脆性页岩基础物性包括孔隙度、渗透率、密度等，孔隙度与渗透率反映了地层岩石容纳流体的能力及流体在其内部渗流的难易程度，一定程度上决定着外界流体侵入地层的难易程度。实验采用HKGP-3型致密岩心气体渗透率孔隙度测定仪测试岩心的孔隙度。

经过测试，计算出渗透率结果见表4-3。

表4-3 岩心基础参数

岩样编号	直径，mm	长度，mm	密度，g/cm^3	孔隙度，%	渗透率，$10^{-4}mD$
99	24.75	33.09	2.82	1.30	14.74
116	25.27	33.73	2.70	1.80	83.28
131	25.32	35.30	2.68	2.10	51.70
132	25.26	35.77	2.72	1.00	115.20
157	25.11	34.99	2.74	0.70	20.19
178	25.11	34.68	2.75	1.80	30.16
181	25.20	35.56	2.69	2.40	200.70
187	25.17	34.39	2.73	3.60	21.67
259	25.30	34.04	2.66	1.90	270.76
L1-11-0-5	25.10	46.70	2.46	5.10	0.13

续表

岩样编号	直径，mm	长度，mm	密度，g/cm^3	孔隙度，%	渗透率，$10^{-4}mD$
L1-11-0-6	25.18	48.48	2.45	9.40	0.37
L1-11-0-7	25.07	47.20	2.50	4.30	0.09
L1-11-0-8	25.09	48.69	2.46	7.10	0.27
L1-17-0-11	25.24	45.86	2.53	11.70	1.36
L1-1-0-13	24.27	46.29	2.66	6.30	0.06
L1-1-0-14	24.35	40.30	2.66	6.20	0.05
L1-1-0-15	24.35	46.06	2.63	6.20	0.04
L1-13-0-18	24.59	45.15	2.59	7.30	0.17
L1-17-10-1	25.06	46.43	2.69	8.10	0.10
L1-17-10-3	25.09	46.86	2.63	6.80	0.06
L1-13-10-2	24.63	47.42	2.63	7.40	0.10
L1-13-10-4	24.57	46.85	2.66	5.10	0.07
L1-13-10-5	24.52	43.52	2.67	6.60	0.11
L1-13-10-6	24.61	52.27	2.58	7.70	28.19
L1-13-10-8	24.56	40.22	2.51	9.80	0.28
L1-17-70-5	24.72	45.20	2.72	5.30	0.10
L1-17-70-7	25.16	47.99	2.48	5.00	0.05
L1-17-70-8	24.83	51.14	2.54	4.20	0.05
L1-17-70-9	24.99	45.30	2.52	4.20	0.07
L2-1-30-5	25.04	46.79	2.68	8.50	0.10
L2-1-30-6	25.27	48.77	2.65	4.80	0.18
L2-1-30-8	24.99	46.53	2.69	6.20	0.15
L2-1-30-9	24.81	44.35	2.75	5.90	0.18
L2-5-40-1	25.31	47.61	2.59	10.10	1.93
L2-2-40-2	24.58	43.82	2.77	9.20	0.35
L2-6-40-3	24.49	44.80	2.76	11.70	0.87
L2-1-40-5	24.66	45.19	2.78	7.00	1.35

续表

岩样编号	直径，mm	长度，mm	密度，g/cm^3	孔隙度，%	渗透率，$10^{-4}mD$
L2-1-40-6	24.84	43.33	2.74	9.50	0.47
L2-1-40-9	25.06	45.03	2.69	8.10	0.15
L2-4-50-1	24.72	46.89	2.65	5.60	3.38
L2-5-50-2	25.25	43.53	2.60	3.20	0.41
L2-1-50-3	25.18	43.56	2.66	6.40	0.31
L2-1-50-4	24.78	44.17	2.75	9.40	0.33
L2-1-50-6	24.97	42.52	2.71	6.20	0.23
L2-2-60-1	24.66	46.58	2.77	8.30	0.12
L3-3-30-6	24.61	48.25	2.74	8.50	0.46
L3-3-40-3	25.20	48.11	2.61	11.40	1.06
L3-3-50-1	24.96	45.86	2.67	11.60	0.70
L3-3-50-2	25.27	46.69	2.61	5.60	0.45
L3-3-80-1	25.00	45.75	2.63	10.20	0.99
L3-3-80-2	24.82	40.25	2.69	11.40	0.80

岩心基础参数测试结果表明：

（1）井下岩心试样体积密度分布范围为 2.66～2.82g/cm^3，密度较大。为避免钻屑沉降在水平段形成岩屑床，加剧井壁失稳，钻井液应具有足够强的悬岩、携岩能力。

（2）除少数微裂缝发育的岩样外，页岩基质总体表现为渗透性极低，基本小于 1×10^{-4}mD。因此，在无裂缝发育、正常钻井压差条件下，流体很难依靠压差驱动进入地层内部。但是，如果钻井破岩过程导致井周岩石卸载产生微裂缝，将显著改变井周地层物性，钻井压差将直接导致钻井流体进入地层。

2. 钻井液浸泡对岩石抗压强度特性的影响

钻井液浸泡对岩石抗压强度特性的影响研究通过岩石三轴抗压实验进行。选用 10 种钻井液体系对页岩进行浸泡（表 4-4），浸泡时间为 48h，温度为 80℃，浸泡压力为 3.0MPa，使钻井液与岩样充分发生相互作用。

（1）原岩抗压强度特性。取井下岩心，在围压 15MPa 和 30MPa 条件下做原岩抗压强度实验，三轴抗压实验得到的应力—应变曲线如图 4-2 所示。

表 4-4　实验用钻井液配方

钻井液体系	配方	备注
MEG 钻井液体系	配方 1：MEG 聚合物水基钻井液	考察 MEG 的加入对页岩强度保持能力的影响
	配方 2：MEG 聚磺水基钻井液	
钾盐钻井液体系	配方 3：KCl 聚磺水基钻井液	考察 KCl 的加入对页岩强度保持能力的影响
有机盐钻井液体系	配方 4：有机盐聚合物钻井液	考察有机盐（Weigh2）的加入对页岩强度保持能力的影响
	配方 5：有机盐聚磺钻井液	
封堵钻井液体系	配方 6：强封堵水基钻井液 1	考察封堵粒子的加入对页岩强度保持能力的影响
	配方 7：强封堵水基钻井液 2	
	配方 8：强封堵水基钻井液 3	
白油钻井液体系	配方 9：白油钻井液（无土）	考察有机土的加入对页岩强度保持能力的影响
	配方 10：白油钻井液（含土）	

原岩应力—应变曲线表明：龙马溪组页岩具有较高的抗压强度和较强的弹性变形特点，未与钻井液接触时，若发生破坏将呈现显著的弹—脆性破坏特征。龙马溪组页岩具有的这一特点，也使其在钻井过程中钻头破碎岩石的瞬间，井周地层中容易形成大面积的诱导缝，这些诱导缝在后继钻井液的持续作用下将可能诱发大的掉块现象。因此，应适当控制钻进速度、减少诱导缝的形成。

根据三轴抗压实验数据可以计算得到岩样的抗压强度、弹性模量和泊松比；利用不同围压下的抗压强度，借助 Mohr-Coulomb 判断准则可进一步得到页岩地层的内聚力和内摩擦角（表 4-5）。

表 4-5　原岩三轴实验结果

岩心编号	围压 MPa	抗压强度 MPa	泊松比	弹性模量 MPa	平均抗压强度 MPa	平均泊松比	平均弹性模量 MPa	内聚力 MPa	内摩擦角（°）
111	15	98.2	0.342	28979.0	110.7	0.292	29677.3	32	14.20
173		123.1	0.242	30375.6					
156	30	135.0	0.333	23518.8	126.4	0.302	22958.9		
131		123.0	0.27	19139.9					
303		121.3	0.302	26128.0					

（2）钻井液作用对岩石力学特性的影响。为比较不同钻井液作用下岩心力学性质的变化，为钻井液稳定岩石强度性能的评价提供依据，室内分别开展了 10 种钻井液配方作用下岩心的力学特性测试实验。由于井下岩心数量有限，1#～8# 钻井液性能评价实验岩样全部采用露头岩心，9#、10# 钻井液性能评价实验岩样采用井下岩心。

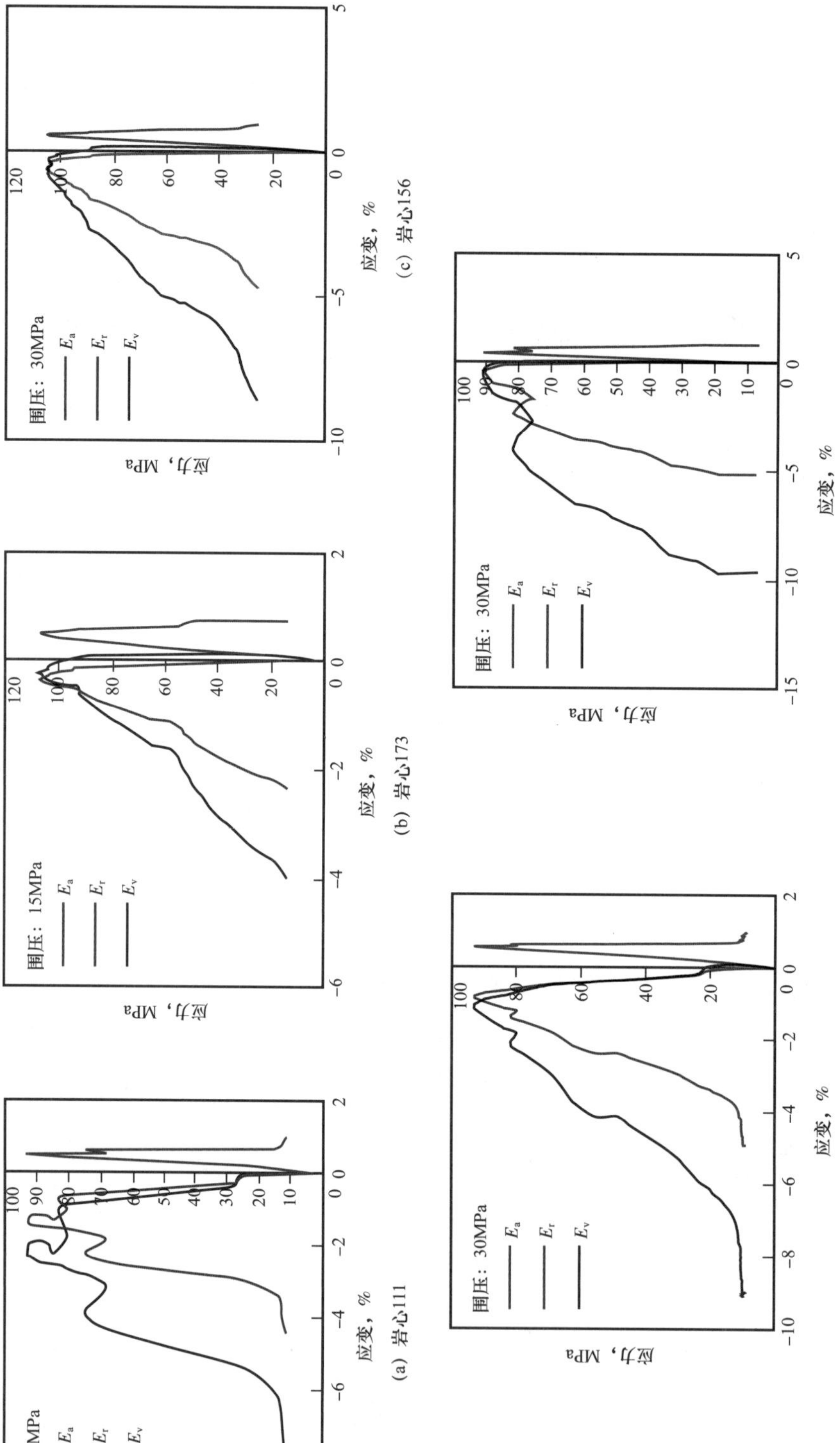

图 4-2 原岩三轴应力—应变曲线

E_a——轴向应变；E_r——径向应变；E_v——体积应变

根据应力—应变曲线得到不同围压下每块岩心的抗压强度值，10 种不同钻井液配方浸泡后岩心的平均抗压强度见表 4–6 和图 4–3。

表 4–6　三轴抗压强度实验数据表

钻井液配方	测试围压，MPa	平均抗压强度，MPa
配方 1	15	102.2
	30	188.2
配方 2	15	142.2
	30	208.4
配方 3	15	156.9
	30	134.3
配方 4	15	109.8
	30	195.7
配方 5	15	156.5
	30	194.9
配方 6	15	124.1
	30	215.3
配方 7	15	142.6
	30	117.4
配方 8	15	119.9
	30	237.6
配方 9	15	141.8
	30	131.7
配方 10	15	134.7
	30	194.3

不同钻井液配方浸泡后的岩心三轴抗压强度对比分析（图 4–3）表明：不同钻井液配方对岩石强度的保持能力不同。用配方 2、配方 5、配方 6、配方 8 及配方 10 钻井液浸泡后的岩心的抗压强度平均值较高，说明封堵粒子、有机土、有机盐（Weigh2）及 MEG 的加入有利于保持页岩力学强度。而配方 3、配方 7 和配方 9 钻井液由于不含化学抑制剂和封堵物质，经其浸泡后的岩心的抗压强度平均值较低。可见，保持钻井液具有较强的封堵性能，是稳定井壁的重要手段。

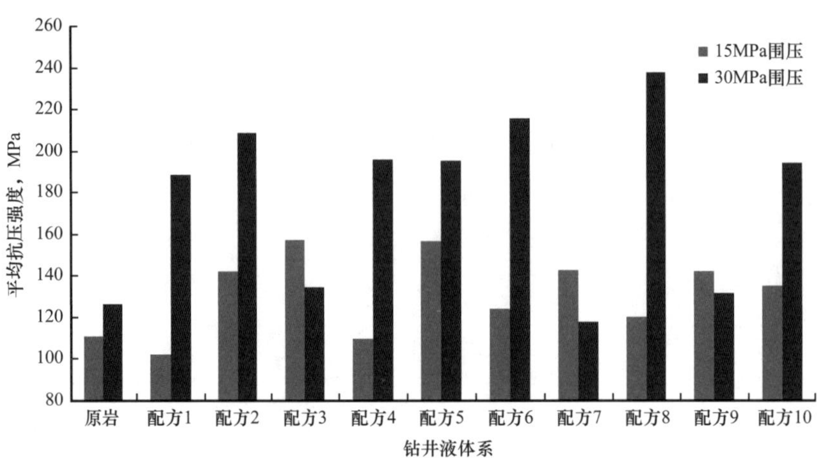

图 4-3　钻井液浸泡后的岩心三轴抗压强度数据（15MPa 和 30MPa）

为了进一步对钻井液体系的性能进行评价，减少非均质性的影响，设计了页岩压入硬度实验。

（3）页岩脆性特征量化分析。通常，岩石在宏观破裂之前的形态不是纯弹性的，故脆性破裂概念指的是在很小（与弹性应变相比）的非弹性应变之后即发生破坏的特性。

鉴于峰后应变曲线受测试方式及岩石破坏的影响较大，采用 Rickman 脆性系数对所研究泥岩进行脆性特征评价，计算得到的脆性系数见图 4-4 和表 4-7。

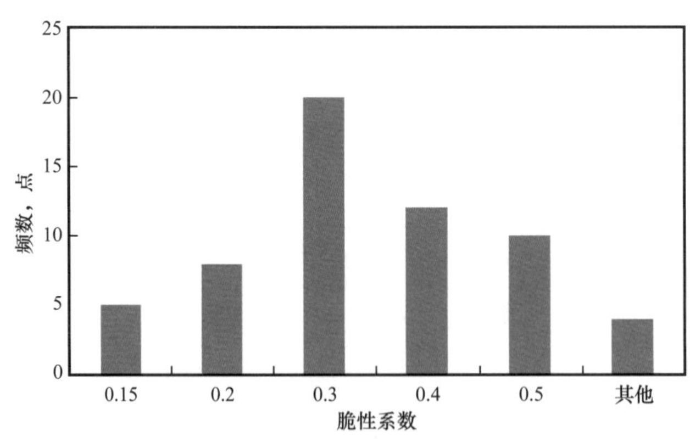

图 4-4　脆性系数分布

从带围压的页岩三轴试验数据分析，77.97% 以上的岩样的脆性系数大于 0.2，44.07% 的岩样脆性系数大于 0.3。因此，即使被钻井液浸泡，页岩仍具有较高脆性。

（4）钻井液对页岩压入硬度的影响。实验采用史氏压入硬度测定方法测试钻井液对页岩压入硬度的影响。

图 4-5 为 $1\text{-}1^{\#}$ 和 $1\text{-}2^{\#}$ 岩样的压入硬度试验中载荷随时间的变化曲线。

表 4-7　脆性指数评价结果

岩样状态	岩心编号	围压 MPa	脆性系数	岩样状态	岩心编号	围压 MPa	脆性系数
原岩	111	15	0.252	配方 5 浸泡	L1-4-26	15	0.293
	173	15	0.462		L1-4-27	15	0.326
	156	30	0.231		L1-4-28	15	0.219
	131	30	0.325		L1-4-29	30	0.549
	303	30	0.215		L1-4-30	30	0.485
配方 1 浸泡	L1-4-1	15	0.253	配方 6 浸泡	L1-4-32	15	0.312
	L1-4-2	15	0.277		L1-4-33	15	0.182
	L1-4-3	15	0.38		L1-4-34	15	0.224
	L1-4-4	30	0.275		L1-4-35	30	0.259
	L1-4-5	30	0.475		L1-4-36	30	0.329
	L1-4-6	30	0.182		L1-4-37	30	0.173
配方 2 浸泡	L1-4-7	15	0.292	配方 7 浸泡	L1-4-38	15	0.451
	L1-4-8	15	0.233		L1-4-39	15	0.134
	L1-4-9	15	0.447		L1-4-40	15	0.388
	L1-4-10	30	0.181		L1-4-41	30	0.127
	L1-4-11	30	0.332		L1-4-42	30	0.147
	L1-4-12	30	0.32		L1-4-43	30	0.504
配方 3 浸泡	L1-4-13	15	0.27	配方 8 浸泡	L1-4-44	15	0.259
	L1-4-14	15	0.289		L1-4-45	15	0.282
	L1-4-15	15	0.284		L1-4-46	15	0.499
	L1-4-16	30	0.486		L1-4-47	30	0.654
	L1-4-18	30	0.271		L1-11-90-2	30	0.183
	L1-4-19	30	0.326		L1-1-90-4	30	0.477
配方 4 浸泡	L1-4-20	15	0.263	配方 8 浸泡	259	30	0.16
	L1-4-21	15	0.308		175	30	0.16
	L1-4-22	15	0.079		157	30	0.126
	L1-4-23	30	0.314	配方 10 浸泡	132	30	0.512
	L1-4-24	30	0.171		178	30	0.449
	L1-4-25	30	0.236		187	30	0.39

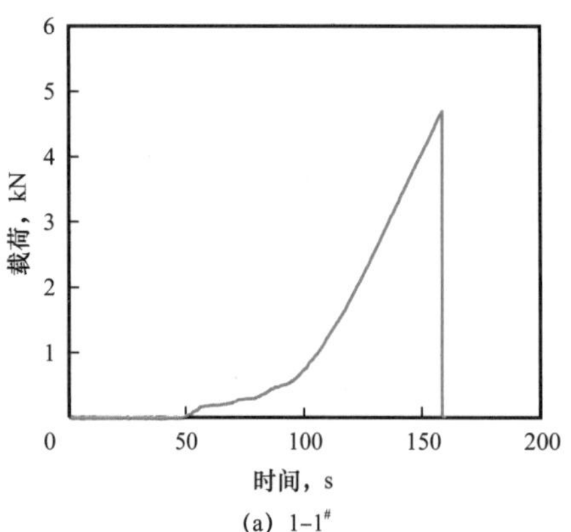

(a) 1-1#

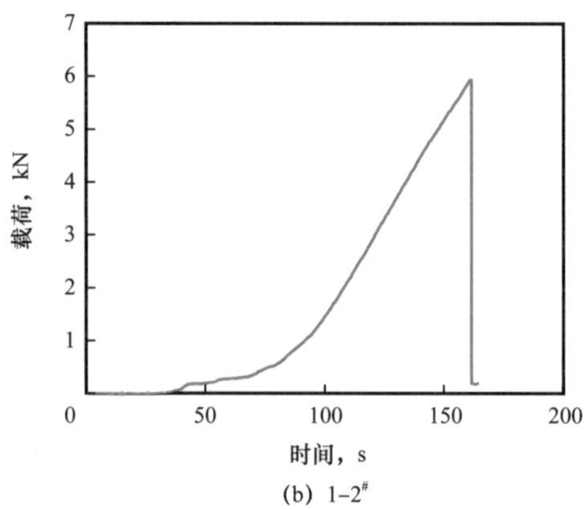

(b) 1-2#

图 4–5　龙马溪组页岩原岩压入硬度曲线

从 90 个原岩及不同钻井液作用后页岩样品的硬度曲线看：尽管受钻井液影响，页岩硬度普遍有所降低，但与原岩的破坏特征相似，钻井液作用后的页岩普遍都表现出典型的脆性破坏特征。硬度汇总见表 4–8。

表 4–8　硬度数据汇总表

岩样状态	试样编号	载荷 kN	硬度 MPa	岩样状态	试样编号	载荷 kN	硬度 MPa
原岩	1-1	4.6999	1111.78	配方 1 浸泡	2-1	1.5791	373.55
	1-2	5.9397	1405.06		2-2	1.484	351.05
	1-3	3.1739	750.81		2-3	1.6099	380.83
	1-4	4.3374	1026.05		2-4	1.5831	374.49
	1-5	5.6116	1327.46		2-5	1.8502	437.68
	2-1	7.1947	1701.96	配方 2 浸泡	1-1	4.7991	1135.26
	2-2	4.9059	1160.51		1-2	3.872	915.95
	2-3	4.532	1072.07		1-3	2.1439	507.15
	2-4	6.0999	1442.97		1-4	3.563	842.85
	2-5	5.1042	1207.43		1-5	2.4606	582.07
配方 1 浸泡	1-1	1.0452	247.25		2-1	3.2921	778.77
	1-2	1.0643	251.77		2-2	3.3034	781.44
	1-3	1.9875	470.16		2-3	4.3677	1033.21
	1-4	2.3041	545.05		2-4	3.1167	737.27
	1-5	1.896	448.51		2-5	3.6355	860

续表

岩样状态	试样编号	载荷 kN	硬度 MPa
配方 3 浸泡	1-1	0.8507	201.24
	1-2	2.9908	707.5
	1-3	4.0132	949.34
	1-4	4.1887	990.85
	1-5	3.1892	754.42
	2-1	3.6699	868.13
	2-2	4.5244	1070.27
	2-3	2.781	657.86
	2-4	4.5167	1068.46
	2-5	5.1157	1210.14
配方 4 浸泡	1-1	3.46	818.49
	1-2	1.7167	406.09
	1-3	4.0742	963.78
	1-4	3.151	745.4
	1-5	4.2535	1006.2
	2-1	4.3832	1036.88
	2-2	4.8715	1152.39
	2-3	3.1739	750.81
	2-4	3.9407	932.2
	2-5	4.2611	1008
配方 5 浸泡	1-1	3.9712	939.42
	1-2	3.7423	885.27
	1-3	5.1881	1227.29
	1-4	2.4567	581.16
	1-5	3.7652	890.69
	2-1	3.1472	744.49
	2-2	5.0317	1190.29
	2-3	5.5315	1308.51
配方 5 浸泡	2-4	3.3113	783.3
	2-5	4.0475	957.46
配方 6 浸泡	1-1	4.883	1155.09
	1-2	4.7838	1131.63
	1-3	4.2268	999.88
	1-4	4.3527	1029.66
	1-5	3.2731	774.27
	2-1	5.8138	1375.28
	2-2	5.5811	1320.24
	2-3	3.9064	924.08
	2-4	4.1505	981.83
	2-5	4.1849	989.95
配方 7 浸泡	1-1	3.0404	719.23
	1-2	2.2126	523.4
	1-3	2.2813	539.66
	1-4	2.4529	580.25
	1-5	2.266	536.04
	2-1	3.9064	924.08
	2-2	4.0972	969.22
	2-3	2.7924	660.56
	2-4	3.1707	750.05
	2-5	2.884	682.23
配方 8 浸泡	1-1	6.5042	1538.61
	1-2	5.3903	1275.11
	1-3	4.0742	963.78
	1-4	5.2529	1242.61
	1-5	4.9593	1173.15
	2-1	2.4985	591.04

续表

岩样状态	试样编号	载荷 kN	硬度 MPa	岩样状态	试样编号	载荷 kN	硬度 MPa
配方 8 浸泡	2-2	2.5369	600.12	配方 8 浸泡	2-4	3.2159	760.74
	2-3	2.3042	545.07		2-5	2.1132	499.89

将不同钻井液体系浸泡后的岩样压入硬度实验结果进行对比（图 4–6）表明：采用配方 5、配方 6、配方 8 及配方 10 钻井液浸泡后岩心的压入硬度平均值较高，而配方 1、配方 7 和配方 9 钻井液浸泡后岩心的压入硬度平均值较低。结果与前面三轴实验结果相一致，差别在于钻井液封堵性能的强弱。

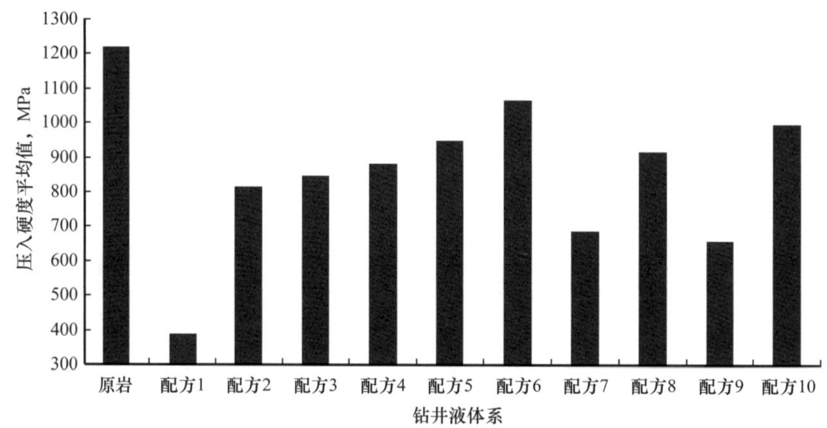

图 4–6　不同钻井液体系浸泡后岩样压入硬度数据

图 4–7 为原岩及不同钻井液配方浸泡后的页岩硬度统计分布图，统计分析表明：

① 原岩的硬度主要分布在＞1200MPa 的区间；

② 采用配方 1 钻井液浸泡后的页岩岩样，硬度均＜600MPa；配方 7 钻井液浸泡后的页岩岩样，硬度均＜1000MPa，且主要分布在 800MPa 以下。因此，配方 1 和配方 7 钻井液对岩石强度弱化明显；

③ 采用配方 6 钻井液浸泡后的页岩岩样具有与原岩最相似的硬度分布规律。因此，可认为配方 6 钻井液优于其他钻井液配方，与三轴抗压实验的结果一致；

④ 其余几种配方按对强度的影响从小到大排序依次为：配方 4、配方 8、配方 5、配方 3、配方 2；

⑤ 综合三轴抗压强度实验结果：配方 6 钻井液体系对岩石强度的影响最小，配方 7 钻井液体系对岩石强度的影响最大，其次为配方 1。

（5）页岩原岩抗张强度特性。抗张强度特性测试采用巴西劈裂实验得出。

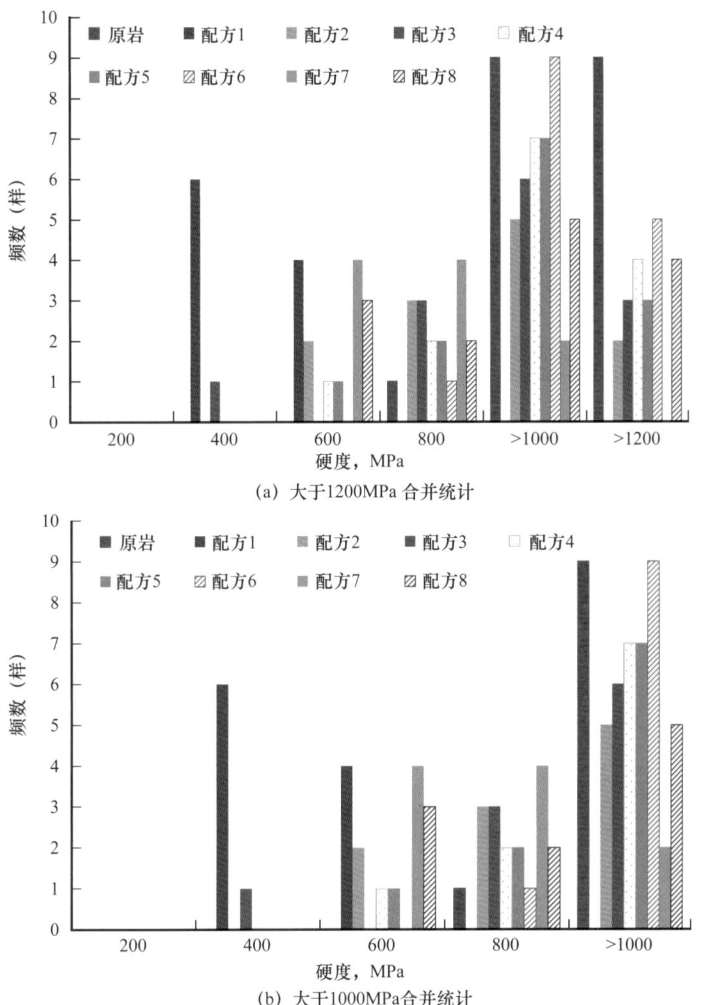

(a) 大于1200MPa 合并统计

(b) 大于1000MPa合并统计

图 4–7　不同钻井液体系浸泡后页岩硬度统计分布

从试验可见（图 4–8，表 4–9），页岩原岩抗张强度主要分布在 4～8MPa。由于页岩原岩破坏以劈裂破坏为主，且钻井液浸泡对其破坏形式影响不大。从 3 块浸泡后的页岩岩样的抗张强度来看，其分布范围与原岩重合。

3. 页岩层段地应力分析

钻井诱导缝、井壁应力崩落及地层波速各向异性分析是基于成像测井资料进行井周地应力方向分析最常用的方法和手段。

诱导裂缝是在钻井过程中，由于钻具振动、原始地层应力释放、钻井液密度过大等因素形成的分布于井壁上的裂缝。钻井诱导缝的发育方向通常指示了水平最大主应力的方向。因此，基于成像测井图像进行钻井诱导缝识别分析，可获取水平最大主应力的方向。

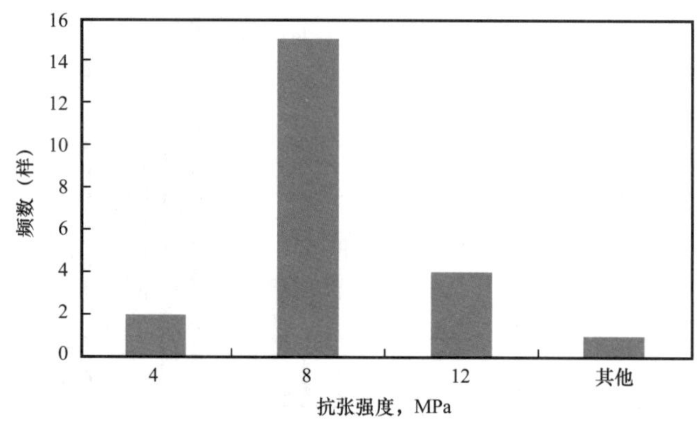

图 4-8　页岩原岩抗张强度分布

表 4-9　页岩原岩抗张强度

岩心编号	取心深度，m	类型	最大载荷，kN	抗张强度，MPa
180–2	2278.37～2278.40	原岩	2.49	5.16
99–1	2196.38～2196.41		0.51	1.31
150–1	2248.04～2248.07		5.55	14.81
113–1	2210.82～2210.85	现场钻井液浸泡岩样	3.14	7.41
181–2	2279.27～2279.30		2.61	6.49
99–3	2196.38～2196.41		3.84	8.35

钻井诱导缝仅发生在局部井段，用其判断地应力方向有局限性。在各向异性介质中横波沿传播方向将分裂为与质点振动方向相互垂直的两个横波（横波分裂），这两个横波以不同的速度（快横波、慢横波）传播。快横波方位角通常指示了水平最大主应力方向或断层、裂缝的走向以及地层层理的走向。在地层结构面不发育的条件下，通过提取快横波与慢横波方位，分析快、慢横波时差大小及能量差等各向异性指标，可进行全井段水平最大地应力方向的连续分析。

井壁应力崩落是由于钻井液密度偏低后，在连续性地层井壁周围出现的对称性垮塌现象。如果在破碎性地层，则出现与前种相差 90° 方位的坍塌。

通过利用钻井诱导缝、井眼垮塌对井周地应力方向进行了分析（图 4-9～图 4-14），长宁—威远地区水平最大主应力方位为 NWW—SEE 向至 NW—SW 向，具体方位为 115°～135°。

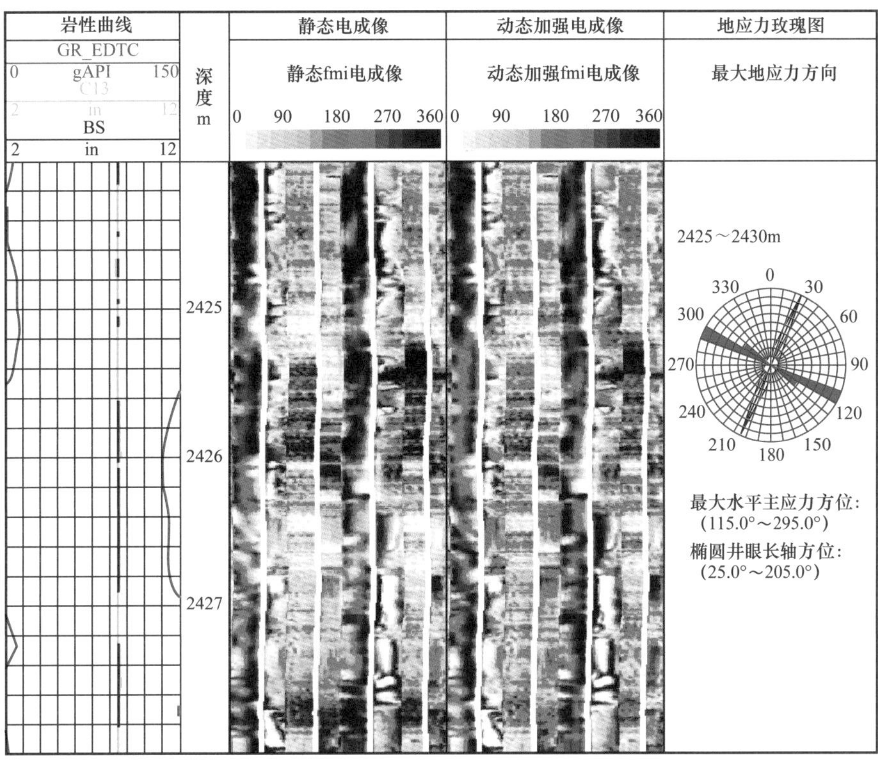

图 4-9　宁 201 井井眼诱导缝指示水平最大主应力方位（115°）(2425～2430m）

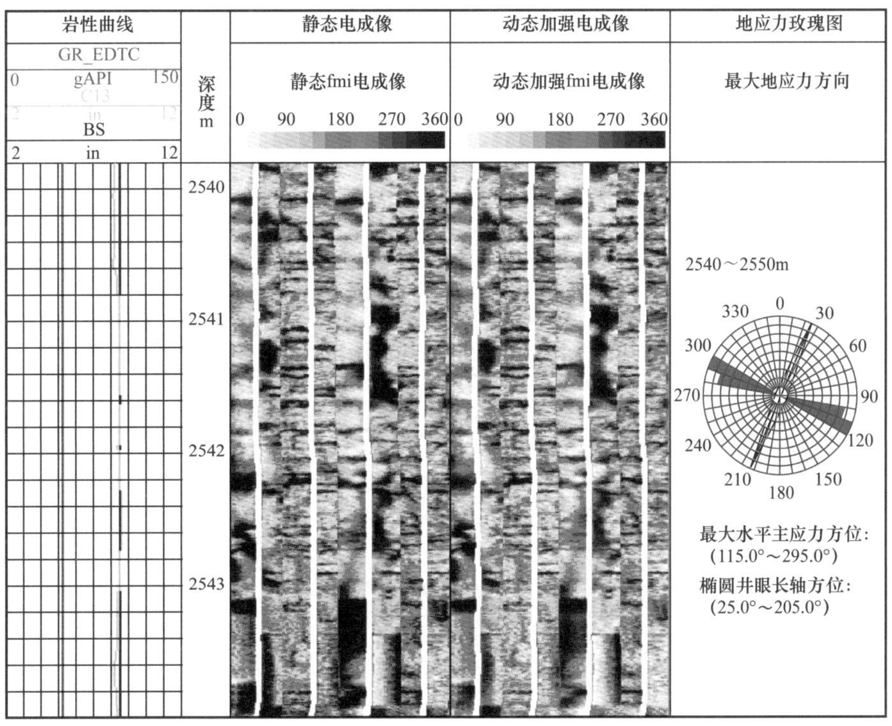

图 4-10　宁 201 井井眼诱导缝指示水平最大主应力方位（115°）(2540～2550m）

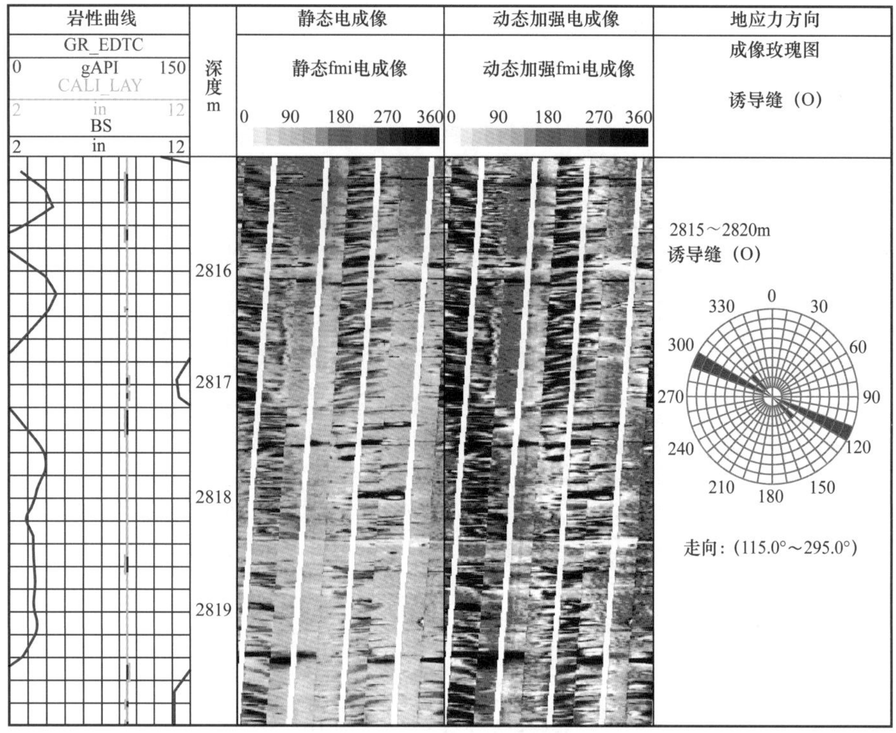

图 4-11　威 201 井钻井诱导缝指示水平最大主应力方位（115°）(2815～2820m)

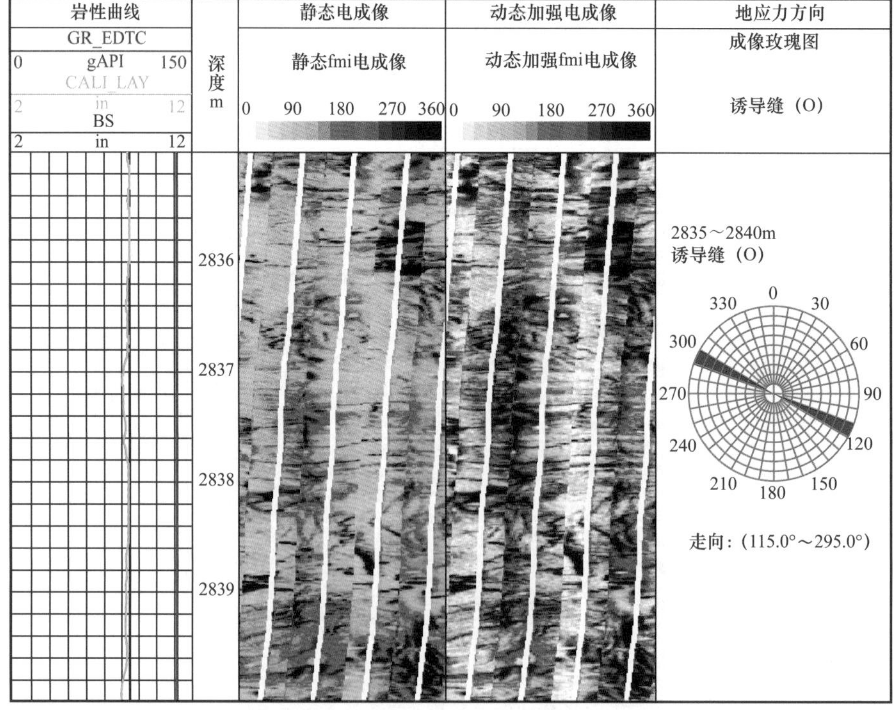

图 4-12　威 201 井钻井诱导缝指示水平最大主应力方位（115°）(2835～2840m)

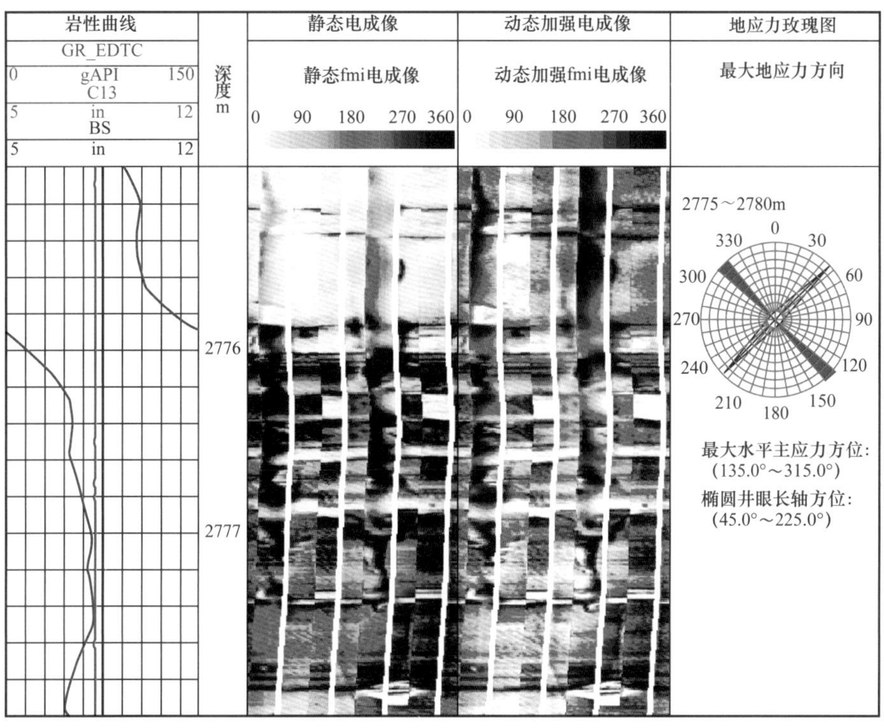

图 4-13　威 201 井井眼垮塌指示水平最大主应力方位（135°）（2775～2780m）

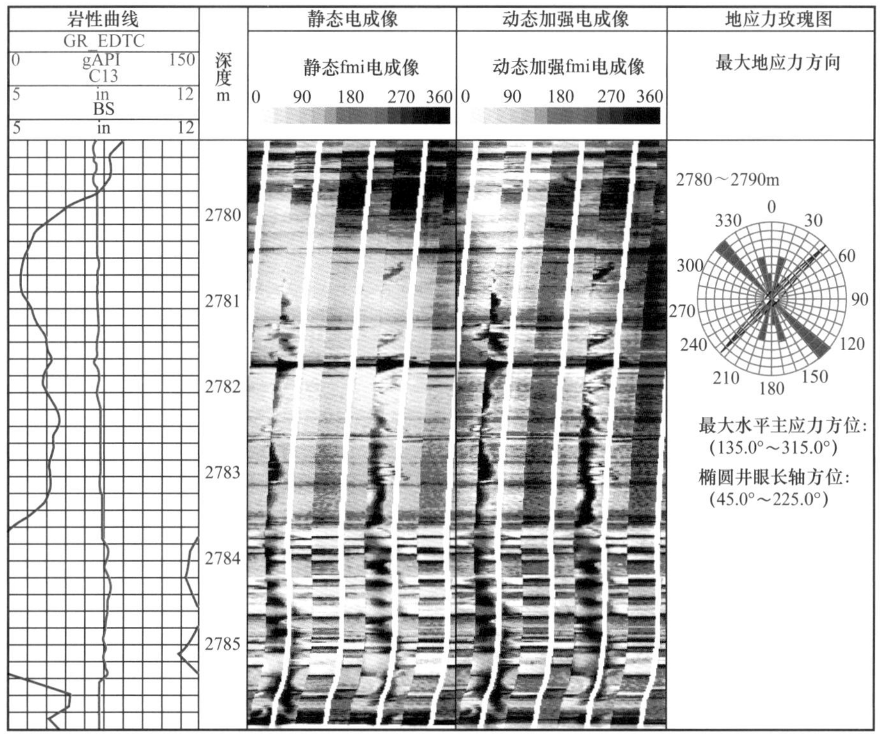

图 4-14　威 201 井井眼垮塌指示水平最大主应力方位（135°）（2780～2790m）

第二节　页岩气水平井油基钻井液技术

页岩气储层段石英含量较高，岩石脆性特征明显，属弱水敏；同时具有较强的层理结构，极易发生层间剥落；页岩强度有显著的各向异性，岩心易发生沿层理面的剪切滑移破坏，造成定向段和水平段井壁失稳。根据页岩气储层特性，在定向段和水平段，通过优选处理剂，保证了油基钻井液的强封堵性、低滤失量和良好的携砂能力，形成了适合页岩气钻井的油基钻井液体系，取得了较好的效果。[8]

一、处理剂优选

油基钻井液主要由基油、水、乳化剂、降滤失剂、润湿剂、流型调节剂和封堵剂等组成。其中乳化剂主要用于保证油基钻井液体系的乳化稳定性。在保证了体系乳化稳定性的基础上，有机土和流型调节剂可以调节油基钻井液体系的流变性能；降滤失剂和封堵剂可以改善油基钻井液体系的封堵性与滤失造壁性；润湿剂则可以润湿反转加重材料，改善加重材料在油基钻井液中的分散性。

1. 乳化剂的优选

乳化剂是制备稳定乳状液的关键，优良的乳化剂可以很大程度地提高钻井液的稳定性。在示范区使用的油基钻井液采用主乳化剂和辅乳化剂复配的方式使用。通过在实验室对多种复合乳化剂进行评价，筛选出最佳的乳化剂。实验条件为：取 160mL 白油（5#，以下实验均选择该号柴油）、40mL $CaCl_2$ 溶液（26% 浓度），在 25℃下高速乳化 30min，在滚子炉中恒温滚动 16h（120℃），用 Fann-23C 型电稳定仪测其破乳化电压（测试温度 50℃），用液滴分析技术鉴定乳状液的类型，实验结果见表 4-10。

表 4-10　乳化剂的筛选

乳化剂名称	乳化剂用量，%（质量分数）	油水比	破乳电压，V	乳液类型
ONEMUL	6.0	80：20	450	W/O
HFMV	6.0	80：20	400	W/O
JY-1	6.0	80：20	370	W/O
QHZ-1+ QHF-2	2.0+4.0	80：20	610	W/O
BOMU	6.0	80：20	270	W/O
VESERMUL	6.0	80：20	290	W/O

由表4-10可知，在上述实验条件下，上述各种乳化剂都能形成油基乳状液，QHZ-1+QHF-2的稳定性最好。故在后面的实验中，选QHZ-1+QHF-2作为乳化剂。

2. 润湿剂的优选

润湿剂在油基钻井液中决定了体系的破乳电压，具有重要的作用，评价实验条件为：取160mL白油，40mL蒸馏水，加入3.5%的HFMU，一定量的重晶石（使其密度达到1.10g/cm^3）和2.0%有机土，加入不同的润湿剂，在25℃下高速乳化30min，在滚子炉中滚动放置16h（120℃），用Fann-23C型电稳定仪测其破乳化电压（测试温度50℃），实验结果见表4-11。

由表4-11可知，HFWE的润湿效果最好，其破乳电压达到730V，故选HFWE作为该油基钻井液的润湿剂。

表4-11 润湿剂的优选

润湿剂名称	润湿剂用量，%（质量分数）	油水比	破乳电压，V	乳液类型
DU-23	2.0	80：20	448	W/O
DWJ	2.0	80：20	461	W/O
HFWE	2.0	80：20	730	W/O
JY-1	2.0	80：20	520	W/O
RS	2.0	80：20	419	W/O
BR	2.0	80：20	491	W/O

3. 封堵剂的优选

封堵剂在油基钻井液中起着防止漏失的作用，评价实验条件为：

在160mL白油中加入40mL蒸馏水，在高速搅拌的条件下，加入4.0%HFMU、4.0%HFWE和2.0%HFMA，再加入不同的封堵剂和一定量的重晶石粉（使其密度达到1.10g/cm^3），在25℃下高速乳化30min，在滚子炉中滚动放置16h（120℃），通过测定油基钻井液的高温高压滤失量（120℃），实验结果见表4-12。

表4-12 封堵剂的优选

封堵剂名称	封堵剂用量，%（质量分数）	油水比	高温高压滤失量 mL	乳液类型
YFT	4.0	80：20	4.0	W/O
HF-S	4.0	80：20	3.0	W/O
YH-140	4.0	80：20	4.8	W/O
YH-150	4.0	80：20	5.6	W/O

由表 4–12 可知，HF–S 的降滤失效果最好，其滤失量为 3.0mL，故选 HF–S 作为该油基钻井液的封堵剂。

4. 降滤失剂的优选

降滤失剂在油基钻井液中起着减少油对页岩微裂缝的润滑等作用，评价实验条件为：

在 160mL 白油中加入 40mL 蒸馏水，在高速搅拌的条件下，加入 4.0%HFMU、4.0%HFWET 和 2.0%HFMA，再加入不同的降滤失剂和一定量的重晶石粉（使其密度达到 1.10g/cm^3），在 25℃下高速乳化 30min，在滚子炉中滚动放置 16h（120℃），通过测定油基钻井液的高温高压滤失量（120℃），实验结果见表 4–13。

表 4–13 降滤失剂的筛选

降滤失剂名称	降滤失剂用量，%（质量分数）	油水比	高温高压滤失量 mL	乳液类型
BZ–OFL	4.0	80：20	3.4	W/O
ZR–03	4.0	80：20	3.8	W/O
HFLO	4.0	80：20	2.6	W/O
MJS	4.0	80：20	5.6	W/O

由表 4–13 可知，HFLO 的降滤失效果最好，其滤失量为 2.6mL，故选 HFLO 作为该油基钻井液的降滤失剂。

5. 流型调节剂的优选

油基钻井液的流变性对温度较为敏感，为了适应不同温度环境下油基钻井液的配制和使用，保持油基钻井液的悬浮携砂能力，需要引入高温流型调节剂。

在油基油包水钻井液中，通过加入不同流型调节剂，以维持油基钻井液较好的悬浮携砂能力。具体实验条件为：在 160mL 白油中加入 40mL 蒸馏水，在高速搅拌的条件下，加入 1% 不同类型的流型调节剂，再加入 1% 有机土、4.0%HFMU、4.0%HFWE 和 2.0%HFMA，和一定量的重晶石粉（使其密度达到 1.10g/cm^3），在 25℃下高速乳化 30min，采用 Fann–ZNS6 旋转黏度计测试静切力，结果见表 4–14。

表 4–14 流型调节剂对油基钻井液静切力的影响

流型调节剂	静切力（10min/10s），Pa
HFAC	6/10
HFHT	3/12
GXJ	2.5/6
AMPS–2	8/26

由表 4–14 可知，加入 HFAC 后使得油基钻井液在维持合适的静切力，具有良好的悬浮携砂性。故选 HFAC 作为该体系的流型调节剂。

二、油基钻井液体系

1. 基本性能

根据对油基钻井液中各种组分材料的筛选和加量研究，形成油基钻井液。通过室内优选和现场实验，形成配方：白油 +2%～3% 有机土 +3.5%HFMU+1.5%HFMA+1.5%HFWE+1.0%HFAC+15%～25%$CaCl_2$ 溶液（26% 浓度）+2%～3%CaO+3%～4%HFLO+2%～3%HF–S+1%～2%$CaCO_3$（500 目）+$BaSO_4$，在滚子炉中 120℃恒温滚动 16h，于 50℃测其性能见表 4–15。

表 4–15　油基钻井液基本配方性能

状态	*AV* mPa·s	*PV* mPa·s	*YP* Pa	Φ_6/Φ_3	*Gel* Pa	E_S V	FL_{HTHP} mL
热滚前	61	53	8	8/7	4/7.5	582	—
120℃热滚 16h	60	52	8	7/6	4/7	617	3.6

表 4–15 表明，油基钻井液具有良好的乳化稳定性，较低的塑性黏度，合适的动塑比和静切力以及较低的高温高压滤失量。且热滚后，油基钻井液的流变性能基本没有变化，表明该油基钻井液的抗温性能优良。破乳电压在热滚以后有所上升，进一步表明了该油基钻井液具有良好的乳化稳定性。

2. 抑制性评价

为了评价该油基钻井液体系的抑制性能，选取地表蓬莱镇组泥岩岩屑（6～10 目）为研究对象，通过实验测定了清水与该油基钻井液的岩屑滚动回收率，实验结果见表 4–16。

表 4–16　油基钻井液体系岩屑滚动回收率实验

实验配方	回收质量，g	回收率，%
350mL 清水 +50g 岩屑	8.23	16.46
350mL 钻井液 +50g 岩屑	49.79	99.58

由表 4–16 可以看出，该油基钻井液体系具有非常好的抑制性能。

3. 封堵性评价

采用 FANN 渗透堵漏仪器（PPA，见图 4-15）进行封堵性测试（测试用岩心板的渗透率为 10mD、100mD），在 120℃、25MPa 条件下，经过实验，滤失量为 0。说明该钻井液具有良好的封堵性能。

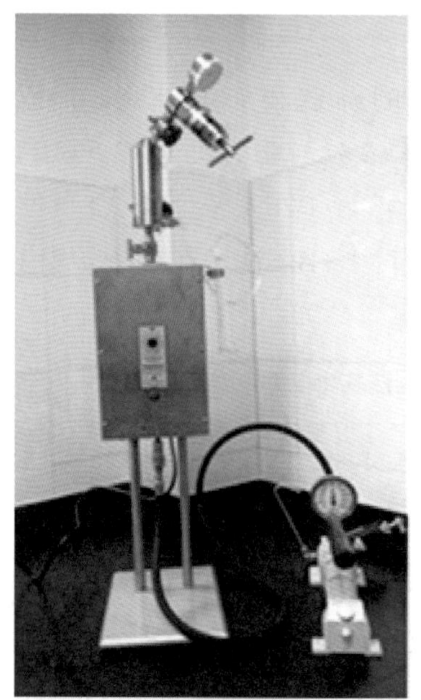

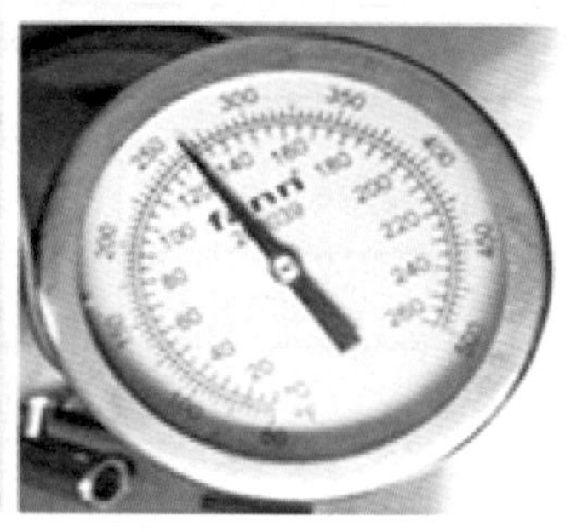

图 4-15　PPA 实验仪器

4. 长效抗温稳定性

在实际钻井液过程中，油基钻井液常常需要在井下长时间静置，因此，油基钻井液的长效抗温性能需要非常稳定，才能保证井下作业的安全。通过实验，评价了该油基钻井液的长效抗温稳定性，实验结果见表 4-17。

表 4-17　油基钻井液体系长效抗温稳定性价实验

状态	Φ_6/Φ_3	*AV* mPa·s	*PV* mPa·s	*YP* Pa	*Gel* Pa	E_S V	FL_{API} mL	FL_{HTHP}（120℃）mL
热滚后	8/6	61.5	51.0	10.5	3.5/9.0	763	0.4	3.4
120℃ ×72h 静置	8/7	64.5	55.0	9.5	5.0/12.0	825	0.8	4.4

由表 4-17 可知，该油基钻井液体系在 120℃下静置 72h 以后，流变性能基本稳定，破乳电压有所上升，高温高压滤失量稍微上升，表明了该油基钻井液体系具有良好的长效抗温稳定性能。

5. 抗污染能力评价

在实际钻井过程中，油基钻井液不可避免地会受到地层劣质固相以及地层水的污染，因此，油基钻井液的抗污染能力是保证顺利安全钻井液的保障。通过实验，研究了该油基钻井液体系的抗污染能力，实验结果见表 4–18。

表 4–18　油基钻井液体系抗污染评价实验

状态	Φ_6/Φ_3	*AV* mPa·s	*PV* mPa·s	*YP* Pa	*Gel* Pa	E_S V	FL_{API} mL	FL_{HTHP}（120℃）mL
热滚前	10/8	56.5	46.0	10.5	5.5/7.5	651～693	0.6	
热滚后	8/6	61.5	51.0	10.5	3.5/9.0	697～787	0.4	3.4
基浆 +10% 水污染	11/8	82.5	69.0	13.5	7.0/11.0	483～508	0.4	2.0
基浆 +10% 页岩粉污染	6/4	69.0	58.0	11.5	2.0/8.0	607～688	0.7	3.6

由表 4–18 表明，该油基钻井液体系具有良好的抗污染能力，无论是水污染还是页岩粉的污染，该体系仍然保持了比较理想的综合性能，仅流变参数有所上升，破乳电压有所下降。

三、油基钻井液体系现场维护处理[9]

1. 油基钻井液配制

（1）检查循环罐、配浆罐及储备罐的密封性，各罐搅拌器使用正常，管线畅通，排除罐和管线内的积水，钻井液循环系统的连接、闸阀的橡胶件均须换成耐油件，发现问题及时整改。

（2）将循环罐、配浆罐及储备罐清洗干净后，在配浆罐中放入最大不超过罐体容积 2/3 的基础油，开启搅拌器，按照顺序依次加入乳化剂、CaO、降滤失剂、封堵剂 CQ–BFX、润湿剂，加完后，循环剪切时间不低于 30min；

（3）在搅拌、循环的条件下，将配好的浓度为 20%～30% 的氯化钙水溶液加入含有处理剂的基础油中，加完后，充分搅拌、循环 30min 以上；

（4）在搅拌、循环的条件下，在上述油水混合基液中加入流型调节剂，循环搅拌 30min；

（5）取配制好的基浆，并将其加热至 65℃，测其常规性能，合格后开始加重调整至所需钻井液密度。

（6）加重完成后，继续对新浆进行不低于 30min 的循环时间，以进一步提高重晶石的分散性和油基钻井液的稳定性。

2. 油基钻井液现场维护及处理

（1）每天根据 GB/T 16783.2—2012《石油天然气工业　钻井液现场测试　第 2 部分：油基钻井液》测试程序至少做 2 次全套性能，并根据性能测试结果及时调整相对应的处理剂加量，保持钻井液性能稳定。体系的电稳定性破乳电压在 65℃时应保持在 400V 以上，保持乳化剂的浓度和充分剪切是保持体系稳定的关键。

（2）油基钻井液的维护以配制的基浆为主要维护、处理手段，基浆的配制可根据每天监测的油基钻井液性能进行配方确定及调整。

（3）保持钻井液中碱度控制在 0.3～1.0（即过量石灰含量为 1.1～3.7kg/m^3），若不足，则适当补充石灰，以保证钻井液的碱度及维持钻井液体系的稳定。

（4）高温高压滤失量过高时，可通过加入降滤失剂和封堵剂进行调整，严格控制失水在设计范围。

（5）控制油水比在 75/25～90/10 范围，调节时同时补乳化剂和石灰。若黏度过高，及时判定黏度增高的原因，降黏的最好方式是通过提高基础油的加量改变油水比进行调整，但同时需补充乳化剂和适量的石灰，以保持钻井液性能的稳定；当切力偏低时，则可通过加入乳化剂和流型调节剂的方式进行适当提高。

（6）现场若需降低钻井液密度，必须通过加入油基钻井液基浆的方式进行处理，注意调低基浆的油水比，同时根据密度降低程度的不同调整其他处理剂的加量。在处理时，先倒出多余的高密度钻井液，保留最低的循环量即可，再向循环的油基钻井液中均匀混入基浆，同时要做好钻井液进出口密度的监测工作。

（7）现场若需提高钻井液密度，则可直接向井浆内加入重晶石粉或其他加重材料，但在加重的同时，要补充适量的润湿剂和乳化剂，防重晶石聚集沉降。

（8）加强固控设备的使用，要求振动筛筛布为 140 目以上，除砂器应连续使用，且筛布要求为 200 目以上；离心机根据情况使用，并在使用时监测钻井液密度，发现密度降低时应及时加重，与原井浆密度保持一致。

四、应用实例[10]

1. 概况

威 20XH–Y 井位于四川省内江市威远县，构造位置位于威远中奥顶构造西翼部，地表出露为下侏罗统自流井组。目的层位龙马溪组，钻探目的评价威远构造斜坡带下古生界龙马溪组页岩气水平井产能。地表出露地层：侏罗系自流井组。井身结构如图 4–16 所示。

在三开 ϕ168.28mm 井眼按设计使用密度 2.00～2.09g/cm^3 的油基钻井液钻进，经过 29 天钻至井深 4295.00m 完钻，下套管、固井顺利完成。在整个作业期间，油基钻井液性能稳定，实钻性能见表 4-19。

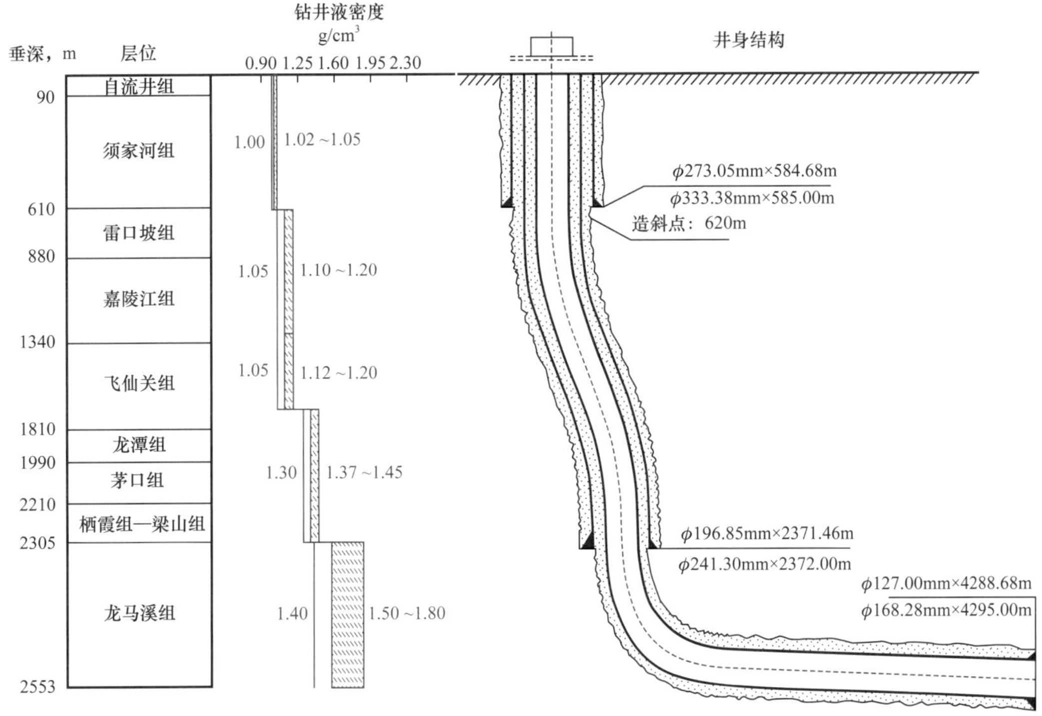

图 4-16　威 20XH-Y 井身结构图

表 4-19　油基钻井液实钻性能

密度 g/cm^3	*FV* s	碱度	FL_{HTHP} mL	初切 Pa	终切 Pa	*PV* mPa·s	*YP* Pa	固相含量 %	E_S V	油水比
2.00～2.09	68～90	0.3～0.5	0.8～1.0	1.5～3.0	4.5～14.0	38.0～47.0	5.5～8.5	≤42	380～890	75～86 至 25～14

2. 油基钻井液现场效果

（1）强封堵性和低滤失量。在页岩层钻进中，最易引起的井下复杂就是井壁失稳，甚至因井壁失稳造成垮塌卡钻。该井水平段应用的油基钻井液，抑制性能好、胶结封堵能力强，润滑防卡性能好。整个水平井段中，顺利钻进无垮塌现象发生。

（2）良好的稳定性。通过配合加入主乳化剂和辅乳化剂维护钻井液的稳定性，维护破乳电压在 400V 以上，保持油水比在 80∶20 以上。钻进过程中通过振动筛返出岩屑的状况来调整钻井液的润湿性。

（3）携砂能力强。油基钻井液具有高的低剪切速率黏度，良好的静态与动态悬砂能力，能够很好地满足水平井钻井要求。

（4）较好的页岩力学强度保持能力。油基钻井液具有较好的页岩力学强度保持能力，能够避免水岩相互作用导致页岩强度降低从而造成井壁失稳。

第三节 页岩气水平井水基钻井液技术

随着新版《中华人民共和国环境保护法》的颁布和环保观念的增强以及降低成本的压力，页岩气储层段常用的油基钻井液的使用遇到了新的挑战。研发应用页岩气水基钻井液成为当前页岩气开发的热点和重点攻关技术。通过分析页岩气储层地质特征，针对层理发育、孔隙度低、微裂缝发育、强分散性、易剥落和垮塌的特点，以及长水平段钻井防黏卡、强封堵防塌、低摩阻、良好润滑性等要求，以抑制性、封堵能力和润滑性和流变性为研究对象，研发的页岩气水基钻井液体系基本满足了长宁—威远地区页岩气水平井钻井工程需求，既节约钻井成本，同时也降低了环保压力。

一、处理剂优选[5]

页岩气水基钻井液主要是由水、抑制剂、封堵剂、润滑剂、盐和加重剂等组成。通过室内评价优选出适合于页岩气水平井的抑制剂、封堵剂和润滑剂，在此基础上，形成水基钻井液体系配方，从而替代高成本的油基钻井液。

1. 抑制剂的优选

井眼的不稳定可能会造成钻井施工无法正常顺利进行，因此，从井壁失稳机理出发，寻找其失稳原因及其解决的方法对井壁稳定性的研究是非常有必要的。尤其是在长水平段水平井特殊的井身结构中，不论是在理论上还是在实践中，井壁稳定问题显得格外重要和突出。在页岩层段，水化作用是引起该段地层井壁失稳的主要原因之一，并且目前对稳定井壁机理和技术研究上，需要将研究内容和钻井液综合性能的改善、保护油气层和环保相结合。因此，在斜度大、裸眼井段长、井壁更容易垮塌失稳的长水平段水平井中，所使用的钻井液要求具有强的抑制性，抑制页岩的水化，使其能够消除或减缓井眼不稳定现象的发生。

采用滚动回收率实验，对 CQ-SIA、KPAM、AP-1 以及 KCl 进行了抑制性能评价对比。滚动回收率实验选用岩屑为分散性较强的泥页岩，滚动温度为 120℃，滚动时间 16h。从实验结果（表 4-20）可以看出，CQ-SIA 的滚动回收率明显高于其他抑制剂，说明其抑制性能在这几种处理剂中最佳。

表 4-20　抑制剂滚动回收率实验结果

配方	回收率，%
清水	13.22
1%CQ-SIA	83.72
1%KPAM	65.44
1%AP-1	52.40
7%KCl	61.20

2. 降滤失剂的优选

钻井液中加入降滤失剂的目的就是为了减少在钻井过程中钻井液的滤液侵入地层，阻止地层中的黏土矿物水化，保持井壁的稳定性，钻遇储层时，还能减少对储层的伤害。而钻井液滤失量的多少主要取决于滤饼质量和滤液的黏度。降滤失剂在钻井液中主要起堵塞滤饼中的毛细孔道使其结构更加致密、护胶作用和增加滤液黏度。如果所选用的降滤失剂能同时具备以上多条作用来降低滤饼的渗透率，则可大幅提高钻井液的降滤失性能。

对常用的三种聚合物降滤失剂 PAC-LV、CPF 和 CMC-LV 分别加入 2% 的膨润土浆中进行评价，结果见表 4-21。

表 4-21　降滤失剂的优选

降滤失剂	含量，%	API 滤失量，mL
PAC-LV	0.4	12.8
	0.6	11.4
	0.8	11.2
	1.0	10.8
CPF	0.2	19.2
	0.4	17.1
	0.6	14.2
	0.8	13.6
CMC-LV	0.4	18.0
	0.6	14.1
	0.8	12.2
	1.0	11.8

从表 4-21 中可以看出，随着聚合物降滤失剂含量的增加，基浆的 API 滤失量逐渐减少，但当含量增加到一定程度时，含量增加，基浆的滤失变化量逐渐趋于稳定状态。在相同加量的情况下，PAC-LV 在降滤失方面表现最好，形成的滤饼薄而韧。它的加入能够很好地降低基浆的滤失量，所以在聚合物降滤失剂中选择 PAC-LV 为页岩气水基钻井液的一种降滤失剂。

由于聚合物的相对分子量比较大，此类降滤失剂的加入对钻井液的流变性影响较大，所以进一步考察了优选出的降滤失剂 PAC-LV 对钻井液流变性的影响情况，结果如图 4-17 所示。从图中可以看出，随着聚合物降滤失剂 PAC-LV 含量的增加，基浆的黏度和切力也随之增大，对基浆流变性能的影响也逐渐变大。综合考虑确定其加量为 0.6%～1.0%。

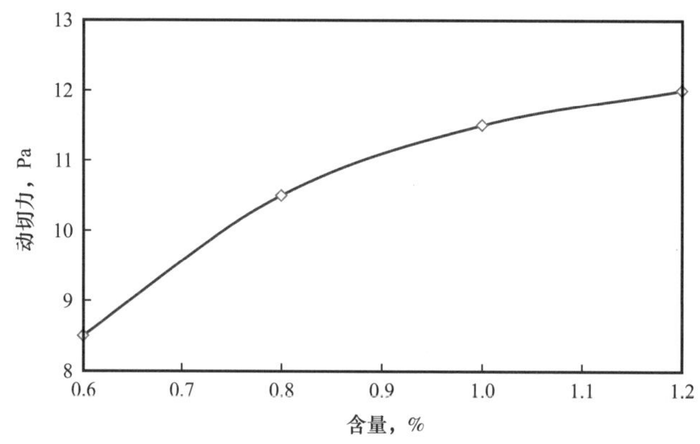

图 4-17　PAC-LV 含量与动切力的关系曲线

3. 封堵剂的优选

根据页岩孔隙结构分析可知，页岩存在大量的微孔隙和微裂缝，因而需要在钻井液中加入封堵剂，实现对页岩微孔隙和微裂缝的封堵，以有效降低钻井液静水压力的传递和钻井液滤液的渗滤。

目前常用的柔性封堵材料主要为沥青类封堵材料。沥青类封堵材料在高温下软化变形和疏水，可有效阻止钻井液滤液进入地层，抑制地层水化，防止井壁的坍塌。沥青类封堵材料主要有磺化沥青、乳化沥青和天然沥青，将浓度 3% 的各类沥青材料分别加入 4% 预水化膨润土浆中，分别测定各类沥青钻井液封堵 40μm 微裂缝和微孔隙性能，设定温度 150℃，压差 3.5MPa。根据实验结果，分别绘制各类沥青类封堵材料封堵微孔隙和封堵微裂缝的高温高压滤失量与时间的关系曲线，如图 4-22 和图 4-23 所示。

由图可见，高温高压滤失量随时间延长而增加，到一定时间滤失量基本不变。封堵微孔隙的滤失量比封堵微裂缝的滤失量大，乳化沥青和天然沥青封堵微孔隙和微裂

缝的规律相似，而磺化沥青封堵微裂缝的效果比天然沥青封堵微孔隙的效果要好，但还是较乳化沥青封堵微裂缝的效果差。由图 4–18 和图 4–19 可知，对微孔隙和微裂缝的封堵中，乳化沥青的高温高压滤失量最少，滤失量达到恒定的时间最短，而天然沥青的滤失量最大，滤失量达到恒定的时间最长，说明乳化沥青在沥青类封堵材料中的封堵效果最好。因此，选择乳化沥青作为沥青类封堵材料。

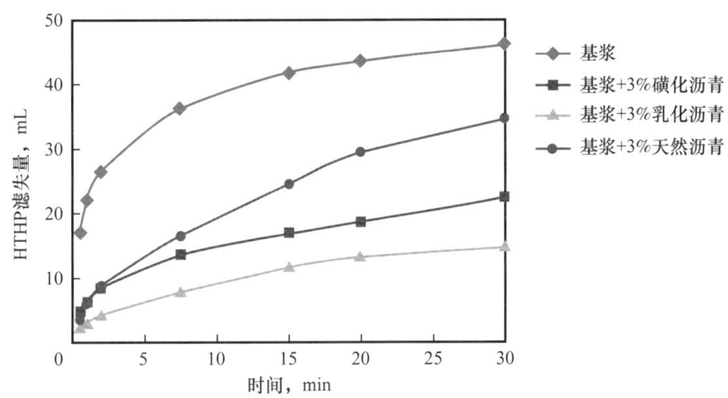

图 4–18　各类沥青类封堵材料封堵微孔隙的性能

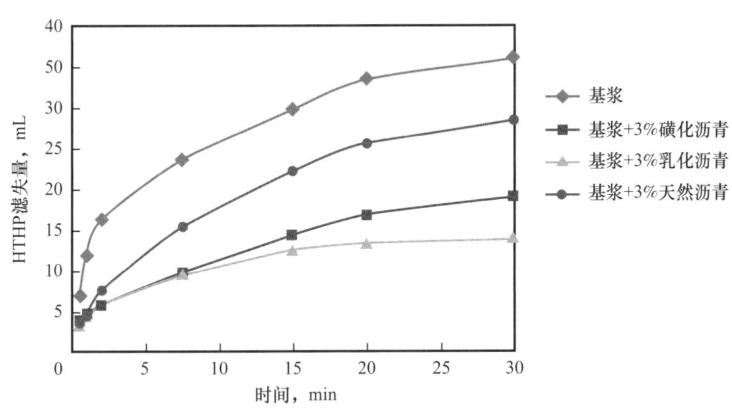

图 4–19　各类沥青类封堵材料封堵微裂缝的性能

4. 润滑剂的优选

钻井过程中钻具的摩阻、扭矩以及能否顺利起下钻都与钻井液的润滑性密切相关，它的好坏还会影响到能否准确对井底施加钻压、有效利用钻机功率等。钻井液润滑性差可能会降低机械钻速，甚至造成卡钻或断钻具等井下复杂事故。而在水平井钻井过程中，影响水平井钻进的一个主要不利因素是钻具和井眼之间存在过大的扭矩和摩阻，特别是井斜角大于 60° 时，扭矩和摩阻增长速度较快。造成上述这种情况发生的主要原因是由于井壁和钻具之间的接触面积较大、井眼不清洁等，这就要求水平井钻井液具有良好的润滑性。对于水基钻井液而言，加入防卡润滑剂或者极压润滑剂等可有效提高钻井液的润滑性，以达到减少钻井摩阻的目的。

根据长宁—威远地区页岩气井长水平段要求钻井液具有很好的润滑性能的特点，系统地评价了近年来国内外常用润滑剂的润滑性能，以期使钻井液达到优异的润滑性能。考虑到固体润滑剂存在成本较高或者固体尺寸配伍性等问题，优先考虑液体润滑剂。而评价润滑剂及钻井液的润滑性能的仪器有黏附系数测定仪、E–P 极压润滑仪、黏滞系数测定仪、LEM 仪等。实验采用 NF–2 型黏附系数测定仪和 NZ–3A 型黏滞系数测定仪评价了几种常用润滑剂并考察所选润滑剂对钻井液流变性能的影响情况，最终确定出高性能水基钻井液润滑剂的加量范围。

将 3% 的 RH–220、FRH、PPL 以及 CQ–LSA 加入基浆中，采用 NF–2 型黏附系数测定仪和 NZ–3A 型黏滞系数测定其黏附系数 K_f 和黏滞系数 K_m，结果见表 4–22。

表 4–22　润滑剂的优选评价

润滑剂	AV mPa·s	PV mPa·s	FL_{API} mL	K_f	K_m
基浆	53	45	3.4	0.194	0.2035
RH–220	53	46	3.2	0.144	0.1405
FRH	55	44	3.0	0.169	0.1584
PPL	56	48	3.2	0.152	0.1495
CQ–LSA	52	45	2.2	0.0676	0.0612

注：测定 K_f 的实验条件为 3.5MPa，常温；测定 K_m 的实验条件为常温常压。

从表 4–22 中可以看出，润滑剂 CQ–LSA 在基浆中配伍性好，其润滑性得到了很好的改善，与基浆相比，黏附系数降低了 60.8%，黏滞系数降低了 69.9%，对流变性影响不大，并且还具有一定的降滤失作用。

二、水基钻井液体系

1. 基本性能

在关键处理剂优选的基础上，通过室内大量配伍实验，研制出页岩气水基钻井液体系，基本配方如下：0.6% 膨润土 + 0.8%PAC–LV + 5% 抗高温降滤失剂 + 0.2%NaOH + 2% 防塌封堵剂 + 1%CQ–SIA + 20% 复合盐 + 1.5% 纳米封堵剂 + 0.5% 表面活性剂 + 3%CQ–LSA+ 重晶石。该体系具有良好的流变性能，优异的抑制性、封堵性和润滑性，基本性能见表 4–23。

表 4-23　页岩气水基钻井液的基本性能

实验条件	ρ g/cm³	AV mPa·s	PV mPa·s	YP Pa	G_{10min}/G_{10s} Pa/Pa	FL_{API} mL	FL_{HTHP} mL
热滚前	2.10	52	45	7	2/7	—	—
120℃，16h	2.10	41	36	5	1.5/5	0.2	3.2

2. 抑制性能

通过滚动回收率和线性膨胀试验对页岩气水基钻井液与常规钻井液的抑制性能进行对比（表 4-24 和图 4-20）。滚动回收率选用分散性较好的泥页岩，实验温度 120℃，滚动时间为 16h。[6]

表 4-24　滚动回收率对比数据

体系	滚动回收率，%
清水	11.2
聚合物钻井液	82.8
聚磺钻井液	91.6
页岩气钻井液	99.4
油基钻井液	99.5

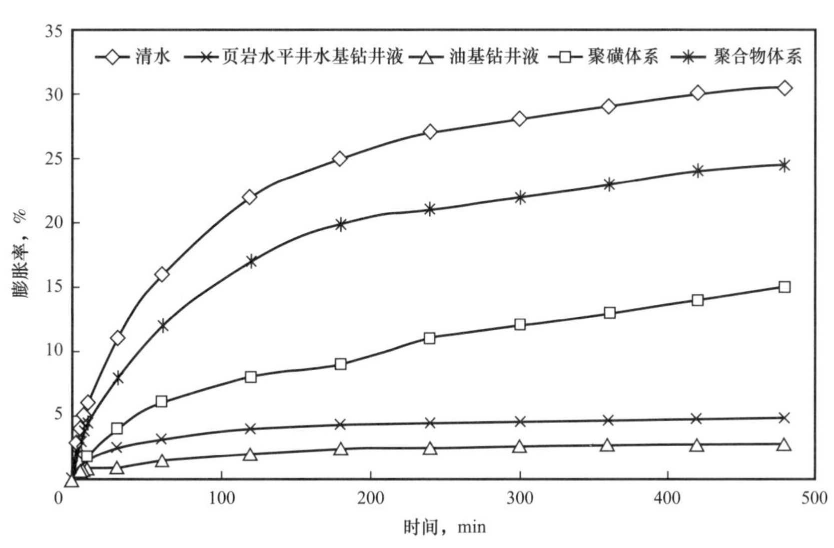

图 4-20　页岩线性膨胀实验曲线

从以上结果可以看出，页岩气水基钻井液滚动回收率和膨胀率明显好于聚磺钻井液，与油基钻井液接近。由此可以说明，该体系能有效抑制页岩的水化膨胀，有利于稳定井壁和保护储层。

3. 封堵性能

页岩裂缝的渗透率一般都低于 0.1mD，采用 Fann 公司的高温高压封堵仪 PPA 评价钻井液封堵性能，实验中选用渗透率为 500mD 陶瓷缝板，在 120℃、500psi 的压差下测试 30min 钻井液的滤失量，结果见表 4–25。

表 4–25　钻井液高温高压封堵实验

体系	滤失量，mL
页岩气抑制钻井液	0
油基钻井液	0

从以上结果可以看出，页岩气水基钻井液和油基钻井液滤失量均为 0，由此表明页岩气水基钻井液具有优良的封堵性能。

4. 润滑性能

对同样密度（ρ=2.1g/cm^3）的聚磺钻井液、页岩气水基钻井液和油基钻井液在同等条件下进行极压润滑系数（K_{EP}）、黏附系数（K_f）和黏滞系数（K_m）测定，三个参数均按 API 标准程序测试，结果见表 4–26。

表 4–26　润滑性能对比数据

配方	K_{EP}	K_f	K_m
聚磺钻井液	0.16	0.1648	0.1317
页岩气水基钻井液	0.102	黏附不上	0.0315
油基钻井液	0.093	黏附不上	0.0262

从以上结果可以看出，页岩气水基钻井液的润滑性能优良，相关性能参数接近油基钻井液。

5. 抗污染性能

在页岩气水平井钻井过程中，如果钻井液抑制能力不足，可能导致岩屑过度分散，造成钻井液被污染，流变性能严重恶化。为了评价钻井液体系的抗污染能力，分

别进行了膨润土和岩屑两种污染实验，其中岩屑采用分散性强的泥页岩，实验数据均为 120℃下滚动 16h 后测试，结果见表 4–27。

表 4–27　页岩气水基钻井液污染实验

配方	ρ g/cm³	AV mPa · s	PV mPa · s	YP Pa	G_{10min}/G_{10s} Pa/Pa	FL_{API} mL	FL_{HTHP} mL
基浆	2.1	41	36	5	1.5/5.0	0.2	3.2
基浆 +5% 膨润土	2.1	41.5	36	5.5	1.5/5.5	0.2	3.0
基浆 +15% 岩屑	2.1	44	38	6	2.0/6.0	0.2	3.0

从以上结果可以看出，页岩气水基钻井液经膨润土或者岩屑污染后，性能变化不明显，说明该体系具有很强的抗污染的能力。

三、钻井液现场维护处理技术

1. 页岩气水基钻井液维护措施[7]

（1）新浆入井后，前两个循环周因钻井液温度低，部分处理剂未充分溶解时振动筛会出现过筛困难和跑浆现象，此时可降低排量，待循环均匀后再正常钻进，揭开新地层时严格按要求使用好固控设备。

（2）维护钻井液性能时，按照页岩气水基钻井液配方中各特征处理剂加量配比，配制成胶液后按循环周均匀补充进行维护，维持钻井液优良的流变控制能力、封堵防塌能力和润滑防卡能力。

（3）钻进中，每 8h 测试一次钻井液常规性能，每天测试一次高温高压滤失量。一旦发生性能波动和油气显示异常，加密测试，及时调整钻井液性能，并根据甲方需要向其提供钻井液性能参数。钻井液体系及性能指标达到设计要求，满足钻井施工需要，符合相关技术标准及规范。

（4）强化四级固控，振动筛使用 180～200 目筛布，一体机使用 200 目筛布，并根据井下情况，合理使用好离心机。

（5）进入造斜点后，根据振动筛岩屑返出、起下钻和接单根等情况，及时调整钻井液密度。同时积极配合工程措施进行举砂，有效减少岩屑床形成。

（6）进入大斜度造斜段，加大降失水剂的用量，将钻井液高温高压滤失量（按井底温度进行测试）控制在 5mL 以下，并适当提高黏切，以保证钻井液携砂悬浮能力。

（7）进入水平段时，及时补充钻井液消耗材料，控制好钻井液流变性、润滑性，维持钻井液优良的抑制、封堵、防塌及润滑防卡能力，避免钻井液性能大幅波动。

（8）随着水平段钻进井深加深，钻进扭矩摩阻增大，需进一步强化钻井液润滑性，控制钻井液综合性能，以净化保优化，实现钻井液抑制性、润滑性、封堵性、防塌性的有机统一。

（9）在钻进后期，因裸眼段长，钻具的搅动、碰撞、挤压，造成返出的岩屑细小，极易分散在钻井液中，引起钻井液黏切上升。因此，在钻进中后期更要进一步强化固控的使用。建议振动筛使用 200 目筛布，同时使用好离心机，起下钻时清掏沉砂罐，控制好劣质固相含量，以保持后期钻井液性能的稳定受控。

（10）坚持进行短程起下钻，拉划井壁，通过变转速、变排量等方式破坏岩屑床，接立柱之前坚持拉划井壁，以确保井眼顺畅，减小摩阻。

（11）井场应储备足够量的堵漏剂，以便及时堵漏；井漏漏速小于 $10m^3/h$ 时，向井中加入 2%～3% 随钻堵漏剂；漏速大于 $10m^3/h$ 时，采用综合堵漏法；

（12）电测和下套管前根据需要在裸眼段垫入封闭液，保证电测和下套管顺利到位。

2. 注意事项

（1）在日常维护与处理井浆时，应通过配制胶液溶解完全后补充至钻井液中，严禁将处理剂直接加入井浆中。

（2）需要给井浆加重时，严格控制加重速度，每一周增加 $0.05g/cm^3$，避免因加重不均匀造成井下复杂。

（3）页岩段钻进时，加强对钻井液氯离子、钙离子和膨润土含量的监测；注意观察振动筛岩屑返出情况以及岩屑尺寸和形状，了解井下情况，判断钻井液抑制能力及流变性。

（4）振动筛筛布如有破损，应及时通知相关人员进行更换。

四、应用实例

长宁 HXY–Z 井设计井深 4787m，水平段长 1500m，在三开钻完水泥塞（2271m）后替入页岩气水基钻井液。历时 40 天，顺利钻达至完钻井深 5350m，裸眼井段长 3079m，最大井斜 104.07°，水平段平均井斜 99°～100°，超设计完成地质及工程目标，起下钻、电测、下套管和固井作业顺利。同时，该井创下了该区块的最长裸眼段纪录，创造了井斜超过 99° 的井段最长纪录。

在整个三开钻进过程中，钻井液性能稳定，抑制性强，润滑性能优异。钻进中未采用稠浆携砂及清扫液清扫井眼作业，井眼通畅，起下钻、电测、下套管作业顺利。钻进期间钻井液性能参数见表 4–28。

表 4-28　页岩气井钻进期间水基钻井液性能

井深 m	密度 g/cm³	*FV* s	*AV* mPa·s	*PV* mPa·s	*YP* Pa	*Gel* Pa/Pa	FL_{API} mL	K_f/K_m	FL_{HTHP} （100℃） mL	井斜角 （°）
2276	1.49	42	28.0	20.0	8.0	1.0/3.0	1.0	0.0699	4.2	入井
2276～2828	1.49～1.71	42～44	27.0～32.5	20.0～27.0	5.5～8.0	1.0～1.5/3.0～3.5	0.6～1.0	0.0573	3.0～4.4	直井段
2828～3020	1.94～1.97	49～52	43.0～48.0	37.0～42.0	5.5～7.5	1.0～1.5/4.0～6.0	0.2～0.8	0.0573	3.0～3.6	0.92～33.53
3020～3850（A 点）	2.00～2.03	54～66	51.0～61.0	45.0～52.0	7.0～9.0	1.0～1.5/7.0～10.0	0.6～0.8	0.0573	3.0～3.8	33.53～104
3850～5350	2.00～2.03	60～68	58.0～65.0	52.0～56.0	6.0～9.0	1.5/8.0～12.5	0.6～0.8	0.0573	3.0～3.8	96.45～104

第四节　页岩气储层保护技术

页岩气储层地质条件特殊、工程作业复杂，建井及开发生产阶段极易遭受严重的储层伤害。与常规油气储层相比，其储层伤害具有伤害潜力更高、伤害程度更严重、伤害更难解除的特点。

一、钻井过程储层伤害机理

1. 页岩气储层的特点

页岩气储层具有典型的基块孔喉细小、渗透率极低、黏土矿物丰富、多尺度天然裂缝发育、超低含水饱和度、渗流通道润湿性分布复杂、传质过程复杂等特点。储层伤害具有多尺度特点，伤害可发生在任一作业环节、空间尺度和传质阶段，潜在伤害因素多样，储层伤害潜力较常规储层更高。

页岩储层发生外来工作液侵入时，在高毛细管力作用下，固相和液相更易深度侵入储层。储层伤害更具叠加性，钻井、完井和开发过程中储层伤害多期叠加。储层伤害范围广且难以通过自然返排和解堵作业解除，储层伤害一旦产生则更难解除。

2. 钻井过程中储层的主要人力伤害

页岩储层多发育天然裂缝，天然裂缝即为油气产出提供渗流通道，又成为工作液漏失通道，导致页岩储层钻完井过程中工作液漏失频繁发生。工作液漏失是钻完井阶段最严重的储层伤害方式，表现为漏失伤害程度高和漏失伤害带广（图4–21）。漏失导致工作液中固相和液相大量侵入储层，极易诱发固相堵塞伤害、流体敏感性伤害、应力敏感性伤害和液相圈闭伤害。随工作液漏失量增加，漏失伤害范围急剧增大，并与后续作业伤害相叠加，伤害更难解除。

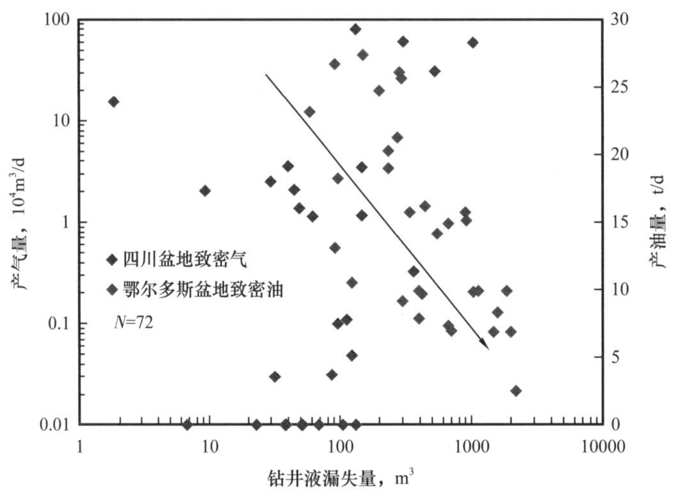

图4–21 钻井液漏失量与储层产量的关系曲线

二、储层保护—漏失控制储层保护技术[11]

1. 物理暂堵技术

物理暂堵技术通过架桥、填充和变形材料相结合，在井壁和近井带裂缝中形成暂堵带，阻止钻完井液中固相和液相侵入储层，而起到保护储层的作用。其发展经历了暂堵技术、广谱暂堵技术、理想充填技术、多级孔隙最优充填暂堵技术和暂堵性堵漏技术等，在页岩气储层保护中起到了重要作用。

2. 化学成膜暂堵技术

化学成膜暂堵技术有效保护储层，促进致密油气藏高效开发。化学成膜暂堵技术通过在井壁上形成膜状物，最大限度地阻止固相和液相侵入油气层，实现了从物理暂堵向物理化学膜暂堵的转变。其发展先后经历了油膜暂堵技术、成膜钻井液技术和仿生生物膜暂堵技术等。

国外某致密碳酸盐岩/页岩油藏，储层为石灰岩/页岩互层，采用酸溶性暂堵剂、微乳液生成剂、高温高压成膜降滤失剂等制备新型储层保护水基钻井液。与原油基钻井液相比，有效降低了钻井液漏失量，显著提高了致密油藏产量与产能指数。与油基

钻井液相比，采用改性水基钻井液产量提高原因为：原始油基钻井液侵入储层，易与地层水作用形成微乳液，产生乳化堵塞伤害。通过在改性水基钻井液中加入成膜降滤失剂、黏土稳定剂、膨胀抑制剂、酸溶性暂堵剂，在保证了改性水基钻井液与原始油基钻井液相当性能的同时，极大降低了钻井液漏失量，有效保护了储层。采用改性水基钻井液的试验井，实现了该致密油藏高效开发，日产油量显著提高（图 4–22 和图 4–23）。

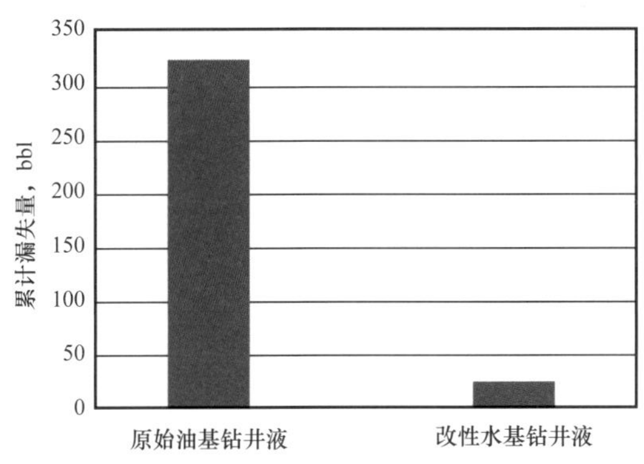

图 4–22　改性水基钻井液有效降低漏失量

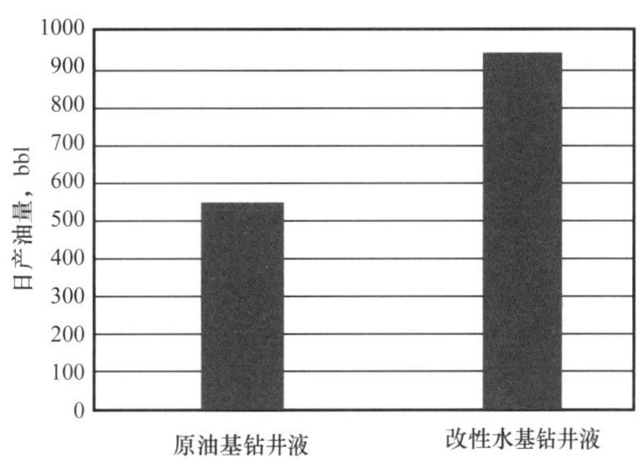

图 4–23　改性水基钻井液提高日产油量

3. 界面修饰技术

美国 Barnett 页岩气藏埋藏深度 2170～2830m，总厚度 80～100m，温度 71～93℃，储层压力 20.7～27.6MPa，压力系数 0.99～1.02。气藏渗透率平均 0.1～10nD，孔隙度平均 2%～6%，平均孔喉半径小于 0.5nm。截至 2008 年，Barnett 页岩气田总井数为 12000 口。近几年钻的井绝大多数为水平井（通常为 20～40 口的丛式井），水平段长度通常为 1000～2000m，压裂级数为 4～15 级。在 Barnett 盆地，页岩气井投产第一年后，单井平均产量递减 55%～60%。在没有新井补充的情况下，整个气田产量会减少 30%～35%。为了保持和提高气田总体产量，只能补充新井。水相圈闭伤害，压裂过程中水—岩相互作用极大降低裂缝导流能力。Barnett 页岩与 2%KCl 溶液和蒸馏水作用后，裂缝导流能力分别损失 97% 和 99%。Berea 致密砂岩与 2%KCl 溶液作用后，裂缝导流能力损失 80%。页岩气井压裂液返排率低，压裂液滞留易诱发水相圈闭伤害。依据接触角、界面张力、毛细管力等指标进行表面活性剂优选，并进行重复压裂，作业后气井稳定产量提高约 3 倍，稳产期大于 2 年（图 4–24）。

钻井完井储层保护与工作液漏失伤害控制的发展主要经历了 3 个阶段：第一阶段主要通过减小钻进正压差、采用无固相工作液、加入纳米封堵剂等来避免或减小漏失伤害，但安全和成本方面的考虑限制了该类技术有效发挥作用；第二阶段通过允许固相颗粒在井周较浅位置侵入，形成暂堵带来控制工作液漏失伤害，典型技术如“屏蔽暂堵”（不要用屏蔽，酸溶性暂堵或油溶性）和“暂堵性堵漏”技术。但储层漏失控制过程中，固相常沿裂缝深度侵入储层，伤害范围大且难以有效解除；第三阶段仍处于萌芽之中，探索通过允许架桥支撑颗粒较深进入裂缝，使该部分颗粒既在漏失过程中与可溶填充颗粒协同起到封堵裂缝的作用，又在生产中起到支撑裂缝，保持裂缝导流能力的作用。

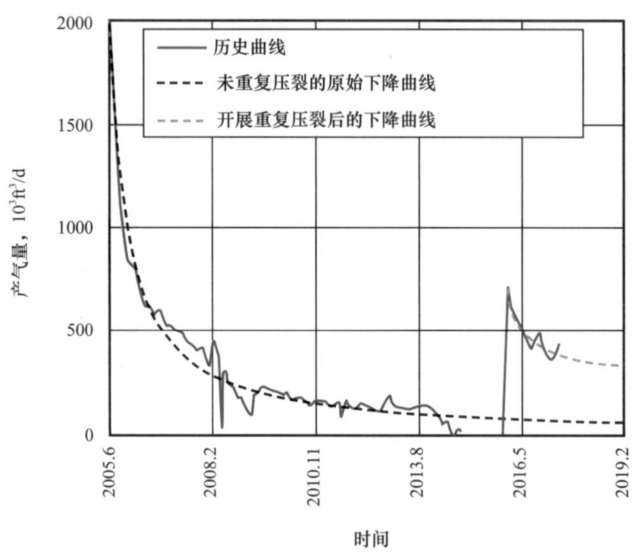

图 4-24 储层保护压裂液体系提高产量和稳产期

参考文献

[1] 刘向君，曾伟，梁利喜，等．页岩层理对井壁稳定性影响分析［J］．中国安全生产科学技术，2016，12（11）：88-92.

[2] 王倩，周英操，唐玉林，等．泥页岩井壁稳定影响因素分析［J］．岩石力学与工程学报,2012,31（1）：171-179.

[3] 熊健，刘向君，梁利喜．四川盆地长宁构造地区龙马溪组页岩孔隙结构及其分形特征［J］．地质科技情报，2015，34（4）：70-77.

[4] 李庆辉，陈勉，金衍，等．页岩气储层岩石力学特性及脆性评价［J］．石油钻探技术，2012，40（4）：17-22.

[5] 彭碧强，周峰，李茂森，等．用于页岩气水平井的防塌水基钻井液体系的优选与评价——以长宁—威远国家级页岩气示范区为例［J］．天然气工业，2017，12（3）：89-94.

[6] 景岷嘉，陶怀志，袁志平．疏水抑制水基钻井液体系研究及其在页岩气井的应用［J］．钻井液与完井液，2017，34（1）：28—32.

[7] 何振奎．页岩水平井斜井段强抑制强封堵水基钻井液技术［J］．钻井液与完井液，2013，30（2）：43-46.

［8］周峰，张华，李明宗，等．强封堵型无土相油基钻井液在四川页岩气井水平段中的应用［J］．钻采工艺，2016，32（3）：106–109，13.

［9］何涛，李茂森，杨兰平，等．油基钻井液在威远地区页岩气水平井中的应用［J］．钻井液与完井液，2012，29（3）：1–5.

［10］李茂森，刘政，胡嘉．高密度油基钻井液在长宁—威远区块页岩气水平井中的应用［J］．天然气勘探与开发，2017，40（1）：88–92.

［11］孙金声，许成元，康毅力，等．致密/页岩油气储层损害机理与保护技术研究进展及发展建议［J］．石油钻探技术，2020，48（4）：1–10.

第五章

页岩气水平井固井技术

页岩气固井工程是衔接钻井和完井工程的重要环节，直接影响到页岩气井的产能发挥和生产寿命。页岩气井除了气层本身产生的气窜威胁外，还具有水平段长、套管下入困难、套管难以居中、油基滤饼冲洗难度大、顶替浆效率低、水泥浆和水泥石性能要求高以及套管变形等特点。因此，页岩气固井需要从套管选型、水泥浆体系、固井工艺和固井装备等各个方面进行综合考虑。[1]

第一节　页岩水平井固井设计技术

一、套管设计

1. 套管压裂井套管设计

页岩气水平井进行套管强度设计和校核时，除应考虑常规井的设计因素外，还应充分考虑弯曲应力的影响。另外，还应考虑技术套管磨损问题，以确保安全钻井。[2-7]

（1）套管选型。页岩气水平井通常选用ϕ139.7mm套管作为生产套管，压裂时，井口最高泵压95MPa左右（排量15～16m^3/min），要求其抗内压强度超过118MPa。为了避免发生套管失效，满足分段体积压裂改造要求，生产套管推荐采用ϕ139.7mm×12.7mm，125V钢级气密封螺纹套管，套管选型见表5-1。

表5-1　套管选型及技术参数

套管程序	规范		钢级	壁厚 mm	抗外挤强度 MPa	抗内压强度 MPa	抗拉强度 kN
	尺寸，mm	螺纹类型					
导管	508	偏梯	J-55	11.13	3.6	14.5	6236
表层套管	339.7	偏梯	J-55	10.92	10.6	21.3	4279
技术套管	244.5	偏梯	N-80	11.99	32.8	47.4	4831
生产套管	139.7	气密封	125V	12.7	156.7	137.2	4370

如果能控制压裂时泄压速度，并采取措施避免压裂时的砂堵等管内流速急剧变化的情况，则套管的抗外挤强度可以适当降低。对于裂缝/断裂处，如果采取措施，使该处水泥不固结（如加装橡胶套等），使该处套管均匀受外挤载荷，则对于避免该处套损也有一定的作用。

此外应提高井眼质量，避免下套管时过多下压套管，使套管产生较大的残余应力。

（2）套管串结构方案。表层套管串结构：引鞋＋套管鞋+1根套管＋浮箍+2根套管＋联顶节。扶正器每3根套管1只弹性扶正器。

技术套管串结构：引鞋＋套管鞋+4根套管＋浮箍＋套管串＋双外螺纹短节＋悬挂器＋联顶节。扶正器设计：30～500m每10根套管安放1只弹性单弓扶正器，井口部位和500～1600m井段每3根套管安放1只刚性扶正器。

生产套管串结构：旋转引鞋＋套管鞋+1根套管＋浮箍+4根套管＋浮箍＋套管串＋双外螺纹短节＋悬挂器＋联顶节。扶正器设计：造斜井段和水平井段刚性滚珠扶正器和刚性扶正器交替使用（以弹性扶正器引导套管下入，以刚性扶正器保证套管居中）。

2. 套管压裂井套管试压要求

（1）大于ϕ339.7mm的表层套管在评价固井质量后，试压3～8MPa。其余尺寸表层套管在评价固井质量后，按套管柱最小抗内压强度的80%和井口装置额定工作压力两者中的最小值试压。

（2）技术套管柱、生产套管柱试压。注水泥替浆碰压后立即对套管柱试压25MPa，但不大于套管柱最小抗内压强度的80%、套管柱剩余抗拉强度的60%二者中的最小值。若最小值小于25MPa则应在固井质量评价后对套管柱按套管柱最小抗内压强度的80%试压，但试压值不大于25MPa。

二、固井工作液试验要求

页岩气水平井上部井段固井工作液与常规井一样，对于水平段，除满足密封要求外，还要满足大型水力压裂要求，因此对水泥浆有特别要求。[2-7]

1. 水泥浆试验条件

对于页岩气井生产套管固井水泥浆实验室及现场试验温度取井底温度的80%，升温时间40min，试验压力60MPa。

2. 水泥浆性能要求

水泥浆性能要求见表5-2。

表 5-2　水泥浆性能要求表

项目	缓凝加重水泥浆体系	快干水泥浆体系
密度，g/cm^3	根据钻井液密度确定	1.90
流动度，cm	19～21	20～22
滤失量（6.9MPa.30min），mL	≤50	≤50
45° 倾角自由液，%	0	0
过渡时间，min	15～30	15～30
48h 抗压强度，MPa	≥14	≥14
稠化时间，min	施工时间 +60～90min	施工时间 +30～60min

3. 水泥浆污染试验要求

（1）相容性试验。相容性试验条件：95℃，0.1MPa，120min。相容性试验要求见表 5-3。

表 5-3　相容性试验要求表

名称	用量			常温流动度，cm	高温流动度，cm
	水泥浆	钻井液	隔离液		
1	50%	50%	—	实测	实测
2	70%	30%	—	实测	实测
3	30%	70%		实测	实测
4	1/3	1/3	1/3	实测	实测
5	70%	10%	20%	≥18	≥12

（2）污染稠化试验。污染试验条件：同水泥浆相容性试验条件，污染试验要求见表 5-4。

表 5-4　污染试验要求表

名称	用量				40Bc 稠化时间要求	备注
	水泥浆	隔离液	钻井液	冲洗液		
1	70%	30%	—	—	≥施工时间	
2	70%	—	30%	—	实测	
3	70%	20%	10%	—	≥施工时间	
4	70%	20%	10%	5%	≥施工时间	第二组不能满足时

4. 水泥浆试验的特殊要求

（1）按 SY/T 6544 标准测水泥浆的沉降稳定性试验，要求上下密度差小于 0.01g/cm^3。

（2）密度高点试验：缓凝水泥浆应做密度高点（高于设计密度 0.03～0.05g/cm^3）稠化试验，其余试验条件同正常点试验条件。

（3）温度高点试验：缓凝水泥浆应按井底温度 ×0.85（温度系数）做温度高点试验，其余试验条件同正常点试验条件，稠化时间实测。

（4）水泥浆的流变性试验：实测旋转黏度计六速读数，为流变学计算和现场施工提供基础数据。

三、水泥浆体系及性能设计

页岩气井主要采用长水平段钻井以及大型水力压裂储层改造技术确保规模效益开发，ϕ139.7mm 生产套管压裂时，井口最高泵压 95MPa 左右。因此，应开展改造作业和生产工况下的水泥石失效评价，根据地层特性、套管类型等开发特点，封固油气层段的水泥石应满足致密性、冲击韧性、抗腐蚀性、耐久性等性能要求。[2-7]

（1）区块内首次使用的水泥浆体系应做 7 天或更长时间的水泥石性能检测，水泥石性能指标主要包括抗压强度、抗拉强度、杨氏模量、气体渗透率和线性膨胀率等。水泥石强度性能测试方法参照《储气库固井韧性水泥技术要求（试行）》的要求执行。

（2）水泥石 7 天的气测渗透率应小于 0.05mD。选用减轻剂和加重剂等外掺料时，应充分考虑固相间的粒度级配，提高水泥石的致密性和抗压强度，降低水泥石渗透率。

（3）采用水泥环失效分析技术，评估井筒压力和温度变化对固井水泥环和胶结界面完整性的影响，优化水泥石力学性能，提高水泥石韧性，防止水泥环密封失效。

（4）水泥石强度要求：

① 表层套管固井底部水泥石 24h 的抗压强度应不低于 7MPa。

② 技术套管固井底部水泥石 24h 的抗压强度应不低于 14MPa。

③ 生产套管固井顶部水泥石 48h 抗压强度不低于 7MPa，井底至产层顶部以上 200m 水泥石 24h 抗压强度应不低于 14MPa，7 天抗压强度应不低于 30MPa。

（5）生产套管及尾管固井水泥石应具有微膨胀性能，线性膨胀率不大于 0.2%，应采用高强度低弹性模量的水泥体系。

1. 水泥浆体系与性能设计

页岩气生产套管固井对水泥浆体系要求：

（1）水泥浆稳定性要好、无沉降，不能在水平段形成水槽。

（2）滤失量小，储层保护能力好。

（3）具有良好的防气窜能力，稠化时间控制得当。

（4）密度大于使用钻井液密度 $0.12g/cm^3$ 以上，流变性控制合理，顶替效率高；水化体积收缩率小等。

水泥石属于硬脆性材料，形变能力和止裂能力差、抗拉强度低。页岩气水平井的储层地应力高且复杂，套管居中度低引起水泥环不均匀，射孔和压裂施工时水泥环受到的冲击力和内压力大。因此，页岩气井水泥浆设计不仅要考虑层间封隔和支撑套管，而且要考虑到后续的压裂增产措施。

长宁—威远区块采用 2.10～$2.30g/cm^3$ 油基钻井液体系，结合地区特点，针对水平井要求稳定性要好、无沉降，不能在水平段形成水槽，滤失量小的特点及后期大型分段压裂对水泥石力学性能特殊要求，开发了一套微膨胀韧性水泥浆体系（表 5-5），实践证明该体系满足了后期开采的需求。

表 5-5 水泥浆体系及隔离液配方

套管程序	水泥浆	隔离液
导管	G 级水泥 + 促凝剂	配浆水
表层套管	G 级水泥 + 降失水剂 + 增强剂 + 减阻剂 + 消泡剂	配浆水
技术套管	G 级水泥 + 缓凝剂 + 降失水剂 + 减阻剂 + 防窜剂 + 增强剂 + 消泡剂 + 膨胀剂 + 多功能纤维	抗钙隔离液
生产套管	G 级水泥 + 缓凝剂 + 降失水剂 + 减阻剂 + 防窜剂 + 增强剂 + 消泡剂 + 膨胀剂 + 多功能纤维 + 加重剂	加重抗钙隔离液

2. 水泥外加剂的优选

（1）膨胀剂。目前常用的膨胀源包括硫铝酸盐、方镁石（$Mg(OH)_2$）和方钙石（$Ca(OH)_2$）。其膨胀过程遵循溶解—析晶—再结晶这种无机盐的结晶规律。主要膨胀剂的作用原理如下：

① 膨胀剂 FLOK-1 中含有促使水泥产生膨胀的 Ca^{2+}、SO_4^{2-} 和 Mg^{2+}、Ca^{2+} 和 SO_4^{2-}，在水泥水化早期形成钙矾石发生体积膨胀，而在后期方镁石将发生缓慢水化与膨胀。

② SNP-1 是方镁石（氧化镁）类膨胀剂。氧化镁水化后生成氢氧化镁，当氢氧化镁结晶程度较小时，吸水膨胀占优，成为主要的膨胀动力来源，而当氧化镁结晶程度较大时，产生结晶压力，推动固相颗粒向外膨胀。

③ 膨胀剂 SDP-1 主要成分是方钙石（氧化钙）、石膏、氧化铝等。其主要成分促

进水泥中的钙矾石及氧化钙水化生成氢氧化钙。当水泥石形成一定强度后，晶格的生长受限，化学能转变为机械能，晶体微粒向外推动邻近水泥水化产物做功，表现为宏观体积膨胀。

通过实验评价分析表明，使用了 FLOK–1 和 SDP–1 膨胀剂的水泥石在后期表现出一定程度微膨胀，有利于消除微环隙，提高界面胶结质量。

（2）韧性材料。提高水泥韧性的方法通常是在水泥浆中加入纤维材料。纤维在水泥浆体中的主要功能是阻裂、增韧、增强、抗收缩、防腐蚀和抗渗透。其阻裂和增韧的作用机制为：在挠曲载荷作用下，提高材料形成可见裂缝时的载荷能力；在疲劳载荷作用下阻止裂缝扩展；在冲击载荷作用下对裂纹尖端应力场形成屏蔽；显著提高水泥石的断裂韧性。目前国内外建材行业和油井水泥都基于下述方法增加水泥石韧性：

① 在水泥浆中加入一定比例的长、短纤维，如木质纤维、尼龙纤维、合成纤维、玻璃纤维等，利用纤维对负荷的传递，致使水泥石内部缺陷的应力集中减小，即增加水泥石抗冲击能力。

② 用聚合物水泥浆，如纤维素衍生物、树脂、胶乳或合成大分子等，由大分子对水泥微粒之间连接作用和颗粒填充作用而增加水泥石韧性。

实验表明：纤维与水泥的质量比例、体积比例、长径比以及分布状况等，对水泥浆的性能影响极大，对水泥石的塑性和其他力学性质也举足轻重。纤维过长、长径比过高都会影响水泥浆的失水性和流变性；纤维短、长径比过低，则水泥石韧性和其他力学性质增效甚小。在选择纤维种类和进行化学改性时，还应注意纤维与水泥界面黏接强度，它是影响水泥石力学性能的重要因素之一。

中国石油天然气集团有限公司川庆钻探井下作业公司自主研发 SD66 纤维增韧剂采用的纤维长度均小于 4mm，且有不同的长度分布和合适的长径比。其中含有两种不同性能复合纤维即高弹模纤维和低弹模纤维。高弹模纤维在水泥石裂纹初期阻止裂纹扩展，提高水泥石抗裂性能和强度。低弹模纤维，在裂纹扩展阶段纤维提高水泥石延展性，复合纤维提高水泥石的抗裂性和延展性，增加水泥石韧性。

（3）微膨胀韧性水泥浆体系性能。

根据长宁—威远油基钻井液作业区块的地层温度，配套了适用于中高温条件下的降失水剂 SD130、分散剂 SD35、缓凝剂 SD21，形成了微膨韧性水泥浆体系。配方见表 5–6。

室内按照 API 操作规范对以上配方进行了水泥浆综合性能测试，得到微膨韧性水泥浆体系综合性能，见表 5–7。

3. 冲洗液及隔离液设计

油基钻井液对固井质量的不良影响已被现场所证实，其影响很大。现场在应用油基钻井液出现了水泥胶结第一界面差，声幅测井效果差的情况。多数情况下，水泥浆中混入 20% 的油基钻井液后，水泥浆就失去流动性，对于固井作业存在较大的潜在安全风险，严重影响对钻井液的顶替效率。[2-7]

表 5-6　微膨韧性水泥浆配方

密度 g/cm³	G 级水泥 g	铁矿粉 G	微硅 %	SD35 %	SD66 %	SDP-1 %	SD130 %	SD21 %	SD52 %	液固比
1.90	800	0	3.0	0.6	1.5	3.0	2	0.08	0.2	0.44
2.00	750	250	2.0	0.7	1.0	3.0	2	0.08	0.2	0.40
2.10	650	350	1.5	0.8	1.0	3.0	2	0.08	0.2	0.36
2.20	550	450	1.5	0.9	1.0	3.0	2	0.08	0.2	0.33
2.30	480	520	1.5	0.9	1.0	3.0	2	0.08	0.2	0.30

表 5-7　微膨韧性水泥浆综合性能

密度 g/cm³	流动度 cm	游离液 %	API 失水 mL	稠化时间 min/100Bc	抗压强度 MPa/48h
1.90	21	0	38	252	31.3
2.00	20	0	42	211	26.3
2.10	20	0	48	231	24.5
2.20	20	0	44	258	21.4
2.30	20	0	45	254	20.2

1）冲洗液设计

（1）油基钻井液条件下冲洗液设计思路。针对油基钻井液而言，表面活性剂化学冲洗液最为合适，其具有冲洗、润湿、渗透及乳化性等作用，能够降低套管和井壁二界面表面张力，增强对二界面的润湿作用和冲洗作用，有效清洗井壁油污、胶凝钻井液和虚滤饼。在注水泥浆前使用冲洗液使界面发生润湿反转，保证环空处于水润湿环境，从而提高固井二界面胶结质量。同时，冲洗液具有抗污染作用，能够有效解决油基钻井液与水泥浆接触时的污染增稠问题，提高了固井施工注水泥浆的顶替效率和安全性。

冲洗液的作用主要表现在以下几方面：

① 通过对井壁和套管壁之间残留的滤饼和油膜的大力冲刷冲洗，从而使得第一胶结面和第二胶结面的强度得到有效提高；

② 为了有利于水泥顶替效果，改善水泥浆与钻井液的流变性能；

③ 使钻井液分散和稀释，以免水泥浆和钻井液出现胶凝或絮凝。

根据其作用，理想的化学冲洗液应满足以下性能要求：

① 与钻井液和水泥浆有良好的配伍性；

② 有较低的基液密度（1.00～1.03g/cm^3），接近牛顿流体模型的流体特性；

③ 对井壁疏松滤饼具有一定的浸透力和相应的悬浮能力，使滤饼具有易于被冲洗剥落并防止冲蚀的滤饼堆积特点；

④ 临界流速在 0.3～0.5m/s 范围或者更小，以便稀释钻井液改变其流变性，使之能在较低流速下达到紊流；

⑤ 冲洗液应具有较低的塑性黏度，能降低钻井液的黏度和切力，使之易于被顶替；

⑥ 不伤害地层或对地层伤害小；

⑦ 不对套管产生腐蚀；

⑧ 对井壁和套管壁油污和滤饼具有强有力的冲洗效果。

（2）原材料选择原则和方法。目前简单且普遍使用的是根据表面活性剂的亲水亲油平衡值（HLB 值）来选取。表面活性剂的 HLB 值是表面活性剂分子亲水亲油性的一种相对强度的数值量度，HLB 值低，表示分子的亲油性强，是形成油包水型乳状液的表面活性剂；HLB 值越大，则亲水性越强，是越易形成水包油型乳状液的表面活性剂。作为水包油型乳状液的表面活性剂其 HLB 值常为 8～18；作为油包水型乳状液的表面活性剂其 HLB 值常为 3～6。表面活性剂的 HLB 值与性质的对应关系如图 5-1 所示。

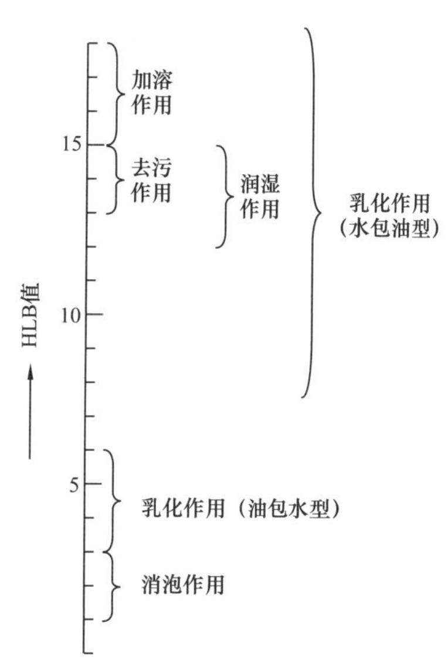

图 5-1　表面活性剂的 HLB 值与性质的关系

用于油基钻井液的冲洗液常使用 HLB 值在 8 以上的亲水性强的水包油型表面活性剂或复配的水包油表面活性剂体系。为了达到更好的冲洗油基钻井液效果，要求冲洗液应同时具有良好的润湿、加溶、乳化等化学作用。由图 5-1 可以看出不同 HLB 值的表面活性剂表现出来的作用也不同，因此一般高效的冲洗液需要不同 HLB 值的表面活性剂复配使用才能达到完成冲洗油基钻井液的效果。表面活性剂冲洗液中所用的表面活性剂主要是非离子型表面活性剂和阴离子型表面活性剂。

2）冲洗效率评价

油基钻井液中的油相以柴油、白油和合成基非极性材料为主，其主要成分以脂和醇为主，在套管及井壁岩石上的吸附主要通过分子间力作用产生，这类物质的清除主要依靠表面活性剂的增溶、润湿、吸附、乳化和分散等作用。

表面活性剂润湿金属表面，进入金属与附着油连接的界面（图 5–2），发生“卷缩”作用，使油污被拆开。“卷缩”作用发挥并形成油滴的临界条是：

$$\sigma_{L1-L2}<\sigma_{L1-S}-\sigma_{L2-S} \tag{5-1}$$

式中 σ_{L1-L2}——油水界面张力；

σ_{L1-S}——油与固体间的界面张力；

σ_{L2-S}——表面活性剂物质与固体间的界面张力。

再者，表面活性剂使油脂类污物以球状聚集在金属表面上，然后逐渐从金属表面脱落、分散或悬浮成细小粒子并与水形成乳化液或分散液，通过表面活性剂的“乳化”作用被除去（图 5–2 和图 5–3）。

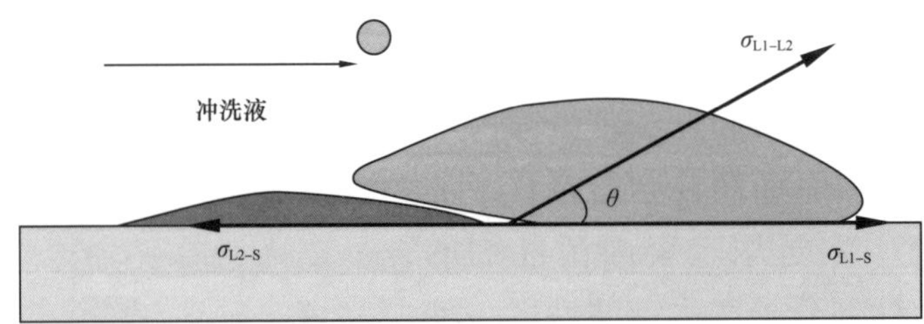

图 5–2 附着油卷缩成油滴被去除的机理

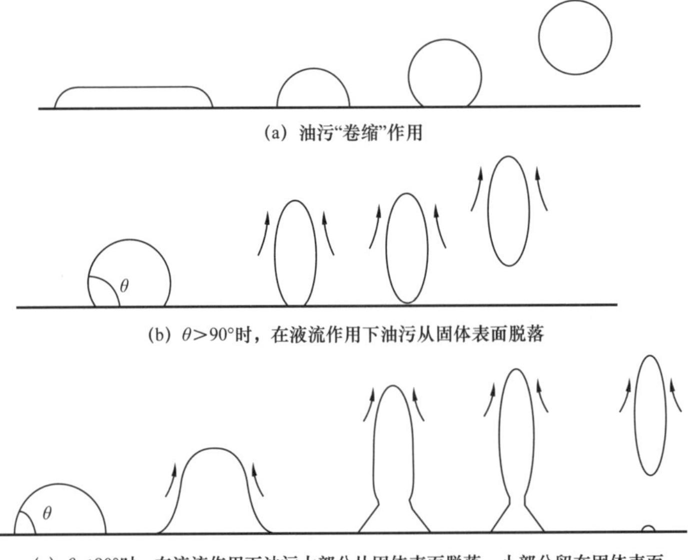

图 5–3 冲洗液去除油污作用原理图

当冲洗剂中的表面活性剂浓度大于临界胶束浓度时，油性物质被增溶而溶解，而不至于凝集或吸附在金属表面上，从而完成使油脂和固体污粒离开金属表面，进入冲洗液中得到清洁。

实验表明：冲洗剂对油基钻井液的清洗效果优良，清洗效率达 95% 以上。

（1）冲洗效率评价方法。采用第一节界面冲洗效率评价方法，对冲洗液冲洗效率做了对比评价。采用长宁地区实际油基钻井液进行冲洗效率评价，结果如表 5–8 和图 5–4 所示。

表 5–8 实验样品的冲洗效率评价结果

样品号	转筒质量，g	冲洗前质量，g	附浆量，g	冲洗后质量，g	洗掉浆量，g	冲洗效率，%
样品 1	143.18	145.60	2.42	143.22	2.38	98.3
样品 2	143.18	145.83	2.65	143.24	2.59	97.7
样品 3	143.18	145.80	2.62	143.22	2.58	98.4
自来水	143.18	145.84	2.66	143.94	1.90	71.4

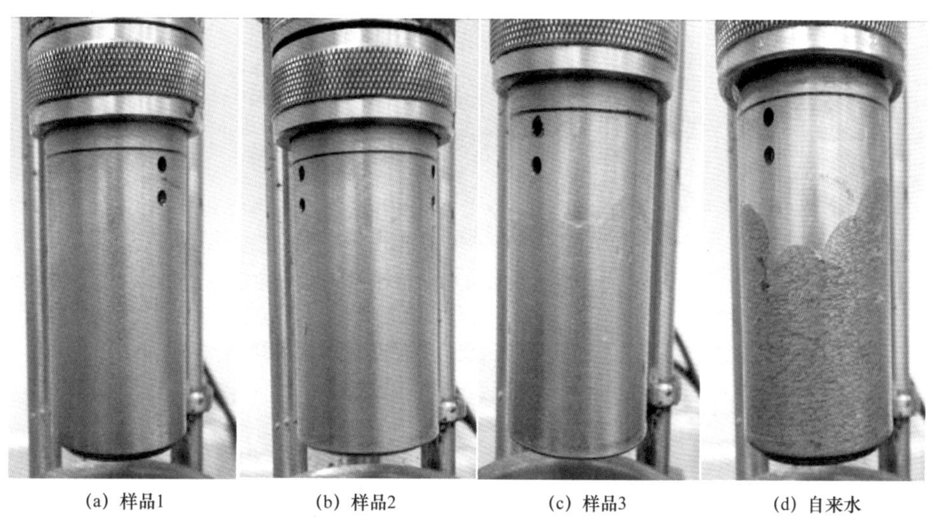

(a) 样品1　(b) 样品2　(c) 样品3　(d) 自来水

图 5–4 四个样品对转筒清洗后的形貌

（2）润湿性评价。通过接触角测试可以确定冲洗剂对物体表面的润湿性，从而模拟出替浆过程中对套管表面的润湿性改善状况，可间接评估冲洗的效果。

实验 1：定性观察，分别测试水在油润湿表面、金属表面和冲洗剂清洁后金属表面的润湿性，如图 5–5 所示。

由图 5–5 可观察到对比冲洗剂冲洗金属表面油膜前后水的润湿情况，冲洗剂具有良好的润湿性能，可使水在金属表面基本上完全铺展开。

图 5-5　水在油润湿表面、金属表面和冲洗剂清洁后金属表面的润湿性

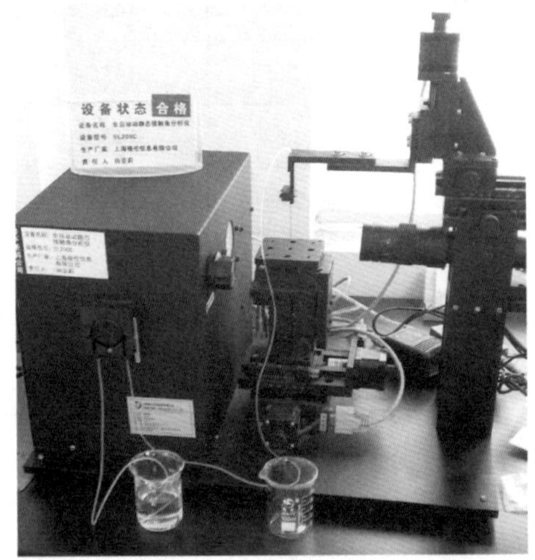

图 5-6　SL200C 型全自动动静态接触角分析仪

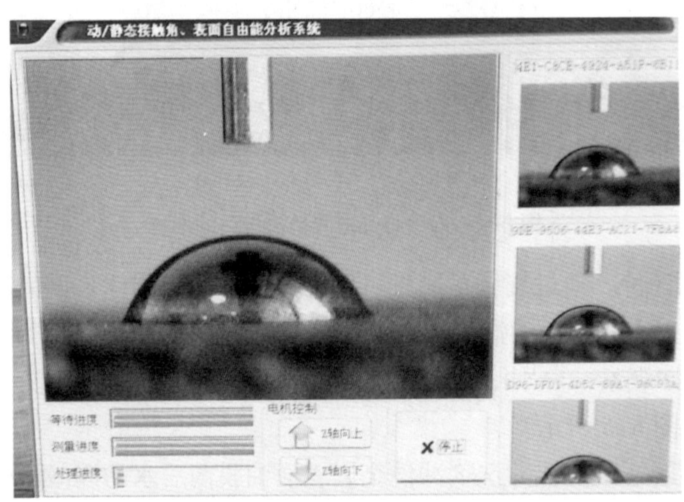

图 5-7　SL200C 型全自动动静态接触角分析仪测试软件界面

实验 2：采用 SL200C 型全自动动静态接触角分析仪进行测试，如图 5-6 与图 5-7 所示。

取 2 块相同材质的钢片（N80）和 2 块页岩岩片，分别放入白油基钻井液中浸泡 24h；将一块钢片从钻井液中取出，用压缩空气将钢片表面多余的钻井液吹走，将钢片放置在分析仪上，通过针筒注射水滴，滴在钢片表面，测量接触角。将其余 1 块钢片取出，用加 6% 冲洗剂的水基冲洗液冲洗钢片，持续时间 10min，然后用压缩空气将钢片表面多余的液体吹走，用同样的方法将水滴在钢片表面，测量接触角。测试真实岩心的接触角方法和钢片相同。

实验结果见表 5-9。

表 5-9　润湿角测定结果

浸泡液体	介质	接触角，(°)	表面清洁度	亲水性
白油基钻井液	钢片	78.18	—	差
冲洗液清洗后	钢片	6.6	高	高
白油基钻井液	页岩	59.82	—	差
冲洗液清洗后	页岩	0	高	高

实验表明：水在油膜表面基本上没法铺展，接触角很大，冲洗剂清洗油膜后接触角明显降低，铺展效果好。真实页岩表面完全铺展，接触角为 0，说明冲洗剂对于油基钻井液具有良好的润湿性能。

（3）剪切胶结强度测试。将直径为 50mm 的钢柱表面附油基钻井液，用含 6% 冲洗剂的冲洗液冲洗过后测试其与纯水泥的胶结强度，结果见表 5-10。

表 5-10　剪切胶结强度测试结果（80℃）

编号	水泥环（高 × 直径） mm × mm	水泥接触面积 mm^2	压力 kN	胶结强度 MPa	备注
1	50 × 69	10990	0	0	未冲洗
2	50 × 69	10833	22.64	2.09	冲洗后
3	50 × 69	10833	24.70	2.28	冲洗后

使用冲洗剂冲洗过后的钢柱能与水泥浆实现有效的胶结，而未冲洗的胶结强度为 0，由此可见，冲洗剂冲洗效果明显。

（4）影响冲洗液冲洗效率因素评价。通过分析，并结合现场冲洗液施工时涉及的各种参数，室内试验主要考察温度、冲洗时间、冲洗剂的配制时间、冲洗液的抗污染性能、冲洗速率对冲洗效果的影响。

3）冲洗型隔离液

固井施工时为了平衡地层压力，使用的冲洗液量不能过大，因此需要研究冲洗型隔离液，通过优选悬浮稳定剂等其他外加剂研究了抗污染加重隔离液体系，密度可在1.50～2.40g/cm^{3}范围内任意调节。

（1）悬浮稳定剂。隔离液是由液体和固体材料相互混合而组成的，由于各物质之间存在密度差，所以配制的浆液固体材料不能很好地悬浮在液体中，出现沉降问题，主要是加重剂的沉降问题，固相的沉降会导致顶替效率下降、下部固相颗粒的不断沉降和堆积甚至会造成一定的安全事故。因此需要悬浮稳定剂来调节隔离液体系的沉降稳定性能，本实验考察以下几种悬浮剂：多糖聚合物 Xan 以及纤维素 HRC–6000、HRC–10000 和 HRC–15000。推荐采用多糖聚合物作为隔离液的悬浮稳定剂。

（2）隔离液综合性能评价。

① 隔离液密度调节。通过调节悬浮稳定剂和重晶石的加量，调节出综合性能良好的隔离液。实验结果表明：隔离液的密度在1.50～2.40g/cm^{3}的范围内可以任意调节，浆体的流变性和稳定性能够得到保证，浆体在90℃下养护20min后静止2h上下密度差均小于0.02g/cm^3，在常温下的流动度均在22cm以上，满足安全泵送的要求。

② 温度对冲洗隔离液冲洗性能影响。冲洗型隔离液能够起到冲洗井壁油膜的作用主要是其中的表面活性剂作用，表面活性剂都有其适用的温度范围，因此实验有必要开展不同温度下隔离液冲洗性能。实验表明：隔离液在常温至120℃均具有良好的冲洗效果，在常温和高温120℃条件下冲洗效率稍低些，但也都达到了90%以上的冲洗效率，完全能够保证水泥浆与井壁的有效胶结。

③ 相容性实验评价。固井冲洗液以不同比例与水泥浆（或钻井液）接触和混合时，形成的混合物形状稳定并且均匀，在产生化学反应的同时不造成对固井设计要求相逆违的本质性能影响和变化，称之为配伍性。对比 API 规范 10 中的相容性实验，有稠化性能和流变性能实验。

a. 流变性实验。实验考察了水泥浆和冲洗液与钻井液以不同比例混合后的流变性实验，流变性测试主要是测试浆体的流动度。

b. 稠化实验。把固井冲洗液和水泥浆以及冲洗液、水泥浆和油基钻井液三项按一定比例混合，然后搅拌充分且均匀，进行高温高压稠化实验。

四、水泥浆浆柱结构设计[12–16]

在固井施工以及候凝过程中，井壁与生产套管之间的环空浆柱对油气层产生的最小静液柱压力主要发生在快干水泥浆失重时，为确保压稳油气层，同时又要保证不压漏地层，在浆柱结构设计时，不仅需要考虑静态时的静液柱压力，也要兼顾施工过程的动态环空压力。

环空压力计算包括环空静液柱压力计算与环空摩阻压降计算两部分。首先，根据井筒的特征，将环空按照环空间隙大小与温度允许变化范围进行分段，根据每段固井流体的性能参数，求得环空各段静液柱压力。然后根据摩阻压降计算公式计算各段循环压耗，最后将二者相加得到环空压力。根据平衡压力固井设计要求，环空压力必须大于地层孔隙压力实现压稳，并且小于地层破裂压力达到防漏，以此进行环空压力校核。

1. 水泥浆候凝时失重与环空窜流分析

1）水泥浆失重规律

为了揭示水泥浆在候凝期间的失重规律，中国石油相关科研单位都作了大量的实验研究工作，得出了相对一致的研究结果。在模拟井筒内，根据不同条件、不同水泥浆性能和不同凝固时间，绘制出不同的失重曲线。图 5–8 代表了水泥浆失重的普遍规律。不同时刻的横坐标垂线与失重曲线的交点所对应的纵坐标数值，代表了水泥浆不同时刻井底的剩余压力，原始浆柱压力减去不同时刻的井底剩余压力即为不同时刻水泥浆的失重值。

图 5–8 中有几个特征点 A、B、C 和 D，其对应的时间为 t_A、t_B、t_C 和 t_D，它们反映了水泥浆的凝固特性和液柱压力的下降情况。A 点为水泥浆静止候凝的初始点，对应原始浆柱压力；B 点处于水泥浆的塑液状态，浆柱压力已降至水柱压力；C 点为水泥浆的初凝点，其流动性已完全丧失，浆柱压力仍接近水柱压力；而 D 点为水泥浆终凝后某一时刻浆柱已凝固成固体，作用在井底的浆柱压力完全丧失。

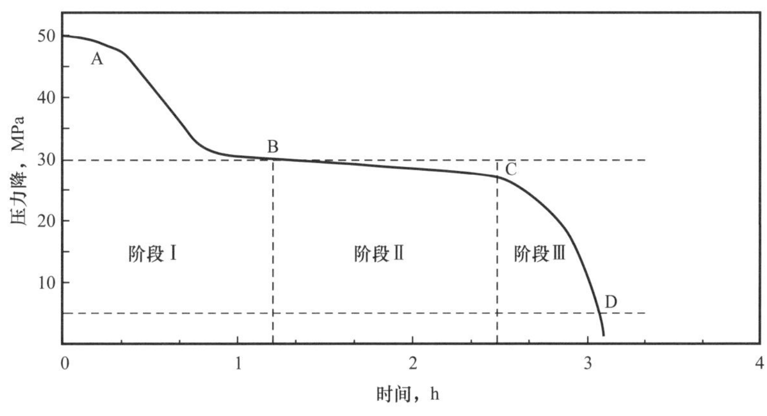

图 5–8　水泥浆失重规律

从水泥浆失重曲线的变化趋势，可将曲线分成如下阶段：

阶段 I 为水泥浆的液塑段，液柱压力急剧下降，在初凝前某一时刻 t_B，浆柱压力已降至水柱压力。

阶段Ⅱ为水泥浆的塑性段，其流动能力已完全丧失，水泥浆失重极其缓慢，浆柱压力仍接近水柱压力。

阶段Ⅲ为水泥浆的硬化段，浆柱压力急剧下降，直到水泥浆终凝和凝固，作用在井筒的压力完全丧失。

压力为零的现象不能说明在井底没有液压作用，而只是表明水泥浆凝固时，毛细孔隙直径在不断缩小，阻力在急剧增加，造成游离液被束缚而无法传递压力[14]。

室内实验还表明，在终凝以后，水泥浆失重出现了负值现象。负值现象说明内部游离液继续水化，从而在水泥浆基体的微孔隙中形成了局部真空。在现场的测试中，水泥浆终凝后，作用在井下的液柱压力一直保持水柱的压力值，未出现零值和负值现象。显然，负值现象只是在有限的密闭模拟井筒才会会出现。

2）水泥浆失重原因分析

胶凝作用——水泥浆进入环空后，在物理和化学作用下逐渐水化和胶凝，即在水化的水泥颗粒以及井壁和套管之间形成不同类型相互搭接的网状结构，使水泥浆柱的部分重力悬挂在井壁和套管上，从而降低了水泥浆柱作用在下部地层的有效液柱压力。在失重曲线上表现为Ⅰ阶段。

桥堵作用——由于水泥浆失水所形成的滤饼、环空滞留的岩屑、注水泥施工时高速冲落的岩块及水泥颗粒下沉等因素，在渗透层或环空间隙小的井段形成堵塞，使上部浆柱压力不能有效地传递到下部地层。

体积收缩——水泥浆凝固过程中胶凝强度的增加和桥堵的形成，实际上并不能降低原始液柱压力。只有当水泥浆发生体积收缩，作用在井筒的液柱压力才有可能降低。在失重曲线上，收缩作用主要表现在Ⅲ阶段，水泥浆初凝后。正是由于水泥浆的初凝和收缩特性，作用在井筒的原始压力才会释放和减小。如果没有胶凝悬挂，水泥浆收缩是不起作用的；如果没有体积收缩，胶凝失重和桥堵失重同样不成立。胶凝和体积收缩是水泥浆失重的最基本因素，桥堵失重仅是特定条件下的一种形式。

固井后，引起环空窜流的主要原因有两个方面：一是由于水泥浆的失重作用，导致环空液柱压力降低，当地层压力大于环空液柱压力时，地层流体进入水泥环，致使水泥与地层流体（油、气、水）窜槽，影响固井质量；二是由于水泥石体积的收缩，常规水泥浆的体积收缩系数3%～5%，更加剧了地层流体沿水泥环间隙进入环空[15]。

3）水泥石失重计算方法

根据悬挂水泥浆柱的胶凝强度和压差的平衡关系，可以推导出水泥浆在不同时刻所对应的失重值[16]。

$$p_{wl}=4\times10^{-4}L_c\tau_t(D_h-d_p)^{-1} \tag{5-2}$$

此时的井下液柱压力为

$$p_{ls}=0.01\rho_c L_c - p_{wl} \quad (5\text{-}3)$$

式中　p_{wl}——水泥浆在不同胶凝强度时刻所对应的失重值，MPa；

p_{ls}——不同时刻作用在井下的液柱压力，MPa；

L_c——水泥面到封固段中任一计算点的长度，m；

τ_t——水泥浆某时刻的胶凝强度，Pa；

D_h——井眼直径，cm；

d_p——套管外径，cm；

ρ_c——水泥浆密度，g/cm³。

在实际井眼条件下，水泥浆失重后，浆柱压力的最小值为水柱压力。因此，水泥浆候凝时的液柱当量密度可按 1.0g/cm³ 进行计算。此时环空任意点处的压力降达到最大值，发生油气水窜的可能性最大，即：

$$p_{ls}=0.01\rho_w L_c \quad (5\text{-}4)$$

式中　ρ_w——水泥浆密度，g/cm³。

体积收缩引起的失重，根据水泥浆不同时刻的收缩大小和压缩系数，可以求出水泥浆在相应时刻的失重值 p'_s。

$$p'_s=(\Delta V_{hy}+\Delta V_{fl})/CF \quad (5\text{-}5)$$

其中

$$\Delta V_{hy}=\pi(D_{h2}-d_{p2})S_{hx}L_c/4;$$

$$\Delta V_{fl}=\pi D_x v_x t_x L_c$$

式中　ΔV_{hy}——水泥浆某时刻水化引起的总体积收缩，m³;

ΔV_{fl}——水泥浆某时刻失水引起的体积收缩，m³;

S_{hx}——水泥浆某时刻水化引起的总体积收缩率，%；

v_x——按 API 标准测量有滤饼时的水泥浆平均流速，m/min；

t_x——水泥浆凝固的时间，min；

CF——水泥浆压缩系数（取 2.6×10^{-2}）。

2. 水泥浆密度

水泥浆密度设计为固井设计中实现压力平衡的重要内容，是固井的核心工程之一，水泥浆密度若设计不当，易发生油、气、水窜，因此也是防窜的主要工艺。一般来说，固井水泥浆密度应比固井前使用的钻井液密度高 0.24g/cm³ 以上。除此之外，漏失井和异常高压井应在水泥浆性能满足固井条件的基础上，对水泥浆的密度进行调节，以满足固井压力平衡的要求。目前川渝地区深井和超深井均采用平衡压力的原则进行水泥浆密度设计，若常规密度水泥浆体系能满足设计要求时，则采用常规密度水泥浆体系。

水泥浆密度的设计受到水泥基本物理性质的影响，水泥浆有规定的水灰比、自由水量、固化后最小抗压强度，且顶替过程中需与井内钻井液和前置液具有一定的密度差。正是由于这些因素的制约，水泥浆密度的设计受到了限制。若水泥浆密度设计过高，则会产生过高的环空液柱压力，造成地层被压破，进而导致水泥浆漏失并侵入地层、伤害储层；若水泥浆密度设计过低，则不能平衡地层压力，造成油、气、水窜槽，进而导致固井质量不合格，为下步开采埋下隐患。

在封固段长确定之后，流体密度的变化则会影响环空的动液柱压力和静液柱压力，因此对水泥浆的密度进行适当的调整，可以实现平衡压力固井。水泥浆密度的调整可以通过加大水灰比、加入减轻剂或加重剂来实现。针对封固段较长、存在低压地层、油田开发后期井的固井，可选择采用 G 级水泥 + 漂珠 + 微硅的低密度水泥浆；针对含有高压气层井的固井，可选择采用 H 级水泥 + 铁矿粉的高密度水泥浆。由于外掺料的加入会影响水泥浆的混配稳定性、流变性、失水和抗压强度，因此水泥浆密度的设计应考虑进行合理的调整。另外，可根据井下情况，进行高、低密度复合的浆柱结构设计。

3. 固井压力平衡的基本条件

固井作业的目的是用水泥浆封固套管外环空，使水泥环均匀分布，满足射孔等完井作业需要。要获得良好的水泥环胶结质量，必须保证在注入水泥施工及固井后，水泥浆候凝期间环空液柱压力大于地层孔隙压力（p_d），小于地层破裂压力（p_p），即：

$$p_d < p < p_p \tag{5-6}$$

环空液柱压力的大小在不同阶段有不同的确定方法。在注水泥施工期间，环空液柱压力是一个动态变化的压力，当注水泥结束的瞬间，压力达到最大值（p_{t1}）：

$$p = p_{t1} = p_m + p_s + p_r + p_c + p_f \tag{5-7}$$

式中 p_m——环空钻井液液柱压力，MPa；

p_s——环空隔离液液柱压力，MPa；

p_r——环空冲洗液液柱压力，MPa；

p_c——环空水泥浆液柱压力，MPa；

p_f——环空流动摩阻压耗，MPa。

水泥浆候凝期间环空液柱压力（p_{h1}）由以下几方面因素构成：

 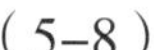

$$p_{hl}=p_m+p_s+p_{ch} \tag{5-8}$$

式中　p_{ch}——环空水泥浆柱当量压力，MPa。

由于水泥浆在候凝期间的胶凝作用和体积收缩引起失重，式中 p_c 是一个不确定量，如何确定水泥浆柱在失重状态下的压力变化（或当量密度）已成为计算封固段水泥浆柱压力的关键。

在实际固井中，要满足固井后压稳高压层、防止油气水窜入水泥环，一般考虑式（5-6）和式（5-7）；如要考虑防漏施工，一般按式（5-6）和式（5-7）进行设计施工参数。式（5-6）只是理想化的压稳条件，究竟环空压差 Δp（$\Delta p=p_{hl}-p_d$）达到多少时才能真正实现压稳又是一个需要解决的课题。

第二节　页岩气水平井固井工具

一、旋转下套管工具

旋转下套管是一种基于顶部驱动钻井系统，集机械、液压于一体的新型套管送入装置，如图 5-9 所示。该装置需针对不同规格的套管配套相应系列工具，以适应相同规格各种常用壁厚的下套管作业。利用顶驱套管送入装置进行下套管作业具有作业效率高、套管上扣质量高、现场作业安全度高、劳动强度低等优点，大大减少下套管遇卡、遇阻等潜在的安全危害，极大地提高了下套管作业的成功率，可降低或避免井下事故的发生，降低钻井综合成本。[8]

1. 顶驱下套管装置

顶驱下套管驱动工具在整个系统中最为关键，其结构如图 5-10 所示，按功能分为动力总成、连接总成、限位总成、卡瓦总成以及密封导向总成 5 部分。

动力总成主要由心轴、活塞、弹簧和活塞缸等组成，主要完成卡瓦的撑开与收缩作业；连接总成用于连接动力总成，实现传递力和力矩的功能；卡瓦总成主要由卡瓦轴与卡瓦组成，完成卡紧套管的功能；密封导向总成中，导向头完成引导顶驱下套管驱动工具进入套管，密封皮碗用于防止注入钻井液时钻井液回返。

根据套管尺寸的不同分为内部驱动和外部驱动两种。当套管直径小于 177.8mm 时采用外部驱动装置，当套管直径大于或者等于 177.8mm 时采用内部驱动装置。两种装置都包含以下主要结构：与顶驱相连接的螺纹，用于驱动卡瓦复位或者张开的液压机构，用以传递工作载荷（拉力和扭矩）的卡瓦机构，以实现循环钻井液的密封机构以及实现套管对中的导向头，其中内部驱动从安全角度考虑也可以增加辅助机构，以确保下套管安全。

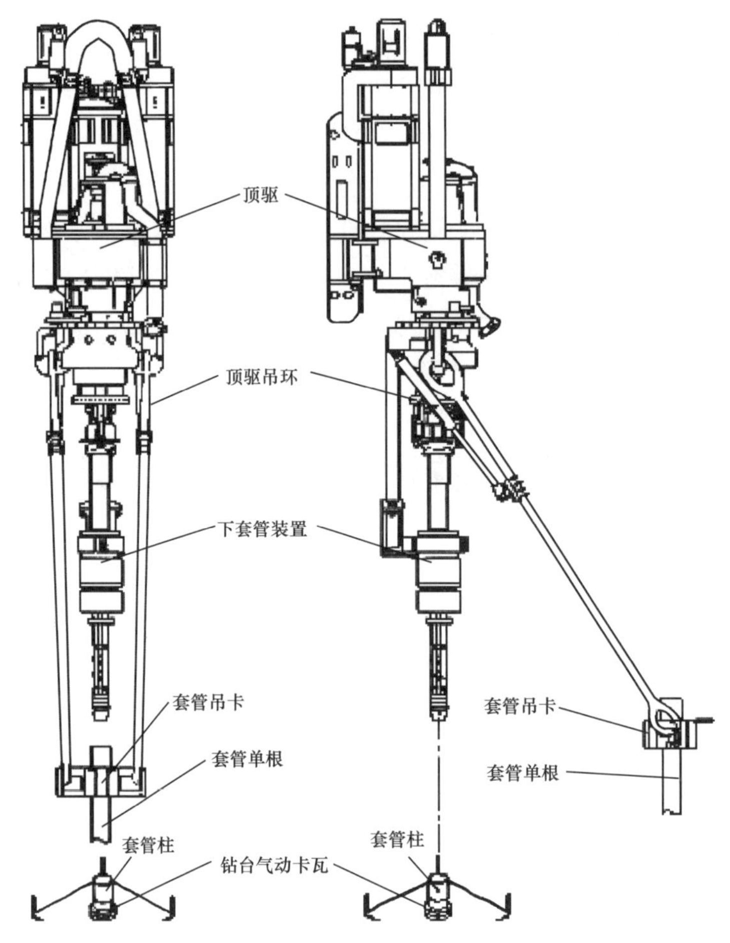

图 5-9 顶驱下套管作业设备结构图

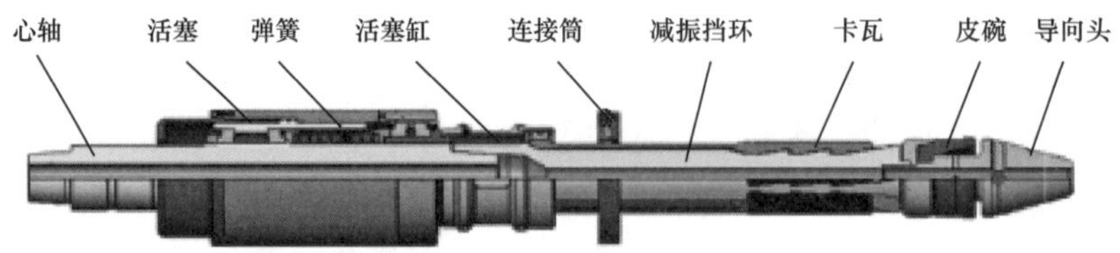

图 5-10 顶驱下套管驱动工具（内插结构）

2. 顶驱下套管原理

顶驱套管送入工具的基本功能是完成单根套管从抓取到送入的全过程，并且在需要的时候能够传递所需的钻井扭矩，将顶驱施加的驱动扭矩传递给套管进行套管下入。利用顶驱套管送入工具进行下套管作业，其整个下套管过程和常规接钻杆作业一样，主要动作包括：

（1）抓管钳抓取单根套管，提升至井口悬挂的套管接头处与其对接，驱动工具在导向头的辅助下插入当根套管至极限卡位环处；

（2）活塞下行使卡瓦与卡瓦心轴相对滑动，迫使卡瓦卡紧套管同时压缩弹簧；

（3）顶驱带动顶驱下套管工具旋转，使卡紧的单根套管与井口悬挂的套管对接上扣；

（4）放下套管并开启钻井液循环系统，套管放下到位后液压缸泄压，卡瓦在弹簧的反向推力作用下上行，解除卡瓦卡紧状态，完成单次下套管作业，同时为下一根套管做好准备。

在下套管过程中，遇到井眼缩颈、井壁坍塌、岩屑沉淀问题时，可以通过顶部驱动钻井装置主轴水眼和顶驱下套管装置中心孔，向单根套管和套管柱内壁灌注钻井液并循环钻井液；另外，启动顶部驱动钻井装置的旋转上扣机构，带动单根套管旋转，使单根套管与套管在井内旋转，能解决井眼缩径、井壁坍塌和岩屑沉淀带来的问题，保证套管柱能顺利正常下到井底。

二、漂浮下套管工具

漂浮下套管技术通过在套管串结构中加入漂浮接箍，在漂浮接箍与套管鞋之间的套管内封闭空气或低密度钻井液，使该段套管串在井眼内产生一定的浮力，进而实现套管的漂浮，降低对井壁的正压力，使其在下套管过程中处于漂浮状态，脱离井眼下侧，降低套管下入摩擦阻力，有利于套管的水平下入。

套管漂浮技术基本原理：漂浮接箍安装在套管串中的某部位，在漂浮接箍以下一般为空气，也可是密度较轻的其他液体，而漂浮接箍之上是钻井液，由于套管串的下部管内为空气，使得单位套管在钻井液中的浮重降低，从而大大减少了下部套管串与大斜度井段之间的正压力，达到减少套管下入过程中阻力的目的。[8]

套管漂浮组件包括：漂浮接箍、止塞箍、盲板浮鞋以及与之配套使用的固井胶塞等。盲板浮鞋和止塞箍接在套管串的最下端，中间隔 2～3 根套管。漂浮接箍安装在套管串中部，漂浮长度就是盲板浮鞋与漂浮接箍之间的套管长度，套管漂浮就是通过在这段套管内封闭空气或低密度钻井液实现的。如果为空气充填，下套管过程中漂浮接箍以下不需要灌钻井液；如果为低密度钻井液充填，则下套管过程中在漂浮接箍以下灌低密度钻井液。套管漂浮在井眼内的管柱结构如图 5-11 所示。

在距离底端 L（L 为套管的漂浮长度）处有一漂浮接箍，接箍下端的套管掏空，接箍上端的套管中灌钻井液。对于套管掏空段，套管和管内液体的总重量 W_g 为：

$$W_g=L_w+9.81A_iL\rho_i \tag{5-9}$$

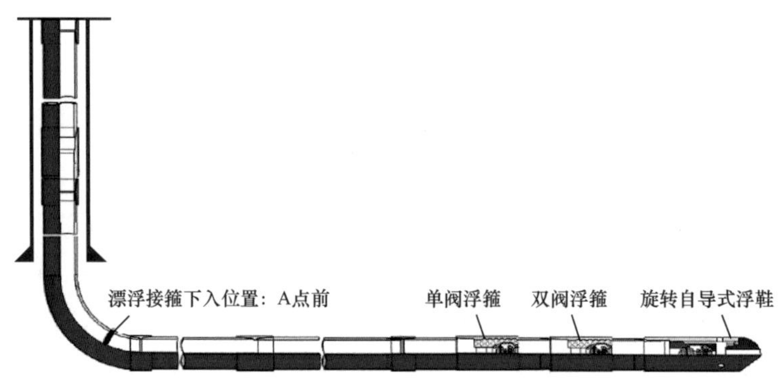

图 5-11　套管漂浮管柱结构示意图

在密度 ρ_o 的液体中所产生的浮力 F_b 为：

$$F_b=9.81A_oL\rho_o \tag{5-10}$$

则漂浮段套管在液体中的重量为：

$$W_b=W_b-F_b=WL-9.81\times(A_oL\rho_o-A_iL\rho_i) \tag{5-11}$$

上式中两边同时除以 L 得到漂浮段套管单位长度在钻井液中的重量：

$$W_b=W-9.81\times(A_o\rho_o-A_i\rho_i) \tag{5-12}$$

式中 ρ_o——漂浮段管外液体密度，kg/m^3；

ρ_i——漂浮段管内液体密度，kg/m^3；

A_o——套管外径截面积，m^2；

A_i——套管内径截面积，m^2；

W——套管单位长度在空气中的重量，N/m；

W_b——漂浮段套管单位长度在钻井液中的重量，N/m。

如果考虑套管掏空段充满空气，在计算时忽略空气密度，与非掏空段相比，漂浮下套管掏空段的浮重 W_b 与常规下套管重量 W 相比将明显降低，假设套管柱躺在井斜为 α 的井壁上，则产生的正压力为：

$$N=W_b\sin\alpha \tag{5-13}$$

由于漂浮段套管的浮重 W_b 降低，正压力 N 也随之降低。因此，采用漂浮下套管技术后，漂浮段套管与井壁的正压力明显减小，由此带来的轴向载荷明显增大，减少了套管的屈曲，套管的下入更加顺利。

三、套管附件

与常规井下套管相比，页岩气水平井下套管前要充分优化好钻井液，可以适当加

入完井液和一些其他钻井液药品，改善钻井液的流变性、密度、黏度和切力，为顺利下套管做准备工作。同时在下套管时，按设计要求添加合适的引鞋、套管扶正器、高压浮阀，也是保证套管顺利入井和固井质量的有效措施。[8]

1. 套管引鞋

引鞋是安装于套管柱底端带有循环孔的圆锥（半球）状的装置，主要作用是引导套管顺利入井，防止套管下端套管下放遇阻。主要包括：金属引鞋、水泥引鞋、木质引鞋、套管本体割制的引鞋，如图 5-12 所示。

目前，川渝地区使用的大多为长引导头的铝制引鞋，如图 5-13 所示。

图 5-12　不同种类引鞋示意图

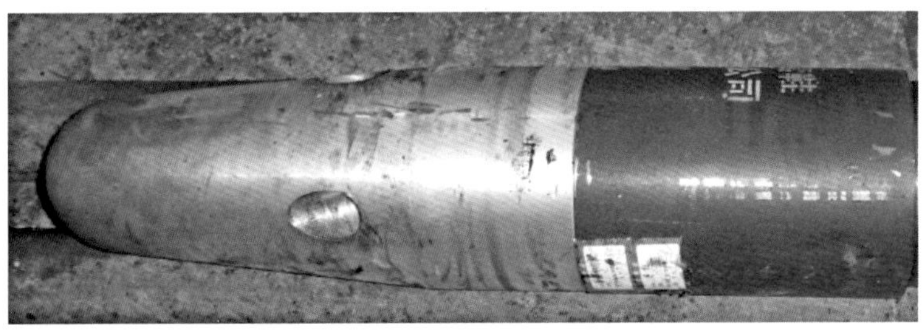

图 5-13　川渝地区常用铝制引鞋

2. 套管浮箍和浮鞋

浮箍主要由本体、阀芯（回压装置）两大部分组成，浮鞋还包括引鞋；不同类型的浮箍与浮鞋其结构不尽相同。按下井时钻井液进入方式，可分为自灌型和非自灌型；按回压装置的工作方式可分为浮球式、弹簧式和舌板式。页岩气井中为考虑漂浮下套管时经受的大压差工况条件，一般采用铝制结构，如图 5-14 和图 5-15 所示。

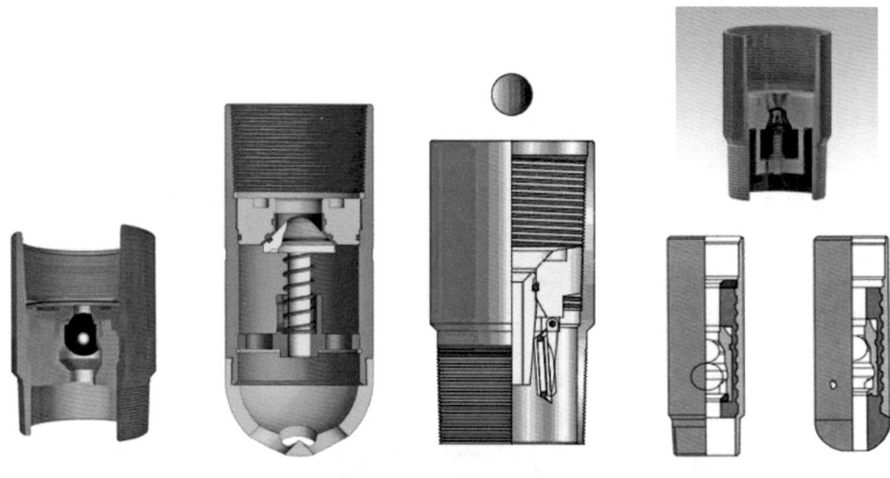

图 5–14　各类浮箍示意图

图 5–15　川渝地区主要引鞋与浮箍等附件

3. 套管扶正器

套管扶正器按作用形式可分为弹性扶正器、刚性扶正器和半刚性扶正器，弹性扶正器由箍环和弹簧片组成，刚性扶正器由箍环和扶正棱组成。按扶正条结构形式，弹性扶正器可分为单弓和双弓，刚性扶正器可分为普通刚性扶正器和滚轮刚性扶正器。

页岩气水平井生产套管为提高厚壁套管在水平井段与斜井段的居中度，上部主要采用普通刚性扶正器（图 5–16）和普通刚性旋流扶正器（图 5–17），为了减小井下摩阻，保障套管顺利下送到位，通常在造斜点下采用滚珠扶正器（图 5–18）。

图 5-16　不同种类套管扶正器示意图

图 5-17　普通刚性旋流扶正器示意图

图 5-18　滚珠扶正器

滚珠扶正器的优点：

（1）钢球可以在轨道内 360° 自由转动；

（2）钢球在轨道里转动，轨道采用两端锁紧方式，避免了钢球掉出的可能性；

（3）螺旋轮廓设计，保证了扶正器六楞上的钢球在轴向投影面的覆盖，实现了全接触，无死点；

（4）钢球采用轴承钢材质，保证了本身的承压强度外也保证了钢球滑动时的最小摩阻。

第三节　页岩气水平井固井施工及过程控制技术

一、井眼准备

井眼准备是页岩气水平井下套管及固井施工作业的重要环节，最后一次通井要利用短起下，使得井眼畅通无阻，对于遇阻井段认真划眼，采用不低于套管刚度的通井钻具组合通到井底。适当提高钻井液黏度，且大排量循环，确保井下无沉砂、垮塌、漏失，针对主要遇阻点替入润滑性好的钻井液，降低摩阻和扭矩，为套管下入创造条件。[19]

1. 通井

1）通井钻具组合

为保证电测顺利，电测前先单扶通井，根据单扶通井情况确定是否先用双扶进行通井；为保证套管顺利下入，下套管前进行三扶通井，通井钻具组合原则上采取由易到难的通井方式进行，先用单稳定器钻具通井，再下双稳定器钻具通井，最后采用三稳定器钻具通井，具体通井钻具组合如下。

单稳定器钻具：ϕ215.9mm 钻头 + 回车阀 +ϕ213.0mm 稳定器 +ϕ165.1mm 钻铤 3 根 + 原钻具组合。

双稳定器钻具：ϕ215.9mm 钻头 + 回车阀 +ϕ213.0mm 稳定器 +ϕ165.1mm 钻铤 1 根 +ϕ210.0mm 稳定器 +ϕ165.1mm 钻铤 2 根 + 原钻具组合。

三稳定器钻具：ϕ215.9mm 钻头 + 回车阀 +ϕ213.0mm 稳定器 +ϕ165.1mm 钻铤 1 根 +ϕ210.0mm 稳定器 +ϕ165.1mm 钻铤 1 根 +ϕ210.0mm 稳定器 +ϕ165.1mm 钻铤 1 根 + 原钻具组合。

在裸眼井段遇阻，应首先转动划眼消除井壁微台阶，再上下拉划通过。建议通井除遇阻应划眼通过外，在造斜点、A 点附近 300m、水平段井底 500m 无论遇阻与否均应采取全部划眼方式通过，并对划眼井段采取短起下钻验证，以确保套管下至设计井深。

通井到底后，应在存在挂卡、遇阻井段进行短起、反复拉划通井；重点在井眼沉砂多、掉块多井段，通阻卡严重井段。通井到底后要求大排量充分洗井，循环洗井至

少 2 周以上。

2）通井技术措施

（1）为保证套管顺利下入，按相关规定进行通井。在通井作业时，应有技术干部在钻台上监护把关，防止事故发生，要求能在不转动的情况下下放到底。

（2）通井钻具组合原则上采取由易到难的通井方式进行，在裸眼井段遇阻，应首先转动划眼消除井壁微台阶，再上下拉划通过。

（3）通井到底后，应在存在挂卡、遇阻井段进行短起、反复拉划通井；重点在井眼沉砂多、掉块多井段，通阻卡严重井段。通井到底后要求不低于 1.5m^3/min 的排量洗井，循环洗井至少 2 周以上。

2. 下套管前钻井液性能要求

页岩气井钻至大斜度段或水平段时，通常使用较高动塑比的高密度油基钻井液。以 NH2-4 井为例，钻至大斜度段及水平段时，将井内钻井液置换为油基钻井液。其基本组成包括了白油、氯化钙、石灰、乳化主剂、乳化助剂、润湿剂、封堵剂、降滤失剂、增黏剂、重晶石等。白油毒性小、污染低、黏度不高，是油基钻井液的理想基油。氯化钙的作用是控制水相活度，增加有效离子浓度，防止页岩中土相成分吸水膨胀，通常钻井液中氯离子含量在 50000mg/L 以上。石灰主要用于调节 pH 值，同时提供的钙离子有利于二元金属皂的生成，从而保证所添加的乳化剂可充分发挥其效能，也可防止地层中酸性气体对钻井液的污染。乳化主剂与乳化辅剂协同作用，保证浆体性能稳定，油相与水相均匀混合。两种乳化剂构成的膜比单一乳化剂的膜更为结实，强度更大，表面活性大大增强，液相间更不易聚结，形成的乳状液就更加稳定。乳化主剂主要形成膜的骨架。乳化辅剂的 HLB 值一般大于 7，可使乳化主剂更为稳定，增加外相黏度。润湿剂是具有两亲作用的表面活性剂，分子中亲水的一端与固体表面有很强的亲和力。润湿剂的加入使刚进入钻井液的重晶石和钻屑颗粒表面迅速转变为油湿，从而保证它们能较好地悬浮在油相中。封堵剂作用是提高地层承压能力，同时降低滤失量，保证井眼条件具备采用高密度钻井液钻进的能力。采用增黏剂而不使用有机土是哈里伯顿公司油基钻井液的一大特色。它能有效提高表观黏度和动切力，保证体系稳定性，同时对塑性黏度影响较小，有利于携带岩屑。[21]

由上述分析可知，页岩气钻进过程中对钻井液性能的要求与提高固井质量的钻井液性能要求两者间存在一定的矛盾。在钻进过程中，为保持井控、钻速、防漏防卡、安全起下钻等，要求钻井液密度适当过平衡，滤失量低，抑制能力强，因此，体系必然具有较高黏度和切力，保证高悬浮加重料，并形成优质滤饼；而在固井时，为提高井眼净化程度及有效提高顶替效率和二界面胶结质量，希望钻井液具有较低黏度、切力、高悬浮、高携屑能力及优质滤饼、优良流变性、弱凝胶特性。

为了获得较好的顶替效率（超过 90%），建议高密度钻井液动切力小于 11Pa，尽量控制在 9Pa 左右。长宁区块油基钻井液动切力高，一般在 15Pa 左右，施工前，在保证井壁稳定前提下，可适当降低钻井液密度 0.1g/cm^3 左右，并改善钻井液流变性。根据情况提高油水比，及时补充乳化剂，保证体系稳定，流动性能良好，利于顶替。

因此，页岩气井在最后一趟通井到底后应大排量洗井两周以上，钻井液进出口密度差应小于 0.02g/cm^3。调整钻井液性能，达到低黏切、流变性好。注水泥施工时钻井液主要性能推荐要求如下：

屈服值小于 15Pa，塑性黏度应在 40～75mPa·s。

二、安全下套管工艺技术

1. 下入摩阻软件分析

针对长水平段水平井下套管摩阻大问题，建立多因素耦合条件下的摩阻计算模型一套，并结合现场两口井的实钻数据对摩阻系数进行反演校正及摩阻分析预测，预测结果与现场符合程度较高。

通过已完成井下套管作业时的数据，取回的数据类型主要为井眼轨迹测斜数据、井身结构、钻井液参数、下入套管（或筛管）的规格，以及下套管时的大钩载荷与引鞋位置数据，并根据这些现场数据进行了摩阻计算和摩阻系数反演的工作，取得了良好的结果。[19]

（1）YS108H1-8 井摩阻系数反演如图 5-19 所示。YS108H1-8 井套管段摩阻系数 FF［0］=0.30，裸眼段摩阻系数 FF［1］=0.35，摩阻系数较大。从图 5-19 中对应的曲线（FF［0］=0.30 和 FF［1］=0.35）也可发现，当井身到达 4400m 左右时，大钩载荷降至“0”，套管无法继续前行，此计算结果和现场基本吻合，事实上从取回的录井资料可以发现，从 4000m 开始套管下放困难，现场在套管下放受阻时，开始采用“上提下砸”的方式使套管冲过卡点，并且随着井深增加，这种“上提下砸”的套管下入方式采用越发频繁。然而，由于计算模型的不同，“上提下砸”的套管下放钩载并不能作为反演摩阻系数的数据，因此，从图可见，在井深超过 4000m 之后，并未取太多的实测数据用于反演摩阻系数。

（2）YS108H6-1 井摩阻系数反演如图 5-20 所示。YS108H6-1 井套管段摩阻系数 FF［0］=0.30，裸眼段摩阻系数 FF［1］=0.40，摩阻系数较大。从图 5-20 中对应的曲线（FF［0］=0.30，FF［1］=0.40）可发现，该井的套管下入工作同样比较困难，套管柱下至预定井深时剩余的大钩载荷仅 20klbf（约为 88.96kN），余量较小。

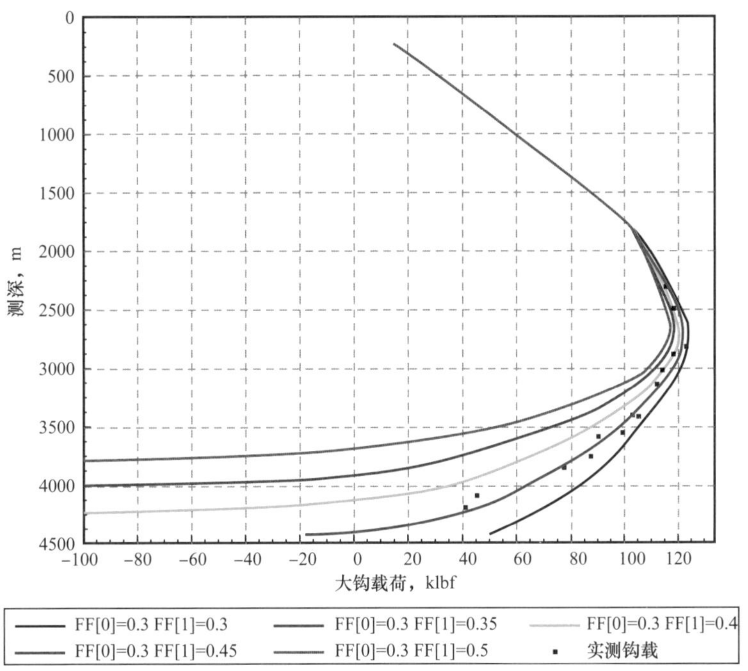

图 5-19　YS108H1-8 井摩阻系数反演

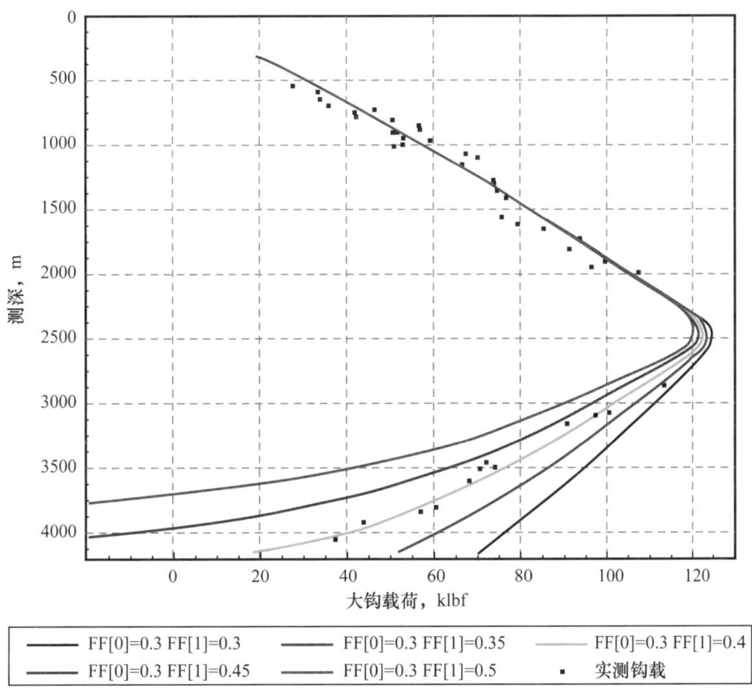

图 5-20　YS108H6-1 井摩阻系数反演

（3）YS108H6-8 井套管下入摩阻预测如图 5-21 所示。为验证摩阻系数反演与现场的符合程度，此处用 YS108H6-1 井反演得到的摩阻系数预测 YS108H6-8 井套管下入摩阻，并与 YS108H6-8 井实测下套管大钩载荷进行对比验证。由于这两口井在同一个井场，所在的地层差异不大，因此可以用 YS108H6-1 井反演得到的摩阻系数去预测 YS108H6-8 井的摩阻。

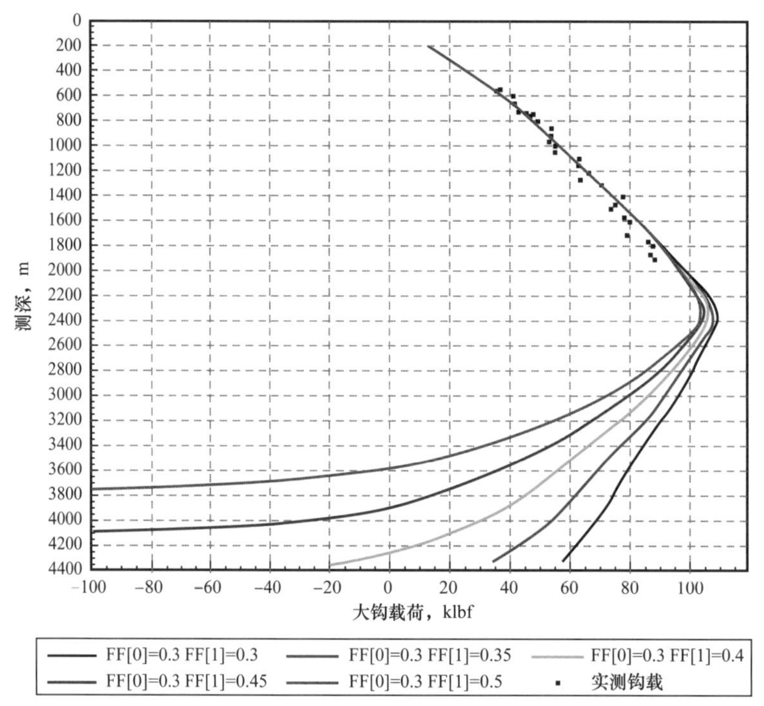

图 5-21　YS108H6-8 井套管下入摩阻预测

从图 5-21 中对应曲线（FF［0］=0.30，FF［1］=0.40）可以发现，在裸眼段预测得到的大钩载荷相对于同井深下的实测大钩载荷略微偏小，但总体来说，预测结果还是比较准确的。此外，当套管下入井深 4200m 左右时，大钩载荷降至“0”，套管无法继续前行，对照获得的录井数据，发现 YS108H6-8 井在最后 100 多米的井段同样采用了“上提下砸”的方式下套管，因此，YS108H6-8 井套管下入的摩阻预测结果与现场符合程度较高。

2. 下套管的技术措施

（1）下套管前取套管保护套，并将一副封井器芯子换成与 ϕ139.7mm 套管相符合的封井器芯子，防止在下套管过程中发生气侵造成井涌或井喷，便于关井。

（2）所下套管要严格按设计的管串结构和入井编号顺序入井。若有损坏，须立即报告工程技术人员和现场施工人员，不得自行更换。

（3）下套管过程中一定要盖好井口，随时检查钳牙，防止落入井内，井口套管要用套管帽盖好；套管上钻台绳套要套牢实，防滑，注意相互协调配合好。

（4）控制好下放速度，在易漏、易塌井段，应缓慢均匀下放，每根套管下放速度不超过 0.5m/s。套管悬重超过 300kN，必须挂电磁车。

（5）下套管中途遇阻卡，特殊情况下需循环钻井液，主要在入井套管单根上接循环接头和钻杆扣为主循环；特殊情况需转动，主要考虑套管单根上接循环接头，再对接顶驱转动为主（扭矩初步按 14000N·m 紧扣）；下套管进入水平段如下放困难，先缓慢上提套管至脱（如套管空得较多需灌满钻井液），再快速下放（上提悬重不超过 220tf，下放悬重不得低于 30tf），提前检查好刹车系统，控制好悬重吨位，防顿钻及损坏顶驱。

（6）套管上扣前采用套管钳先引扣，后用套管钳按套管的最佳扭矩值上扣；套管上扣时按对扣→引扣→进扣→紧扣工序进行，高速进扣、低速紧扣，严格控制上扣转速；上扣转速高速小于 25r/min，低速小于 10r/min，上扣质量以最佳扭矩和进扣长度两者控制，扭矩值达到最佳值以上；吊或扔护丝时注意安全；

（7）采用灌钻井液帽灌钻井液，每下 30 根套管灌钻井液一次：ϕ139.7mm 套管 δ12.7mm 内容积 10.26L/m（灌入量 3.4～3.5m^3），下套管过程中必须监测记录好返出量和灌入量，严格坐岗制度，出现井漏、溢流等复杂情况及时发现和汇报：ϕ139.7mm 套管返出量 15.32L/m，每 3 根记录 1 次返出量（0.52m^3）。按井控规定严格操作，加强液面及出口记录，发现异常及时汇报。

（8）套管下出裸眼以后，灌浆时抓紧时间，严禁长时间静止作业，防套管卡。

（9）在接联顶节以前检查场地上备用套管的根数及编号，确保下入套管长度数据准确无误。

（10）下联顶节时，可在螺纹处涂抹钻杆铅油，但螺纹要上紧。下完套管接水泥头，应开泵小排量循环，待出口返出后再加大排量，认真观察液面变化，及时发现是否井漏；待井下情况正常后做好注水泥施工准备。

（11）下套管过程中，严格执行操作规程，各岗位配合好，穿戴好劳保，把安全工作放在首位。

（12）下完套管循环洗井结束后，循环洗井至少 2 周以上，同时调整钻井液屈服值应小于 15Pa，塑性黏度应在 50～80mPa·s。以振动筛上无掉块、沉砂为标准，彻底清洁净化井眼（以振动筛上无掉块、沉砂为标准）。

① 套管下到位后，视井下情况是否采用加重钻井液模拟水泥浆进行循环携砂，注意观察泵压变化。

② 套管下到位后，固井施工前以不低于 1.8m^3/min 的排量循环洗井，观察泵压变化。同时观察返出情况，以振动筛上无掉块、沉砂为标准，彻底清洁净化井眼。

三、注替工艺及参数控制

1. 顶替效率

影响页岩气水平井水泥环封固质量的首要因素是提高顶替效率，没有良好的顶替效率，其他任何措施都不会对固井质量起到很好作用。但顶替效率是固井施工过程中最难控制的因素，受到井眼条件、钻井液性能、水泥浆性能、浆体结构设计、施工参数和前置液接触时间等的影响。国内外研究发现，页岩气水平井由于管柱受重力影响，在水平段向下倾斜，居中度比常规更低。[19]

影响水平井注水泥顶替效率因素主要有3大类9小类主控因素如图5–22所示。因此后续工作也围绕这几类因素开展模拟及工艺优化工作，进一步提高页岩气水平井固井顶替效率，确保后续固井质量。以紊流顶替技术为基础一般要求水泥浆的性能为：流性指数为0.6～0.8，稠度系数为0.1～0.3，不同尺寸的井眼与套管，在不同排量下水泥浆流态见表5–11。

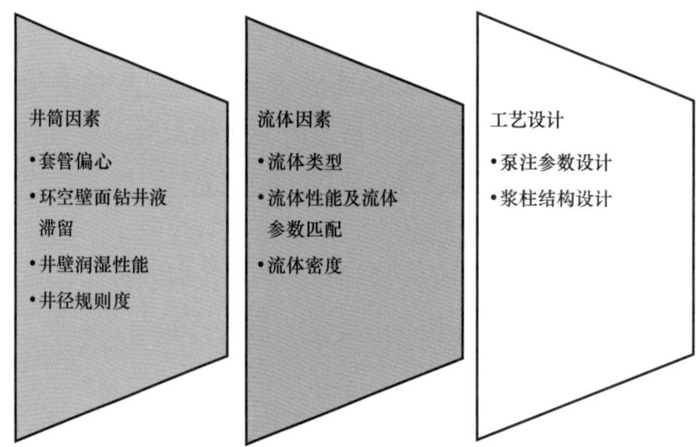

图5–22　影响威远—长宁页岩气井水平井顶替效率主控因素图

表5–11　不同注水泥排量下水泥浆的流态

钻头尺寸 mm	套管尺寸 mm	注水泥排量 m^3/min	RePL	RePL1	RePL2	水泥浆流态
215.9	139.7	2.0	2735～3619	2560～2330	3460～3230	过渡流
215.9	139.7	1.8	2360～3189	2560～2330	3460～3230	过渡流
215.9	139.7	1.5	1828～2562	2560～2330	3460～3230	层流
215.9	139.7	1.0	1036～1575	2560～2330	3460～3230	层流

ϕ215.9mm 井眼下 ϕ139.7mm 套管，水泥浆在环空中以层流或过渡流状态存在，排量只有接近 2.0m^3/min 时才能达到紊流状态；ϕ215.9mm 井眼下 ϕ139.7mm 套管，排量从 1.0m^3/min 升至 2.0m^3/min，水泥浆的流动状态是层流或过渡流态。

顶替液与被顶替液的密度差是驱替钻井液的重要动力，其作用类似于浮力原理。密度差越大，钻井液受到指向井口方向的驱替力越大，越有利于实现平稳推进。

软件计算结果表明：

（1）当顶替液与被顶替液密度相等时，窄间隙处钻井液几乎不流动，造成严重窜槽。

（2）提高密度差后，在浮力作用下，窄间隙处钻井液顶替高度逐步提高，密度差 0.1g/m^3 是一个明显拐点，要获得较好的顶替效率建议密度差至少大于此拐点数值。

通过模拟表明，顶替效率随密度差增加而提高，由于密度差带来的浮力效应，顶替效率随密度差增加而提高，因此为保证 90% 以上顶替效率，建议顶替液与被顶替液密度差大于 0.1g/cm^3，最小不低于 0.05g/cm^3（顶替效率 89% 以上）。

2. 套管居中度

在井况复杂条件下，扶正器安放受限（井斜大扶正器安放过密影响套管安全下入）或存在“大肚子”井段都将影响套管居中度。套管居中度是影响顶替效率的重要因素，直接影响环空各间隙流体速度分布，决定最终顶替高度。模拟条件：重合段居中度 70%。

通过模拟表明：

（1）居中度低于 60% 时，顶替过程出现明显的扰流现象，即窄间隙处水泥浆流动极其缓慢，造成宽窄间隙顶替高度差。

（2）居中度对顶替效率影响明显，因此建议水平井套管居中度至少不低于 60%，以保证获得较好的顶替效率。

3. 钻井液动切力

钻井液的性能是影响固井顶替效率的关键因素之一，良好的流变性能不但能对井眼起到良好的清洁作用，还可以降低环空循环压耗，降低流动阻力，有助于提高泵注排量条件下能保证井筒稳定，而钻井液的动切力是主要体现钻井液流动性能的主要参数，反映钻井液的拖曳能力。

通过模拟表明：（1）钻井液切力越高，对顶替效率越不利，这主要是源于高切力的钻井液流动性较差，对井壁的拖曳力较大，顶替过程中难以驱替。（2）从曲线上看，切力低于 8Pa 时顶替效率高于 89%，因此为获得良好的顶替效率，页岩气钻井用高密度钻井液切力应在满足井筒安全条件下尽可能低。

4. 隔离液流变性

隔离液应保证有效隔离钻井液与水泥浆、缓冲水泥浆窜入钻井液中、清洗固井二界面的主要流体。隔离液的流变性能与钻井液的流变性能类似，良好的流变性能有助于顶替，冲洗型隔离液可以有效保证在较小泵注排量下实现紊流或过渡层流顶替，有效驱替井壁虚滤饼。

通过模拟表明：

（1）隔离液流性指数越高，则顶替效率越高，源于较高的流动性能实现紊流或有效层流流动，对井壁具有更好的冲刷作用，因此建议隔离液流性指数不低于 0.7。

（2）稠度系数则更好相反，数值大小也反映了隔离液流动性能，流动性越好，稠度越小，流动性越差，稠度越大，因此同理，为满足良好的顶替效率，稠度应尽可能小。

5. 泵注排量

环空返速决定着液体的流态，影响流速分布，与顶替效率密切相关。经典流体力学理论研究表明，随着流体流速增加，其流态将逐步从塞流转变为层流，并最终过渡为紊流。塞流转变为层流的标志是流速剖面发生较明显变化，速度梯度增大，流核缩小，塞流的雷诺数一般为 60～100，平缓的流速剖面有利于提高顶替效率，但较小的壁面剪切应力不利于清除井壁虚滤饼及长期未参与循环的“死钻井液”。当流速进一步增大，层流失去稳定性，形成紊流漩涡，脱离原来的流层或流束，冲入邻近的流层或流束，流速分布及压力分布表现出明显的扰动，出现了类似脉冲波动现象，流态正式转变为紊流。漩涡的形成要以两个物理现象为基本前提，其中一个是流体具有黏性。在各流层的相对运动中，由于流体的黏性作用，在相邻各层的流体间会产生切应力。对于某一选定流层而言，流速高的一层施加于其上的切应力与流动方向相同；流速低的一层施加于其上的切应力与流动方向相反。因此，该流层所承受的切应力，有构成力矩并从而促成漩涡产生的趋向。促成漩涡产生的另一个物理现象是流层的波动加入在流动中。由于某种原因，使流层受到微小扰动后，产生了流层的轻微波动。在波动凸起一边，将由于微小流束的过流截面积减小，而造成流速增大；反之，在凹入的一边，将由于微小流速的过流断面增大，而导致流速降低。流速高处压力低，而流速低处压力高。这样，使发生波动的流层由于局部速度改变而承受了附加的横向力作用。显然，受横向力作用后，流动波动会加剧。若此情况继续存在，上述附加横向力与切应力的综合作用，将促成漩涡产生。

套管偏心条件下流速分布见表 5-12。在套管偏心度为 0.3 的条件下，由于环空间隙不同，宽窄间隙处流速分布不同，宽间隙处平均流速约为窄间隙处平均流速的 4 倍左右。

表 5-12 套管偏心条件下流速分布

平均返速，m/s	0.50	0.75	1.00	1.25	1.50	1.75	2.00
宽间隙平均流速，m/s	0.790	1.185	1.579	1.977	2.369	2.764	3.160
窄间隙平均流速，m/s	0.176	0.264	0.352	0.441	0.529	0.617	0.705

偏心套管顶替效率数值计算结果如图 5-23 至图 5-30 所示。数值模拟结果表明，当环空返速由 0.5m/s 逐步上升到 2m/s 后，壁面剪切应力增加，有助于清除壁面虚滤饼，顶替效率有了较明显提高。特别是当流速超过 1～1.25m/s 后，顶替液进入高速层流阶段，接近紊流状态，顶替效率骤然大幅度提高。因此，建议在机泵能力及地层承压能力允许条件下，采用大排量施工，保证环空返速 1～1.25m/s 以上，在 ϕ215.9mm 井眼下 ϕ139.7mm 套管折算成施工排量 1.2～1.5m^3。

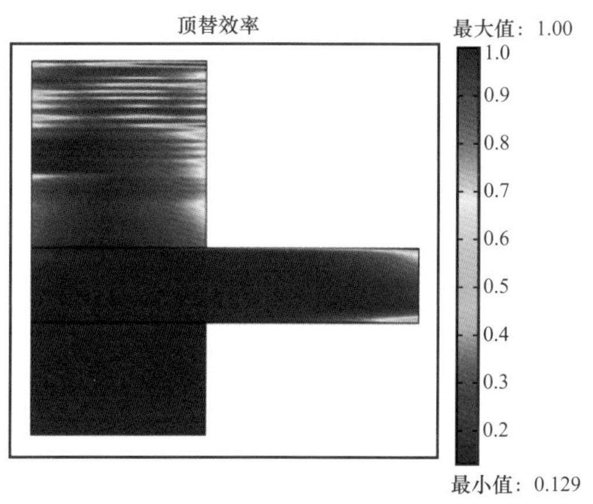

图 5-23 替效率计算结果（v=2m/s）

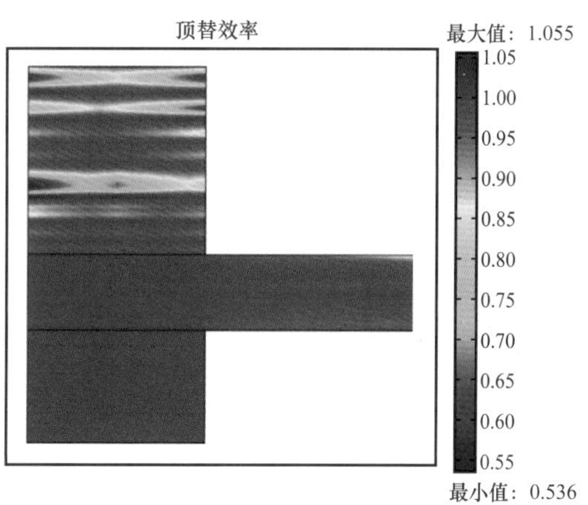

图 5-24 顶替效率计算结果（v=1.75m/s）

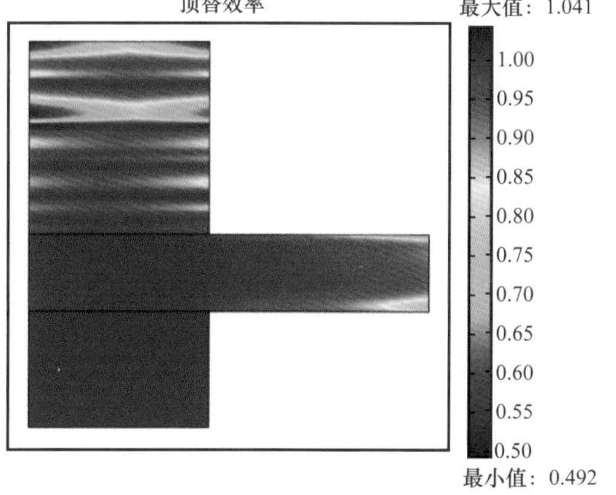

图 5-25 顶替效率计算结果（v=1.5m/s）

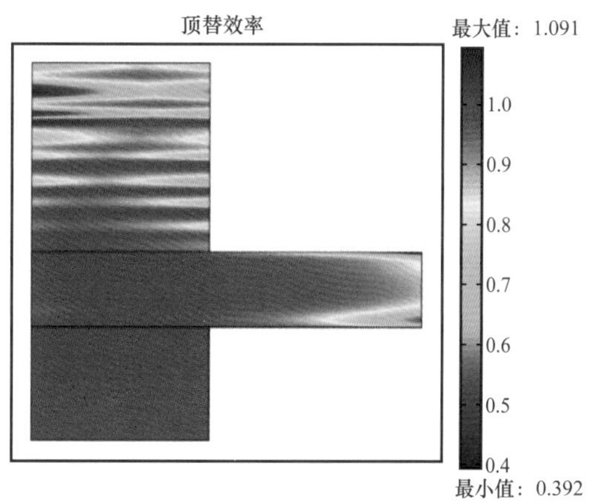

图 5-26 顶替效率计算结果（v=1.25m/s）

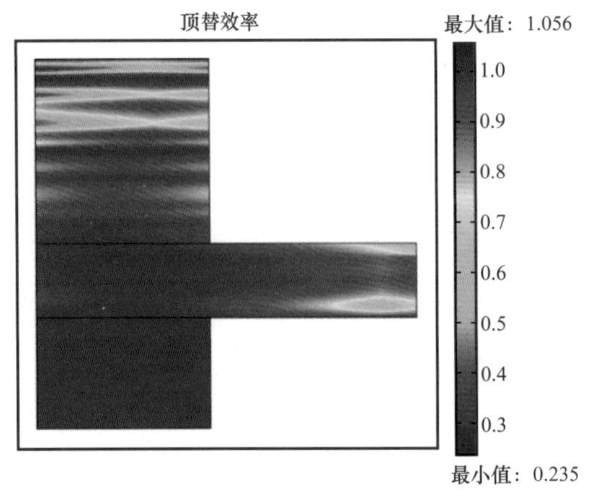

图 5-27　顶替效率计算结果（v=1m/s）

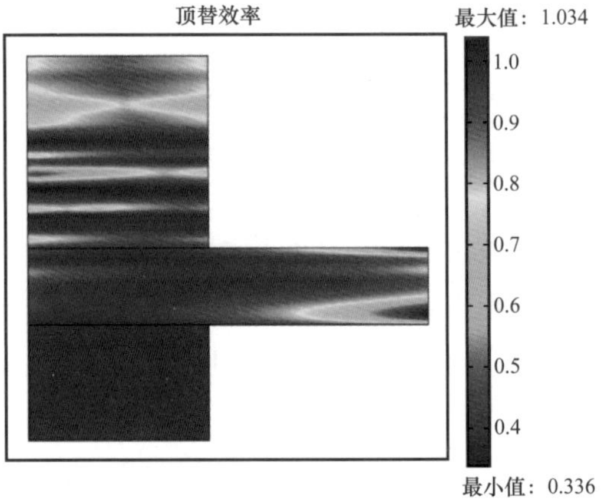

图 5-28　顶替效率计算结果（v=0.75m/s）

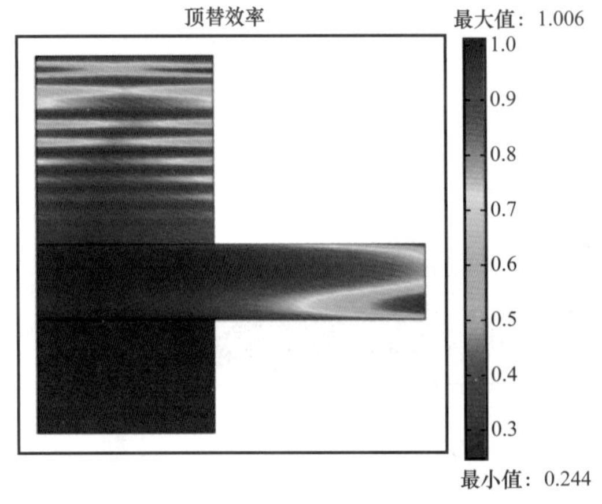

图 5-29　顶替效率计算结果（v=0.5m/s）

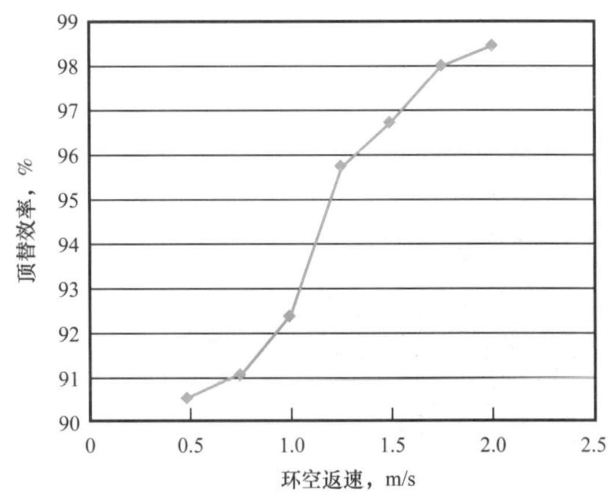

图 5-30　顶替效率变化规律曲线

四、匹配大型压裂需求的高强度韧性水泥浆技术

1. 大型压裂条件下水泥环完整性理论模型

在页岩气压裂施工作业中，随着套管内压力的加载，水泥环与套管一同产生向外膨胀的径向位移。作业结束后套管内压下降，之前产生的径向位移也随之恢复。在整个过程中，假设套管始终为弹性体，若水泥环也为弹性体，由弹性材料的定义可知，内压卸载后套管和水泥环的径向位移将完全恢复，整个系统回到加载前的初始状态，不产生微间隙；若加载时压力较大，使水泥环进入塑性，则其将产生不可恢复的塑性形变，而压力卸载后套管的形变可以完全恢复，因此将导致水泥环与套管或地层界面受拉，当该拉应力大于界面胶结强度时，将导致界面脱离，产生微环隙。[21]

对套管内压力加载和卸载过程分别进行计算，根据加载阶段组合体各点的应力状

态与位移大小计算卸载后水泥环界面接触力的大小，判断是否发生界面脱离，最后建立计算变内压作业下微环隙的理论模型。

假设套管和围岩均为弹性体，水泥环为理想弹塑性体，屈服条件满足 Mohr–Coulomb 准则。随着作业压力的升高，水泥环内壁处首先屈服并进入塑性。若压力继续增加，则水泥环塑性区由内壁处沿径向向外逐渐扩大，水泥环被分为塑性区（内环）和弹性区（外环）。当内压超过某临界大小后，水泥环完全进入塑性状态，不存在弹性区，如图 5-31 和图 5-32 所示。

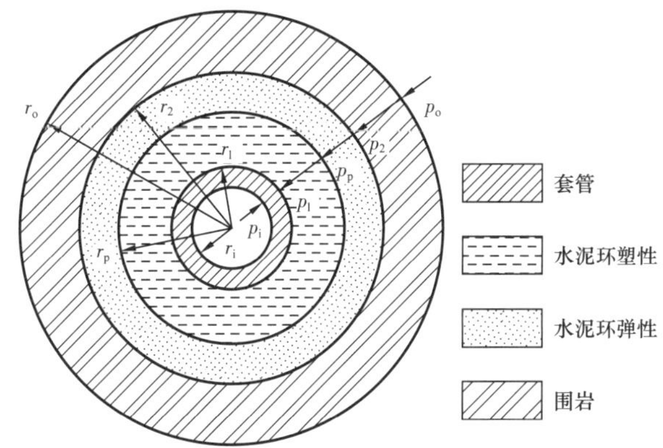

图 5-31　水泥环部分进入塑性状态组合体模型

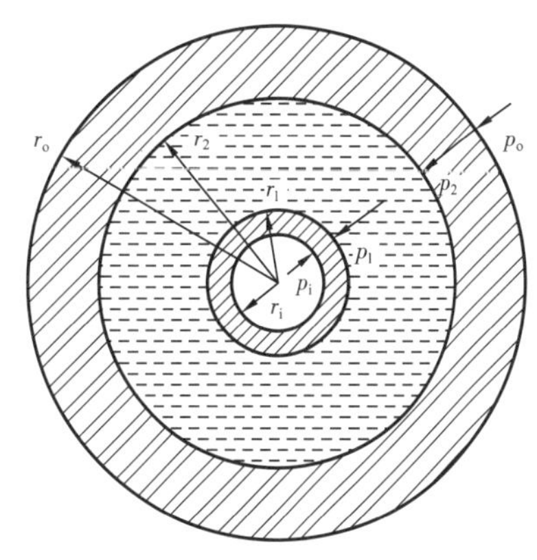

图 5-32　水泥环完全进入塑性状态模型

微环隙大小计算：微环隙可能产生于第一界面或第二界面，取决于该界面胶结强度与界面拉力的关系。一般而言，卸载后第一界面产生的拉力大于第二界面，当两个界面的胶结强度相近时，在第一界面更容易产生微环隙。理论分析及室内试验均证明微环隙的产生与水泥石的弹性模量密切相关，可根据建立的理论公式对水泥石弹性模量和微环隙之间的关系进行分析。图 5-33 是根据一口页岩气水平井的现场数据分析的结果，其结果证明水泥石弹性模量的降低有助于避免微环隙的产生，从而满足压裂的需求，理论模型可为韧性水泥浆的设计提供依据。

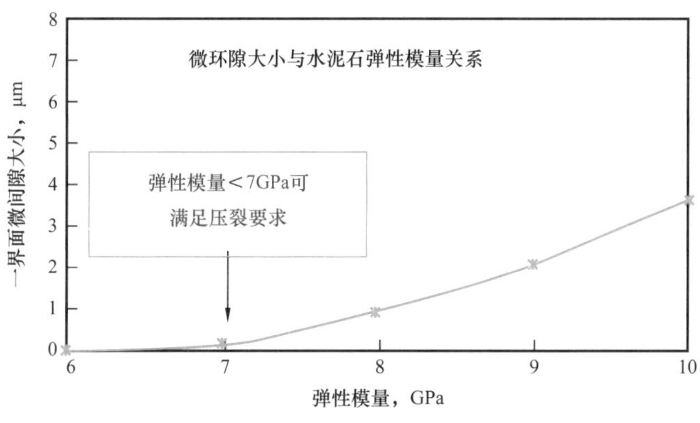

图 5-33　水泥环完整性分析结果

2. 密封安全系数法

对水泥石而言，其力学性能主要包括强度（包括抗压强度、抗拉强度等）、弹性模量、泊松比和线性膨胀率。其中，水泥石泊松比一般为 0.18～0.23，变化幅度不大；为防止水泥环体积变化造成水泥环破坏及第一界面和第二界面界面脱离，水泥石的膨胀率一般应控制在 0～0.2%。因此，对水泥石，可以改变的性质主要有两项，即强度和弹性模量两个参数。一般来讲，水泥石抗压强度越高、弹性模量越低，保证密封的能力也越强，因此，近年来，多家单位提出了水泥石韧性改造的观点，在现场应用中，也取得了一定的效果。在韧性改造时，水泥石抗压强度往往随着弹性模量的降低一起降低，这里就存在一个问题，是高强度、高弹性模量的水泥石好，还是低强度、低弹性模量的水泥石更适用于现场，目前缺少一个有效的评价标准，针对这一问题，通过对套管—水泥环—地层组合体进行力学分析，总结其中的规律，提出了一套评价水泥石性能优劣的方法，称为密封安全系数法。

首先提出三个假设条件，即套管完全居中、水泥环均匀填充环空空间、井径均匀，在确定钻井、压裂、生产过程中套管内压力、温度升高的最大值后，即可根据前面建立的力学模型计算出水泥环所受最大差应力，水泥石的受压破坏准则采用摩尔－库伦准则，即可计算出水泥环强度需求值。根据理论分析的结果，强度需求值与水泥环弹性模量相关，在一定的水泥石弹性模量范围内（4～12GPa），强度需求值与水泥环弹性模量近似为线性关系，即弹性模量越低，水泥环受力越小，如图 5-34 所示。

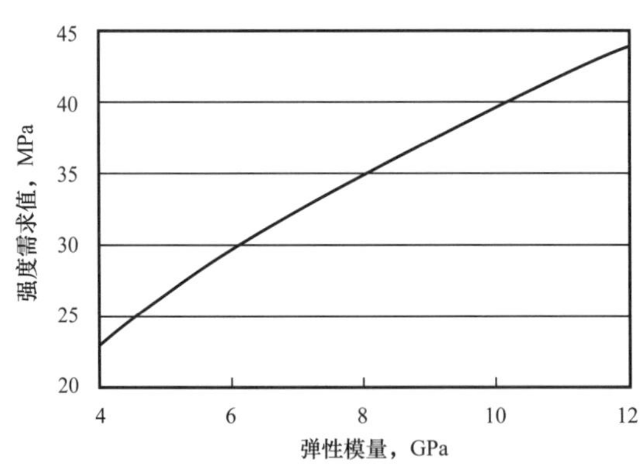

图 5-34　水泥石弹性模量与强度需求值之间的关系

同时居中度、水泥环填充均匀性、井径均匀性等条件难以准确控制，因此，在水泥环力学性能需求设计时，需要留有余量，以应对套管不居中、水泥环未完整填充等条件。

定义失效风险系数 β 为水泥环强度需求值与其强度之间的比值，定义密封安全系数 n_s 为失效风险系数 β 的函数：

$$\beta = \frac{\sigma_u}{f_u} \tag{5-14}$$

当工况条件已知，则 n_s 为水泥石弹性模量 E_c、抗压强度 f_u 的表达式：

$$n_s = e^{1-\beta} \tag{5-15}$$

$$n_s = e^{1-\frac{F(E_c)}{f_u}} \tag{5-16}$$

密封安全系数反映了系统保障密封的能力。当 n_s=1 时，表示在套管完全居中、水泥环完整填充、井径规则的条件下，水泥环处于密封失效的临界条件；当 n_s<1 时，水泥环将发生密封失效，n_s>1 时，则表示水泥石强度仍有一定的余量，n_s 越大，余量越多。在实际应用中，考虑到居中度、水泥环填充均匀性、井径均匀性等因素，建议安全系数在 1.2 以上。表 5-13 是根据四川页岩气常规参数计算的不同弹性模量条件下对水泥石抗压强度的需求，可为水泥浆的韧性改造提供理论依据。

表 5-13　3000m 处水泥环密封安全系数计算（推荐安全系数>1.2）

弹性模量 GPa	不同抗压强度下密封安全系数						
	15MPa	17.5MPa	20MPa	22.5MPa	25MPa	27.5MPa	30MPa
5	1.00	1.15	1.28	1.39	1.49	1.57	1.65
6	0.86	1.01	1.15	1.26	1.36	1.45	1.53
7	0.75	0.90	1.03	1.15	1.25	1.34	1.42
8	0.65	0.80	0.93	1.05	1.15	1.25	1.33
9	0.57	0.72	0.85	0.96	1.07	1.16	1.25
10	0.51	0.65	0.77	0.89	0.99	1.09	1.18

3. 韧性水泥浆体系

为提高水泥浆体系综合性能，以增韧机理和紧密堆积理论为指导，配合固井外加剂和外掺料等，将不同粒径不同功能的材料进行混配，小颗粒的材料可以充填到大颗粒的孔隙中间，实现紧密堆积，从而达到提高水泥浆体系的稳定性和水泥石抗压强度的目的。且在水泥浆中掺入微硅，可利用其比表面相对较小、本身化学活性高的矿物活性和部分能够与水泥水化产物中的碱性物质发生胶凝反应的特性，保持浆体的稳定性及提高水泥浆体系的整体性能。同时，在水泥浆中掺入增韧材料，并均匀分散在浆体中，随着水泥石强度发展，韧性材料在水泥石内部形成桥接并抑制了缝隙的发展从而达到增强水泥石的弹性，提高抗冲击韧性，降低水泥石渗透率。表 5–14 和表 5–15 列出了优化设计的常规密度和高密度水泥石力学性能指标，按照前面所述的密封安全系数法能够满足页岩气水平井大型压裂要求。

表 5–14　常规密度高强度韧性水泥石力学性能

配方	密度 g/cm³	120℃抗压强度（72h） MPa	弹性模量 GPa	备注
配方 1	1.90	40.5	8.8	未韧性改造
配方 2	1.90	33.2	6.0	韧性改造

表 5–15　高密度高强度韧性水泥石力学性能

配方	密度 g/cm³	120℃抗压强度（72h） MPa	弹性模量 GPa	备注
配方 1	2.20	25.6	8.2	未韧性改造
配方 2	2.20	22.6	5.5	韧性改造
配方 3	2.30	22.3	5.8	韧性改造
配方 4	2.40	23.0	5.8	韧性改造

五、油基钻井液条件下提高界面胶结质量技术

页岩气水平井钻井大多采用油基钻井液，但油基钻井液对固井水泥环二界面的胶结以及钻井液与水泥浆的相容性提出了挑战。在油基钻井液条件下固井的主要难点是：

一是井壁与套管表面附着一层油膜后，和油浆后水泥的胶结基本为零，将严重影响固井质量及后期的大型压裂作业；

二是由于水泥浆是典型的水基材料，直接与油基钻井液接触后会严重增稠，无法开展正常的固井施工作业，危及施工安全。

为了提高固井质量和保证固井施工安全，注水泥前使用冲洗液冲洗附在井壁和套管界面上的油膜是提高固井质量的有效手段，采用大量的冲洗液对于页岩地层井壁易产生冲蚀和造成坍塌，因此，需要专门的油基钻井液条件下的固井冲洗液。

通过对冲洗隔离液的关键技术深入研究，形成了以冲洗剂 SD80 和悬浮稳定剂 SD85 为主剂的冲洗型隔离液体系。其冲洗效果达 95% 以上，有效改变了界面润湿环境，起到清洁地层和套管界面的作用，与油基钻井液和水泥浆具有良好的相容性，解决了水泥浆与油基钻井液接触污染问题，从而达到提高固井质量的目的。[17, 18]

1. 冲洗效率评价方法

目前国内冲洗效率评价方法并不完善，评价手段不统一。针对页岩气水平井油基钻井液条件下的固井，室内通过旋转黏度计法和自制小型模拟井筒的装置两者相结合进行冲洗效率评价。

旋转黏度计法：将六速旋转黏度计的转芯从转头取下，称其重量记为 W_1，将转筒转子部分浸入白油基钻井液中，浸泡 24h，然后取出使上面的液体自由滴下，持续时间约 2min，用天平称重，记为 W_2。将浸泡过白油基钻井液的转筒在 300r/min 的转速下，在冲洗隔离液中旋转冲洗一定时间后取出，使上面的液体自由滴下，由于冲洗型隔离液颜色为深色，无法观察到转子表面的油基钻井液清洗程度，因此用冲洗型隔离液评价过后，再用清水冲洗转子表面附着的隔离液，冲洗时间为 10s，冲洗完成后用天平称重，记为 W_3。按式（5-17）计算洗油冲洗效率：

$$W=\left(1-\frac{W_3-W_1}{W_2-W_1}\right)\times 100\% \tag{5-17}$$

自制小型模拟井筒装置：能较好地模拟井下情况，是一种比较切合实际的评价冲洗效率的方法。可实现调节环空流速，环空流速调节范围为 0～1.5m/s，完全达到了现场施工时的环空返速；井筒部分可实现旋转，可实现直井和水平井的冲洗；通过称量钢制套管冲洗前后的质量，定量分析冲洗隔离液的冲洗效果。

2. 室内试验

（1）密度适用范围。隔离液由水、悬浮稳定剂 SD85、冲洗剂 SD80 和加重剂重晶石组成。悬浮稳定剂 SD85 溶解后在水中能形成超结合带状的螺旋共聚体，形成网状结构，有较好的提黏提切作用，用于悬浮加重剂，使隔离液保持良好的悬浮稳定性，并且能够防止井壁和套管壁冲洗下来的钻井液油膜和固体颗粒沉降和堆积。

冲洗剂 SD80 由多种非离子和阴离子表面活性剂复配而成。充分利用表面活性剂对油分的“卷缩、乳化和增溶作用”等有效清洗界面的油污和油膜，起到“协同增效”的作用，按照一定的生产工艺制成。能使油基钻井液发生变型、反相，将亲油性变为亲水性，从而改变界面润湿环境，改善界面胶结质量。

加重剂：重晶石，主要化学成分是硫酸钡，密度为 4.1～4.4g/cm^3，主要用于调节隔离液的密度，是隔离液和钻井液最常用的加重剂。

通过调节悬浮剂和重晶石的加量，可实现密度 1.5～2.3g/cm^3 的冲洗型隔离液体系，见表 5-16。

表 5-16 不同密度冲洗隔离液配方

编号	水，g	悬浮剂，%	冲洗剂，%	重晶石，g	密度，g/cm^3
配方 1	500	0.4	6	415	1.5
配方 2	500	0.4	6	515	1.6
配方 3	500	0.3	6	1190	2.1
配方 4	500	0.25	6	1560	2.3

（2）流变和稳定性。由表 5-14 可知，冲洗型隔离液的密度在 1.50～2.30g/cm^3 的范围内流变性和稳定性能够得到有效保证。浆体在 90℃静止 2h 上下密度差均小于 0.02g/cm^3，隔离液在常温下的流动度均在 21cm 以上，满足安全泵送的要求。

（3）冲洗效率。实验考察了密度 2.1g/cm^3 的冲洗型隔离液在常温、50℃、70℃、90℃和 120℃下的冲洗效率，冲洗时间为 5min，结果见表 5-17。

表 5-17 不同密度冲洗型隔离液流变和稳定性

密度，g/cm^3	六速旋转黏度计读值（90℃）	流动度，cm	*PV*，mPa·s	*YP*，Pa	$\Delta\rho$（2h），g/cm^3
1.5	40/23/16/8/3/2	22	15	5	0.00
1.6	52/32/21/11/4/3	22	20	6	0.00
2.1	70/43/31/19/5/3	21	27	8	0.01
2.3	78/48/40/25/6/4	22	30	9	0.02

表 5-18 冲洗隔离液不同温度下冲洗效率

序号	温度，℃	冲洗效率，%	冲洗效果
1	常温	89.2	冲洗效果略差，少许油污
2	50	96.4	冲洗效果好，表面为水润湿
3	70	96.9	冲洗效果好，表面为水润湿
4	90	95.0	冲洗效果好，表面为水润湿
5	120	95.6	冲洗效果好，表面为水润湿

由表 5-18 可知，冲洗型隔离液在常温冲洗时，冲洗效率达 89.2%，表面仍有少许油污，温度达到 50℃以上时效率得到明显改善，冲洗效率达 95% 以上，表面为水润湿，冲洗效果优良；在 120℃条件下同样能够保证 95% 以上的冲洗效率，能够保证水泥浆与界面的有效胶结。

（4）润湿性能评价。通过接触角测试可以确定冲洗液对物体表面的润湿性，从而模拟出替浆过程中对界面的润湿性改善状况，可间接评估冲洗的效果。试验采用全自动动静态接触角分析仪进行测试，取 2 块真实页岩岩片，分别放入白油基钻井液中浸泡 24h；将一块钢片从钻井液中取出，将钢片表面多余的钻井液吹走，且放置在分析仪上，注射水滴在钢片表面，测量接触角。将另外 1 块钢片取出，用冲洗隔离液冲洗钢片，持续时间 10min，然后将钢片表面多余的液体吹走，用同样的方法将水滴在钢片表面，测量接触角。实验结果见表 5-19。

表 5-19　润湿角测定结果

浸泡液体	介质	接触角，(°)	表面清洁度	亲水性
白油基钻井液	页岩	59.82	—	差
冲洗隔离液清洗后	页岩	6.6	高	强

实验表明，水在油膜表面基本上无法铺展，接触角很大，冲洗液清洗油膜后接触角明显降低，真实页岩的接触角只有 6.6°，基本属于完全铺展，证明冲洗液对于油基钻井液具有良好的润湿性能。

（5）胶结强度测试。为评价模拟套管壁上的油基钻井液被冲洗后与水泥石的界面胶结状况，进行了界面胶结强度试验，采用压出法原理进行测定。将直径为 50mm 的钢柱表面粘附油基钻井液，用含 6% 冲洗剂 SD80 的冲洗型隔离液冲洗过后测试其与纯水泥的胶结强度，结果如表 5-17 所示。

由表 5-20 可知，使用冲洗隔离液冲洗过后的钢柱能与水泥浆实现有效的胶结，胶结强度可达到 2.28MPa，而未冲洗前界面胶结强度为 0。由此可见，该冲洗隔离液冲洗效果明显，能够实现界面的润湿反转，达到了页岩气井优质固井的目的，为页岩气大型压裂增产作业奠定了良好的井筒基础。

表 5-20　剪切胶结强度测试结果（80℃）

编号	水泥环尺寸（高 × 直径）mm × mm	水泥接触面积，mm^2	压力，kN	胶结强度，MPa	备注
1	50 × 70	10990	0	0	未冲洗
2	50 × 69	10833	24.70	2.28	冲洗后

（6）相容性实验。包括如下两个方面：

① 流变性评价。实验考察了水泥浆、隔离液与油基钻井液以不同比例混合后的流变性试验，流变性试验主要是测试浆体的流动度，实验结果见表 5-21。

表 5-21　不同比例混浆流动度测试

水泥浆		100%	—	—	1/3	70%	20%	70%	50%	30%	95%
隔离液		—	100%	—	1/3	10%	10%	—	—	—	5%
钻井液		—	—	100%	1/3	20%	70%	30%	50%	70%	—
流动度 cm	常流	20	22	18	20	19	20	12	13	12	21
	90℃高流	22	22	19	22	20	21	13	13	13	23

由表 5-21 可知，水泥浆与油基钻井液混合后污染严重，稠度增大，无法流动，加入冲洗隔离液后能够有效改善水泥浆和钻井液的流变性，三者混浆在常温和高温下都具有良好的流变相容性，混浆流动度在 18cm 以上，随着温度的升高，混浆的流动度增加。

表 5-22 表明冲洗型隔离液与钻井液各种比例混合无明显增稠现象，流变性能良好，克服了以往冲洗液与油基钻井液的配伍性问题。

表 5-22　隔离液与钻井液混浆流变值测试

隔离液：钻井液	0：100	5：95	30：70	50：50	70：30	95：5	100：0
100 转读数	41	33	36	37	38	43	32

② 稠化性试验。将隔离液、水泥浆和油基钻井液三者按一定比例混合，充分搅拌后进行高温高压稠化实验。实验结果见表 5-23，实验条件为：90℃ ×40min×50MPa。

表 5-23　稠化时间相容性试验（90℃）

项目	1	2	3	4
水泥浆	100%	70%	70%	70%
冲洗液	—	30%	—	10%
油基钻井液	—	—	30%	20%
稠化时间，min	195	270（未稠）	15	294

由表 5-23 可以得出，冲洗隔离液不会使水泥浆出现闪凝、絮凝等现象；水泥浆与钻井液 7：3 比例混合后稠化时间急剧缩短，90℃稠化时间只有 15min，加入 1 份隔离液代替钻井液，即 7：2：1，三者混浆稠化 240min 时未稠，确保施工的安全。

3. 冲洗机理分析

冲洗隔离液冲洗油基钻井液主要以化学冲洗为主，隔离液以 SD80 为主剂，富含

多种 HLB 值跨度范围大的阴离子和非离子表面活性剂成分，对套管及井壁油浆和油膜等强力渗透、增溶和乳化复合效果。SD80 润湿固体表面，进入固体与附着油连接的界面，发生“卷缩”作用，使油污被拆开，然后逐渐从固体表面脱落、分散或悬浮成细小粒子并与隔离液中的水形成乳化液或分散液，通过表面活性剂的“逆乳化”作用被除去。在短时间内迅速有效地将附着在井壁和套管界面上油浆、油膜成分冲洗干净，使井壁及套管上的“油湿”变成“水湿”状态，有利于水泥石的界面胶结。此外，隔离液中的固相颗粒对井壁油膜有一定的物理冲刷作用，对油膜的清除起到了一定的辅助作用。

六、精细控压压力平衡法固井技术

精细控压固井技术是在精细控压钻井技术的基础上发展起来的，主要在固井前循环、注固井液、替钻井液及后续反循环等固井过程中，通过精确动态控制，正注入排量和返出口流量控制产生反向回压来调节井筒液柱压力，实现安全固井的技术。该技术基于优化环空加重隔离液、加重水泥浆等浆体结构，通过压稳计算，并结合控压装置，进行固井作业过程中压稳地层，减少固井液对井筒的进一步侵入，且不至于压漏地层，可控制井口及井底压力，更好地保障固井施工安全。该技术在固井施工前循环、注隔离液、注水泥浆、替高密度钻井液、替浆等各种工况下井底当量都有变化，各种工况均要有精准的动态井口控压，才能确保压稳地层且不压漏地层。

页岩气井是以平台部署，同一平台一般有 6～8 口井，各井水平巷道 300m 左右。同一平台或邻近平台各井受开发方式和地质复杂条件的影响，对待钻井形成“井间干扰”，导致待钻井压力敏感、密度窗口变窄，开泵循环井漏、停泵返吐。采用常规固井作业方式难以保证固井质量。若出现这一难题，选用精细控压压力平衡法固井技术：一是避免严重井漏和返吐，保持液柱压力稳定；二是确定安全密度窗口；三是保持井筒压力当量密度在通井、下套管和固井作业期间在安全密度窗口范围内。[22]

1. 确定井筒压力

根据井筒返吐情况，采用水力计算和地面钻井液监测相结合，通过计算井筒压力与进出口排量对比，确定井筒液柱压力范围。

2. 确定安全密度窗口

在不确定井漏位置的情况下，以钻具在井底循环作为参考点，测量不漏不吐临界状态时钻井液性能、水力参数，模拟计算井筒压力安全密度窗口，用以指导固井施工作业。

3. 通井起钻方式

起钻采用带压起钻和重浆帽结合方式，带压起钻是为了保持井筒压力处于基本恒定状态，重浆帽是为了环空压力对钻具形成的上顶力，避免钻具重量过低发生钻具上顶的事故，注入重浆帽后进行连续吊灌起钻，维持井筒液柱压力恒定。

4. 下套管作业

重浆帽返出前，井筒压力处于平衡，采用常规方式下套管；当重浆帽返出后，逐渐提高井口套压，补偿因重浆帽返出减少的压力，进行带压下套管作业。

5. 固井作业

根据获得的井筒压力、安全密度窗口，通过精细控压压力平衡法软件，设计合适的钻井液密度、浆柱结构、施工排量和控压值进行控压固井作业。水泥浆注入过程控制套压的低限值，停泵时补偿循环压耗，始终保持井筒液压压力等于或略大于地层压力，使固井作业期间井微处于“不吐、微漏”状态，避免地层流体进入井筒，污染水泥浆影响固井质量。

第四节 应用实例

长宁 H5–2 井使用 ϕ215.9mm 钻头钻至 4780.00m 完钻，下 ϕ139.7mm 套管进行固井。其井身结构如图 5–35 所示。[20]

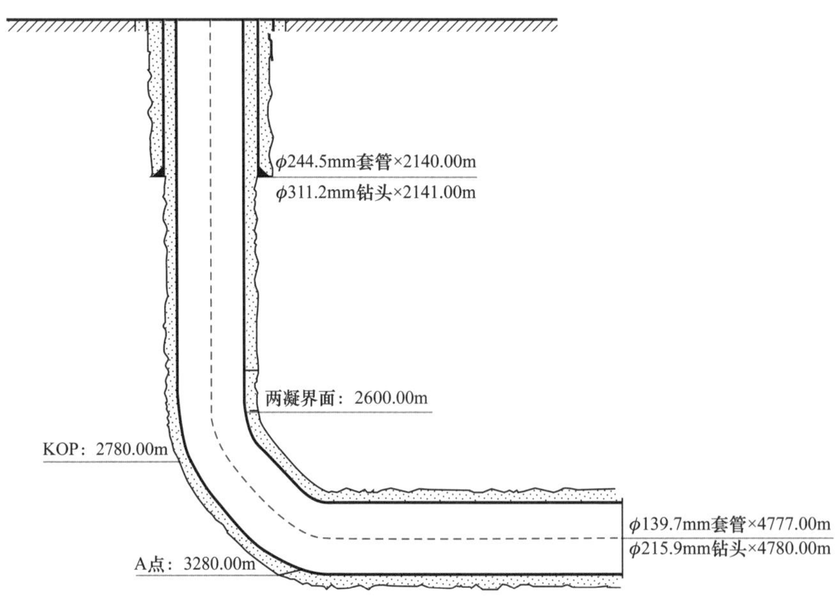

图 5–35 长宁 H5–2 井身结构图

一、固井方法

工艺：采用预应力固井工艺。

浆体结构：密度 2.05g/cm^3 加重隔离液 + 密度 1.00g/cm^3 冲洗液 + 密度 2.10g/cm^3 缓凝加重防气窜水泥浆 + 密度 1.90g/cm^3 快干防气窜水泥浆，两凝界面 2600.00m，水泥返至 1400m。

二、提高顶替效率技术措施

1. 套管柱居中及旋流顶替技术

设计在 0.00～1400.00m 重合未封固井段每 10 根套管安放 1 只 ϕ210.0mm 普通刚性扶正器，1400.00～2140.00m 井段每 5 根套管安放 1 只 ϕ210.0mm 普通刚性扶正器，2140.00～2780.00m 井段每 3 根套管安放 1 只 ϕ205.0mm 旋流大倒角刚性扶正器，2780.00～3280.00m 井段每 1 根套管安放 1 只 ϕ205.0mm 旋流大倒角刚性扶正器，3280.00～4777.00m 井段每 1 根套管安放 1 只 ϕ205.0mm 滚珠刚性扶正器。

2. 优化注替排量设计

按照环空返速 0.9～1.1m/s 设计注替排量。

3. 钻井液性能调整

下完套管后调整钻井液性能，要求进出口钻井液密度差小于 0.02g/cm^3，屈服值应小于 15Pa，塑性黏度为 50～80mPa·s。

4. 提高界面胶结强度措施

采取有效量 20.0m^3 加重隔离液（密度高于井浆 0.03g/cm^3），隔离液性能要求：密度 2.05g/cm^3，失水小于 250mL/30min × 7MPa，动切力小于 15Pa，塑性黏度应在 40～70mPa·s，沉降稳定性好。隔离液配制与性能测试由钻井液公司负责；同时顶替液全部采用清水，实行预应力固井技术，提高第一胶结面和第二胶结面胶结强度。

5. 候凝方式

替浆碰压后，泄压检查回流，若浮箍关闭正常，则环空憋压候凝；若浮箍失效时，立即顶替相同的回吐量，压力控制在静压差附加 2.0MPa，并关水泥头候凝至快干水泥凝结时间附加 8h，方可泄压卸水泥头；若中途套管内压力达到 50.0MPa 时可泄压至静压差附加 2.0MPa。

三、固井工艺设计

水泥浆、水泥与配浆水用量见表 5-24。

表 5-24 水泥浆用量表

水泥浆名称		密度 g/cm^3	理论容积 L/m	底深 m	返深 m	段长 m	水泥浆量 m^3	干水泥量 t	混合水量 m^3
缓凝	重合段	2.10	22.87	2140.00	1400.00	740.00	16.9	27.1	8.4
	裸眼段	2.10	27.40	2600.00	2140.00	460.00	12.6	20.2	6.3
	合计						29.5	47.3	14.7
快干	裸眼段	1.90	27.40	4777.00	2600.00	2177.00	59.6	78.1	35.1
	口袋	1.90	42.60	4780.00	4777.00	3.00	0.13	0.17	0.08
	下水泥塞	1.90	10.26	4777.00	4742.00	35.00	0.4	0.5	0.2
	合计						60.1	78.8	35.4

隔离液和固井冲洗液用量见表 5-25。

表 5-25 隔离液和冲洗液用量设计表

液体名称	液体类型	密度 g/cm^3	有效用量 m^3	备注
隔离液	钻井液	2.05	20.0	
冲洗液	缓凝药水	1.00	4.0	

顶替量计算表见表 5-26。

表 5-26 顶替量计算表

管柱类型	外径 mm	壁厚 mm	分段长度 m	每米容积 L/m	分段容积 m^3	总体积 m^3	压缩系数	设计顶替量 m^3
套管	139.7	12.7	4742.00	10.26	48.7	48.7	0.02	49.7

注：顶替液全部为清水。

固井施工工艺流程见表 5-27。

四、固井质量

实际电测 1346.6m 至 3715.0m 声幅测井固井质量全优（图 5-36）。

表 5-27　固井施工工艺流程表

顺序	操作内容	用量 m^3	密度 g/cm^3	排量 m^3/min	压力 MPa	工作时间 min	累计时间 min
1	泵注隔离液	20.0	2.05	1.3～1.5			
2	冲管线、试压	0.5	1.00		55		
3	装欧米伽胶塞						
4	车注冲洗液	4.0		1.3～1.5			
5	车注缓凝水泥浆	30.0	2.10	1.3～1.5		23	23
6	车注快干水泥浆	60.0	1.90	1.3～1.5		45	68
7	停泵，释放欧米伽胶塞，冲洗地面管线					5	73
8	压裂车组泵替清水	45.0	1.00	1.3～1.5		38	111
9	压裂车泵替清水	4.7	1.00	0.8～1.0		8	119
10	碰压至 50.0MPa，稳压 10min；再泄压、检查回流					15	134
11	环空憋压 6～8.0MPa，最大憋入量小于 $1.0m^3$，候凝 24h，再开井候凝 24h						

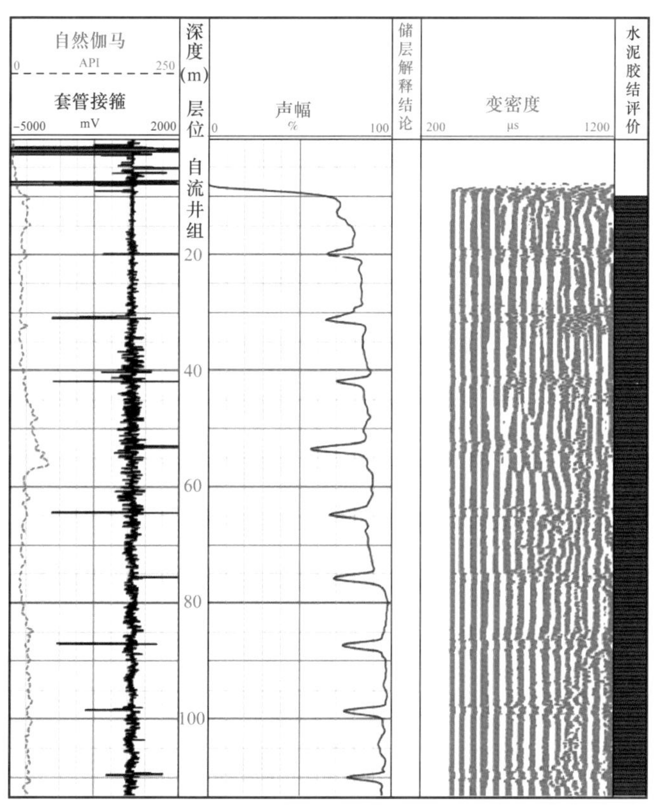

图 5-36　NH5-2 井电测声幅质量

参考文献

[1] 姚小平. 浅析页岩气水平井钻完井技术现状及发展趋势[J]. 中国石油和化工标准与质量，2018，38（13）：178–179.

[2] 赵常青，胡小强，张永强，等. 页岩气长水平井段防气窜固井技术[J]. 天然气工业，2017，37（10）：59–65.

[3] 姚泊汗，刘源，杨增民. 页岩气水平井固井技术难点与对策分析[J]. 中国石油和化工标准与质量，2017，37（16）：175–176.

[4] 李扬，齐鹏飞，卢三杰. 页岩气水平井固井技术难点分析[J]. 中国石油石化，2017（11）：70–71.

[5] 张永强，张俊杰，彭云晖，等. 滇黔川页岩气钻井技术难点及对策[J]. 石油工业技术监督，2017，33（6）：52–53+58.

[6] 刘阳. 威远地区页岩气水平井固井技术研究与应用[J]. 非常规油气，2017，4（3）：93–98.

[7] 周明刚. 页岩气水平井固井技术难点分析[J]. 中国石油和化工标准与质量，2017，37（5）：73–74.

[8] 何树理. 浅谈页岩气水平井固井工具配套技术[J]. 中国石油和化工标准与质量，2017，37（2）：59–60.

[9] 钟文力，蒋宇，唐哲. 四川盆地威远区块页岩气水平井固井技术浅析[J]. 非常规油气，2016，3（6）：108–112.

[10] 蒋可. 长宁威远区块页岩气水平井固井质量对套管损坏的影响研究[D]. 成都：西南石油大学，2016.

[11] 何吉标，陈智源，刘俊君，等. 涪陵地区页岩气水平井低承压配套固井技术[J]. 江汉石油职工大学学报，2016，29（5）：33–35.

[12] 王国涛. 页岩气水平井固井技术研究与应用[J]. 价值工程，2016，35（26）：201–203.

[13] 刘伟，何龙，李文生，等. 页岩气水平井固井难点及对策[J]. 天然气技术与经济，2016，10（4）：31–32，52，82.

[14] 张金成. 涪陵页岩气田水平井组优快钻井技术[J]. 探矿工程（岩土钻掘工程），2016，43（7）：1–8.

[15] 龙晓蕾. 页岩气水平井固井技术难点与对策探究[J]. 科技经济导刊，2016（11）：88.

[16] 李杰. 页岩气水平井固井技术研究[D]. 大庆：东北石油大学，2016.

[17] 袁进平，于永金，刘硕琼，等. 威远区块页岩气水平井固井技术难点及其对策[J]. 天然气工业，2016，36（3）：55–62.

[18] 房皓，郭小阳. 研究长宁–威远页岩气示范区水平井固井技术[J]. 科技与创新，2016（2）：139–140.

[19] 夏元博，曾建国，张雯雯. 页岩气井固井技术难点分析[J]. 天然气勘探与开发，2016，39（1）：74–76，16.

[20] 房皓. 长宁—威远地区页岩气水平井固井技术研究[D]. 成都：西南石油大学，2015.

[21] 齐奉忠，等. 哈里伯顿页岩气固井技术及对国内的启示[J]. 非常规油气，2015，2（5）：77–82.

[22] 焦建芳，姚勇，舒秋贵. 川西南高压页岩气井固井技术[J]. 钻采工艺，2015，38（3）：19–21+10.

第六章

工厂化钻井技术

页岩气勘探开发投入成本高、产能低，使得石油公司面临着诸多挑战。利用有效的钻完井技术，减少非作业时间，缩短建井周期，降低作业成本显得非常重要。

页岩气“井工厂”正是有效减少非作业时间、缩短建井周期、降低作业成本的途径，它是随着页岩气工业革命发展的理念，其内容包括工厂化钻井、工厂化压裂等。工厂化钻井是在一个井场（平台）布置多口水平井，利用一系列先进的钻井技术、装备、通信工具和系统优化的管理模式，分步实施、重复利用、批量完成整个井场（平台）钻井工作，过程中各个环节进行无缝衔接，最终实现成本降低和效益提高的新型钻完井作业模式。[1]

第一节　页岩气井工厂化钻井特点及要求

一、工厂化钻井概念

1. 工厂化特点

工厂是西方工业革命的产物，工厂化作业是以大型机械或设备构成的生产作业线，并结合先进的技术和科学的管理方法，使各工序之间流程化、标准化，从而达到提高效率和降低成本的目的。

工厂化顾名思义就是将工厂车间的生产流水线作业方式移植过来，用于石油和天然气开采，特别是非常规油气资源的开发，是一种降低成本、提高作业效率的先进作业模式，已在北美地区的致密油气、页岩油气等低渗透低品位的非常规油气资源开发中得到较大规模的应用。

但是，当前对于工厂化还未形成权威的定义，系统梳理工厂化技术特点，可以给出如下概念：工厂化是指在同一地区集中布置大批相似井，使用大量标准化的装备或服务，以生产或装配流水线作业的方式进行钻井、完井的一种高效低成本作业模式，即采用“群式布井、规模施工、整合资源、统一管理”的方式，把钻井、压裂、试油、采油等工序，按照工厂化的组织管理模式，利用多机组以流水线方式和统一的标准对多口井施工过程中的各个环节同时进行批量化施工作业，从而集约建设开发资源，提高开发效率，降低管理和施工运营成本。通常，工厂化采用水平井钻井方式，在同一地区或同一井场完成多口井的钻井与完井作业，实现效益的最大化，如图 6-1 所示。[2, 3]

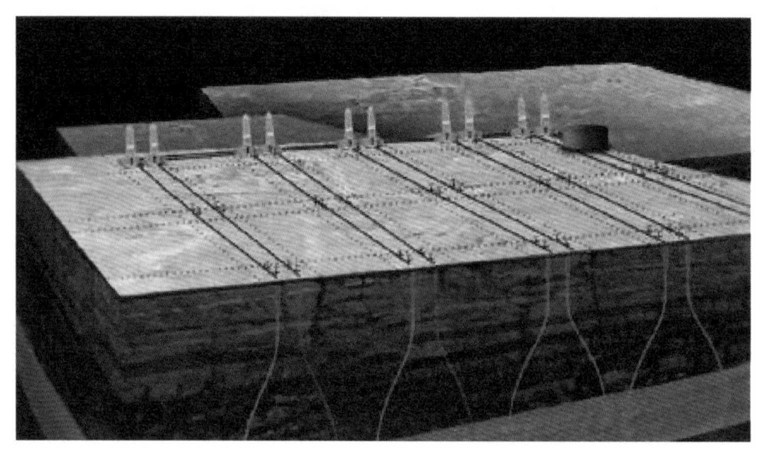

图 6-1　工厂化模式示意图

2.“工厂化”关键技术[4, 5]

工厂化是贯穿于钻完井过程中不断进行总体优化和局部优化的理念和作业模式，不是一项单一技术，其涵盖了钻井、压裂、试油和采油等钻完井中各个环节，具体关键技术包括：

（1）工厂化一体化设计技术。一体化设计技术是开展工厂化作业的基础环节，主要有：区域井位部署优化设计技术、地下井网展布优化设计技术、工厂化作业条件与影响因素分析、工厂化作业钻前工程设计技术、丛式水平井钻完井工程设计技术、工厂化压裂设计技术。

（2）工厂化钻井技术。工厂化钻井技术是工厂化中的钻井环节，主要有：工厂化钻井装备配套技术（移动、离线、自动化、软管汇流程）、批量钻井技术、双钻机作业流程优化、密集井眼防碰绕障技术、网电技术、天然气发电技术。

（3）工厂化储层改造技术。工厂化储层改造技术是工厂化中的压裂环节，主要有：连续混配技术、连续供液技术、分段与射孔技术、拉链式压裂技术、同步压裂技术、压裂效果监测与实时评估技术、工厂化作业水资源应用处理技术。

（4）工厂化试采技术。工厂化试采技术主要有轻便集成计量装备、计量流程设计。

（5）清洁化作业技术。工厂化清洁化作业技术主要有：井场清污水分流技术、井

场噪声及粉尘处理技术、岩屑不落地处理技术与装备、钻井液重复利用技术、返排压裂液处理及循环利用技术、放喷天然气处理及回收技术、井场废弃物无害化处理。

3. 工厂化钻井特点[4, 5]

工厂化是一种规模化作业流程，它采用的是“精益制造”的生产方式，将各项工作标准化和专业化，采用流水线的方式实现规模化作业，并使用生产数据来决定工厂化作业的模式。因此，工厂化具有系统化、集成化、流程化、批量化、标准化、自动化以及效益最大化等基本特征。

（1）系统化。工厂化涵盖了设计、钻井、压裂、试油和采油等钻完井中各个环节，是一项把分散要素整合成整体的系统工程，综合应用系统工程的思想和方法，集中配置人力、设备和组织等要素，结合现代科学技术、信息技术和管理手段，将各个工序整合为一体用于油气开发施工和生产作业。

（2）集成化。工厂化的核心是集成运用各种知识、技术、技能、方法与工具，满足或超越对施工和生产作业的要求与期望所开展的一系列作业模式。从整体来看工厂化作业即为一个集成性的管理平台，从一个项目的设计、启动、计划、执行、监控、结束和总结，可以让人一目了然地了解整个项目的进行过程，在统一的组织管理下发挥集成化的优势。

（3）流程化。工厂化移植工厂流水线作业方式，即把钻完井过程中一个重复过程分解为若干个子过程，前一个子过程为下一个子过程创造条件，每一个过程可以与其他子过程同时进行，实现空间上按顺序依次进行，时间上重叠并行。对于不同的井况可采取不同的策略，运用灵活性的流程化来提高生产效率。

（4）批量化。批量化作业实现工厂化的多口井成批量的施工和生产作业，在各种知识、技术、方法与设备等高度集成基础上，将人力和设备有效组合，实现批量化作业链条上技术要素在各个工序节点上不间断，开展批量钻井、批量完井、多井同时压裂、返排和试采作业。

（5）标准化。标准化作业是工厂化提高作业效率的关键要素，标准化模式在相对可控的资源配置条件下利用成套设施或综合技术使资源共享，借助大型丛式井组实施工厂化作业，通过制订标准化专属设备、标准化井身结构、标准化钻完井设备及材料、标准化地面设施、标准化施工流程等实现钻井作业的批量化施工。

（6）自动化。自动化是指工厂化作业中综合运用现代高科技、新设备和管理方法，将机械化和自动化技术用于钻完井作业。自动化平台的基础为信息化，而信息化的基础又是现代化的机械设备、先进的技术和科学的管理方法，能够实现在人工创造的环境中进行全过程的连续不间断作业，实现工厂化的高效率。

（7）效益最大化。工厂化作业的最终目的是大幅度降低工程成本和提高作业效率，这在北美地区的非常规油气资源开发中有了很好的实践。工厂化与传统单井作业模式相比，生产时效、建井周期、作业成本等均产生明显改善，实现效益最大化的最终目标。

4. 工厂化钻井的优点[4，5]

“工厂化”在同一井场钻多口井，以标准化设计、流程化施工、批量化作业共用钻完井机械设备和后勤保障系统，循环利用钻井液和压裂液等材料，以实现降本增效的目标，其主要优点如下：

（1）减少井场占地面积。工厂化在单井场布井数量一般为4～32口甚至更多，采用单排或多排排列，井口布局充分考虑地面条件限制、作业规模等因素。单排丛式井的井间距为10～20m，多排丛式井的井间距为10～20m，单机作业的排间距不小于9m，双机作业的排间距不小于35m。参照SY/T 5505—2006《丛式井平台布置》相关规定，以ZJ50J钻机为例，单排布置12口井平台井场面积为$1.33\times10^4m^2$；两排各12口井平台井场面积为$2.288\times10^4m^2$，并且只建设1条进井场道路，共用1个生活区。如按单井井场用地计算，井场占地面积就达到$1.0\times10^4m^2$，对于12口井将达到$12\times10^4m^2$，两者相比可知工厂化在节约用地方面效果突出，在一定程度上起到了保护环境的作用。

（2）降低作业成本。“工厂化”针对多口井同时进行钻完井作业特点，形成“一套班子、一支队伍”，实现统一组织协调、统一管理、统一技术规范的“三统一”，节约了人工和材料成本。并且在技术上通过井身结构优化、钻机快速移动技术、油基钻井液、优化压裂生产组织模式等集成应用，减少了钻机花费和服务成本，减少了完井服务费用，降低了生产设备的成本，在丛式井作业中通过使用共享设备（如压缩机等），生产设备费用可节约50%；采油气成本比单井降低了25%左右。

（3）缩短建井周期。建井周期是指从钻机搬迁开始到完井的全部时间，是反映钻井速度快慢的一个重要技术经济指标，也是决定钻井工程造价高低的关键数据。在工厂化钻井过程中采用流水线施工方式，井间铺设轨道使钻机移动快速，不仅节约钻机搬迁时间，同时可节约固井作业、水泥候凝、测井占用钻机时间。国内页岩气水平井单井分级压裂施工一般为3～5天，其中辅助作业时间占60%左右，平均每天可压裂2～3段；工厂化压裂为页岩气有效开发提供了高效运行模式，采用交叉或同步压裂方式不仅节省了机械设备搬迁时间，同时大幅缩短设备摆放、连接管线、压裂液罐清洗等辅助作业时间，降低工人劳动强度，施工效率可提高1倍以上。如在长庆油田苏南区块，通过工厂化作业，平台钻井周期由380天降到245天，降幅35%；平台压裂试气作业移交周期从52天缩短至35天，降幅32.7%，在加快施工速度、缩短投产周期方面效果突出。

（4）循环利用钻井液。采用批量化钻井作业模式，钻井液可实现多口井的重复利用。在工厂化作业模式下，同一开次钻井液体系相同，完全可以循环利用，不仅减少对资源的消耗，又能实现绿色施工，减少旧钻井液拉运和无害化处理费用。2012 年下半年，中国石油川庆钻探工程公司在川渝地区累计重复利用旧钻井液近 $2\times10^4m^3$，减少超过 1×10^4t 的重晶石粉消耗，极大地缓解了重晶石等资源性材料的供求矛盾，也减少了废弃钻井液的处理量，为川渝地区环境保护做出了贡献。

（5）减少污水排放。工厂化压裂通常采用水平井分段压裂技术，压裂液以滑溜水为主，用水量极大，在水资源贫乏地区，压裂成本非常高。美国国家环境保护局统计，2010 年单口页岩气井平均用水量为 0.76×10^4～2.39×10^4t，其中 20%～85% 压裂后滞留地下。中国页岩气多分布在四川省、贵州省、新疆维吾尔自治区和松辽地区等的丘陵、山区地带，水资源匮乏，交通运输不便，剩余水资源和压裂后返排污水回收处理费用高。工厂化压裂方便回收和集中处理压裂残液，重复利用水资源，每 3 口井就可以节约出 1 口井的用水量，大幅减少了污水排放，减少有害化学物质对环境的危害，同时也节约了污水处理费用。

（6）提高产能。工厂化以长水平段水平井为主，当前国内页岩气水平井水平段长度普遍在 1500m 以上，北美地区水平段长度最高已达到 5000m 左右，对于提高产能起到显著作用。且工厂化通过多口水平井同时分段压裂技术，可改变井组间储层应力场的分布，利用裂缝之间的应力干扰增加改造体积和裂缝网络的复杂程度，水力裂缝延伸扩展中能有效沟通页岩地层的原生裂缝和弱面滑动产生的次生裂缝，形成有效的裂缝网络，可以大幅度提高初期产量和最终采收率。

二、工厂化钻井装备配套技术[6]

1. 钻机平移技术

工厂化钻井装备配套技术是实施工厂化批量钻井的基础，其关键技术是钻机平移技术，根据移动方式分滑移式移动和行走式移动。滑移式移动钻机是在钻机底部垫有滑轨，通过横向液压系统推动钻机在滑轨上移动；行走式移动钻机则不需要预先铺设轨道，自身带有类似吊车的支腿，支腿上带有横向与竖向两套液压系统，可将钻机整体抬起、平移、下放，实现钻机移动，行走式钻机甚至可以任意设置移动方向或转圈，有强大的灵活性与适应性。钻机平移技术可大幅缩减钻机搬迁时间，同时为工厂化批量化和流程化钻井模式奠定了基础。

目前，国内外较先进的丛式井石油钻机移动装置包括步进式钻机平移装置、导轨式钻机移动装置、轮式钻机平移装置三种模式。其中液压滑轨式钻机平移技术、液压步进式钻机平移技术是当前页岩气“工厂化”丛式井中主要采用的钻机平移技术方式，该两项平移技术具有结构简单、通用性强和操作简捷等特点，特别是对于原钻机在出厂时没有设计平移装置情况下均能实施加装配套。而轮式钻机平移技术是将钻机底座作为车架，在底座上安装几组轮轴总成，利用牵引车动力移运，适合搬家距离相对较长、地势平坦、地面条件允许的地区，实际应用中会受到一定限制，在工厂化钻井作业中主要用于表层施工。

1）液压滑轨式钻机平移技术

（1）液压滑轨式钻机平移原理。钻机进入井场安装之前，在钻机底座正下方铺设对应于钻机底座尺寸的移动导轨平台，钻机安装于移动导轨之上。钻机平移时，在钻机底座正前方安装液压油缸，液压油缸尾部通过棘爪装置固定于移动导轨上，通过操控箱控制液压油缸的伸缩实现钻机在移动导轨上向前或向后移动。

（2）液压滑轨式钻机平移装置组成。液压滑轨式钻机平移装置组成主要包括：移动导轨、液压动力源及操控箱、液压油缸及棘爪装置，液压滑轨式钻机平移装置原理示意图如图 6-2 所示。

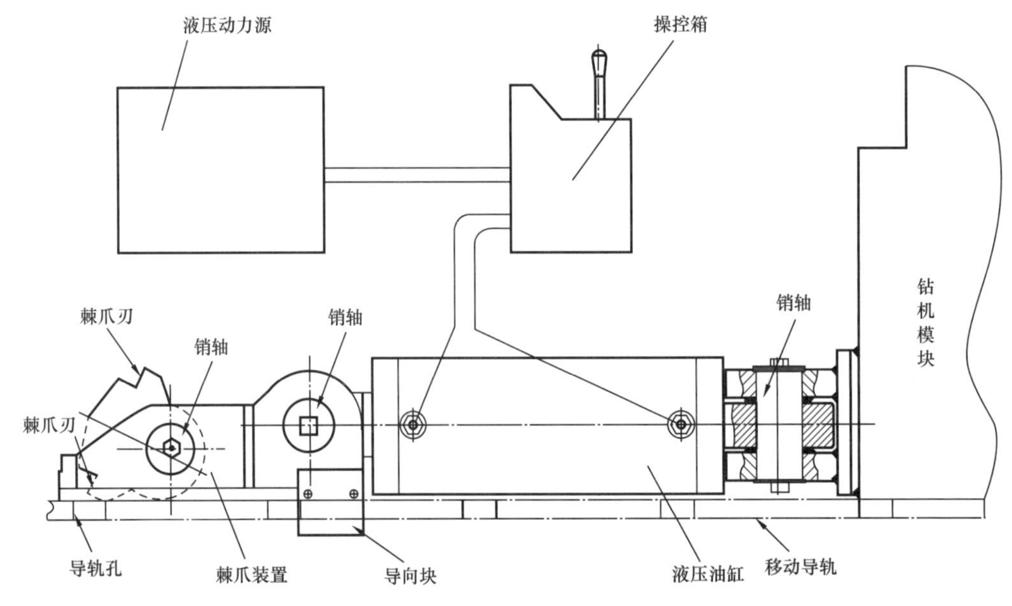

图 6-2　液压滑轨式钻机平移装置原理图

液压动力源为系统提供液压动力，通过管路总成给操控箱供油，操控换向阀使移动液压油缸动作。液压油缸一端铰接在棘爪装置上，另一端与钻机模块铰接。棘爪装置棘爪刃可插入并锁定在移动导轨孔中，随着移动液压缸活塞杆的伸出（或缩回），克服钻机模块与滑移导轨的摩擦力，实现对钻机的推（拉）移动。移动液压缸活塞杆的反向运行可使棘爪从导轨孔中自动抬起并重新落到下一个导轨孔中并再次锁定，如此反复，完成钻机的整体移动。移动装置每次步进 500m。

（3）钻机整体平移设备。钻机整体平移设备主要有钻机底座、钻台及钻台设备、井架及提升设备、机房底座及机房设备（含机泵房房架）、2 台钻井泵（含钻井泵万向轴）、部分钻台面钻具。滑轨式钻机平移示意图如图 6-3 所示。

图 6-3　液压滑轨式钻机平移示意图

以宝鸡石油机械有限公司改造的 ZJ70/4500D 钻机为例，其技术参数主要如下：① 平移总重约为 690t（不含平移时需移去的坡道、滑道及梯子等）；② 钻机基座总长为 22.365m；③ 前端与井口中心距离为 5.6m。

ZJ70/4500D 钻机经过自然环境考验和各种钻井工艺及长途运输的试验，设备运转正常，整机可靠性高，能充分满足钻井工艺的要求，具有较强的环境适应性和野外作业能力。通过工业性试验及现场使用，表明 ZJ70/4500D 钻机具有较高的技术含量，在同一井场搬迁只需 1 台吊车，平均钻机搬迁安装时间可节约 4～5 天，运输车辆减少 3/4 左右，搬迁费用一次节约近 6 万美元，在提高生产效率及降低成本方面，有极具竞争性的优势。

（4）液压滑轨式钻机平移技术特点。虽然其移动导轨体积大、前期投入成本高，但该平移技术平移负荷大（满足钻机全钻具平移），钻机平移准备工作量小，平移过程平稳、安全、移位准确，可应用于纵向井位较多、钻机总重量较大、平移频繁的钻机。

液压滑轨式钻机平移技术对于电动钻机和机械钻机均可使用。

2）液压步进式钻机平移技术

（1）液压步进式钻机平移原理：钻机液压步进式平移装置是在钻机底座前后、左右的 4 个方位安装上支承座及顶升液缸、滑车、导轨和平移液缸。平移时由 4 个顶升液缸将钻机整体抬离地面，再操作导轨上的平移液缸完成一个平移液缸行程的平移，下放钻机缩回平移液缸。如此反复顶升钻机、平移、下放，实现钻机步进式平移。

步进式钻机平移装置可实现钻机在工作状态下的整体纵向或横向平移，具有结构紧凑、安装简便、动作平稳和移位准确等特点，特别适用于工厂化模式下，在平台较小区域内多口井连续钻井施工。

（2）液压步进式钻机平移装置组成主要包括三个部分：一是由支承座、顶升液缸及滑车总成等组成的支承移动模块；二是由导轨总成、平移液缸等组成的步进平移模块；三是由液压站、液控阀件及辅件组成的控制模块。液压步进式平移装置安装示意图如图 6-4 所示。

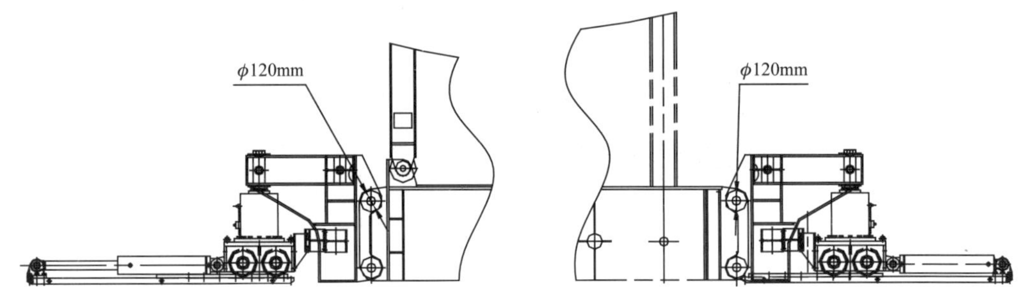

图 6-4　液压步进式平移装置安装示意图

（3）钻机整体平移设备主要包括钻机底座、钻台及钻台设备、井架及提升设备。以四川宏华公司为中原油田改造的 ZJ70/4500D 钻机为例，技术参数见表 6-1。

表 6-1　ZJ70/4500D 钻机技术参数

钻机型号	液缸额定压力 MPa	顶升液缸		最大举升高度 mm	平移液缸		最大步进行程 mm	举升质量 t	基础承压强度 MPa
		缸径 mm	数量 套		缸径 mm	数量 套			
ZJ70/4500D	18	420	4	＜150	200	4	＜600	700	≥2

（4）液压步进式钻机平移技术特点。体积较小、拆安简便，组织平移装置安装可在钻机运行中途介入，钻机平移方向可纵向或横向。同时在钻机平移时，钻具在钻台面上随之平移，无需甩钻具，提高了钻井工作效率；装置总体结构紧凑，安装简便，动作平稳，移位准确。液压步进式钻机平移技术目前仅对于电动钻机使用。

3）钻机平移辅助配套

因钻机平移为钻机主体设备移动，为缩减钻机周边相关接口拆卸与安装时间，可将钻机周边辅助配套的管汇及平台形成模块化。

以丛式井 5m 间距为例，需要准备的模块如下：

（1）钻台至循环罐的通道平台 5m/ 节；

（2）井口溢流管 5m/ 节；

（3）循环罐钻井液过渡槽及通道平台 5m/ 节；

（4）钻井泵上水管汇 5m/ 节；

（5）钻井液高压管汇 5m/ 节。

2. 地面主体设备优化

双钻机作业平台地面设备通常由两部独立钻机构成，由于原钻机设备配套齐全，在工厂化安全高效运行模式下，需要对双钻机平台对地面配套设备进行精简优化，优化后的设备配置较原钻机有所减少，精简优化后的设备更加合理，设备管理更加科学，节约成本的同时，也提高了设备的使用率。

双钻机地面设备配置采用相同或相近钻机配置，同一平台可以使用两台电动钻机或两台机械钻机作业，页岩气平台双钻机设备布置示意图如图 6–5 所示。

如图 6–5 所示，双钻机为对置布置，丛式井口相距 5m，钻井液循环系统布置在井场边缘，备用循环系统共用，布置考虑井下作业、井控作业、地面设备流程和钻机整体平移等多重因素，实现设备优化布置。

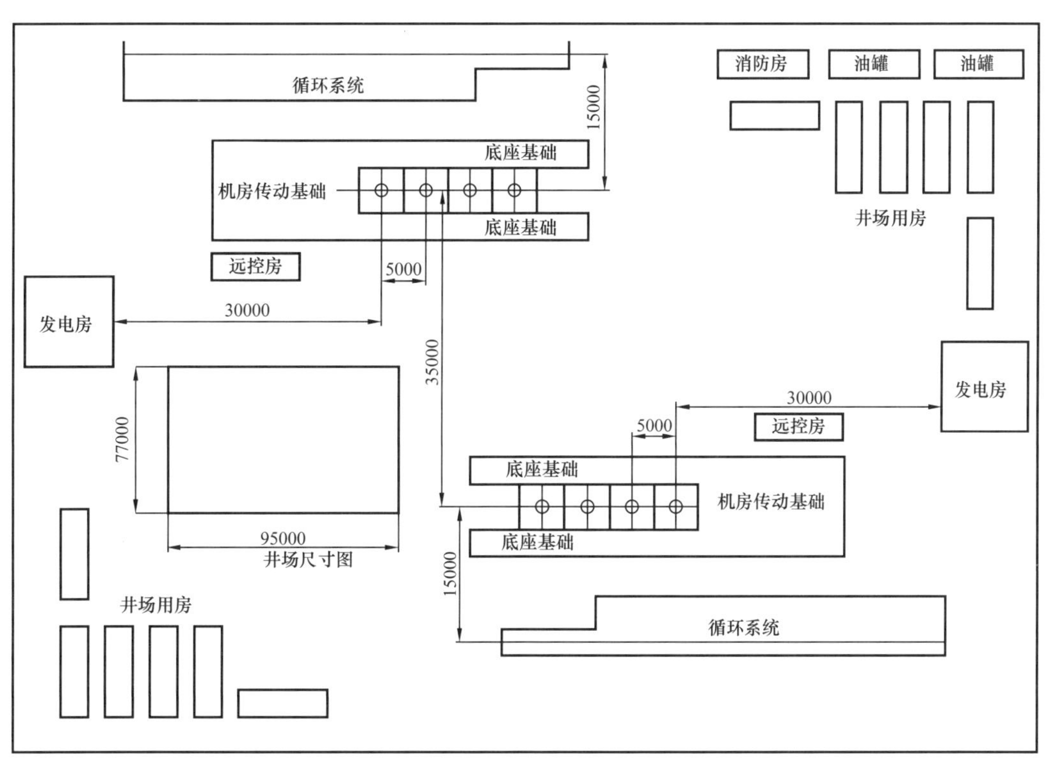

图 6–5　页岩气平台双钻机设备布置示意图（单位：mm）

3. 地面辅助设备优化

根据“工厂化”丛式井地面主体设备布置要求，对地面辅助设备进行优化，以页岩气“工厂化”钻井平台为例，页岩气平台地面辅助设备优化精简配置表见表 6–2。

表 6-2　页岩气平台地面辅助设备优化精简配置表

项目		原钻机辅助设备配置				双钻机辅助设备配置		精简数量
序号	钻井型号	ZJ70		ZJ50		ZJ70&ZJ50 双钻机		ZJ70&ZJ50
	名称	规格	数量	规格	数量	规格	数量	数量
1	生活水罐	$20m^3$	1	$20m^3$	1	$20m^3$	2	
2	套装水罐	$50+30m^3$	2	$50+30m^3$	2	$50+30m^3$	3	–1
3	卧式油罐	$50m^3$	2	$50m^3$	1	$50m^3$	1	–1
4	套装油罐	$45+5m^3$	1	$45+5m^3$	1	$45+5m^3$	2	
5	污水处理罐	$30m^3$	1	$30m^3$	1	$30m^3$		–2
6	钻井液料台		1		1		2	
7	重晶石加重灰罐		2		2		4	
8	工具提篮		2		2		4	
9	过车道		1		1			–2
10	井场围栏	按区域配置		按区域配置		按区域配置		
11	机修房	8m	1	8m	1	8m	1	–1
12	普通材料房	8m	2	8m	2	8m	2	–2
13	空调材料房	8m	1	8m	1	8m	2	
14	消防房	8m	1	8m	1	8m	2	
15	值班室	8m	1	8m	1	8m	2	
16	会议室	8m	1	8m	1	8m	2	
17	洗衣房	8m	1	8m	1	8m	1	–1
18	浴室	8m	1	8m	1	8m	2	
19	餐厅	四合一	1	四合一	1	四合一	1	–4
20	1 人间住房	6.5m	1	6.5m	1	6.5m	2	
21	2 人间住房	6.5m	5	6.5m	5	6.5m	10	
22	3 人间住房	8m	1	8m	1	8m	2	
23	4 人间住房	6.5m	17	6.5m	17	6.5m	23	–11
24	8 人间住房					8m	3	3
25	油品房	8m	1	8m	1	8m	1	–1
26	辅助发电房	100kW	1	100kQ	1	100kW	1	–1
27	储备罐	$50m^3$	8	$50m^3$	4	$50m^3$	8	–4
精简数量合计（台件）								–27

从表 6–2 中可以看出，双钻机设备优化后，辅助设备相对大幅减少，设备共用率高，降低了搬家安装成本，降低了生产运行成本。

第二节　页岩气井工厂化钻井平台建设

一、页岩气工厂化作业平台建设总体方案

川渝地区的页岩气富集区域在地理区划中属于四川盆地及其边缘地区，主要地理单元可划分为盆地内丘陵和盆地边缘山地两大部分。盆地内丘陵富集区主要分布在内江市、自贡市、泸州市、宜宾市和重庆市等地，在盆地东部主要为低山丘陵，海拔多为 300～800m；在盆地南部主要为低缓丘陵，海拔多为 200～600m。盆地边缘山地富集区主要分布在重庆市东部、云贵川交界地带和渝鄂交界地带等地，主要为强烈上褶皱带，山坡陡峭，沟谷深切，海拔多为 300～1300m，部分地区相对高差可达 500～1000m。

从 2010 年我国第一口页岩气井威 201 井成功获气投入开采以来，川渝地区已有 5 个页岩气区块投入建设。其中位于盆地内丘陵地区的有威远区块、富顺—永川区块，位于盆地边缘山地地区的有长宁区块、昭通区块和涪陵焦石坝区块。以位于四川盆地边缘山地区的某区块为例，该区块为典型喀斯特地貌，以山地为主，部分地区相对海拔高差超过 400m，山区、丘陵、平坝比例约 7.5：1.5：1。

该区块各平台之间道路基本为山区 4 级公路，水泥路面少，道路狭窄；部分平台之间海拔高差大，道路弯多坡陡：修复改建道路较长，部分路段存在改造瓶颈，改造工程量大。该区块道路存在几大难点：

（1）部分道路通行条件差。以 5 号平台为例，去往 5 号平台有一段盘山公路，该路段海拔高差大，路窄、急弯多，井队搬迁、日常材料运输的大型车辆难以通过，只能另外修路绕行才能满足运输需要。

（2）地形受限，道路曲折。山区受地形影响，布线难度大，存在“望山跑死马”现象。平台之间道路曲折，形成了大环线套小环线的格局，增加了运输里程。尤其是连接 4 号、10 号、11 号、12 号、7 号和 5 号平台的小环线道路，受 5 号平台盘山公路限制，大型运输车辆不能直接由 4 号平台去往 5 号平台，通行顺序为 4 号→ 10 号→ 11 号→ 12 号→ 7 号→ 5 号，返程再按上述路线原路返回，大大增加了运输里程和道路修建工作量。

（3）山区道路修建与维护工作量大。道路方案中有多处道路通行条件差，施工难度大、周期长，后期运输与维修成本高，成为整个方案的瓶颈。以 11 号、12 号和 7 号平台之间的路段尤为突出。由于整个方案以环线为主，这些瓶颈的存在严重阻碍道

路的整体运行，影响勘探开发整体进度。

可以看出，川渝地区已有的页岩气区块所处区域地理条件复杂，山区断裂破碎带较多，地形地貌、地层岩性和地质构造多变，地质条件较差，在强烈季节性降雨作用下，易发山洪、泥石流、山体滑坡等地质灾害。山区道路条件差，普遍路窄、弯多、坡陡，交通运输不便。生态环境重要保护区域，动植物资源丰富，环境敏感性强，水土流失风险高。乡镇密布、人口稠密，农田耕地用地紧张，生产生活基础设施较多。这些都导致页岩气开发面临地理条件差，周边情况复杂等难题。

为了解决上述问题，提出了一种川渝地区页岩气工厂化平台建设方法。该方法采用地面、道路、水源和周边环境 4 个评价指标，地面按所处地面条件，以所在位置为平坦、缓坡、陡坡综合评定；道路按路程远近，以路况条件综合评定；水源按距离河流远近和水源至井场高差综合评定；周边环境按周边房屋密集程度和所处的农林田地类型综合评定。[7-11]

二、页岩气工厂化平台建设方法

1. 平台建设技术指标

页岩气平台建设主要流程为：

（1）从矿权区内选择合适的地下目标；

（2）根据地下目标确定地面平台初步位置和备选位置；

（3）现场踏勘平台位置，从道路、地形和周边环境等方面论证是否满足建设需要；

（4）确定平台最终位置后，进行招投标确定各个承包商；

（5）开始钻前工程设计，同步进行人居环境调查、环境评价、地质灾害评价和用地申报；

（6）前期各项评价以及申报公示、批准后进行放线测量、土地征用工作；

（7）平台建设施工开始，包括道路、场地、池类三大类。

平台道路在满足大型运输车辆最低通行要求的基础上，考虑山区、丘陵地带的地形条件，一般为 4 级单车道公路，设计荷载为公路 H 级，技术指标见表 6-3。一般由乡镇水泥路、村社机耕道和进场公路三部分组成。乡镇水泥路一般为几公里至十几公里，通行条件较好，少部分路段和弯道需加宽和改建（如增加挡墙、护坡等），可能涉及桥梁、涵洞、渠道改建，有较多杆线、管道等基础设施需移除。村社机耕道一般为数百米至几公里，通行条件一般，大部分路段和弯道需加宽、改建，增加错车道，清除路面遮挡物。进场公路一般为数百米，通常为片石、泥结碎石，挖填方施工量较大。

表 6-3　工厂化平台公路建设技术指标

项目	技术指标
行车速度，km/h	20
路基宽度，m	4.5
行车道宽度，m	3.5
土路肩宽度，m	2×0.5
平曲线极限最小半径，m	18
最大纵坡，%	10
最小坡长，m	60
竖曲线极限最小半径（凸形），m	200
竖曲线极限最小半径（凹形），m	200
路拱坡度，%	2
公路路面净空高度，m	4.8

页岩气平台尺寸以常规单井井场为基础，综合考虑丛式井钻井和压裂改造的需要，形成了两套新的平台尺寸标准：（1）同一排井的井间距≥5m，双排布井时两排井口错开半个井间距：双排丛式井组双钻机布置时排间距＞30m，场地受限时排间距≥28m；纵向每增加一口井，井场长度增加 5m。（2）同时使用两台 50 型钻机的最小尺寸为 95m×80m，同时使用两台 70 型钻机（或两台 50 型钻机和两台 70 型钻机）的最小尺寸为 105m×80m。（3）拉链式压裂作业最小尺寸为 95m×80m，同步压裂作业最小尺寸为 120m×80m，压裂设备摆放一侧的长度≥45m。现阶段页岩气平台布置一般有三种规格：单排 8 口井（180m×60m），面积为 10800m^2；双排 6 口井（115m×80m）时，面积为 9200m^2；双排 5 口井（105m×80m），面积为 8400m^2。

页岩气平台的池类一般有固化填埋池、集液池和清水池三类，可依据地勘资料和地形灵活布置。固化填埋池容积按每口井 400～450m^3 计，一个 6 口井的平台约为 2000～3600m^3，池顶设计雨篷。集液池容积一般为 400～450m^3，用于储存钻井用水。这两类池体用料为钢筋混凝土，池底和池壁钢筋需搭接配筋，水泥砂浆抹面防渗处理。清水池主要为后期压裂施工服务，一般考虑满足同时压裂两口井的供水量，容积为 5000m^3 时，通常利用平台附近水田、旱地修建，池底和内、外壁铺 HDPE 防水膜，在池内积水坑及泵头安放区设置混凝土层。

由于川渝地区降水丰富，因此要严格做好平台的排水设施，场内设置高出井场 10cm 的污水沟，平台四周设清水沟，使周边环境（尤其是山体流水）的排水体系和环绕平台的排水体系衔接顺畅，确保清水顺利排入自然水系，避免积水。沟渠和池类的底部如有填方，应保证填方的压实度，并在底面加铺一层防水材料，保证防水防渗效果，防止因填土沉降拉坏沟渠和池底面造成渗漏。

2. 经济性分析

页岩气平台的总造价从1000万元至2000万元不等，约为常规单井井场造价的2～4倍。以每个平台5～8口井计算，平均单井造价约为200万元至400万元，与常规单井井场造价大致相当或者更低。平台建设费用由土地费、井场修建费、道路修建费、房屋及机泵房拆安费、供水供电费、土地复垦费、勘测设计费、预备费和其他费用（房屋道路补偿费、环评费、压覆矿评估费、地灾评估费、规划许可证费、监理费等）组成。

各种费用中房屋及机泵房拆安费、监理费、供水供电费、勘测设计费、预备费、环评费、压覆矿评估费以及地灾评估费受井场地理情况、平台井数的影响较小，费用较为固定，容易控制。在实际施工中，大多数平台地处山区，改建、新建公路的路线曲折，井场受地形限制大，井场挖填方和挡墙施工量较大，部分路段和场地的岩石开挖需要爆破施工，大多数平台远离水源，压裂用清水池容积较大。当地村民因种种原因阻拦施工的现象较为普遍，如某平台从进场到完成施工耗时近4个月，但纯施工时间只有28天，工期严重滞后且赔偿数额较大。从以上情况可以看出，土地费、井场修建费、道路修建费、土地复垦费、房屋道路补偿费受井场地理情况、布置方式和地方政策影响较大，难以准确测算，各平台实际产生费用差异较大，土地费和房屋道路补偿费还可能出现大幅超预期的情况，费用控制难度大。

3. 土地利用评价

川渝地区页岩气区块是传统农业主产区，人多地少，耕地紧张，为尽量减少对土地的影响，在“促进土地集约节约利用，保护环境，实现可持续发展”原则指导下，采用建设用地、协议用地和临时用地三种方式。建设用地包括对以后建井站所需面积和通行车道进行征地，通常占平台总面积的30%～35%，尽量减少征地面积，达到土地、经费双节约的效果。协议用地包括除征地面积外的其余面积、池类、储备罐、放喷坑、弃土场、平台范围内边角用地和恢复村民人行道用地。临时用地包括水罐、油罐、放喷坑外墙与安全围墙之间的土地、井场附属设施外移区、野营房、厕所、生活区临时道路，车辆施工便道和表土堆放场。

在平台建设过程中，以“减少对环境的破坏，保护自然环境”为宗旨进行土地高效利用。在取土施工阶段，路基、场基施工时要选择取土场的合理位置，需到指定取土场集中取料，不得沿线随意开、填、筑。对于需剥离的表土，运到表土场后按层铺法堆放，待完井后复垦，以达到土地最大化利用的目的。

在建设过程中坚持资源节约和环境保护的基本国策，实现“在保护中开发，在

开发中保护”，按照“谁开发、谁保护、谁破坏、谁复垦”的原则进行土地复垦。平台所在地域一般为农垦区，地表植被茂盛，复垦以农用地优先为主，以恢复生态环境为辅，因地制宜地建立植被与恢复体系，同时遵循破坏土地与周边现状保持一致的原则。普通平台一般压占土地面积小于100ha，排土高度小于30cm，破坏程度为轻度、中度破坏，涉及用地类型主要有水田、旱耕地、林地、荒地。在遵循“农用地优先”的原则下，尽量保护现有的耕地资源，除保留油气开采所需的建设用地外，其他如放喷坑、储备罐、油水罐等临时用地，复垦为旱地。集液池和固化填埋池里面的污染物由于不能随意排放，所以不能直接复垦作为养殖池和水田，必须经过无害化固化处理，然后浇筑混凝土淹埋后盖上泥土才可以复垦为旱耕地。压裂用清水池复垦时用稀泥和池干土作为复耕土。生活区临时用地主要为两季田、旱耕地、林地、荒地，使用过程中对原地貌改变小，复垦为原有土地类型（两季田、旱耕地、林地、荒地）。通过最大限度节约土地和最大限度友好处理环境，最后达到复垦率大于90%的目标，保障能源绿色开发。

4. 平台建设优化

（1）优选平台位置。在遵循地面服从地下的原则下，在地下目标确定后，对井场的地面位置和道路路线要进行优选。不能只考虑“一次成本”，有必要综合考虑地质灾害的处置成本、平台后期维护和安全风险的成本。对地表环境要严格做好地质勘查，优化钻孔布置，详细进行取样分析和计算，尤其是水对土体的影响，真正发挥地质勘查的指导作用。对近地表环境应开展地下裂缝、溶洞、暗河和矿井坑道的地面调查和外围走访，还可以用高密度电法技术对平台近地表勘查，评估地下裂缝、溶洞、暗河和矿井坑道的发育情况，整体满足要求后再局部加密测线扫描，标示出主要溶洞发育区和地下破碎带的范围、走向。

（2）优化平台设计是降本增效的根源，要针对当地的地质、气象环境进行设计，切忌千篇一律，做好特殊措施和工艺技术的详细设计。结合平台周边环境特点，尽量避免高回填工程和开挖顺向坡（自然坡向和地层倾向一致），减少场地挖填方量，将设备基础设置在挖方区域，减少路面改造和杆线拆迁，从源头上降低工程量，降低平台总体造价。

（3）强化环境管理。开工前应对施工区域及附近的水体（池塘、河流、水井、稻田等）做好调查，委托具有相关资质的机构（如环保站、防疫站）进行取样化验备案。还应做好工程影像资料的记录、备案，包括沿途道路、管线、线缆，井场占地、拆迁房屋等的原始资料。施工时运输车辆应采用相应遮盖措施，施工地段应经常洒水，减少施工粉尘污染。

（4）提高经济意识。对平台建设工程总包模式进行积极探索，可以采取多个平台批量总包模式进行试点，以类似于钻井的方式测算批量建造平台的费用，以页岩气平台的数量优势降低成本风险，提高整体效益。

（5）平台建设优化。现阶段丛式井平台布井数一般为 4～8 口井，大部分单平台布井方式为双排 6 口井，水平段巷道长度一般为 1500m，巷道间距一般为 300～400m，靶前距一般为 300～400m。按上述布井方案，每个平台至少有约 360000～640000m^2 储层无法利用，为了提高储层利用率，设想采用“增加平台井数”和“改变布井方式”两种方法相结合的思路进行优化。

增加平台井数：横向增加单支井数，从现阶段较为普遍的双排 6 口井，增加到双排 10 口井，水平段巷道间距为 300～400m。纵向增加井的层数，从现阶段较为普遍的单层双排 6 口井，增加到双层双排 12 口井，层与层间的纵向间距以页岩层厚度作为设计依据。将以上两种方式进行结合，每个平台布双层双排 20 口井，最终形成“横向多支、纵向多排”的格局，将大大提升单个平台的储层利用率和压裂改造的体积。双层双排 20 口井进行布置，平台井场尺寸至少为 125m × 80m，平台面积为 10000m^2。场地面积扩大后，对于处于山区的井场选址和修建的难度将会增大。同时双层布井对于分支井钻井和完井提出了更高的要求。

改变布井方式：以提高靶前距下储层的利用率为目标，对平台间位置进行优化，有三种优化模式。模式 1 对双排 6 口井的平台采用穿插式布井，理论上每口井水平段的起点和终点都正好处于相邻平台靶前距下未覆盖的区域，此时平台布置最为紧凑，最大化利用了靶前距下储层。在井眼轨迹设计中，需要调整靶前距为水平段巷道长度的一半，如水平段巷道长 1500m，则相应的靶前距为 50m，其余参数和普通双排 6 口井的平台一致。如按纯理论要求布井，同一方向上井的水平段都有重合的起点和终点，因此在实际中需要对水平段的起点和终点进行微调，达到井眼防碰要求。

模式 2 对双排 6 口井的平台采用交错式布井，将模式 1 水平段轴线方向完全重合的方式改为水平段轴线偏移半个水平段井间距交错布置的方式。这样就不必拘泥于靶前距和水平段巷道长度的关系，在理论上每 4 个平台 24 口井中只有 2 口井在水平段共用同一个起点，只需微调就可解决相碰问题。这种模式相对于普通双排 6 口井的平台，井眼轨迹参数基本不用调整，兼顾了储层利用和井眼防碰的可操作性。

模式 3 对双排 10 口井的平台采用交错式布井。采用模式 2 的布井思路，但由于每个平台布井数为 10 口，使用两个平台就能达到模式 2 里 4 个平台的储层覆盖效果，成倍增加了储层面积覆盖。

第三节　页岩气井批量钻井作业技术

批量钻井技术是工厂化钻井技术的特点之一，也是实现“井工厂”效益最大化的重要途径。批量钻井技术起源于海洋钻井，因海洋平台钻井成本较高，加之受钻井平

台场地限制，故海上油气开发大量采用批量钻井技术，以达到降低开发成本、提高经济效益的目的。[12]

国外拉纳克油田采用批量钻井技术开发，节约了开发时间，提高了经济效益，该油田开发井主要采用三开完井的钻井模式，对每一井段集中批量钻井、固井、完井。纵观三个阶段的批量钻井作业，一开批量钻井作业效果最明显，提高作业效率最多，如图 6-6 所示。

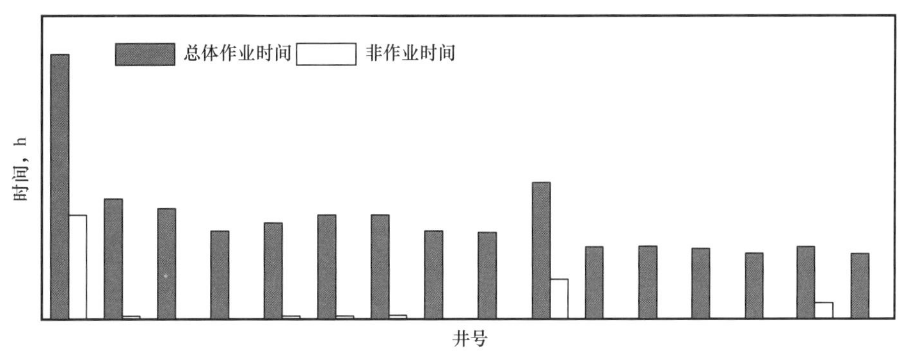

图 6-6　表层井眼总体作业时间与非生产作业时间对比图

BP 公司在美国亚特兰提斯岛（ATLANTIS）9712.46m^2 范围的 24 个水下井口，用 91d 时间进行批量钻井作业，没有可记录的事故发生，整体操作效率达到 89% 以上。[7]

国内海上油气田批量钻井技术以渤海油气田开发最具代表，陆上油气田批量钻井技术以大港油田庄海 4×1 人工井场丛式井开发最早，苏里格致密砂岩气藏开发效果最为突出。[8]

一、批量钻井技术特点[13]

批量钻井技术就是采用移动钻机依次钻多口不同井的相似层段，固井后，再顺次钻下一层段。它是对开发区块待钻井进行整体设计、整体施工的一项钻井工艺，即分别对表层、中间井段及油层段等施工段进行集中钻井，利用前一口井固井候凝时间整拖钻机至下一口井进行作业，减少钻机等停等非生产时间，提高钻井时效。

批量化钻井技术提高作业效率，主要体现在以下几个方面：

（1）通过重复作业的学习曲线管理，提高钻具组合利用率、钻井液利用率。

（2）节约动复原费、实现工厂化作业。由于要满足多口井重复使用，地面基础设施建设质量高、废弃物排放减少。

（3）采用的钻机具有多向运移特性，大大加快了钻机搬迁、恢复钻井的进度。

（4）采用离线作业（不占井口操作）无钻机测固井方式实现交叉作业提高了工程作业效率。

当钻机在执行钻进作业时，辅助小井架在另一口井起下内插管管柱、下套管等作业，可减少钻机占用时间。附增第3个鼠洞执行连接和卸开钻柱立柱、预备测试管柱、甩钻具和悬挂立柱等作业。常规鼠洞用来优先暂存钻柱单根，而附属鼠洞由于没有深度限制，甚至可以悬挂或离线下入管柱到海底。

（5）使用长导管（25m），减少导管连接时间，加快下钻速度，同时配备导管割刀以便随时切割。

（6）对于某些复杂地层，可采用带地质参数的MWD/LWD提供决策参考，使用可充电的LWD电池，减少起钻次数，提高作业效率。

（7）低速、高扭矩马达与减振齿PDC钻头配合使用钻开下部坚硬地层。

二、批量钻井关键技术[14]

1. 平台与井场布局原则

“工厂化”模式布井的原则是用尽可能少的井场布合理数量的井，以优化征地费用及钻井费用。单个井场占地面积由井组数决定，一个井场中设计的井组数越多，井场面积越大，需要综合考虑钻井和压裂施工车辆及配套设施的布局。地面工程的设计需要考虑工程和环境的影响，为“井工厂”开发提供保障，同时使占地面积最小化。需要考虑的因素有以下几点：

（1）满足区块开发方案和油气集输建设要求。

（2）充分利用自然环境、地理地形条件，尽量减少钻前工程的难度。

（3）考虑钻井能力和井眼轨迹控制能力。

（4）最大程度触及地下气藏目标。

（5）考虑当地地形地貌，生态环境，以及水文地质条件，满足有关安全环保的规定。

平台位置的选择主要依据油田的含油面积、构造特征、开发井网的布局和井数、目的层垂直深度、地面条件、油田开采对钻井工作的工艺技术要求和建井过程中每个阶段各项工程费用成本进行综合性经济技术论证，测算出每一个平台能够控制的含油面积和每一个丛式井平台的井数，然后对所有目标点优化组合，经反复修改和计算，直到选出最佳的平台位置。平台位置优化选择应遵循以下原则：

（1）平台选址和修建时应满足油藏开发方案和油气集输的要求。

（2）要充分利用自然环境、地理地形条件，尽量减少钻前施工（包括平台建造、修路）工作量。

（3）平台宜选在各井总位移之和最小或总井深最小的位置。

（4）要考虑钻井能力和井眼轨迹控制能力。

（5）要有利于降低定向施工和井眼轨迹控制的难度，当设计有多靶井或水平井时，平台宜选在多靶井和水平井的靶点延长线上。

（6）要着重考虑水平井入靶前的方位调整工作量大小，当平台有多口多靶井或水平井时，要尽量减少绕障的施工难度。

（7）平台组井数太少，需要更多土地，体现不出工厂化作业意义，井数太多，可能造成工程事故并难以实现。

（8）尽可能不存在死气区或过度井间干扰并保持开发井网，确保储量动用程度；地质认识相对清楚，井控程度相对较高，周边投产井产量较高。

（9）井位在实施过程中，根据地质情况变化，能够做到灵活调整，确保开发效果。

（10）以提高工作效率，提高气井产能贡献率，降低开发成本为最终工作目标。

平台布井设计主要包括平台井口排列设计和平台面积计算。在实际工作中应根据现场的实际情况和设计要求，选择相应的井口排列方式，再根据所选的排列方式计算出平台的面积。

2. 工厂化井场

井场布置按照《中国石油天然气集团公司页岩油气井钻完井作业管理规范》（试行）、SY/T 5466—2013《钻前工程及井场布置技术要求》、SY/T 5225—2019《石油天然气钻井、开发、储运防火防爆安全生产技术规程》、SY/T 6396—2014《丛式井平台布置及井眼防碰技术要求》等的要求进行。平台布井设计主要包括平台井口排列设计和平台面积计算。在实际工作中应根据现场的实际情况和设计要求，选择相应的井口排列方式，再根据所选的排列方式计算出平台的面积。

1）*井场布置要求*

（1）井场布置应满足钻井工程的需要，公路应从前场进入井场。

（2）井场布置应符合防火、防爆、防污染以及50年一遇的防洪要求，应避开泥石流及滑坡等不良地带，不能避开的要采取措施进行加固治理，以确保井场的安全。

（3）有利于废弃物回收处理，防止环境污染。

（4）钻机井架和动力设备基础应尽量选在挖方区。

（5）井场应满足GB/T 31033—2014《石油天然气钻井井控技术规范》中的安全距离要求。

（6）井场应避开滑坡、泥石流等不良地质区域。

（7）井场应满足防洪、防喷、防爆、防火、防毒、防冻等安全要求。

（8）井场地面应中间略高、四周略低，设备区域地面宜进行硬化处理。

（9）井场设备基础应符合SY/T 6199—2004《钻井设施基础规范》基础的承压强度。

（10）丛式井组作业钻机应按钻机整体平移需求布置钻机设备。

（11）钻前工程应对地面建设工程中的部分工程（如设备基础、防雷接地网、地下管线等）进行同步设计施工，避免重复建设。

（12）工厂化多钻机作业，供电、供水、供油、污水处理、废弃物回收处理等设施应统一布置。

2）井场建设要求

（1）首先需满足钻井工程功能的要求。

（2）应降低工程量，宜土方量平衡，节约投资。

（3）井场场基应密实、稳固。

（4）井场场面设计满足下述要求：

① 场面应当平整，能满足大型车辆的行驶荷载要求，如不能满足荷载要求时应采取措施处理；

② 井场中部应稍高于四周，形成 1%～2% 的坡度，以利于排水；

③ 工厂化在一个井场打多口井，要交叉进行钻完井、压裂，综合各阶段使用要求，井场长度及宽度按表 6–4 所示的设置。

表 6–4　各型钻机井场有效面积

序号	钻机型号	长，m	宽，m	面积，m^2
1	ZJ40	90（前 50+ 后 42）	40（左 20+ 右 20）	3800
2	ZJ50L，ZJ50L–ZPD，ZJ70L，ZJ70L–ZPD	97（前 54+ 后 43）	42（左 22+ 右 20）	4074
3	ZJ50D，ZJ70D	105（前 50+ 后 55）	45（左 22+ 右 23）	4725
4	ZJ90	115（前 55+ 后 60）	60（左 30+ 右 30）	8750

注：每增加一个井口加长 5m，增加一台钻机加宽 30m。

3）井场防护工程要求

（1）井场防护工程应具有足够的强度和稳定性；

（2）防护工程按 GB 50068—2018《建筑结构可靠性设计统一标准》中普通建筑物的要求进行设计；

（3）对超过 6m 的高大挡土墙应作地基承载力、抗倾覆、抗滑移计算。

4）井场基础要求

（1）钻机井架和动力设备基础应尽量选在挖方区。

（2）设备基础可根据地基承载力选用以下基础形式：砖基础、片石（卵）砼基础、条石基础、钢筋砼基础、人工挖孔桩基础、管排架基础、钢木基础等。

（3）井架基础、柴油机基础、钻井泵基础宜置于地基承载能力特征值大于 200kPa

的地基上，不能满足时应进行处理。

（4）循环系统基础、石粉房基础、发电房基础、钻井液储备罐基础宜置于地基承载能力特征值大于 150kPa 的地基上，不能满足时应进行处理。

（5）同一组设备基础平面标高偏差为 ±5mm。

（6）工厂化钻井需要建足够容积的废液池与固体废弃物处置工程，地面由于多台钻机作业，需要建立完善的清、污水分流系统。

（7）丛式井应根据建设单位和钻井工艺要求确定方井深度，方井上方应进行遮盖。清洁化生产的井场附近应设置水基岩固化操作平台或油基岩屑处理场地，地面应进行混凝土硬化处理，上铺防渗膜，能承受重 55t 车辆通行；水基岩屑固化操作平台面积不小于 $200m^2$，油基岩屑处理场地不小于 30m×20m。

5）附属设施及设备要求

（1）房屋要求：

① 井场生产用房的布置应本着因地制宜、有利生产及安全的原则综合考虑，各类型钻机配备的房屋面积见表 6–5。

表 6–5　井场临时房屋面积及野营房基础数量标准

序号	名称	单位	3200m 以下钻机及修井机	3200～4000m 钻机	4000～5000m 钻机	5000m 以上钻机
1	机泵房	m^2	34	290	290	290
2	循环系统	m^2	32	272	272	272
3	发电房	m^2	12	100	100	100
4	石粉房	m^2	7	60	80	100
5	打水房	m^2	5	45	45	45
6	废水泵房	m^2	1	6	6	6
7	水泵房	m^2	3	30	30	30
8	独立泵房	m^2	2	20	20	20
9	厕所	m^2	4	36	36	36
10	总计	m^2	100	859	879	899
11	活动房基础	幢	26	38	40	42

② 生活区野营房应位于井口上风处，距井口不小于 100m；材料房、平台经理房（队长房）、钻井监督房等井场生产用房应摆在有利生产的位置，距井口不小于 30m；综合录井房、地质值班房、钻井液化验房、值班房应摆放在井场右前方；消防房应设置在井架底座左边，距井架底座不少于 8m；防喷器远程控制台应摆放在井场左前侧，

距井口 25m 以外，并保持 2m 以上的人行通道；含硫化氢油气井的工程值班房、地质值班房、钻井液化验房、消防房应按 SY/T 5087—2017《硫化氢环境钻井场所作业安全规范》的规定执行。

（2）钻机设备要求：

① 钻机的主要设备宜设遮盖棚；柴油机排气管出口要避免指向油罐区，循环系统应布置在井场的右侧，中心线距井口 11～18m，从振动筛依次设置。

② 压井管汇坑设置在井场左侧，节流管汇坑设置在井场右侧，压井管汇坑和节流管汇坑的尺寸宜采用 700mm（宽）×800mm（深）。

③ 钻井液储备罐宜布置在井场右后方和后方，罐底应高于循环系统基础顶面 2.6m，且高于循环罐顶面 0.5m 以上。

④ 高架水罐、油罐、发电房宜布置在井场外。

（3）池类要求：

钻井作业所需池类应纳入井场布设同步进行，统一规划。池周围应安装安全防护围栏，设置警示标识，并进行防渗、防腐蚀处理，以满足安全环保要求。

（4）其他要求：

地面采输的设备基础、防雷接地、消防、供电和通信等基础宜与井场同步设计和施工。

3.“工厂化”作业井井场布置

1）同平台双排双钻机作业井场布置

根据国内页岩气钻井井场布置实践取得的认识，同平台双排双钻机作业井场规格设计为：［50m（前场）+（n−1）×5m+50m（后场）］（长）×80m（宽）（n 为平台单排井口数，以井口轴线分，左侧边缘离第一轴线 25m，第一轴线距第二轴线距离为 30m，第二轴线距边缘为 25m）；井口布局为：同排井口间隔为 5m，两排井间隔为 30m，如图 6–7 所示。

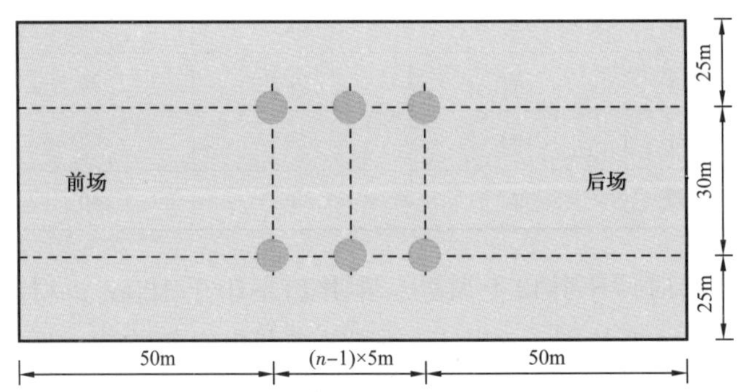

图 6–7　同平台双排双钻机作业井场布置图

以同平台双排共6井口布局为例。井场尺寸设计为110m×80m，井场面积为8800m²，同排井口间隔为5m，两排井间隔为30m；以井口轴线分，左侧边缘离第一轴线25m，第一轴线距第二轴线距离为30m，第二轴线距边缘为25m。井场布局设计方案拟使用双钻机作业，按钻机前后场倒置方式布置。根据《中国石油天然气集团公司页岩油气井钻完井作业管理规范》(试行)第5条规定：双排丛式井组双钻机同时作业，排间距应大于30m，井场受限排间距不小于28m；同排井间距不小于5m。方案中井组共6口井，分两排布置，每排3口井，排间距30m，每排井间距5m，井口布置满足《中国石油天然气集团公司页岩油气井钻完井作业管理规范》(试行)要求。ZJ50D和ZJ70D型号的钻机所需井场尺寸为105m(前50m+后55m)×45m(左22m+右23m)，井场面积为4725m²。所设计6口井双排双钻机井场尺寸80m×110m，总面积8800m²，满足ZJ50D和ZJ70D钻机的使用要求。

参照现有井场设备布置标准，远程控制台布置在井场左前场，距井口大于25m，基础距井场边缘不小于2m；循环系统布置在井场两侧；动力系统、钻井泵、MCC房和水泥罐等布置在后场；各类池体布置在井场外。井场尺寸为110m×80m共计8800m²，循环系统占地面积为477.68m²，钻机底座、钻井泵、MCC房和水泥罐占地面积为640.41m²，井场尺寸满足钻井设备的摆放要求。

根据同平台双钻机井场附属设备布置要求，地质仪器房、地质值班房设置在井场右前场，距井口大于30m，小于40m，基础距井场边缘不小于2m；井口至前场28m范围内的右场不得摆放任何设备；平台经理房、工程值班房和钻井液值班房可设置在井场外，如需设置在井场内，基础距井场边缘不小于2m，同平台双排6口井双钻机作业井场设计尺寸满足双钻机井场附属设备布置要求。

2）同平台单排双钻机作业井场布置方案设计

根据国内页岩气钻井井场布置实践取得的认识，同平台单排双钻机作业井场规格设计为：[50m(前场)+2×(n−1)×5m+100m(作业间距)+50m(后场)](长)×50m(宽)(n为平台井口数的一半，以井口轴线分，左侧、右侧边缘距井口轴线均为25m)；井口布局为：井口间隔为5m，双钻机作业间距为100m，如图6-8所示。

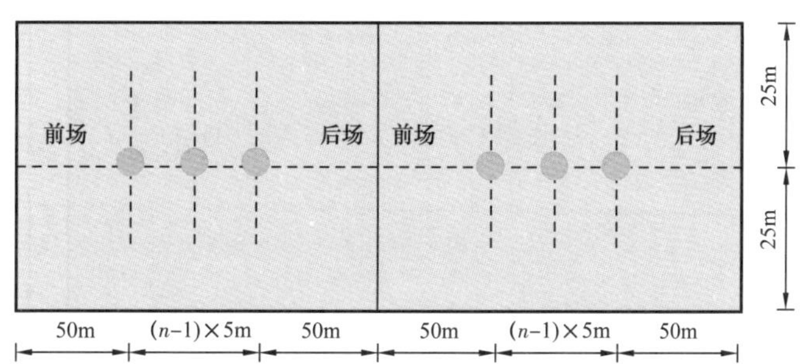

图6-8　同平台单排双钻机作业井场布置示意图

以同平台单排6口井布局为例。井场尺寸设计为220m×50m，井场面积为11000m²；井口间隔为5m，3号井与4号井间隔100m，6口井布置在同一条轴线上；以井口轴线分，井场左侧、右侧边缘距井口轴线均为25m。同平台单排6口井双钻机布置方案为两台钻机的前场面向同一方向。根据《中国石油天然气集团公司页岩油气井钻完井作业管理规范》（试行）第5条规定：同排井间距不小于5m；第18条规定：单排双钻机作业宜同方向钻井。方案中平台共6口井，单排布置，井间距5m，3号井和4号井间距100m，井口布置满足《中国石油天然气集团公司页岩油气井钻完井作业管理规范》（试行）要求。ZJ50D和ZJ70D型号的钻机所需井场尺寸为105m（前50m+后55m）×45m（左22m+右23m），井场面积为4725m²。所设计的6口井单排双钻机同向井场尺寸220m×50m，总面积11000m²，满足ZJ50D和ZJ70D钻机的使用要求。

参照现有井场设备布置标准，远程控制台布置在井场左前场，距井口大于25m，基础距井场边缘不小于2m；两台钻机的循环系统同向布置在井场右侧；动力系统、钻井泵、MCC房和水泥罐等布置在后场；各类池体布置在井场外。井场尺寸为220m×50m共计11000m²，循环系统占地面积为480m²，钻机底座、钻井泵、MCC房和水泥罐占地面积为640m²，井场尺寸满足钻井设备的摆放要求。

根据同平台双钻机井场附属设备布置要求，地质仪器房、地质值班房设置在井场右前场，距井口大于30m，小于40m，基础距井场边缘不小于2m；井口至前场28m范围内的右场不得摆放任何设备；平台经理房、工程值班房、钻井液值班房可设置在井场场外，如需设置在井场内，基础距井场边缘不小于2m，同平台单排6口井双钻机同向作业井场设计尺寸满足双钻机井场附属设备布置要求。

3）同平台单排单钻机作业井场布置方案设计

若井场面积狭小，可考虑同3口井或4口井单排布置，井口间距5m，单钻机作业。井场规格设计为：[50m（前场）+（n−1）×5m+50m（后场）]（长）×50m（宽）（n为平台井口数，以井口轴线分，左侧、右侧边缘距井口轴线均为25m），井口布局如图6-9所示。

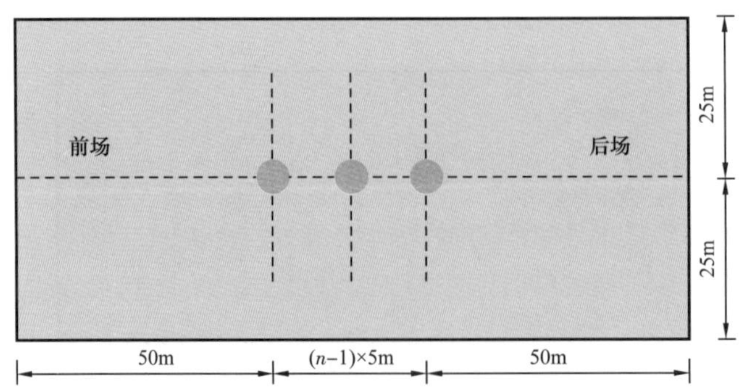

图6-9 单排单钻机作业井场布置示意图

以同平台单排3口井布局为例。井场尺寸设计为110m×50m，井场面积为5500m^2，井口间隔为5m；以井口轴线分，井场左侧、右侧边缘距井口轴线均为25m。根据《中国石油天然气集团公司页岩油气井钻完井作业管理规范》（试行）第5条规定：同排井间距不小于5m。方案中平台共3口井，单排布置，井间距5m，井口布置满足《中国石油天然气集团公司页岩油气井钻完井作业管理规范》（试行）要求。ZJ50D和ZJ70D型号的钻机所需井场尺寸为105m（前50m+后55m）×45m（左22m+右23m），井场面积为4725m^2。所设计的单排3口井单钻机作业井场尺寸为110m×50m，满足ZJ50D和ZJ70D钻机的使用要求。

同平台单排3口井单钻机作业井场设备、附属设备布置与同平台单排6井口双钻机同向井场布置要求相同。因此，单排单钻机作业井场设计尺寸满足单钻机井场附属设备布置要求。

综上所述，井场总体布局可结合具体井场条件因地制宜。考虑长宁—威远地区地形条件适合布置大井场，推荐采用双排双钻机作业井场布置方案，井场规格设计为：[50m（前场）+（n−1）×5m+50m（后场）]（长）×80m（宽）（n为平台单排井口数），单排单钻机作业井场采用[50m（前场）+（n−1）×5m+50m（后场）]（长）×50m（宽）（n为平台单排井口数），作为补充。

4. 批量钻井施工流程

批量钻井基本流程如下：一开快速钻固表层，然后移钻井平台至第二口井继续一开钻固表层，接着移钻井平台至下一口井，这样顺次一开钻固完所有的井后再移钻井平台回到第一口井开始二开的钻固工作，重复以上操作直到二开固完所有的井，再次移钻井平台回到第一口井开始三开，依次类推钻完所有的井。对于一开井深不深的情况，可以先一开钻固表层后继续二开钻井及下套管固井后再移钻井平台至下一口井开钻。

工厂化批量钻井中其他配套技术主要有：

（1）钻机装备快速移动技术。钻机平移技术是工厂化钻井作业的核心技术之一，通过钻机平移减少甩钻具、钻机拆卸、搬运、安装等多套工序，缩短了施工周期，节约了施工成本。根据开发和生产的需求，设计出可以满足修井、钻调整井作业的需要，可以实现纵横两个钻机方向的移动，覆盖整个井口区域的模块钻修机。

（2）井口防碰技术。集中快速钻固表层保证了井眼轨迹安全控制，表层特别强调垂直钻井，并且每口井表层还要测井斜，对间距小的井要用陀螺仪测斜和定向，保证后期安全。井口间距小，保证采用井口预放大设计。

（3）井口快速安装技术。井口封井器组采用整体安装形式，用两个35t安装在钻台大梁下的气动行车整体运移并和井口快速装置配合使用，每次移底座只需将连接封井器和套管头的升高短节拆开，然后将封井器和升高短节吊起，移动底座至下一井口安装。节流和压井的管线均由高压软管线。

（4）工厂化作业生产组织。“井工厂”平台双钻机工厂化作业模式是对传统管理模式的一次极大的创新，是对传统生产组织的革命。“井工厂”钻井的全新模式要求管理思路、管理理念和管理机制方面求新思变。树立“一个井场就是一个项目”的理念，搞好团队建设，并应用好两台钻机的资源，全面实现优势资源共享。优化整合平台队伍人力资源，充分发挥了公司直线管理专业化保障能力和项目管理“大协作、大智慧、大统一”优势。依靠平台整合形成的团队优势和共享资源，运用“精益钻井法”先进理念，应用系统管理思维，攻克“井工厂”钻井难题，实现有速度、有质量、有效益的发展。

“精益钻井法”，即钻井施工作业过程中，在生产技术管理上精雕细刻，在设备管理上精益求精，在成本管理上精打细算，在团队管理上精诚团结，应用系统管理思维，通过目标引领、分析纠偏、考核激励、总结提升等措施，推动钻井工程“持续改进、减少浪费、追求完美”。以威 202H1 平台为例，该平台钻井中适时分析纠偏、不断完善钻井技术措施，细化生产组织，优化作业程序，依靠精益钻井法的应用，在多方面取得了阶段性效果。表 6–6 列出该平台钻井周期内进口钻头与国产钻头对比应用情况。[15]

表 6–6　威 202H1 平台 ϕ311.2mm 井口进口 PDC 钻头与国产 PDC 钻头对比

井号	钻头型号	厂家	下入层位	起出层位	下入井深 m	起出井深 m	进尺 m	纯钻时间 h	机械钻速 m/h	平均机械钻速 m/h
威 202H1–6	MM55DH	哈里伯顿公司	须一段	飞二段	587.00	1477.34	890.34	101.66	8.76	6.46
威 202H1–6	MM55DH	哈里伯顿公司	飞二段	龙马溪组	1477.34	2290.00	812.66	195.03	4.17	
威 202H1–5	WS556L	万吉公司	须一段	龙马溪组	584.00	2285.00	1701.0	200.86	8.47	8.47
威 202H1–4	WS556L	万吉公司	须一段	龙潭组	585.70	1927.30	1341.6	133.42	10.06	7.63
威 202H1–4	WS556L	万吉公司	龙潭组	栖霞组	1927.30	2247.00	319.70	61.50	5.20	

（5）工厂化钻井采用一体化运作，提高作业效率。工厂化施工钻井队实行一体化项目运行，各道工序紧密衔接，队伍资源全面共享。在同一个井场施工，实时共享经

验，实现边施工、边总结，形成工厂化钻井学习曲线（图6–10）。同井场施工队伍实行团队管理，从生产组织、设备维修、生产物资供应等方面，实行统一管理，提高生产组织效率；技术标准的统一和施工方案的共享，有利于提高钻井速度，减轻劳动强度，实现钻井液的重复利用；钻机井间快速平移，节约搬迁时间和费用。

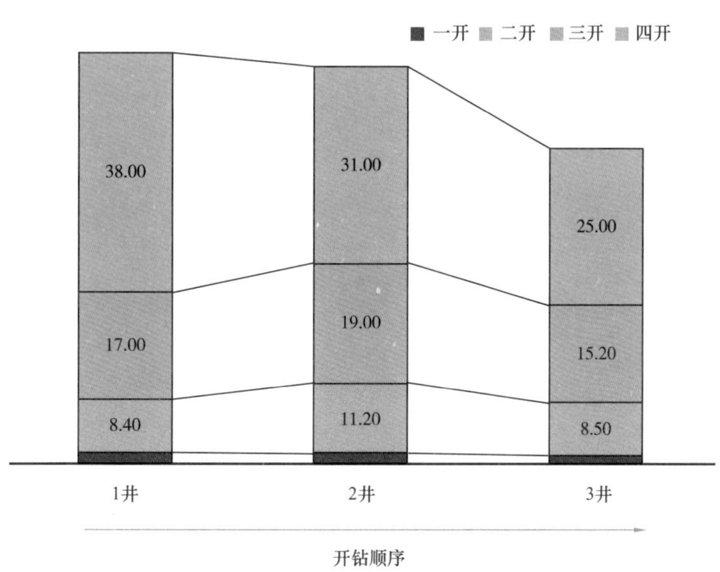

图6–10　学习曲线

（6）标准化思路加速规模建产。丛式井是工厂化作业的基础，油气井由分散变为集中，在提高资源利用效率和作业效率等方面具有优势。“标准化”的技术思路和生产组织，对于“工厂化”实践至关重要。工厂化作业就是在地质认识基本清楚、油藏条件基本相似的区域，采用平台布井方式，集中部署一批井身结构相似、完井方式相似的井，并且使用成熟的、标准化的技术和装备，以流水线的方式进行钻完井作业的模式，提高效率，实现降本增效。

（7）“一井一策”确保精准受控。严格落实质量管理，强化过程控制，密切关注每口井现场的施工动态，针对每口井的实际情况制定详细的施工方案和技术措施，同井场的钻井队根据每口井的情况细化操作步骤，严格执行施工设计和岗位操作规程，针对每口井的施工难易程度，认真识别新增风险，杜绝事故复杂，及时排除事故隐患。

5. 现场应用实例

以一个平台2台钻机6口井为例（图6–11），1号钻机从1号井开始向右进行一开、二开钻固施工，依次完成1号、2号、3号井施工，此时钻机位于3号井位；2号钻机从4号井开始向左进行一开、二开钻固施工，依次完成4号、5号和6号井施工，此时钻机位于6号井位。然后1号钻机从3号井开始进行三开钻固施工作业，依次完成3号、2号、1号井施工，2号钻机从6号井开始进行三开钻固施工作业，依次完成6号、5号、4号井施工，直至完成全部井的施工。

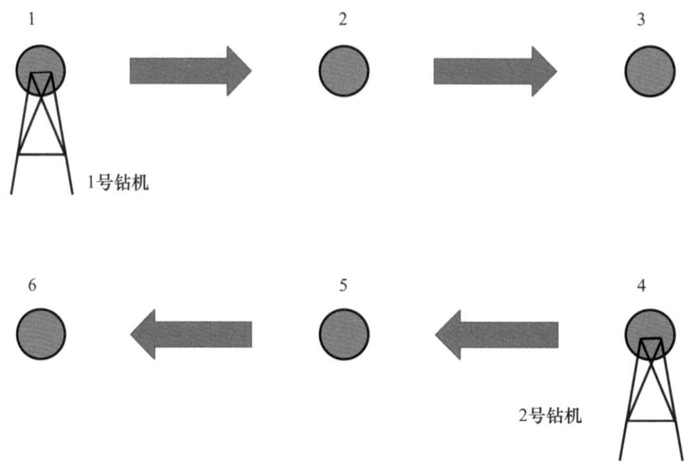

图6-11　大平台批量钻井施工流程图

威远X平台井配备2部70D平移钻机，以水基、油基钻井液为批量钻井分界面，双排6口井，井距5m，排距30m。

以该平台为例，批量钻井施工具体流程（图6-12）如下：

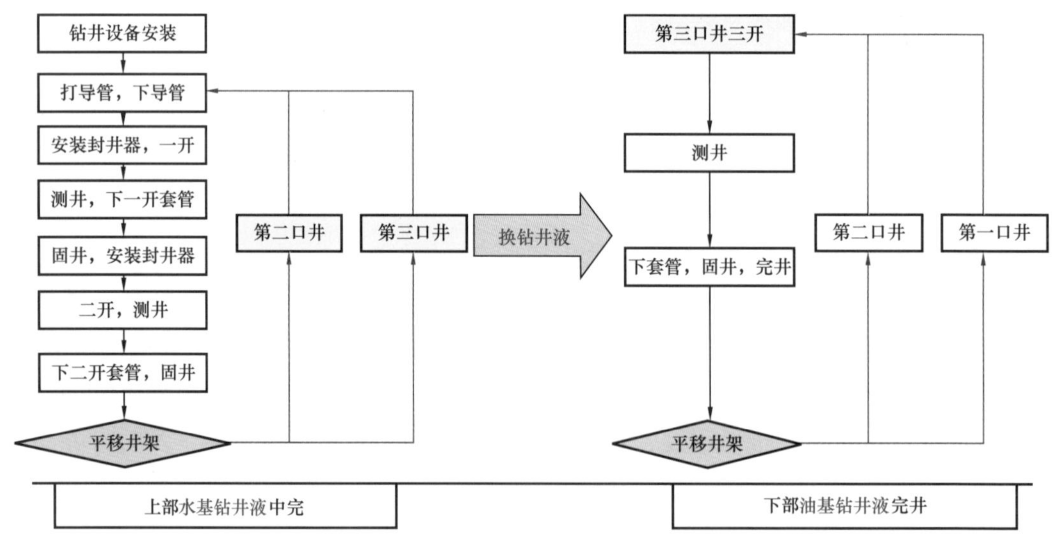

图6-12　批量钻井施工流程

（1）安装钻井设备后从第一口井开始施工，依次完成打导眼、下导管、安装封隔器、钻一开、电测、下一开套管、固井、安装封隔器、钻二开、电测、下二开套管、固井。

（2）完成第一口井一开、二开钻进后，依次平移井架至第二口井和第三口井，完成上述一开、二开钻井施工工序，此时井架位于第三口井。

（3）中完后，更换水基钻井液为油基钻井液，从第三口井开始进行三开钻井施工，依次完成电测、下套管、固井、完井施工工序。

（4）完成第三口井三开施工后，依次平移井架至第二口井、第一口井，完成上述三开钻井施工工序，最终井架平移回到第一口井。

第四节　页岩气工厂化钻井作业的应用实例

一、工厂化钻井作业方案

1. 总体方案

四川地区长宁和威远区块地形复杂，目前车载小钻机（1000m、1500m 钻机）运移受到道路条件限制，且上部一开和二开井段漏失层发育，采用小钻机复杂处理能力不足，因此研究形成了双大钻机页岩气工厂化作业流程：

（1）采用三开井身结构。长宁区块一开采用充气钻井防漏治漏、二开水基钻井液钻进至韩家店组难钻地层上部、三开韩家店组—石牛栏组采用氮气钻井提速钻井，然后转入油基钻井液或高性能水基钻井液进行造斜段和水平段钻进；威远区块一开采用无固相强钻、二开水基钻井液钻进至龙马溪组顶部、三开采用油基钻井液或高性能水基钻井液钻至完钻深度。

（2）双大钻机一开和二开批量钻井、三开批量钻井，减少钻井液用量和钻具倒换时间。

（3）开钻时间错开 7 天，实现钻具搬安和运输设备、人员共用，表层采用 1 套空气钻井设备，形成学习曲线逐步提高技术能力水平。

图 6–13 为页岩气井身结构与钻井液体系使用情况，图 6–14 为工厂化批量钻井作业流程，图 6–15 为批量钻井示意图。

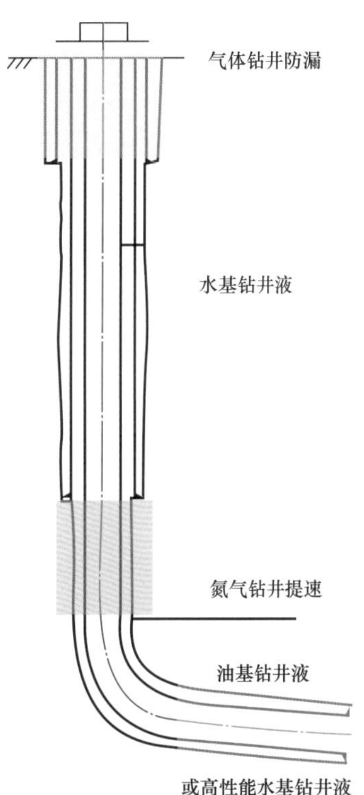

图 6–13　页岩气井身结构与钻井液体系使用情况

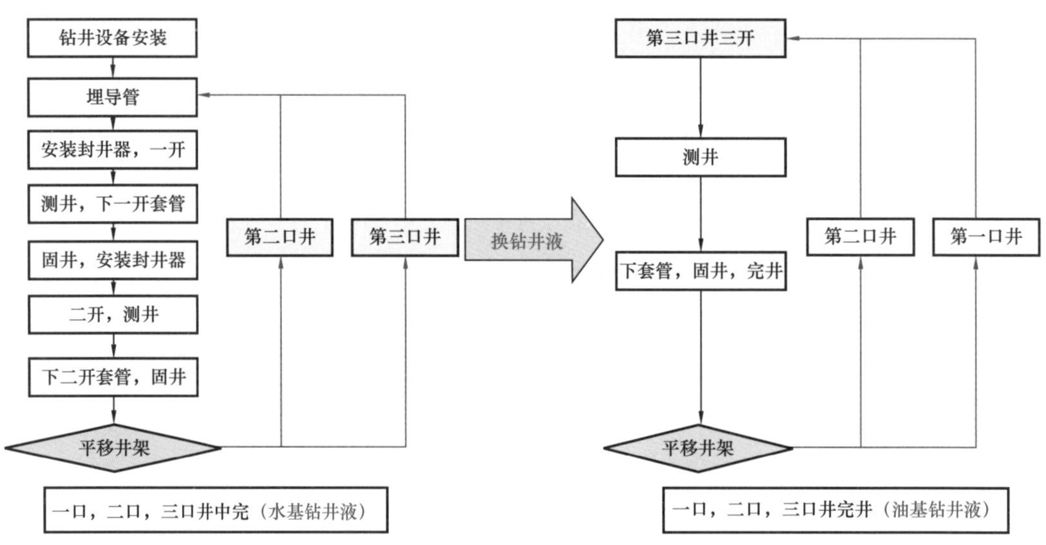

图 6-14　工厂化批量钻井作业流程

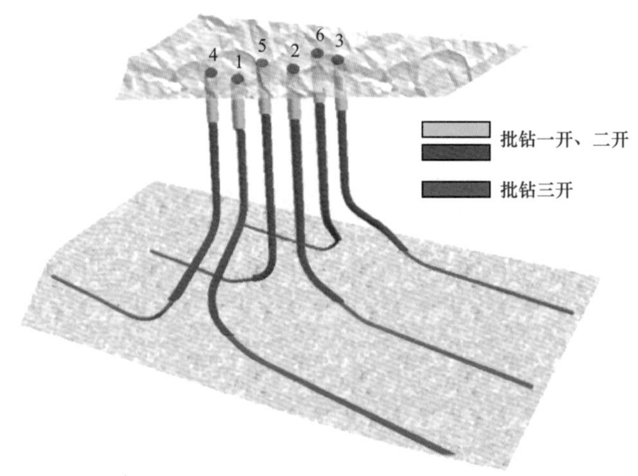

图 6-15　批量钻井示意图

2. 一开、二开双钻机批量钻井作业程序

图 6-16 给出了一开和二开批量钻井顺序：

（1）两台钻机分别就位于 1 号井和 6 号井，开钻时间错开 7 天。

（2）1 号井进行气体钻井（约 3 天），下套管固井、二开进行水基钻井液钻进，6 号井开始一开气体钻井。

（3）6 号井气体钻完一开，下套管固井，1 号井完成二开钻进，将钻井液倒换至 6 号井进行二开水基钻井液钻进，1 号井钻机平移至 2 号井进行气体钻一开。

（4）依次交替钻完 6 口井，进行钻机平移 4 次，完成一开和二开批量钻井时井架分别位于 3 号井和 4 号井。

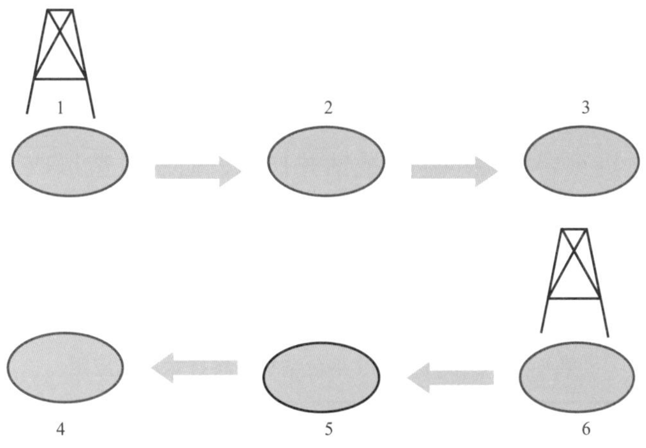

图 6-16 一开和二开批量钻井顺序示意图

3. 三开双钻机批量钻井作业程序

循环系统以第一排第 3 口井为基准摆放，批量化钻井作业中循环系统、钻井泵组、发电房和电控房不需移动位置，只需根据钻机位置延长钻井液管汇和电缆；钻机井架、底座、绞车由步进装置整体移动。

要求每口井的套管头不高于钻机基础 200mm，以满足钻机的整体纵向、横向的二维移动要求。

图 6-17 给出了三开批量钻井顺序：

（1）二开完钻后，两台钻机分别就位在 4 号和 3 号井（打钻时间错开 7 天），一套空钻设备。

（2）4 号井气体钻井（约 5 天时间），完成后 3 号井进行气体钻井，4 号井替油基钻井液，进行定向段和水平段钻进。

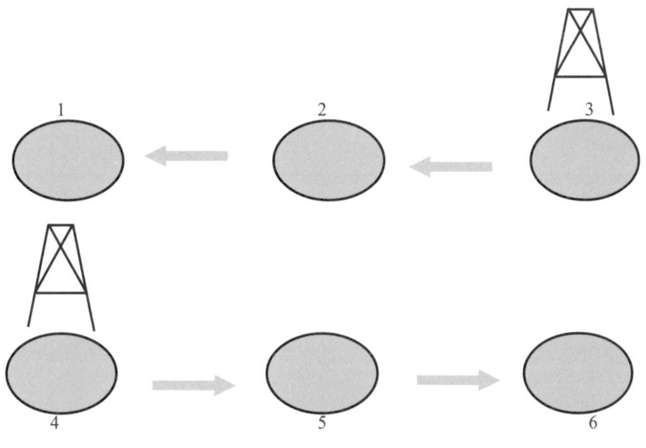

图 6-17 三开批量钻井顺序

（3）3 号井完成气体钻井，气体钻井待命，替油基钻井液，进行定向段和水平段钻进。

（4）依次钻完 6 口井。

为实现双大钻机页岩气工厂化批量钻井作业，研制改造形成了电动钻机步进平移系统、机械钻机滑轨平移系统。现场应用中 1h 内完成纵向 5m 准确平移，与传统钻井搬安 6d 相比，单井节约 5d，为工厂化作业提高了装备和技术保障。CN–H2 和 CN–H3 平台钻机平移技术现场应用见表 6–7。

表 6–7　CN–H2、H3 平台钻机平移技术现场应用

试验井	平移系统	移动时间 h	优点	适用范围
CN–H2 平台	导轨式平移系统	＜1	平移负荷大	机械、电动钻机，纵向移动
CN–H3 平台	步进式平移系统	＜1	小巧安装简单	电动钻机、纵向、横向移动
—	地锚式整拖		成本低	向前场平移，底座复杂小钻机

二、现场应用效果

采用“集群化建井、批量化实施、流水线作业、一体化管理”的工厂化钻井作业模式，通过逐步完善钻机配套系统改造，推广应用双钻机、批量钻井工艺，分开次集中管理、实施，威远页岩气区块 2014—2015 年开展钻井作业 9 个平台、45 口井，总体钻井速度逐步提升、钻井周期逐步缩短。

1. 钻井周期逐步缩短

选取威远区块 6 口井的双钻机作业平台，与常规单机单井作业模式相比，平台钻井周期缩短了约 40%，见表 6–8。

表 6–8　威远 202 井区平台钻井周期

平台号	井数，口	实际平台周期，d	6 口单井周期和，d
威 202H1 平台	6	260	395
威 202H3 平台	6	195	334
威 204H4 平台	6	366	676
威 204H5 平台	6	413	654
威 204H9 平台	6	296	440
平均		306	500

威 204 区块第一阶段共 22 口井、第二阶段共 11 口井，33 口井钻井周期总体呈现下降趋势。第二阶段较第一阶段平均完钻周期缩短 20.72 天，完井周期缩短 25.99 天，机械钻速提高 6.67%，如图 6–18 所示。

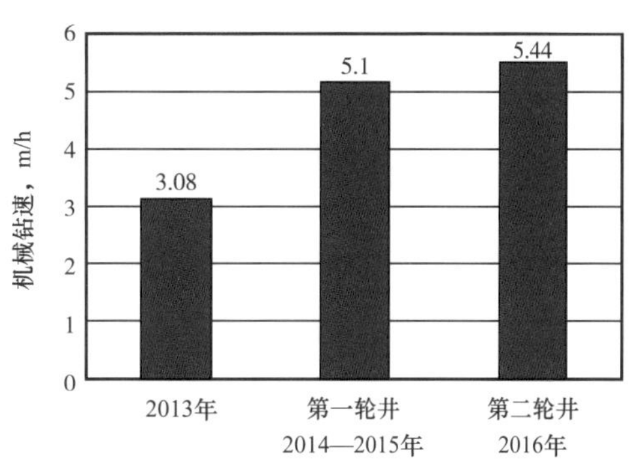

图 6–18　威 204 区块钻井速度对比

威 202 区块实施 2 个平台 12 口井，采用工厂化作业后，通过不断重复作业，平台后实施的井钻井绩效逐步提高，有明显的学习曲线如图 6–19 所示。

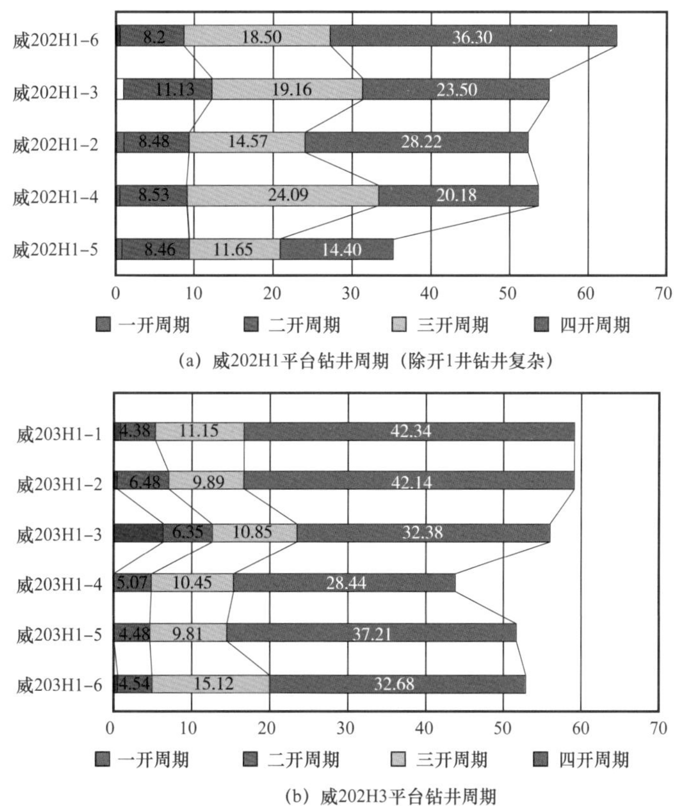

图 6–19　威 202H1 平台和威 202 H3 平台钻井周期对比

2. 作业效率有效提高

威远风险作业区两个区块，第一阶段 2014—2015 年的 34 口井，非生产时效 8.18%，其中故障复杂时效高达 5.36%。第二阶段 2016 年 11 口井，通过工厂化作业模式的不断学习、总结、改进，非生产时效下降到 6.01%，故障复杂时效也控制在 3% 以内。

3. 工程质量不断提升

随着工厂化的规模应用，页岩气区块地质认识逐渐深入、钻井工艺技术不断进步，2014—2015 年龙一$_1^1$储层钻遇率分别为 34.9%、76.7% 和 97.3%，页岩气效益得到很大提升。

参考文献

[1]郑新权．推进工厂化作业应对低油价挑战［J］. 北京石油管理干部学院学报，2016，23（2）：17–19.

[2]张金成，孙连忠，王甲昌，等．“井工厂”技术在我国非常规油气开发中的应用［J］. 石油钻探技术，2014，42（1）：20–25.

[3]侯明扬，杨国丰．美国页岩油气资源开发现状及未来展望［J］. 国际石油经济，2014，22（8）：63–68.

[4]刘克强，梁宏伟，李新弟．工厂化作业钻机技术现状及应用［J］. 石油机械，ISTIC PKU–2017（9）.

[5]姚健欢，姚猛，赵超，等．新型“井工厂”技术开发页岩气优势探讨［J］. 石油与天然气，2014，32（5）：52–28.

[6]李增科，等．高效钻机移运装置成功应用页岩气钻井［EB/OL］.（2014–10–13）[2017–01–12].

[7]栾永乐．国外页岩气主要钻井、开采技术调研［J］. 钻采工艺，2012，35（2）：5–8.

[8]杨登科，王勇，刘权胜，等．国内外页岩气勘探开发技术研究现状及进展［J］. 石油化工应用，2012，32（4）：1–4.

[9]崔思华，班凡生，袁光杰．页岩气钻完井技术现状及难点分析［J］. 天然气工业，2013，31（4）：72–75.

[10]刘德华，肖佳林，关富佳．页岩气开发技术现状及研究方向［J］. 石油天然气学报，2011，33（1）：119–123.

[11]郭凯，秦大伟，张洪亮，等．页岩气钻井和储层改造技术综述［J］. 内蒙古石油化工，2012，16（4）：93–94.

[12]李庆辉，陈勉，Fred P.Wang，等．工程因素对页岩气产量的影响——以北美 Haynesville 页岩气藏为例［J］. 天然气工业，2012，32（4）：43–46.

[13]王华平，张铎，张德军，等．威远构造页岩气钻井技术探讨［J］. 钻采工艺，2012，35（2）：9–11.

[14]韩烈祥，向兴华，鄢荣，等．丛式井低成本批量钻井技术［J］. 钻采工艺，2012，35（2）：5–8.

[15]李鹴，Hii Kingkai，Todd Franks，等．四川盆地金秋区块非常规天然气工厂化井作业设想［J］. 天然气工业，2013，33（6）：54–59.

第七章

页岩气水平井钻井安全与环保

由于页岩气开发特色，常使用工厂化作业，存在交叉作业与同步作业，同时在水平段普遍使用油基钻井液。因此，除了具备常规天然气开发同样的安全环保措施外，页岩气开发中，还应重点关注工厂化施工过程中同步作业的安全风险、钻井液及固体废弃物带来的环保风险。[1]

第一节　钻井 HSE 风险识别

一、主要危险有害因素分析[1]

钻井工程中的危险、有害因素分析汇总见表 7–1。

表 7–1　钻井过程中的主要危险、有害因素分析汇总表

<table>
<tr><th>序号</th><th>施工作业</th><th>导致事故原因</th><th>事故类别</th></tr>
<tr><td>（一）</td><td colspan="3">钻井及辅助作业</td></tr>
<tr><td rowspan="2">1</td><td rowspan="2">钻前工程</td><td>土石堆放过高；挖掘机临边作业</td><td>坍塌</td></tr>
<tr><td>挖掘作业时，挖掘机倾翻</td><td>机械伤害</td></tr>
<tr><td rowspan="3">2</td><td rowspan="3">钻井搬迁安装</td><td>搬迁过程中驾驶事故</td><td>车辆伤害</td></tr>
<tr><td>安装、拆卸设备，违反“十不吊”</td><td>起重伤害</td></tr>
<tr><td>高处作业、临边作业未按规定穿戴防护用具等</td><td>高处坠落</td></tr>
<tr><td rowspan="3">3</td><td rowspan="3">钻井作业</td><td>井控设备故障；钻遇漏层处理不当</td><td>天然气泄漏导致的火灾爆炸</td></tr>
<tr><td>钻井经过含硫化氢层位，采取措施不当，造成硫化氢溢出</td><td>中毒窒息</td></tr>
<tr><td>起吊井口工具压、砸、挤、碰</td><td>物体打击</td></tr>
<tr><td rowspan="2">4</td><td rowspan="2">录井作业</td><td>未按规定穿戴防护用具、未配备气体监测设备</td><td rowspan="2">中毒窒息</td></tr>
<tr><td>现场出现有毒有害气体未监测到</td></tr>
</table>

续表

序号	施工作业	导致事故原因	事故类别
5	测井作业	放射源装卸人员未正确穿戴防护设备	辐射伤害
		放射源保护装置失效等	
6	固井作业	固井质量不佳影响井筒完整性	天然气泄漏导致的火灾爆炸
		排气管线固定不牢，弹出伤人	物体打击
（二）	同步作业		
1	同平台多钻机同时作业	多钻机作业时，相互间协调不够，一台钻机进入气层以后，其他钻机安全技术措施未同步。一台钻机钻入气层，发生井漏，主要控制措施不到位，发生井漏	天然气泄漏导致的火灾爆炸
		在同步作业还可能发生物体打击、触电、机械伤害、起重伤害等	物体打击 机械伤害等
2	钻井和压裂作业同步	压裂高压管汇、生产管线爆管影响钻井施工作业平台	物体打击
		钻机进行钻开气层作业，同井场另一口井进行同层位加砂压裂作业，引起钻井异常高压，天然气泄漏遇火源	天然气泄漏导致的火灾爆炸
		在同步作业还可能发生起重伤害、触电、机械伤害等危害	起重伤害 机械伤害
3	钻井与采输作业同步	钻井吊装过程中，吊物碰撞井口、管线，天然气泄漏遇火源	天然气泄漏导致的火灾爆炸，起重伤害
		采输过程中发生天然气泄漏，钻井进行动火作业，导致火灾爆炸	
		钻井队搬家安装时，车辆较多，对采输流程造成破坏，一旦破坏造成管线损坏，天然气泄漏遇火源	天然气泄漏导致的火灾爆炸
		在同步作业还可能发生物体打击、触电、机械伤害等	物体打击 机械伤害

二、环境影响因素分析[4, 5]

由于页岩储层特殊的理化特征，为了保证水平段井壁稳定性，页岩气开发水平段钻进普遍采用油基钻井液，因此，钻井过程中需要重点关注钻井液及废弃物不当或未处理，造成水源、土壤污染等环境破坏问题。

废弃油基钻井液主要是由油类、黏土、各种化学处理剂、加重材料、污油、污水及钻屑等组成的多相胶体—悬浮体体系，具有高 pH 值、高石油类、高化学需氧量（COD）的特点。其中，导致环境污染的主要有害成分为盐类、油类、碱性物质、重金属（如汞、铜、铬、镉、锌、铅等）、某些化学添加剂和高分子有机化合物生物降解产生的低分子有机化合物等。如果将这些废弃物不经任何处理随意排放，则不仅会对周边的土壤和生态环境造成极大破坏，同时也会给人们的生产和生活带来严重影响。

1. 石油类物质导致水体、土壤污染

废弃油基钻井液中含有大量的石油类物质，主要来源于三个方面：首先是作为连续相的柴油、原油或合成油；其次是人为添加的改善钻井液润滑性能的油基润滑剂；最后是钻进油层时原油进入到钻井液中。因此在评价环境的影响行为时，必须主要考虑石油类物质的污染。研究结果表明，水体中的有机烃类物质，会通过水的循环对水生动物和人类造成危害，其程度的轻重与烃含量成正比。

废弃油基钻井液对土壤的影响：在初期开发过程中，废弃油基钻井液中含有的石油类物质对周边表层土壤有一定影响，但含量随着时间的推移逐渐降低。研究发现，石油类物质主要集中分布在土壤表层 0～10cm 的有限深度内，主要是上层土壤受影响。石油类中的多环芳烃具有毒性、致畸性和致癌性，它不仅降低环境质量，还会经水生生物富集后危害人体健康。

2. 无机盐导致土壤盐渍化

油基钻井液中常加入 NaCl 和 $CaCl_2$，会导致体系的总矿化度升高。同时，钻井液在循环使用过程中会溶解部分地层中所含有的无机盐类，造成钻井液水相部分的矿化度升高。

长期采用高含盐（$Cl^- > 500$mg/L）水灌溉农田，会使土壤溶液的渗透压增大，土体透水性、通气性变差，土壤变硬进而板结、龟裂，养分有效性降低，植物难以从土壤中吸收水分导致不能正常生长，严重时致使土壤无法返耕，最终加速土壤的盐碱化程度，造成土壤和生态环境破坏。尤其是规模较大、井位比较集中的油田，油基钻井液使用总量巨大，这种影响更值得重视。废弃钻井液污染影响的土柱淋滤实验研究表明：石油勘探开发区土壤的可溶性盐分容易随废弃钻井液一起下渗迁移；虽然石油勘探开发区的土壤对废弃油基钻井液中的盐分有一定的吸附截留能力，但由于能力有限，盐分仍可随水分一起下渗迁移而进入深层土壤或地下水中；含盐废弃油基钻井液的外排和下渗，一方面是土壤淋洗脱盐的过程，另一方面又是盐分不断输入土壤的过程，对地下水和土壤剖面的盐分含量有很大影响。

3. 重金属污染导致土壤中重金属富集

废弃油基钻井液中的重金属一方面来自钻井液添加剂、基础添加材料（如重晶石），另一方面也可能是随钻屑由地层中携带出来的，它们主要包括汞、铬、镉、铅、

砷等几种。

废弃油基钻井液中重金属多以络合态、吸附态、残渣态和碳酸盐态存在，其最终归宿是土壤，因此土壤成了所有污染物的最终承载体。重金属在土壤中一般不易因水的作用而迁移，也不能被微生物降解，而且不断累积，并可能转化为毒性更大的甲基类化合物，因此重金属污染是一种终结污染。土壤中重金属积累到一定程度就会对土壤—植物系统产生危害，既会导致土壤的退化，农作物产量和品质的降低，又通过径流和淋洗作用污染地表水和地下水，恶化水文环境，通过直接接触食物链等途径危及人类的生命和健康。更为严重的是重金属在土壤系统中的污染过程具有长期性、隐蔽性和不可逆性的特点。同时还有明显的累积性，可使污染的影响持久和扩大。

土壤中汞一般以无机态与有机态两种形态存在，在一定条件下可相互转化。无机汞的溶解度低，但在土壤微生物作用下，汞可以向甲基化方向转化，其在富氧条件下主要形成脂溶性的甲基汞。甲基汞可被微生物吸收、积累，进而转入食物链对人体造成危害；在厌氧条件下，汞主要形成二甲基汞，在微酸性环境下，二甲基汞可转化为甲基汞。汞对不同植物的危害不同，在一定浓度下可使作物减产，在较高浓度下可使作物死亡。

土壤中镉的存在形态分为水溶性镉和非水溶性镉。水溶性镉可以被作物吸收，对生物危害大。而非水溶性镉在土壤偏酸性时或氧化条件下，可转变成可溶性镉，易于在土壤中迁移。镉进入人体后会使人患上骨痛病，如水俣病；另外镉还会损伤肾小管，导致糖尿病，引起血压升高、致畸、癌症等疾病。

铅在土壤中易与有机物结合，其对植物的主要危害表现为叶绿素下降，阻碍植物呼吸及进行光合作用。铅在人体中能与多种酶结合从而干扰有机体多方面的正常生理活动，导致全身器官衰竭。

铬被植物吸收后，会阻碍水分和营养向上部输送，并破坏植物的代谢作用。人体中铬含量严重超标时，会使人出现口角糜烂、腹泻、消化紊乱等症状。

土壤中的砷大部分为胶体吸收或与有机物络合，形成难溶化合物。砷对植物的危害最初症状是叶片卷曲枯萎，进而是根系发育受阻，最后是植物的根、茎、叶全部枯死。砷对人体的危害很大，它能使红血球溶解，破坏人体正常生理功能，甚至导致癌症等。

三、职业健康危险有害因素分析

1. 噪声

页岩气开采过程中，在钻井、压裂阶段会有噪声产生，在生产增压过程中也会有噪声产生，且其持续时间长，分贝高。高强度噪声可以引起耳部的不适，如耳鸣、耳

痛、听力损伤；噪声使人工作效率降低；噪声损害心血管；高噪声的工作环境，可使人出现头晕、头痛、失眠、多梦、全身乏力、记忆力减退以及恐惧、易怒、自卑甚至精神错乱；干扰休息和睡眠；损害女性生理机能；损害视力。

2. 辐射

测井使用放射源，防护不当可能造成辐射伤害，保护失效也可能造成辐射伤害。探伤时使用的射线机，如保护不当可能对人体造成伤害。

3. 传染病及地方病

由于项目开发，特别是在项目施工等高峰期，非本地工人的涌入可能会增大输入性传染病的传播风险。同时，根据目前川渝境内的农村生活现状，当地村民中在外务工人员较多，其回乡探亲访友的过程也是传染病传播的途径之一。根据调查，该区域传染病主要是结核病，是一种慢性传染性疾病。会引起全身不适，发热，乏力，易疲劳，心烦意乱，食欲差，长期将导致体重下降。该区域的地方病主要为血吸虫病。

第二节　HSE 安全措施

一、安全对策措施

1. 钻前工程

确定井场前，充分对浅表地层矿藏、煤矿、暗河等进行勘查，确定钻井井场。井场位置选择不仅要满足地质目标要求，也要满足安全要求。

根据勘探或开发部门给定的井位坐标，由建设、地质部门和施工单位实地勘测确定地面井口位置，基础施工结束后应复测井位坐标。

井场修建满足井控安全、钻井作业安全及当地安全要求。

井口安全距离按照有关规定执行。

井场布置要根据地理位置、自然气候、地表与地层条件、钻机类型、钻井工艺以及压裂、试气工艺要求，确定钻井设备安放位置和方向，满足钻机整体平移与钻井施工要求。

丛式井井场布置按照 SY/T 6396—2014《丛式井平台布置及井眼防碰技术要求》中有关规定执行。

井场灭火器材的配备按照 SY/T 6426《钻井井控技术规程》等相关行业标准规范执行，各种灭火器的使用方法和日期、应放置位置明确标识。

挖掘机行走和作业场地若地面松软，应垫以枕木或垫板。临边作业时采取防护措施。

2. 钻井搬迁安装

作业前进行安全分析，识别风险，制订措施。安装拆卸设备在吊装过程中严格执行十不吊。加强高处作业安全管理。

3. 钻井、录井、测井和固井作业[9-11]

地质设计前，对井场周围一定范围内的居民住宅、学校、厂矿、饮用水资源情况以及风向变化等进行勘察和调查，并在地质设计中标注说明。

地质设计根据物探资料及本构造邻近井情况，提供本井全井段地层孔隙压力、地层坍塌压力和地层破裂压力剖面。

工程设计根据地层孔隙压力梯度、地层破裂压力梯度、岩性剖面及保护气层的需要，设计合理的钻井液密度、井身结构和套管程序等。

丛式井组搬入、平移，多台钻机不可同时进行；搬入、平移时井场无固井、压井、测井、测试等作业。

钻井施工过程同步作业时，当一方对另一方可能存在伤害作业时，应采取相应的防护措施，并提前相互告知。

井场防火防爆按照相关规定执行。

页岩气水平段长，固井难度大，固井作业严格执行NB/T 14004《页岩气固井工程》。

高压管汇检测和维护保养执行SY/T 6270《石油天然气钻采设备 固井、压裂管汇的使用与维护》。

通过优化井眼轨迹设计与控制保证顺利下套管，以及优化固井工艺提高水泥环完整性等手段确保井筒完整性。

在井场各作业区域设置安全警示标志，并在醒目的地方设置风向标志，一旦遇到时紧急情况，由安全保卫组组织人员向上风方向撤离。

进行完井作业各工序的过程中，要加强井控意识，作好全方位的井控保障工作，保证井控设施的灵活可靠，如发生险情应按井控实施细则动作要求迅速控制井口。

在钻井过程中钻遇硫化氢气层时，应实施检测和控制，做好安全防护措施。硫化氢监测与安全防护按照《含硫油气田硫化氢监测与人身安全防护规程》和《含硫化氢的油气生产和天然气处理装置作业的推荐做法》要求配备硫化氢气体报警仪及防护装置。在含硫化氢系统中，操作人员充分认识硫化氢对人身安全的危害性，并以防止泄漏及泄漏后的应急措施两方面来保护作业人员的安全。

测井作业时放射源装卸人员应正确穿戴劳保，加强对放射源保护装置的检查工作。应遵循有关规定和条例，按照标准安装、使用操作与维护。对放射性装置必须设有安全警告标准，划出安全防护距离。放射源应统一存放在安全的屏蔽专用箱内，必须由专人负责并掌管专用箱钥匙。

加强固井作业安全管理。

承担油品道路运输的承包商，必须具备危险化学品运输的营运证件，驾驶人员、装卸管理人员、押运人员必须持有有效的从业资格证，人员、车辆固定。装卸油车辆到达后须停在指定位置，听从装卸人员要求。

危险化学品的装卸作业必须在装卸管理人员的现场指挥下进行。依照有关法律、法规、规章的规定和国家标准的要求并按照危险化学品的危险特性采取必要的安全防护措施。

二、同步作业安全措施[12, 13]

交叉作业的多方应当签订安全生产管理协议，明确各自的安全生产管理职责和应当采取的安全措施，并指定专职安全生产管理人员进行安全检查与协调。各单位应通过安全生产管理协议互相告知本单位生产的特点、作业场所存在的危险因素、防范措施以及事故应急措施。

当施工过程中发生影响时，各方应停止作业，由各自的负责人或安全管理负责人进行协商处理。施工作业中各方应加强安全检查，对发现的隐患和可预见的问题要及时协调解决，消除安全隐患，确保施工安全和工程质量。

1. 同平台多钻机同时作业

钻井过程严格按照 NB/14010《页岩气丛式井组水平井安全钻井及井眼质量控制推荐做法》、NB/T14012.2《页岩气工厂化作业推荐做法第 2 部分：钻井》相关要求进行。

一台钻机搬家安装，吊装区域要警戒和专人监护，并告知，若吊装半径涉及交叉，由施工单位报页岩气项目部统一协调，安排进度，避免交叉。

多钻机作业时，相互间协调配合得当，一台钻开气层，有天然气泄漏，另外一台采取相应措施。

动火作业的工作安全分析应考虑动火作业对周边作业的影响。

一台钻机钻进井下地层异常，立即采取措施，并告知另一台钻机负责人。出现井下造斜时失误，及时监测井下轨迹。

钻井过程中加强钻井防碰的安全管理，加强井眼轨迹监测和防碰扫描。合理布置井场，优化井场组合，确定合适的钻井井架排列顺序，确定合理的施工顺序，保证井网布局合理，利于防碰。在施工中密切注意测量的地磁参数出现异常、蹩跳、钻时突然变慢、振动筛有水泥或铁屑返出等异常现象。发生异常时立即停钻，及时分析原因并采取有效措施。

2. 钻井与压裂同步作业

在钻台上设置钻机防护隔离网，降低压裂爆管后碎片飞出的打击能量。

钻井队、压裂队、协同施工单位各自负责各自区域，在可能发生高压伤害、物体打击区域，减少人员出入。

钻井队、压裂队、协同施工单位按各自应急预案对各自突发事件处置，并在事件发生第一时间告知现场所有单位，提示做好停止作业和紧急撤离的准备，压裂施工前开展应急演练。

3. 钻井与采输同步作业

钻机搬安时，应对采输井采取防护措施。

吊装作业严格执行吊装作业许可。凡在试采流程附近的吊装作业，作业许可须试采作业方签字确认，让试采作业方清楚吊装作业风险。

吊装作业除严格执行相关吊装要求、规定外，不应从井口上方通过，还应密切关注采输井口、管线及相关设施安全，严禁吊物碰撞采输设施、设备，严禁吊物压试采管线。吊装过程中要密切关注试采作业人员安全，防止碰伤试采作业人员。

动火作业严格执行动火作业许可。不在试采流程附近动火作业。凡必须在试采流程附近的动火作业，作业许可须试采作业方签字确认，让试采作业方了解动火作业风险。在试采流程附近进行动火作业，必须采取有效的安全防护措施。

三、油基钻井液现场使用[3]

1. 油基钻井液危害识别

1）油基钻井液化学危害

如所有化学品一样，若处理不当，油基钻井液可对人体健康造成一定危害。用来配油基钻井液的柴油具有一定毒性，可导致人体皮肤不适。防止接触污染，如果未采用必要的防护措施，含各种化学处理剂的油基钻井液可对人体皮肤造成严重伤害。另外，来自油基钻井液的粉尘和蒸气（尤其是振动筛附近区域）可造成呼吸道不适。

2）注意防滑

相关作业区域的梯子、逃生通道要备有防滑设施。

3）防火防爆要求

（1）在井场、钻井液储备灌区，严禁动用明火和进行电气焊作业，井场动火应严格审批程序。

（2）在钻台上下、钻井液储备罐区，严禁携带手机和电子通信设备。在门岗房设置存放处。

（3）在钻井液储备罐区正确使用好轴流风机通风，定期打开（夜班打开通风后应及时盖好）钻井液罐盖板通风。

（4）严禁用潜水泵打油基钻井液。

（5）夜间严禁用灯光直接照射观察钻井液液面。

（6）钻台、灌区、泵房应该使用铜手锤、铜扳手等手工具，禁止铁器的敲打和撞击，以免产生火花造成火灾。

（7）灌区加配 50kg ABC 干粉灭火器 6 个，钻台下配 1 个。

（8）按岗位分工每班检查灭火器、消防水泵和水龙带，保证处于良好状态。

（9）检查好所有防爆电路，保证防爆功能可靠，发现问题应及时维修。

（10）所有设备的密封性应保持良好，防止出现大规模泄漏。

（11）井场入口处设置明显的油基钻井液标志。

（12）消防小组每星期对防火工作进行专项检查。

（13）坚持干部 24h 值班，强化员工防火意识，针对当班生产情况，班前会提出防火工作要求。

（14）对外来人员要进行安全防火教育。

（15）未经同意严禁车辆进入井场，进入井场的车辆必须带防火帽。

（16）增配检测仪 2 台、轴流风机 4 台。夜班每处监测点 2h 监测一次，白班加密测量，一旦发现可燃气体浓度升高，立即启动轴流风机通风。井场、灌区、加料漏斗加风机保证良好通风，防止柴油蒸气聚集。

（17）若发生火灾，应立即启动火灾应急预案。

2. 油基钻井液作业的防护

1）自我保护

（1）避免与钻井液的不必要接触。

（2）尽快将沾在皮肤上的钻井液抹去，并用肥皂清洗。

（3）若钻井液浸湿衣物，应尽快更换、清洗。

（4）良好的个人卫生习惯，每次巡检回来彻底清洗。

（5）油基钻井液使地面变滑，保持地面和梯子洁净，防止摔伤。

2）个人防护（劳保配戴）

对于需要经常与钻井液接触的人员，请参照以下防护措施与劳保。配戴劳保工具时应参照生产厂商使用说明。

（1）皮肤。

由油基钻井液引起的最常见的健康问题就是皮肤炎和皮肤过敏。若处理不及时，轻微的皮肤过敏也会趋于严重，导致刺痒和起泡，且在以后的接触中更易感染。所有的皮炎都应向井场医生报告，发生严重的皮炎或怀疑受感染时，应立即向内科医生咨询。

（2）防护。

除了配戴防护服和工具外，在进行有可能会接触到油的工作时，在暴露的皮肤处涂抹硅基防护霜，或其他特制用品阻止来自油基钻井液的伤害，防护措施见表 7–2。

表 7–2　油基钻井液作业防护措施

部位	防护措施
眼部	防喷溅防护镜
手部	戴聚腈、氯丁橡胶或类似材质不渗透手套
脚部	穿氯丁橡胶或类似材质不渗透鞋，最好不穿具有吸油性皮质工鞋
呼吸道	配戴 NIOSH– 标准 P95 式可处理半罩式面具或可再利用防雾面具，或使用 NIOSH/MSHA– 标准有机蒸气防毒面具
身体	不渗透衣物，热天穿 Tyvek 外套，冷天穿分全罩式油布衣

（3）清洗。

用专门清除油脂类的肥皂清洗皮肤上的污渍，如机械师所用的无水肥皂，不能用柴油进行清洗。从安全角度出发，请不要使用高压水枪清洗工鞋。

（4）保养。

经常使用皮肤保养霜，补充因经常洗手导致的水分与油脂流失，防止皮肤粗糙和裂开。

（5）缓解。

在咨询井场医务人员后，可立即使用水化可的松油缓解轻微的过敏症状。使用时遵照使用说明。

3）衣物洗烫建议

穿衣服前确认衣物干净干燥。对于被油基钻井液严重浸渍的衣物需要特殊处理。以下清洗方法可在现场条件下使用：

（1）指定专门洗衣机清洗油渍衣物，未被油渍浸染的衣物在其他洗衣机内清洗。

（2）在清洗油渍衣物前，可在干净的容器中用洗涤剂浸泡 1～2h。

（3）油渍衣物至少需用热水和洗涤剂清洗 2 遍，对于油渍特别多的衣物则需要多次清洗。在烘干衣物前，应充分清洗掉洗涤剂，洗涤剂本身也是一种可能导致过敏的物质。

4）工作环境

在处理油基钻井液时应时刻谨慎，要配戴长橡胶手套，以避免皮肤过敏和烧伤。振动筛及钻井液循环灌区附近有大量蒸气，使能见度降低，在此区域工作的人员应做好个人防护，并经常换班，以减少直接暴露及对人的伤害。

第三节　页岩气水平井井控

页岩气水平井钻井井控具有自己的独特性。

一、井控设计[15, 16]

1. 丛式井井场布局要求

（1）丛式井组井口的井间距不小于 5m，排间距不小于 10m。

（2）主放喷口修建燃烧池，其长宽高分别为 7m、3m 和 3m，正对燃烧筒墙厚 0.5m，其余墙厚 0.25m，内层采用耐火砖修建。

（3）燃烧池附近修建一体积为 10m^3 的集酸池。

2. 钻井液密度

钻井液密度设计应以各裸眼井段中的最高地层孔隙压力当量密度值为基准再附加一个安全附加值。长宁和威远地区页岩气井附加值为 0.05～0.15g/cm^3 或附加压力 1.5～5.0MPa。此外，对于含硫地层的安全附加值应取上限，同时还用考虑下列影响因素：

（1）地层孔隙压力预测精度；

（2）油层、气层、水层的埋藏深度；

（3）预测油气水层的产能；

（4）地应力和地层破裂压力；

（5）井控装置配套情况。

3. 加重钻地液和加重材料储备

（1）设计地层压力当量钻井液密度低于或等于 1.4g/cm^3 的井，不储备加重钻井液，储备清水 100m^3；

（2）设计地层压力当量钻井液密度高于 1.4g/cm^3 的井，储备密度 2.2g/cm^3 的加重

钻井液 $40m^3$，储备清水 $100m^3$，重晶石 45t 和相应处理剂；

（3）设计地层压力当量钻井液密度高于 $2.2g/cm^3$ 的井，储备密度 $2.5g/cm^3$ 的加重钻井液 $40m^3$，储备清水 $100m^3$，重晶石 45t 和相应处理；

（4）易发生漏失的井段，应储备满足二次堵漏施工的堵漏材料。

二、井控装置[17，18]

1. 防喷器组合

钻井井口防喷器宜采用“环形防喷器 + 双闸板防喷器 + 钻井单四通”的组合，单四通可按上四通位置安装。如图 7–1 所示。

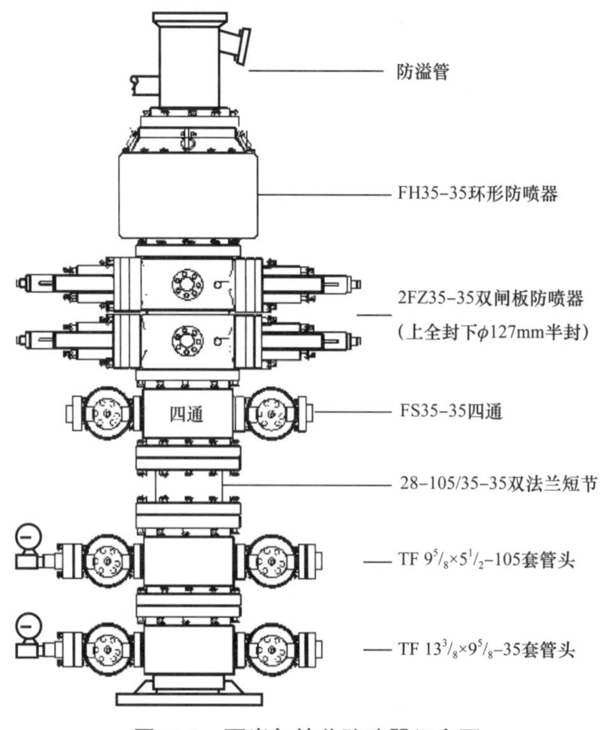

图 7–1　页岩气钻井防喷器组合图

2. 内防喷管线

防喷管线可采用不低于防喷器压力等级的高压耐火软管连接，软管应使用保险绳或安全链，长度超过 7m 应固定。

3. 放喷管线

放喷管线与节流管汇之间可采用与放喷管线压力级别及通径相匹配的耐火软管连

接，长度超过 7m 时应固定；节流管汇端的放喷管线接至距井口 75m 以远的燃烧池；压井管汇端的放喷管线接出井场外，同时备用不小于 75m 放喷管线及相应的连接、固定附件。

第四节 钻井液与废弃物处理及回收利用技术

钻井液作为钻井工程的重要物资，具有使用量大、使用成本高的特点，钻完井后排放的钻井液是石油钻井行业的主要污染源之一，其处理问题是长期困扰企业的一大难题。传统钻井施工模式基本上都是采取“一开配浆开钻，二开后在适当井段加入处理剂转浆钻进，完井后钻井液直接排放、大池子沉淀或固化”的模式。这一模式成本较低、处理方便，但钻井液不能有效重复利用，造成极大的资源浪费和环境污染。

随着钻井成本不断增加、环保标准要求日益严格及企业自身社会责任的日益彰显，在工厂化开发模式下采用这种方式，将会导致巨大的成本压力和环境压力。首先，随着钻井工艺难度的不断加大，钻井工程施工对钻井液质量的要求日益提高，为保证钻井工程质量、施工进度和对油气藏的保护，必须大量使用各种处理剂。而原材料及处理剂成本大幅上升，给企业带来巨大的成本压力。同时，在旧有的钻井液排放模式下，完井后性能优良、可重复使用的钻井液被直接排入钻井液池中，不能有效再利用。而钻井液的重复利用，是控制钻井成本，减少废旧钻井液产生最有效的途径。[4]

随着“工厂化”技术的大力发展，丛式井“工厂化”生产方式的推行，为钻井液的重复利用提供了良好的基础。如何选择绿色钻井方式实现钻井液回收再利用，以实现长远的经济效益与社会效益，直接关系到钻井企业的健康发展。因此，钻井液重复利用技术的研究变得日益迫切与重要。[12，13]

一、废旧钻井液及危害[3]

废旧钻井液是钻完井工程结束后，不再重复使用的钻完井工作液混合物的统称。这类混合液是由水、土、油烃类、岩屑、化学处理剂、有机盐类、无机盐类、重金属、加重剂等物质构成的复杂、稳定的胶体。废旧钻井液的主要特点为：

（1）胶体稳定，成分复杂；

（2）通常性能不满足直接重复使用的要求；

（3）大多数有毒、有害，不能直接排放或者掩埋。

废旧钻井液可能对环境造成的影响主要表现在：

（1）对地表水和地下水资源的污染；

（2）导致土壤的板结（主要是盐、碱和岩盐地层的影响），对植物生长不利，甚至无法生长，致使土壤无法返耕，造成土壤的浪费；

（3）各种重金属滞留于土壤，会影响植物的生长和微生物的繁殖，同时因植物吸收而富集，危害到人畜的健康；

（4）对水生动物和飞禽的影响（化学处理剂和生物降解后的某些产物）。

实验表明，钻井液中的苯、氯化物等对人的健康和环境的损害最大（表 7–3）。如聚合物会使废弃钻井液的化学需氧量增加，重金属铬离子为致癌物质等。我国钻井液工作者对江苏油田、大港油田、胜利油田以及新疆宝浪油田等油田部分废旧钻井液的调查分析表明，10 项污染指标（总铬、六价铬、总汞、总砷、总镉、总铅、COD、石油类、pH 值）中的多数高于中国国家标准规定的污染物排放限度。

表 7–3　主要污染物及危害

名称	存在数量	危害
石油类	较多	可以使土地上的动植物死亡，使水中的生物灭绝
磷	有	使水富营养化，造成藻类大量繁殖，大量吸收水中的溶解氧，影响水中其他动物的生存
氨氮	较多	使水富营养化，造成藻类大量繁殖，大量吸收水中的溶解氧，影响水中其他动物的生存
砷	有	属于重金属，对人或动物的生命造成重大危害。主要是与细胞中的酶系统结合，使许多酶的生物作用失掉活性而被抑制造成代谢障碍
铬	有	6 价铬离子是一种致癌物质
汞	有	属于重金属，进入人体后，先后引起感觉障碍—运动失调—语言障碍—视野缩小—听力障碍
铅	有	属于重金属，铅是对人体有害的元素，引起末梢神经炎，引起运动和感觉障碍，对儿童影响尤为明显，严重影响智力发育
镉	有	属于重金属，镉被人体吸收后，在体内形成镉蛋白，主要症状为全身疼痛，发生多发性病理骨折，从而引起骨骼变形，身躯显著萎缩，俗称佝偻病
有机污染物	大量	对人体和动物有持久性和潜在性影响

所以废旧钻井液不经处理直接排放或掩埋会对环境造成严重影响和破坏，直接或间接对动物、植物及人类健康产生危害，不利于人类对环境和经济实施可持续发展的战略目标。因此，应在钻井完成后对钻井液进行无害化处理，同时更重要的是提高钻井液的重复利用，从源头上减少废旧钻井液的产生。

二、水基钻井液处理及回收技术

1. 回收再利用法

回收再利用处理废旧钻井液是一项既经济又合理的处理方法。通过一定的维护处

理工艺，提高钻井液的重复利用率，从源头上减少废旧钻井液的产生，是下一步处理废旧钻井液的发展方向。

2. 固液分离技术

1）化学脱稳技术[2]

其原理是利用混凝剂、破胶剂及絮凝剂对钻井液液相进行处理，破坏胶体稳定性从而使其絮凝、沉降。

2）机械脱水技术[6]

钻井液废液通过离心机，利用离心机械力进行固液分离。

岩屑固化的原理是利用固化剂、稳定剂等添加剂，将固相污染物稳定的固定在固化体中，降低固化体的沥滤性和迁移作用，并对固化体进行转移资源化利用（使之成为建筑材料，筑路或者制作免烧砖），或在固化体上直接覆土还耕造林。

水处理技术是针对钻井现场固液分离后的液体、井场污水（清洗设备污水、雨水）进行一系列的工艺处理，使之达到国家排放标准或者规定的污水排放指标的废弃物处理技术。根据不同的处理标准要求，处理工艺流程不尽相同。通常可通过化学絮凝、自然沉降、深度氧化、反渗透处理等方法来实现，并配套干燥筛，降低岩屑含水率。

3. 岩屑不落地接收

使用不落地接收设备收集振动筛、离心机及除砂除泥器中分离出来的岩屑，采用大容量缓冲罐，缓冲能力强，并配套干燥筛，降低岩屑含水率。

不落地接收设备（图 7-2）可实现岩屑不落地接收、传输，设备具有岩屑缓存功能，防止紧急情况发生。

图 7-2　岩屑不落地接收设备

三、油基钻井液处理及回收技术

1. 油基钻屑甩干技术

油基钻屑甩干技术是采用高速旋转产生离心力进行固液分离。可将含油钻屑中的含油量降至 5% 以下，脱出的液体处理后回收利用，节约成本，降低环保风险。岩屑甩干设备如图 7–3 所示。

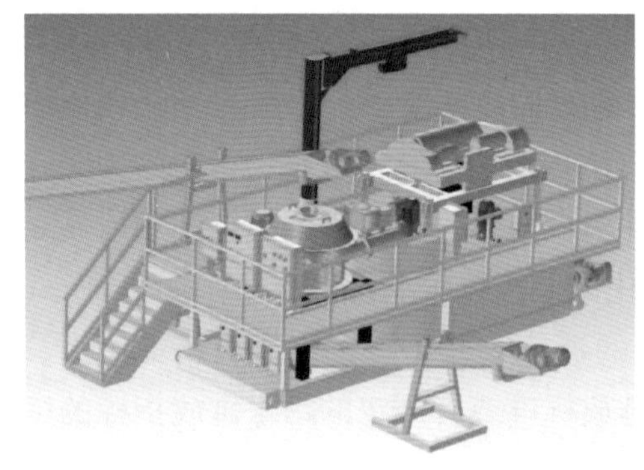

图 7–3　四川地区岩屑甩干设备

2. 热脱附技术

热脱附技术是通过人工干预，促使含油钻屑温度达到油的沸点之上，使油、水气化后脱离固体颗粒，蒸汽经过多级冷凝后达到油相、水相、固相分离的效果，见表 7–4。

表 7–4　热脱附技术

热分馏方法	加热原理	典型设备	特点
直接加热	对流换热	回转干燥器、带式流化床干燥器、TCC（锤磨机）	被加热物料直接和热源接触
间接加热	过程传热	转鼓干燥器	被加热物料和热源通过介质接触，不直接接触
辐射加热	辐射换热	电磁微波热脱附设备	采用红外辐射或电磁辐射等方式对物料进行加热

热脱附技术要求钻屑进行预脱油处理，含油质量分数≤40%，回收的原油可重新用于钻井液，或者可以作为系统本身的燃料油，处理过的固相物质可填埋或作为工程材料。

3. 溶剂萃取技术

溶剂萃取法是采用已烷、乙酸乙酯或氯代烃等低沸点有机溶剂将废弃油基钻井液

的油类溶解萃取出来，萃取液经闪蒸蒸出溶剂得到回收油，闪蒸出的有机溶剂可以继续循环使用。溶剂萃取法易于实现，更适合含油钻屑回收油处理，面临的主要问题是有机溶剂挥发性大，安全要求严格，成本太高，并且挥发的有机溶剂毒性较大，对人体健康和周围空气质量产生巨大的危害。

4. 微生物处理技术[14]

近几年，微生物处理油基钻井液废弃物技术正在如火如荼研究中。

生物处理法实际是使用自然界的微生物（酵母，真菌或细菌）降解或降低有机物质的过程。微生物将有机物质分解成二氧化碳、二氧化氮、二氧化硫和水等无机物质。

生物处理的关键技术是筛选、扩繁合适的嗜油菌以及定制专用的培养菌液和储存设备。处理流程如下：

含油岩屑→离心生产线（预处理）→处理场→平整铺匀（厚度 20～30cm）→喷洒使用液（共 6 次）→加氧（共 6 次）→喷水（共 6 次）→喷洒营养液（共 6 次）→机械翻耕→检测（每 10 天）→验收（30～60 天后）。

生物处理能使有毒物质处理成无毒物质，不产生二次污染。钻井废弃物既可在原位处理，也可在集中场地处理。微生物处理（图 7–4）过程是一个价格相对低廉的过程，但处理周期较长。

图 7–4　微生物处理场地

四、废弃物处理

页岩气工程产生的固体废物性质划分为一般固废和危险固废两类，为确保固体废物的有效处置，项目在实施过程中，采取分类收集和分类处置的方案。页岩气钻井工程固体废物分类及处置措施见表 7–5。

表 7–5　固体废物分类及处置措施一览表

固废种类		固废性质	处置措施及去向
水基钻井液	岩屑	一般固废	堆放在岩屑坑，完井后按 Q/SYXN 0276—2007《四川油气田钻井废弃物无害化处理技术规范》的有关要求进行无害化处理或初步处理满足要求后通过烧结砖或烧水泥的方式实现资源化利用
	废钻井液	一般固废	可重复利用部分回收用于其他钻井工程，剩余部分按 Q/SYXN 0276—2007《四川油气田钻井废弃物无害化处理技术规范》的有关要求进行无害化处理
油基钻井液	含油岩屑	危险固废	集中收集由指定的环保公司转运并处置
废油		危险固废	
生活垃圾		一般固废	集中存放在临时的防渗垃圾坑中，送指定垃圾场处置
废包装材料		一般固废	集中收集后，由废品回收站回收利用

1. 一般废弃物处理方案

钻井工程产生的一般固废包括生活垃圾、废钻井液和岩屑、废包装材料。

1）水基钻井液钻井阶段产生的废钻井液和岩屑

钻井过程中，产生的岩屑进入岩屑罐内，视岩屑产生情况及时进行固化，固化后的固废堆存在岩屑池内，完井后进行回填。工艺流程如图 7–5 所示。

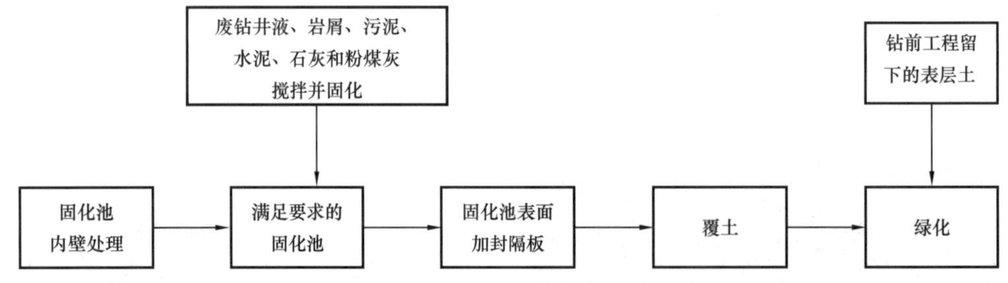

图 7–5　水基钻井液阶段废钻井液和岩屑固化工艺流程图

用于固化的固化池和固化体应满足的相关要求参照 Q/SYXN 0276—2007《四川油气田钻井废弃物无害化处理技术规范》中相关规定执行，主要内容为：

（1）按规范要求对池壁处理。首先进行池壁和缝处进行清理，用 C20 水泥砂浆填充缝槽，用 1∶2 水泥防渗砂浆对池内壁抹面，抹面厚度为 20mm。

（2）池底抗压强度不小于 150kPa。

（3）待防渗砂浆候凝 2～3 天后，对固化池内部进行防渗漏处理，渗漏系数小于 1.0×10^{-7}cm/s。

（4）固化前，根据实验初步确定药剂投加比例；为避免搅拌过程中破坏固化池的

防渗层，施工过程中严禁在固化池内搅拌。

（5）在室温、密闭条件下，经水泥固化体不应存在泌出的游离液体。

（6）水泥固化体的抗压强度不应小于 7MPa；从 9m 高处竖直自由下落到混凝土地面上的水泥固化体或带包装容器的固化体不应有明显的破碎。

（7）水泥固化体试样抗浸泡试验后，其外观不应有明显的裂缝或龟裂，抗压强度损失不超过 25%。

（8）水泥固化体试样抗冻融试验后，其外观不应有明显的裂缝或龟裂，抗压强度损失不超过 25%。

（9）回填过程中，回填 500～800mm 深度时，可采用振动泵或挖工打夯机对污泥进行夯实处理。严禁在固化体初凝后二次转运和夯实，以免破坏固化体胶凝结构，导致固化体的强度和浸出液超标。

（10）固化完毕后覆土，覆土厚度不得低于 300mm，对覆土区进行绿化。

2）生活垃圾及废包装材料

在各平台设置修建垃圾收集坑或桶，定期送当地垃圾场处置。废包装材料集中收集后，由废品收购公司回收利用。

2. 危险废弃物处理方案

钻井工程产生的危险固废包括油基钻井液钻井阶段产生的钻屑，以及钻井过程中产生的废油。钻井现场需集中收集危险固废后由有资质的环保公司转运并处置。

对于含油钻屑，推荐采用脱附工艺（如热脱附处理、溶剂脱附处理等）技术进行处理，脱附处理后的固体残渣含油率应≤1%，脱附后的油质回收利用，固体残渣可利用临时储存池或可利用的废弃池固化处理，处理工艺流程如图 7-6 所示。

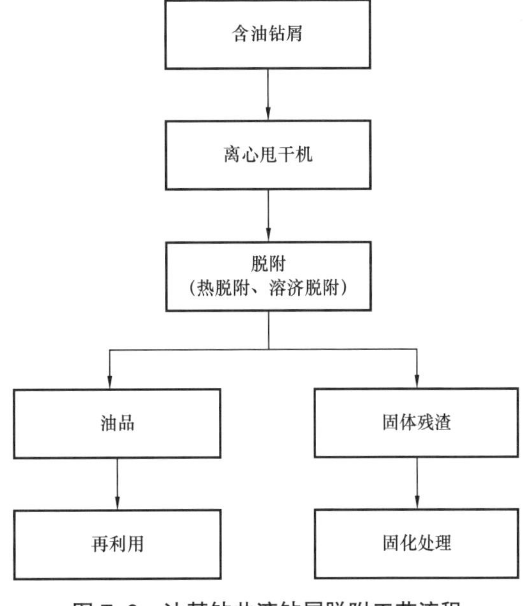

图 7-6　油基钻井液钻屑脱附工艺流程

3. 固体废物收集及处置要求

（1）钻井过程中严格按固体废物性质和类别进行分类收集，重点是钻井液、岩屑等。使用水基钻井液阶段产生的岩屑进岩屑池，废钻井液进入集液池；使用油基钻井液阶段产生的岩屑进入单独设置的危废临时储存池中。整个钻井过程中要求使用废弃物不落地技术，加强固体废物的收集和管理，必须确保油基钻井液阶段产生的岩屑达到100%的收集和处置。严禁将固体废物乱倒乱放。

（2）废油运输过程中应严格按照规定的路线运输到指定地点。在运输过程中避开环境敏感区域（运输路线上无风景名胜区、自然保护区、饮用水源保护区等），并且注意清洁运输，加强对运输车辆的监控，防止废油泄漏，运输路径合理。

（3）钻井施工单位应将生活垃圾放置在垃圾桶内，并委送当地垃圾场处置。为减少对当地环境的污染，生活垃圾应做到日产日清。

（4）废油、含油基钻井液的岩屑属危险固废，其储存、运输应严格遵守HJ 607—2011《废矿物油回收利用污染控制技术规范》和HJ 2025—2012《危险固废收集、贮存、运输技术规范》中的相关规定，建立相应的规章制度和污染物防治措施；所有的危险固废均按规定进行收集，收集容器应完好无损，没有腐蚀、污染、损毁或其他能导致其使用效能减弱的缺陷；危险固废存放区域设置作业界标志和警示牌；定期对收集人员培训；编制储运、运输的应急预案等。

（5）危险固废收集过程产生的废旧容器应按照危险固废进行处置，仍可转作他用的，应经过消除污染的处理。

（6）危险固废应在产生源收集，不宜在产生源收集的应设置专用设施集中收集。

（7）井口附近区域采用硬化地面，区域设导流沟，并将洒落的钻井液、废油及时收集。

（8）现场沾染废矿物油的泥、沙、水应全部收集。

（9）危险固废的转运要用密闭容器盛装，由有资质的环保公司转运，避免运输过程中造成危险固废的外溢，污染环境。

参考文献

[1]孙海芳，王长宁，刘伟，等.长宁—威远页岩气清洁生产实践与认识[J]. 天然气工业 2017,37（1）:105-111.

[2]胡祖彪，张建卿，王清臣，等.CQGH—l复合固化剂在长庆钻井清洁化生生产中的应用[J]. 环境科技，2016，29（1）：32-35.

[3]李斌，马喜峰.油田钻井废弃泥浆随钻处理技术研究[J]. 广东化工，2014，41（11）：170-171.

[4]刘希洁，贺芷然，何仲，等.石油钻井完井清洁生产初探[J]. 科技资讯，2008（14）：247-248.

[5]李博，贾宁，廖敬.某地区钻井清洁生产工艺研究[J]. 油气田环境保护，2015，25（4）：12-14.

[6]陈立荣，李辉，蒋学彬.橇装式钻井废水深度连续处理装置及其应用[J]天然气工业，2014，34（4）:131-136.

[7]陈立荣，叶永蓉，蒋学彬，等.油气钻井节能减排及清洁生产措施实践[J]. 油气田环境保护，2009，19（1）：23-26.

[8]程世才.探析石油钻井的清洁生产[J]中国石油和化工标准与质量，2013（1）：115.

[9]魏立尧. 有关石油钻井环境保护问题的探析[J]科技创新与应用，2012(10)：44.

[10]宋伟. 川东地区钻井作业清洁生产及环保问题浅析[J]资源节约与环保，2014(7)：33.

[11]罗南琼. 关于石油企业节能减排工作的思考[J]. 技术与市场，2016，23(5)：323-325.

[12]刘超. 涪陵页岩气田“绿色”钻井关键技术研究与实践[J]探矿工程—岩土钻掘工程,2016,43(7)：9-13.

[13]刘伟. 四川长宁页岩气“工厂化”钻井技术探讨[J]钻采工艺，2015，40(4)：24-27.

[14]陈立荣，黄敏，蒋学彬，等.微生物—土壤联合处理废弃钻井液渣泥技术[J]天然气工业，2015，35(2)：100-105.

[15]张峥嵘.钻井过程中的安全生产管理措施[J].化工设计通讯，2017，43(8)：250-250.

[16]汪立国.论钻井施工中的安全隐患及控制措施[J].时代报告月刊，2013(3)：388-388.

[17]冉梦超.试论石油钻井施工中的安全隐患分析及对策[J].中国化工贸易，2015(12).

[18]许波.石油钻井施工中的安全隐患分析及对策分析[J].城市建设理论研究：电子版，2015(9).

第八章
页岩气水平井钻井技术展望

随着页岩气开发形势的变化，钻井工程技术的需求也发生了很大变化，尤其是对水平井的长度、钻井速度、钻井成本、钻井方式等方面都有更高的要求。“更深、更快、更精准、更安全、更低的成本”是页岩气开发共同追求的目标。[1]

第一节　美国页岩气钻井技术发展趋势[2-5]

近年来，美国页岩气在美国能源结构中变得越来越重要，即使在低油价下，美国主要油气公司通过页岩气钻完井技术进步，有效控制钻井成本、提高单井产量，投资经营状况依然保持良好，如 EOG 公司和 BP 公司等，当油价在 40 美元 /bbl 时，大部分页岩油气田可达到 15%～30% 的年投资回报率，甚至油价低于 30 美元 /bbl 仍可实现效益开发。美国近年来钻井的主要发展趋势有：

（1）优化布井方式，提高页岩储层采出率。

深入研究地层特性，专注于优化井位，优化井距。在 Eagle Ford 盆地，将井间距由以前的 300m 左右减小到目前的 100m 左右。同时，在相邻产层试验重叠交叉的 W 形布井方式，井间距只有 60～76m。

在水平井段增加压裂级簇，减小簇间距。长水平井开发在业内逐渐升温。北美页岩油气开发盆地更多地采用长水平井（＞2500m），且每年呈增加的趋势。

通过开采技术及布井方式的改进，增大了页岩气潜在储量。如 Eagle Ford 盆地，2010 年对面积为 640acre 储层的潜在储量评估为 9×10^8bbl 油当量，而到了 2014 年，相同面积的储层潜在储量评估升到 32×10^8bbl 油当量，增加了 244%。

（2）应用新技术、新工艺，持续降本增效。

采取的措施主要有：根据地层特点，优化井身结构（如：7in 技术套管下至产层顶部，以尾管悬挂的形式在水平段下入 $4^1/_2$in 套管）；钻井过程中采用激进的钻井参数组合，提高钻井速度；持续优化钻井措施，“学习曲线”效果显著；选用高效双动力旋转导向工具，优化设计新型钻头；发展自动化智能钻井技术等。

以 EOG 公司巴肯地区的井为例，水平井一般水平段长为 2560m，平均钻井周期

在2012年约为20.8天，到2015年则降到7.6天，期间最短的钻井周期只有5.6天。而在Midland Basin的一口井深超过7000m的最长水平井中，单趟钻进尺3879m，从钻进到完钻只用4天，平均机械钻速45m/h。

北美页岩油气水平井应用的钻井液以油基居多，但也在研发和应用在性能、成本和环境保护等方面能够取代油基钻井液与合成基钻井液的高性能水基钻井液。

压裂技术不断创新，压裂设计、压裂工艺、压裂工具、压裂新材料、评价方法等方面快速发展，能针对不同类型页岩储层、井型和开发需求，开发出有利于提高产量的配套技术，对带动北美页岩气开发技术体系起到决定性作用。

单井水力压裂的强度持续增加。在北美这种现象不只发生在一个或两个盆地，在美国所有盆地中，自2014年第四季度以来，平均每口井泵入的支撑剂量增加了近84%，每级泵入的支撑剂的量增加了35%。以海内斯维尔页岩气田为例，2015年水平段长平均为2458m，比2012年的1222m增加了1倍；单井压裂级数由2012年的平均12级增加到2015年的40级，增加了2倍。

推广应用高密度压裂完井方式提高单井产量。使用多种技术措施使水平井段近井带周围产生更密集的裂缝，加强裂缝的复杂性，增加了井与储层的接触面积。如：高密度完井方式的井在水平段1000ft长的范围内，平均有4000个以上的微地震事件，而普通井只有540个左右。产量平均增加了30%以上。

斯伦贝谢公司的宽带页岩气水平井压裂技术、哈里伯顿公司多尺度裂缝压裂技术AccessFrac、分布式光纤监测技术等，都取得了很好的效果，甚至成倍地提高单井产量和估算的最终采收率（EUR）。

（3）重视精细化的管理，钻井及压裂费用大幅度降低。

实施精细化管理，涵盖合同招标、原材料供应（如EOG公司实行压裂石英砂自供）、适用技术推广（定期筛选出作业表现最好的井推广应用）、地面设施等各方面。细化关键绩效指标考核标准，制定奖励机制，提高作业效率。

以EOG公司巴肯地区的井为例，水平井一般水平段长为2560m，单井完井成本（包括钻井、完井、井场设施和返排等）在2014年约为880万美元，2016年降低到目前的700万美元，2019年目标成本为650万美元，降幅超过20%。

海内斯维尔页岩气田，在水平段长增加1倍、压裂级数增加了2倍的情况下，平均单井钻井、压裂费用不但没有增加，还大幅度降低了70%以上。

第二节　中国页岩气钻井工程技术挑战[6]

我国页岩气资源丰富，据国土资源部初步评价，页岩气资源总量为$134.4\times10^{12}m^3$，可采资源$25\times10^{12}m^3$，尤其深层页岩油气资源占相当比重。经过近几年发展，国内在页岩气方面已经具备3500m以浅页岩气井开采技术能力，3500～4000m配套开采技术虽取得重大进展，但距商业性开采还很遥远，国内深层页岩气勘探程度总体较低。

一、国内深层地质难点

虽然目前川南地区开展了多口深层页岩气压裂现场试验，如足203井垂深4177m，完钻井深5793m，改造水平段长1380m，测试产量达$21.3\times10^4m^3/d$；黄202井垂深4082m，完钻井深5844m，改造水平段长1494m，测试产量$22.37\times10^4m^3/d$；泸203井垂深3892m，完钻井深5600m，改造水平段长1022m，测试产量$137.9\times10^4m^3/d$；以上深层页岩气井压裂的突破展示了深层页岩气开发的巨大潜力，但距商业性开发还很遥远。目前中国石油在川南和荆门探区探索深层页岩气的勘探开发工作。钻的关键探井包括荆101、荆102、宜探1、宜探2、宜探3。荆门页岩气勘探研究区位于中扬子地区的中北部，北接巴洪冲断背斜带，南邻宜都—鹤峰背斜带，西靠黄陵隆起，东邻乐乡关—潜江复背斜，主体范围位于当阳复向斜的北部。探区内构造复杂，而且发育逆断层、走滑断层和正断层，地质和工程条件比上扬子地区的龙马溪组页岩复杂。尽管宜探1井成功试气，但由于所处的位置构造复杂，导致页岩气试气日产不到$6\times10^4m^3$，宜探3井和正在钻的宜探6井面临压裂困难等。荆门地区构造复杂，类型多样，自加里东运动以来，五峰组—龙马溪组页岩的生气、储气和保存条件等都受到了不同程度的改造，加上埋藏较深，使得该区页岩气地质特征研究程度相对较低。

在深层页岩气开发方面还面临诸多技术难题：地震精细预测难度大，深层区块构造更加复杂，微幅构造、断裂和天然裂缝预测精度有待提高。储层精细评价难度大：有机孔和无机孔发育特征更复杂、游离气和吸附气定量评价难度更大。深层地质工程条件更复杂，考虑技术经济条件的水平井关键参数（方位、靶体、水平段长、生产制度）设计难度大。天然裂缝发育、人工缝网扩展规律更加复杂，合理井距优化难度大。部分深层区块龙一$_1^4$小层具有独立开发潜力，W形立体井网设计难度大。需论证深层选区指标体系，建立四川盆地和江汉盆地深层选区标准。深层页岩气微断层、垂向节理及裂缝发育，垮塌、井漏严重。川南地区深层页岩气井进口导向工具被埋7套，实钻水平段长与设计相差156～906m，井均钻井液漏失量$450m^3$；荆门地区（1口水平井）实钻水平段长与设计相差516.4m，漏失钻井液$1131m^3$。导向工具在高温（>135℃）条件下故障率高，川南地区Ⅰ类储层钻遇率78.7%，荆门地区Ⅰ类储层钻遇率72.5%。深层闭合压力（90～100MPa）较中浅层高10～20MPa，且天然裂缝发育，施工压力高、加砂困难，改造体积小；水平应力差（16～35MPa）较中浅层高6～10MPa，形成复杂缝网难度更大。分段工具、压裂液、射孔工具、压裂施工设备配套、连续油管作业能力不满足超过6000m井深、井温（150℃）、施工压力（大于

100MPa）需求。目前中后期才实施排采工艺，未考虑全生命周期地层能量保持，排采时机（下油管与上排采工艺时机）对单井 EUR 的影响需深化研究。目前开展了柱塞举升、泡排、气举工艺试验，排采位置在 A 点以上，水平段排采工具下入困难，不同井型、不同阶段、不同工况下经济有效的主体排采工艺尚未形成。综上所述，为了有效支撑深层页岩气规模效益开发，有必要开展专项攻关。

二、深层页岩气钻井面临的挑战

通过“十三五”页岩气攻关试验，目前国内已基本掌握了 3500m 以浅页岩气的开采关键技术，而 3500m 以深水平井钻完井技术与装备尚未取得突破。在威远、荆门、富顺—永川区块，深层页岩气开采效果明显较浅层差。深层超高压复杂地质条件所造成的钻井难度、成本等诸多难题，使得国内深层超高压钻完井工程技术以及配套设备面临巨大的挑战，深层页岩气的开采前景有赖于深层页岩气钻完井技术的突破。未来围绕深层页岩气资源钻完井技术进行攻关，形成技术系列，为深部油气有效开采提供技术支撑。重点攻关内容包括：深层页岩工程特性参数评价、深层长水平井安全高效钻井技术、复杂地应力及体积压裂条件下井筒完整性技术、随钻远探测地质导向及随钻测井评价技术、页岩油气绿色开发环保技术，满足深层页岩油气开采需求。

第三节 中国南方海相页岩气钻井技术发展方向

为加快我国页岩气发展，规范和引导“十三五”期间页岩气勘探开发，2016 年 9 月 14 日，国家能源局发布《页岩气发展规划（2016—2020 年）》，规划到 2020 年，完善成熟 3500m 以浅海相页岩气勘探开发技术，突破 3500m 以深海相页岩气、陆相和海陆过渡相页岩气勘探开发技术，力争在 2020 年实现页岩气产量 $300\times10^8m^3$ 的目标，展望到 2030 年实现页岩气产量 800×10^8～$1000\times10^8m^3$。

未来，中国南方海相页岩气勘探开发将面临“开发深度越来越深、开发难度越来越大、开发节奏越来越快”的局面，挑战不断，创新不止。面对中国南方海相页岩气开发的诸多难点，正是由于钻井技术的持续攻关、快速发展，有力支撑了相关区块的规模效益开发。未来钻完井技术将主要从以下方面进行攻关。[7, 8]

（1）开展钻井技术攻关，实现钻井降本增效。

从勺形水平井、单排布井、长水平段（≥3000m）、小井距（≤200m）、自动化钻机、优化井身结构，强化钻井参数，个性化钻头、高效防漏治漏、控压钻井、国产高效旋转导向工具、高效防塌水基钻井液、密集分段、高密度完井、暂堵转向技术、无限级滑套、球座、高效低成本支撑剂、套变预防等方面进行攻关、试验，形成集成配套技术推广应用，降低页岩气钻井周期，提高单井产量，提高页岩气效益。

（2）转变思路，不断探索利用钻井方法提高单井产量和采收率[9]。

目前，页岩气钻井技术的功能正经历由构建一条传统意义上的油气通道向提高勘探开发采收率及油气产量转变。提高油气井单井产量与采收率是一项系统工程，其贯穿于地质、钻井、开发和采气等作业的全过程中，总的来说需要做到“摸清情况、优化设计、优质施工”，通过保护储层、增加井底压差、减小油气运移阻力，增大井眼与气层接触长度，实现气井的产量最大化。

近些年来，页岩气水平井钻井技术的快速发展，特别是井眼轨迹测控技术的不断进步和地质导向钻井技术的突破，推动了水平井、分支井及大位移井等特殊工艺钻井技术的规模应用，将井的功能由原来的“构建地面与井下的油气通道”扩展为大幅度提高井筒在储层中有效进尺与增大油藏直接连通能力；新型钻井液技术、欠平衡钻井（包括气体钻井、泡沫钻井和充气钻井液钻井等）技术迅速发展，将钻井液的功能由携岩与保持井下安全拓展到保护储层与提高单井产量领域。国内外页岩气开发的历史与近些年的成功经验证明，钻井新技术已成为大幅度提高单井原油产量与采收率的有效途径。

（3）加强精细化管理，确保页岩气发展目标实现。

完善页岩气钻井工厂化作业模式、推广精益钻井、“学习曲线”钻井、开展钻井信息化建设等，通过不断优化作业流程，不断提高作业效率、严格控制作业成本，用更少的队伍、设备和资金投入，完成更多的井、更大的产量，保证国家页岩气发展目标的实现。

（4）形成页岩气钻完井技术系列标准，促进页岩气钻完井技术整体提高。

通过加强页岩气国家示范区建设，梳理钻完井技术成果，形成钻完井技术系列标准，使企业间先进技术共享应用，促进国内页岩气钻完井技术水平整体提高。

参考文献

[1]郭南舟，王越之.页岩气钻采技术现状及展望［J］.科技创新导报，2011，32：67-69.

[2]张焕芝，何艳青.全球页岩气资源潜力及开发现状［J］. 石油科技论坛，2010，6（1）：53-57.

[3]张言，郭振山. 页岩气藏开发的专项技术［J］. 国外油田工程，2009，25（1）：24-27.

[4]陈会年，张卫东，谢麟元，等. 世界非常规天然气储量及开采现状［J］. 断块油气田，2010，17（4）：439-441.

[5]黄玉珍，黄金亮，葛春梅，等. 技术进步是推动美国页岩气快速发展的关键［J］. 天然气工业，2009，29（5）：7-10.

[6]崔思华，班凡生，袁光杰.页岩气钻完井技术现状及难点分析［J］. 天然气工业，2011，31（4）：72-75.

[7]陈作，薛承瑾，蒋廷学，等. 页岩气井体积压裂技术在我国的应用建议［J］. 天然气工业，2010，30

（10）：30–32.

［8］张大伟. 加速我国页岩气资源调查和勘探开发战略构想［J］. 石油与天然气地质，2010，31（2）：138–139.

［9］苏义脑，黄洪春，高文凯 . 用钻井方法提高单井产量和采收率［J］.大庆石油学院学报，2010，34（5）：27–34.